Smart

Fortwo Modell 453

Coupé und Cabriolet
0,9 l und 1,0 l

Modelljahre 2015 bis 2019

Motor buch Verlag

Einbandgestaltung: Silke Pandikow

Bilder/Zeichnungen: Christoph Pandikow; Flex Elektrowerkzeuge GmbH; KW Automotive GmbH

Vielen Dank für die tatkräftige Unterstützung an: Flex Elektrowerkzeuge GmbH, Steinheim (speziell Martin Seidler); Alfred Kärcher SE & Co. KG, Winnenden; Paulchen Heckträger System e.K, Hamburg; KW Automotive GmbH, Fichtenberg

Text und redaktionelle Bearbeitung:
Christoph Pandikow

Alle Angaben und Ratschläge in diesem Ratgeber wurden nach bestem Wissen und Gewissen erteilt. Eine Haftung der Autoren oder des Verlages und seiner Beauftragten für Personen-, Sach- und Vermögensschäden ist jedoch ausgeschlossen.
Dieser Band entspricht dem Kenntnisstand zum Zeitpunkt der Drucklegung. Abweichungen durch Weiterentwicklung der beschriebenen Fahrzeuge, geänderte Anweisungen des Fahrzeugherstellers bzw. neue gesetzliche Bestimmungen sind möglich.

ISBN 978-3-613-04519-4

1. Auflage 2023

Postfach 103743, D-70032 Stuttgart
Ein Unternehmen der Paul Pietsch Verlage GmbH & Co. KG

**Sie finden uns im Internet unter:
www.motorbuch-verlag.de**

Herstellung: Silke Pandikow, 65554 Limburg - Ahlbach
Druck und Bindung: Graspo, CZ-76302 Zlin
Printed in Tschechien

Smart 453

Inhalt

Karosserie

Innenraum

Die Elektrik

Antrieb

Wartung und Daten

Einleitung

»An den neuen Autos kann ich doch nichts mehr selber machen« ist ein Satz, den wir häufig hören, dem wir aber ebenso wenig zustimmen wie Sie. Denn wozu sollten Sie sonst dieses Buch in den Händen halten? Wahr ist, dass durch den vermehrten Anteil von Elektronik und vor allem die Vernetzung der Systeme im Fahrzeug mancher Fehler nicht mehr so leicht zu orten ist wie früher.
Wahr ist aber auch, dass moderne Autos durch den Einsatz der Elektronik wesentlich zuverlässiger, sicherer und umweltfreundlicher sind als die simpel aufgebauten Fahrzeuge früherer Tage.
Es liegt uns also fern den Fortschritt zu verdammen, auch wenn er uns und Ihnen ab und zu einen Streich spielt.

Ein Ratgeber stellt sich vor

Hilfe zur Selbsthilfe

Was Sie tun können, wenn das Auto den Dienst verweigert, oder besser noch: Was Sie tun können, damit es gar nicht erst so weit kommt, soll Gegenstand dieses Ratgebers sein. Auch wenn Sie den Fehler vielleicht nicht selbst beheben können – wir zeigen Ihnen, wie Sie die Ursache präzise einkreisen können. So können Sie der Werkstatt wichtige Informationen liefern und kostbare Arbeitszeit für die Fehlersuche einsparen.

Alles was recht ist: Gewährleistung, Sachmangelhaftung & Garantie

Die stetige Weiterentwicklung der Rechtssprechung, die Einflüsse durch die europäische Gesetzgebung und die Langlebigkeit der Bände dieser Buchreihe machen es unmöglich, auch nur einen Auszug aus der Rechtssprechung vorzustellen. Wichtig ist es immer, alle Eigenschaften Ihres Fahrzeugs im Kaufvertrag eindeutig zu beschreiben und alle Zusicherungen schriftlich festzuhalten. Tauchen trotzdem aus Ihrer Sicht Mängel auf, holen Sie sich am besten Rat bei einem Fachanwalt. Diese Arbeiten recht häufig mit Sachverständigen zusammen. Damit erhalten Sie dann aktuelle und fundierte Informationen und Anweisungen, die für die Durchsetzung Ihrer Interessen sehr wichtig sein werden.

Tipps und Wissenswertes

Damit Ihnen niemand etwas vormachen kann, gewähren wir Einblick in die Technik Ihres Autos, erläutern Fachbegriffe und informieren Sie über Wissenswertes aus der Welt der Technik. Darüber hinaus verraten wir Ihnen Tipps, die zum Teil bares Geld wert sind.

Sicherheit hat Vorrang

Wie durch den Winter wollen wir Sie mit diesem Ratgeber natürlich auch durch die übrigen Jahreszeiten begleiten. Ihre Sicherheit und Zufriedenheit steht dabei an erster Stelle. Wichtiger als das Reparieren von sicherheitsrelevaten Baugruppen erscheint uns in diesem Band das frühzeitige Erkennen eines Schadens. Genau dabei wollen wir Sie unterstützen. Ein Störungsbeistand ist daher fester Bestandteil dieses Buches. Hier bieten wir Ihnen ein Diagnose-Schema, mit Hilfen, die ganz allgemein eventuelle Unzulänglichkeiten am Auto entlarven, und zwar bevor etwas schiefgeht. Auch bei einem anstehenden Termin zur Hauptuntersuchung kann diese Schnelldiagnose jede Menge Ärger und Geld sparen. Abgesehen davon haben wir regelmäßig wiederkehrende Überprüfungsarbeiten in Form von Checklisten zusammengefasst.

Reparaturen in der heimischen Garage

Sollten Sie bereits im Umgang mit Werkzeug geübt sein, werden wir Sie Schritt für Schritt durch die einzelnen Arbeitsgänge führen. Dabei beschränken wir uns in dieser Reihe auf leichte Wartungs-, Pflege- und Reparaturmaßnahmen, die Sie ohne Weiteres in der Garage durchführen können. Welche Grundausstattung Sie dafür benötigen und wie das ganze ideal in Ihre Garage passt, haben wir für Sie gleich am Anfang dieses Buches zusammengefasst. Für gut ausgestattete Werkstätten, ob privat oder gewerblich betrieben, möchten wir Sie auf den entsprechenden Band »Reparaturanleitung« des Bucheli-Verlages verweisen. Dort wird mit Präzision das Zerlegen komplizierter Baugruppen wie Motoren und Antrieb beschrieben.

Schrauben ist gefährlich!

Was auch immer Sie mit Ihrem Auto tun: Denken Sie immer daran, dass Sie sich und andere potenziell in Gefahr bringen können. Zwar haben wir diese Anleitung nach bestem Wissen und Gewissen zusammengestellt, trotzdem können wir aus verständlichen Gründen keine Haftung für Schäden an Dingen oder Personen übernehmen. Beachten Sie deshalb immer die Sicherheitsaufdrucke der Hersteller auf den Verpackungen und entsorgen Sie verbrauchte Flüssigkeiten fachgerecht.
Spezielle Themen fassen wir in Kapitel wie »Fit durch den Winter« zusammen. Diese Kapitel greifen Besonderheiten zu dem Thema auf, um Ihnen zu ermöglichen sich vorzubereiten. Das fängt bei der Wahl der richtigen Bereifung an und endet mit der richtigen Ausrüstung im Kofferraum noch lange nicht.

Damit Sie sich besser zurechtfinden

Wenn Sie etwas Bestimmtes in diesem Buch suchen, haben Sie verschiedene Möglichkeiten. Natürlich können Sie auf das vertraute Inhaltsverzeichnis zurückgreifen. Aber auch beim schnellen Durchblättern werden Sie sich leicht zurechtfinden. Den Hinweis, in welchem Kapitel Sie sich bewegen, finden Sie oben links. Dazu die Information, ob es sich in diesem Abschnitt um theoretisches Wissen, konkrete Arbeitsanleitungen oder Vorschläge zur Optimierung handelt. Rechts oben auf jeder Seite haben wir den Bereich dargestellt, der im jeweiligen Abschnitt behandelt wird.
Damit können Sie das Buch auf der Suche nach bestimmten Inhalten auch durch die Finger laufen lassen, ohne zuerst im Inhaltsverzeichnis suchen zu müssen.

INFORMATION

Bevor Teile ausgebaut oder etwas auseinandergenommen werden, ist es immer besser, die theoretischen Zusammenhänge zu kennen. Wenn Sie dieses Zeichen sehen, erklären wir die Funktion der Technik, ihre Bedeutung für das gesamte Auto und Ihren Alltag damit. Oder wir informieren Sie ganz einfach auch einmal über den historischen Hintergrund der Entwicklung. Dieser Abschnitt soll Sie also mit der Technik Ihres Autos vertraut machen. Mit dem nötigen theoretischen Wissen im Hinterkopf schraubt es sich viel leichter.

ARBEITSSCHRITTE

Sobald am Auto gearbeitet wird, werden Sie dieses Symbol sehen. Auf diesen Seiten dürfen Sie Schritt-für-Schritt-Anleitungen zum Ein- und Ausbau von Teilen erwarten. Bei der Auswahl haben wir uns strikt daran gehalten, was in der heimischen Garage noch machbar ist. Und damit Sie sehen, dass wir uns gerne die Finger für Sie schmutzig machen, haben wir bewusst gebrauchtes Werkzeug benutzt und uns nicht ständig die Finger gewaschen. Wir hoffen, dass die Fotos Ihnen dennoch Appetit auf das Schrauben machen.

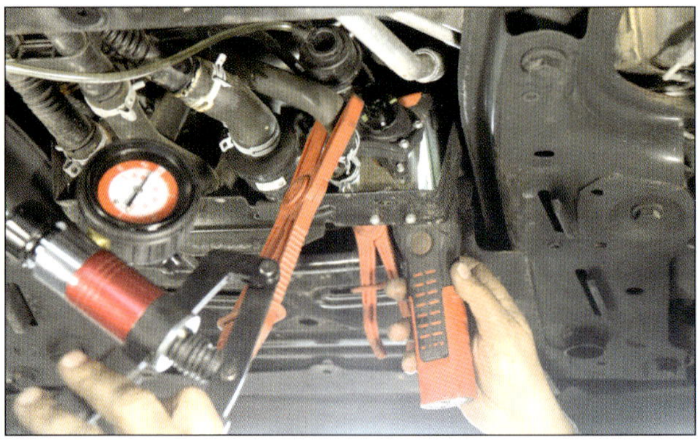

BESSER MACHEN

Nicht alle Fahrzeuge müssen serienmäßig bleiben. In der Praxis gleicht sogar kaum ein Auto dem anderen. Autos werden tiefer gelegt, Karosseriebauteile werden verändert oder die Innenausstattung individualisiert. Vielleicht benutzen Sie dieses Buch ja auch um Ihr Auto gezielt zu verbessern.
Damit wir uns richtig verstehen: Dieses Buch ist keine Tuninganleitung, aber immerhin stellen wir Ihnen verschiedenste zusätzliche Teile vor und verraten Ihnen, worauf Sie beim Einkauf von Zubehörteilen achten sollten.

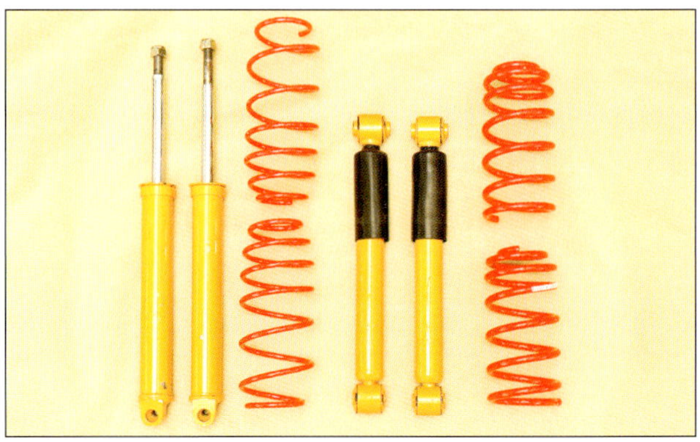

Lernen Sie Ihr Auto kennen

Egal ob Sie Ihren Smart schon lange Zeit besitzen oder eben erst erworben haben – nehmen Sie sich die Zeit und erkunden Sie den kleinen Flitzer gründlich. Denn selbst wenn Sie die Bedienungsanleitung gelesen haben, wovon wir natürlich ausgehen, kennen Sie bestimmt noch nicht alle Details Ihres Autos.

Die Fahrgestellnummer

Die Fahrgestellnummer (VIN **V**ehicle **I**dentification **N**umber) ist beim Smart 453 vor dem Fahrersitz (B im Bild unten) eingeschlagen und auf dem Typenschild (A) aufgedruckt. In der vorgesehenen Aussparung in schwarzen Abdeckfläche der Frontscheibe befindet sich keine eingeschlagene oder gefräste Fahrgestellnummer. Weiterhin finden Sie die Fahrgestellnummer auch im Fahrzeugschein und soweit noch in Schriftform ausgeführt im Serviceplan. Die Fahrgestellnummer enthält einige (in Zahlen und Buchstabencodes verschlüsselte) Informationen zu Ihrem Smart, deren Bedeutung können Sie als Do-it-Yourselfer nun kennenlernen und mit Hilfe der Tabelle oben rechts auch entziffern. Die Fahrgestellnummer ist die Basis für die Ersatzteilbestellung oder die Serviceleistungen bei Ihrem Smart Servicecenter.

FIN	Bedeutung
WME	Herstellerzeichen
453	Baureihe
4	Karosserieform (3 = Coupé, 4 = Cabriolet)
44	Motorcode
1	Lenkung (1 = Linkslenker, 2 = Rechtslenker)
K	Produktionsstätte
175555	Laufende Nummer

Das Typenschild

Das Typenschild befindet sich beim Fortwo im Einstiegsbereich der B-Säule auf der Beifahrerseite. Dort finden Sie auch weitere Informationen, wie zum Beispiel die zulässigen Achslasten (3 im Bild unten), die Nummer der allgemeinen Betriebserlaubnis (2) oder auch das Herstellungsland. Auch interessant: die Prozentzahl (1) neben dem Scheinwerfersymbol. Diese benennt den Neigungswinkel des Lichtstrahls. Bei 1,0 Prozent muss der Lichtstrahl alle 10 Meter um 10 Zentimeter abfallen. Oder anders gesagt: Ist der Scheinwerfer in 65 Zentimeter Höhe angebracht, muss der Lichtkegel spätestens 65 Meter vor dem Auto auf den Boden treffen.

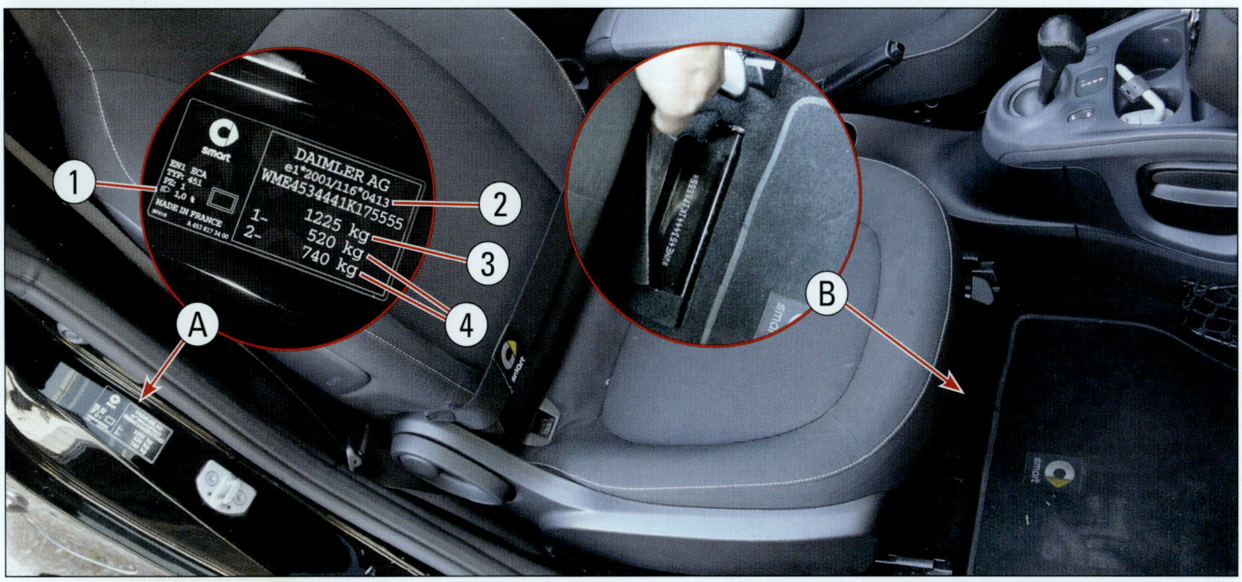

Identifizierung an zwei Stellen: *A ein aufgeklebtes Typenschild im Einstieg rechts über dem Türschlossbügel auf der B-Säule, B eingeschlagene Fahrgestellnummer vor dem Beifahrersitz, 1 Abblendung der Scheinwerfer, 2 EG-Betriebserlaubnisnummer, 3 Zulässiges Gesamtgewicht, 4 Achslasten für die Vorder- und die Hinterachse.*

Informationen auf dem Typenschild: *1 Lack- oder Farbnummer, 2 Fahrgestellnummer.*

Von unten erkennbar ist die Position der Kennnummern: *1 Getriebekennnummer, 2 Motorkennnummer.*

Die Lack- oder Farbnummer

Die Lack- oder Farbnummer für den originalen Farbton (1 im Bild oben links) der Karosserie ist auf dem Typenschild im Türeinstieg der Beifahrerseite vermerkt. Um die Lackstiftbestellung zu erleichtern, sollten Sie sich die Lack- oder Farbnummer auch im Serviceheft notieren. Die Lacknummern von Zelle und Body-Panels sind allerdings verschlüsselt in Ausstattungscodes. Die ersten drei Stellen bezeichnen die Farbe der Zelle (EN1 = schwarz) die letzten drei Stellen die der Paneele (ECA = schwarz). Die dazugehörigen Farbnummern in diesem Fall: EN1U = black (uni) und ECAO = black (uni).

Die Motornummer

Die Motornummer (2 im Bild oben rechts) finden Sie als Einschlag oder Fräszahlen auf einer Fläche von hinten auf dem Motorblock (1 im Bild Mitte rechts). Sie ist von unten in Fahrtrichtung hinten am besten bei angehobenen Fahrzeug über der Ölwanne einzusehen, meist aber schlecht lesbar. Notieren Sie sich diese Nummern und Zahlenfolge zur besseren zukünftigen Zugänglichkeit möglichst vorne in Ihrem Serviceheft. Die Motorbezeichnungen unterscheiden sich zwischen Smart und dem Motorenhersteller. Bei Smart lauten die Bezeichnungen 281.910 für den 0,9-l-Motor und 281.920 für den 1,0-l-Motor.

Motorcode	Hubraum
281.910	0,9-l-Turbo (66 kW)
281.920	1,0-l-Saugmotor (45 kW)
281.920	1,0-l-Saugmotor (52 kW)

Motor(kenn)nummer: *1 Motorkennnummer eingestanzt auf dem Motorblock (Renault-Motorcode).*

Getriebe(kenn)nummer: *1 Lack- oder Farbnummer, 2 Fahrgestellnummer.*

Die Getriebekennnummer

Die Getriebekennnummer kann an zwei unterschiedlichen Stellen angebracht sein. Zum einen finden Sie die Kennnummer im Bereich des Schwungrad-(Kupplungs-)Gehäuses eingeschlagen. Zum anderen ist oft ein Aufkleber von unten vorne ersichtlich angebracht. Der Aufkleber ist oft kaum noch oder zumindest schlecht lesbar. Notieren Sie sich auch diese Nummern und Zahlenfolge in Ihrem Serviceheft.

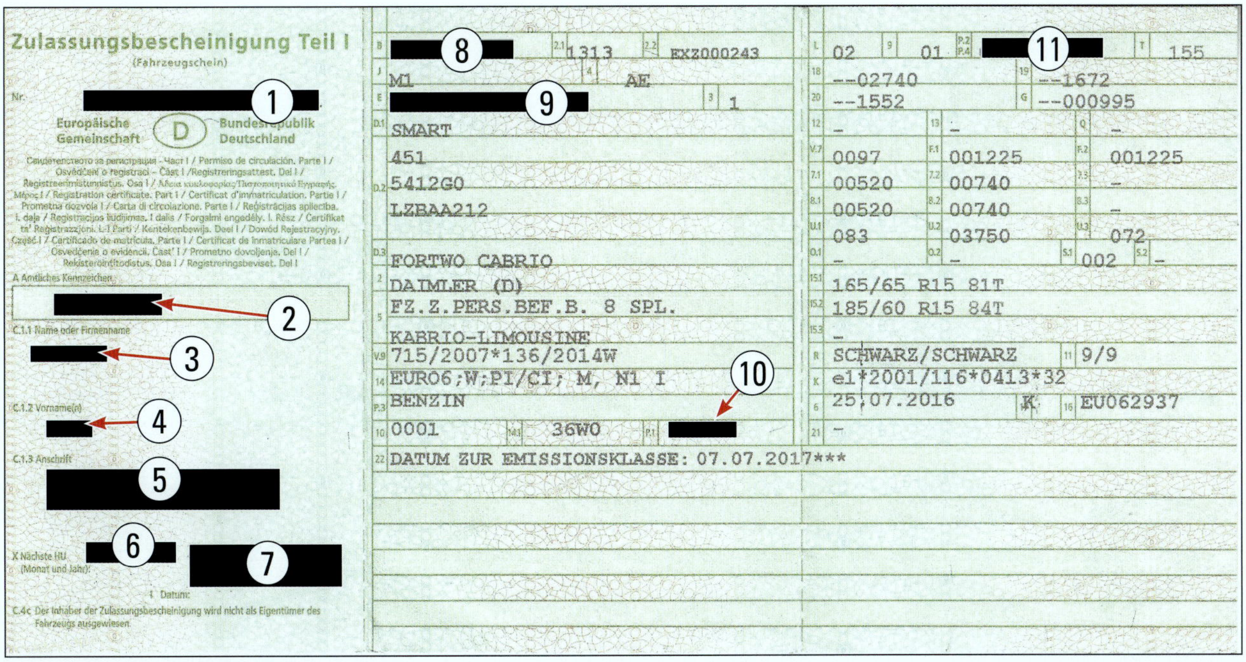

Zulassungsbescheinigung Teil I
(Fahrzeugschein)
Nr. 1
Europäische Gemeinschaft D Bundesrepublik Deutschland
A Amtliches Kennzeichen 2
C.1.1 Name oder Firmenname 3
C.1.2 Vorname(n) 4
C.1.3 Anschrift 5
X Nächste HU (Monat und Jahr): 6 7
I Datum:
C.4c Der Inhaber der Zulassungsbescheinigung wird nicht als Eigentümer des Fahrzeugs ausgewiesen

B 8 2.1 1313 2.2 EXZ000243
J M1 4 AE
E 9 3 1
D.1 SMART
451
D.2 5412G0
LZBAA212
D.3 FORTWO CABRIO
2 DAIMLER (D)
5 FZ.Z.PERS.BEF.B. 8 SPL.
KABRIO-LIMOUSINE
V.9 715/2007*136/2014W
14 EURO6;W;PI/CI; M, N1 I
P.3 BENZIN
10 0001 14.1 36W0 P.1 10
22 DATUM ZUR EMISSIONSKLASSE: 07.07.2017***

L 02 9 01 P.2 P.4 11 T 155
18 --02740 19 --1672
20 --1552 G --000995
12 - 13 - Q -
V.7 0097 F.1 001225 F.2 001225
7.1 00520 7.2 00740 7.3 -
8.1 00520 8.2 00740 8.3 -
U.1 083 U.2 03750 U.3 072
O.1 - O.2 - S.1 002 S.2 -
15.1 165/65 R15 81T
15.2 185/60 R15 84T
15.3 -
R SCHWARZ/SCHWARZ 11 9/9
K e1*2001/116*0413*32
6 25.07.2016 16 EU062937
21 -

Fahrzeugschein: *1 Nummer Fahrzeugschein, 2 Kennzeichen, 3 Name des Halters, 4 Vorname des Halters, 5 Anschrift, 6 Datum HU, 7 Zulassungsdatum, 8 Erstzulassung, 9 Fahrgestellnummer (FIN), 10 Hubraumangabe, 11 Leistungsangabe.*

Der Fahrzeugschein

Eine sehr ergiebige Informationsquelle ist der Fahrzeugschein oder die Zulassungsbescheinigung Teil 1, wie das Papier heute heißt.

Neben der Fahrgestellnummer finden Sie ganz oben im Dokument weitere, für die Ersatzteilversorgung oder den Reparaturauftrag sehr wichtige Angaben und Schlüsselnummern:

Das Wichtigste im Fahrzeugschein

INFORMATIONEN

B	Erstzulassung
D.1	Hersteller
D.2	Fahrzeugtyp
D.3	Handelsbezeichnung
E	Fahrgestellnummer
F.2	Zul. Gesamtgewicht für Deutschland
G	Leergewicht
K	EG-Typennummer
O.1	Anhängelast gebremst
O.2	Anhängelast ungebremst
P.1	Hubraum des Motors
P.2 / P4	Motorleistung in kW
P.3	Kraftstoffart
T	Höchstgeschwindigkeit des Fahrzeugs
2	Kurzbezeichnung des Herstellers
2.1	HSN = Herstellschlüsselnummer

2.2	Prüfziffer TSN = Typschlüsselnummer
7.1	Zulässige Achslast vorne (1. Achse)
7.2	Zulässige Achslast hinten (2. Achse)
8.1	Zul. Achslast vorne für Deutschland (1. Achse)
8.2	Zul. Achslast hinten für Deutschland (2. Achse)
14	Bezeichnung der Emissionsklasse
14.1	Codenummer der Schadstoffklasse
15.1	Bereifung auf der Vorderachse (1. Achse)
15.2	Bereifung auf der Hinterachse (2. Achse)
18	Fahrzeuglänge in mm
19	Fahrzeugbreite in mm
20	Fahrzeughöhe in mm
21	Feld für sonstige Vermerke
22	Bemerkungen, Ausnahmen und technische Änderungen

Generation drei

Die knuffige Optik machte schon das Urmodell des Smart aus. Handlichkeit und kleine Betriebskosten machten ihn zum Kultobjekt, das es bis heute kennzeichnet. Nach den beiden Vorgängern 450 und 451 ist auch der 453 deutlich gewachsen. Die Basis der Antriebstechnik stammt aus dem durchaus erwachsenen und zuverlässigen Renault-Baukastensystem. Natürlich bei Smart mit Motorkennung nach dem Mercedessystem versehen. Schon zwischen dem 450er- und dem 451er-Modell lagen deutliche Zugewinne in den Abmessungen aber auch in der Verarbeitungsqualität. Der 453 folgt genau diesem Muster und ist ein würdiger »fortwo«-Vertreter der Kleinwagenfamilie Smart.

Modellentwicklung

Die Baureihen

Zwar haben sich die Baureihen mit ihren Bautypenbezeichnungen nach oben entwickelt. Die Zahlenreihe wurde aber durchaus von Bautypen unterbrochen, die nicht ganz oder auch überhaupt gar nicht dem Urkonzept gefolgt sind.

Smart 450 – die erste Serie:
Als Bautyp C450 entwickelte sich die erste Bauserie (Bild oben) zum »Citycoupé« und später dann zum Smart »fortwo«. Ein auch heute noch verblüffendes Fahrzeugkonzept, das mit einfachen Lösungen, wie dem Versatz der vorderen Sitze und vieler kleine Details vom vollwertigen Flaschenhalter bis zu diversen kleinen Ablagen auch heute noch erstaunen. Dass im Coupé ganze sechs Wasserkisten Platz im Kofferraum finden ohne die vorderen Sitzplätze einzuschränken ist bemerkenswert. Ein halbautomatisches Getriebe oder besser ein automatisiertes Schaltgetriebe, das die Kupplungsbedienung über eine mehr oder weniger schnell reagierende elektromechanische Ansteuerung realisiert hat, war schon serienmäßig bei allen Varianten an Bord. Der Gangwechsel konnte wahlweise manuell am Schalthebel oder auch schon über Schaltwippen (Brabus-Nachrüstung) durchgeführt werden.

Smart 451 – als Modell 2:
Schon die Zahlenfolge weist den Smart fortwo als Nachfolger zum 450er aus. Markant neben der wertigeren Verarbeitung sind viele technische Details, die zwar vom Vorgänger übernommen, aber deutlich verbessert wurden. Erstmalig wurde die vordere Wartungsklappe zum Öffnen ausgelegt. So mussten nicht für die Wartungsarbeiten die Frontverkleidungen demontiert werden. Sogar die Schaltvorgänge und das Ein- und Auskuppeln funktionierte beim 451er erheblich besser. Synchrones Kopfnicken der Insassen beim Gangwechsel waren aber immerhin noch erkennbar. Software und Feintuning haben hier merklich gewirkt. Selbstverständlich sind auch die Abmessungen und die Motorleistung gestiegen. Die höhere Fahrtgeschwindigkeit ergab beim Cabriolet ein neues bisher unbekanntes Problem. Die erheblichen Windgeräusche an der vorderen Verdeckkante

Smart 450: *Die erste Bauform wurde zwischen 1998 und 2006 mit etwas »Facelift« im Jahre 2003 gebaut. Ab 2000 gab es bereits das erste Cabriolet.*

Smart 451: *Die zweite Bauform kam 2007 auf den Markt. Markant breiter, etwas länger und sportlicher geschnitten.*

waren beim 450 aufgrund der geringeren Höchstgeschwindigkeit ein deutlich kleineres Problem.

Smart 452 – der Sportwagen:
Die Zahlenfolge würde eigentlich ein Nachfolgemodell auf den 451 erwarten lassen. Tatsächlich steckt aber hinter der Modellnummer 452 der Roadster (C452 Coupé und R452 das Cabriolet). Klar, die Technik stammt vom Brüderchen. Etwa ein Drittel der Bauteile waren für 450 und 452 identisch. Aus diesem Grund haben wir im Band 255 die 450er und 452er zusammen vorgestellt. Die Karosse und die Ausstattung steckte aber ganz andere Ziele. Der 452er Smart ist der Roadster. 2006 wurde die Produktion des kleinen »Kurvenräubers« dann eingestellt.

Smart 453: Wieder etwas erwachsener gegenüber dem Vorgänger 451. Nicht nur in den Abmessungen, sondern mit diversen Assistenten, die im 450 noch undenkbar waren.

Smart 453 – der letzte Verbrenner:
Die aktuelle Baureihe stammt vom Renault Twingo ab. Allerdings in einer kurzen Karosserievariante, die es nur für den Smart gibt. Der klare Vorteil liegt in der Großserientechnik, die somit auch für die Smartmodelle zur Verfügung steht. Das Konzept der Antriebseinheit im Heck und dem Energiespeicher im Unterboden macht das Fahrzeug auch für einen elektrischen Antrieb interessant. Ab 2017 wurde der 453 auch als elektrische Variante, zuerst als Smart ED, dann nach den neuen Mercedes Bezeichnungen EQ vertrieben. Die 453er-Verbrenner werden 2022 und 2023 auslaufen. Zukünftig wird Smart ein Hersteller ausschließlich für Elektrofahrzeuge sein.

Smart 454 – ganz was anderes:
Wieder würde man nun einen Nachfolger der Modellreihe 453 erwarten. Wie auch beim 452 steckt aber auch hier etwas ganz anderes dahinter. Hinter diesem Kürzel versteckt sich der Smart »forfour«, der in Zusammenarbeit mit dem Mercedes-Partner Mitsubishi auf der Basis des Colt entstand. Der Smart »für Vier« wurde zwischen 2004 und 2006 gebaut. Die Idee wurde auch in der aktuellen Modellreihe 453 auf Basis der Renault Twingo wieder aufgenommen, aber dann 2021 wieder eingestellt.

Die Motoren und der Antrieb

Eigentlich gleich geblieben ist für alle Smart fortwo-Modelle der Heckantrieb. Natürlich gibt es hinsichtlich der Motorentwicklung einige Neuerungen. Unterschiedliche Großserien-Motoren wurden neben den ursprünglichen 0,6-l-Turbos in den 450ern, die maßgeblich von Mercedes entwickelt wurden, eingesetzt. Die Antriebseinheiten für den Smart 453 stammen vom renommierten Antriebshersteller Renault. Wie übrigens auch vieles andere in dieser Baureihe.

Gangwechsel über 5-Gang-Schaltgetriebe oder 6-Gang-Doppelkupplungsgetriebe:
Erstmalig gibt es nun auch Schaltgetriebe, die konventionell mit Schalthebel betätigt werden. Die Kupplung wird dann, wie bei eigentlich allen Schaltgetrieben, mit dem Kupplungspedal betätigt. Natürlich gehört ein automatisiertes Schaltgetriebe zum Smart fortwo. Im 453 kommt ein Doppelkupplungsgetriebe zu Einsatz. Mit nie da gewesener Präzision lassen sich die Gänge nun auch unter Last ohne synchrone Kopfbewegung der Insassen wechseln.
Verblüffend sind auch einige Funktionen, die eher nicht im Smart vermutet werden. Dahinter steckt der Werkstuner Brabus. Im DKG (Doppelkupplungsgetriebe) wurden Funktionen wie der »Racestart« realisiert, die eine bestmögliche Beschleunigung beim Start realisieren sollen.

Bereinigung der Motorenpalette:
Auch im Vorgängermodell wurden ausschließlich Dreizylindermotoren eingesetzt. Auch hier schon mit und ohne Turboaufladung. Für den 453 ist nun kein Dieselmotor mehr lieferbar. Im Grunde genommen, werden lediglich zwei Basismotoren eingesetzt, die sich aber im Detail in der Mechanik und sehr entscheidend in den technischen Daten unterscheiden.
Die »kleinen« Verbrenner sind die mit der höheren Leistung. Turboaufladung machts möglich. Dass es sich aber auch schon beim 0,9 l mit 66 kW (90 PS) nicht um einen einfachen Bypasslader handelt, werden wir in diesem Buch noch näher beleuchten.

Motorcode	Aufladung	Hubraum	Leistung
M 281 E10	keine	999 cm³	45 kW (61 PS)
M 281 920	keine	999 cm³	52 kW (71 PS)
M 281.910	Turbo	898 cm³	66 kW (90 PS)
Brabus H4B 45X	Turbo	898 cm³	80 kW (109 PS)
Brabus H4B	Turbo	898 cm³	92 kW (125 PS)
Renault 5AL (E-Motor)	keine	keine	60 kW (81 PS)

Modell im Detail

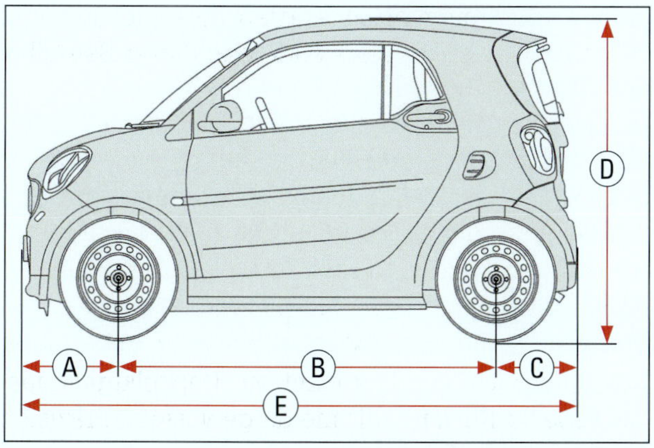

Ansicht von der Seite: *A Überhang vorne, B Achsabstand, C Überhang hinten, D Fahrzeughöhe; E Fahrzeuglänge.*

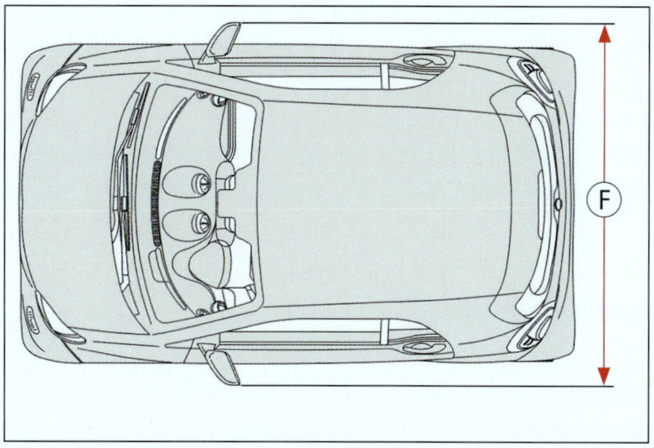

Ansicht von oben: *F Fahrzeugbreite im Bereich der Spiegel.*

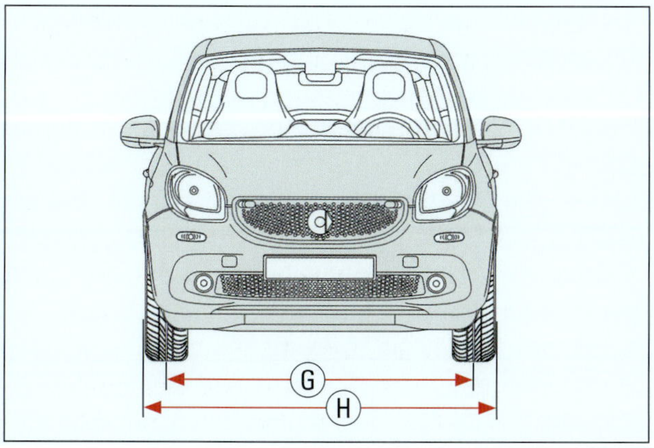

Ansicht von vorne: *G Spurweite vorne, H Radstand vorne.*

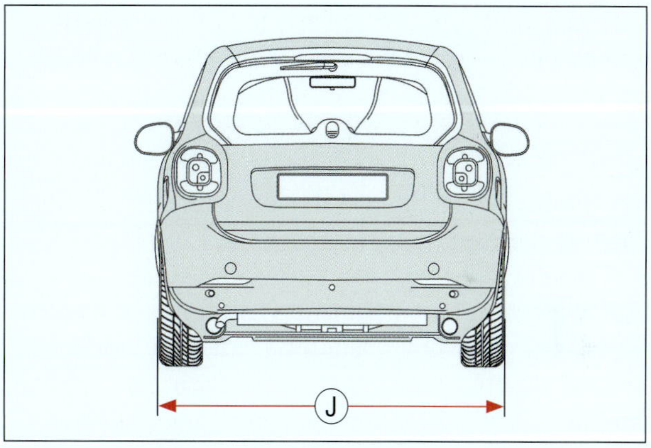

Ansicht von hinten: *J Radstand hinten.*

Karosserie und Abmessungen

Je nach Ausstattung und Ausrüstung können sich die Abmessungen verändern. Die wichtigsten Abmessungen der Karosserie in der Übersicht:

Ansicht von der Seite (Bild oben links):

Kürzel	Bezeichnung	Abmessung
A	Überhang vorne	424 mm
B	Achsabstand	1873 mm
C	Überhang hinten	398 mm
D	Fahrzeughöhe	ca. 1555 mm
E	Fahrzeuglänge	2695 mm

Ansicht von oben (Bild oben rechts):

Kürzel	Bezeichnung	Abmessung
F	Fahrzeugbreite im Bereich der Spiegel	1888 mm

Ansicht von vorne (Bild unten links):

Kürzel	Bezeichnung	Abmessung
G	Spurweite vorne	1469 mm
H	Radstand vorne	1663 mm

Ansicht von hinten (Bild unten rechts):

Kürzel	Bezeichnung	Abmessung
J	Radstand hinten	1430 mm

Die Motoren und Getriebe im 453

Auch die Kombination von Motoren und Getrieben ist im Smart 453 wieder überschaubar. In der Tabelle unten haben wir Ihnen die unterschiedlichen Kombinationen zusammengetragen.

Motorcode	Hubraum	Leistung	Getriebe
M 281 E10	999 cm^3	45 kW (61 PS)	5-Gang-Schaltgetriebe (D700-121)
M 281 920	999 cm^3	52 kW (71 PS)	
M 281.910	898 cm^3	66 kW (90 PS)	5-Gang-Schaltgetriebe (D700-121), 6-Gang-DKG-Getriebe (D700-410, D700-411)
Brabus H4B 45X	898 cm^3	80 kW (109 PS)	6-Gang-DKG-Getriebe (D700-410, D700-411)
Brabus H4B	898 cm^3	92 kW (125 PS)	
Renault 5AL (E-Motor)	keine	60 kW (81 PS)	keines

Die Ausstattungsvarianten

Aufbauend auf der Serienausstattung lässt sich der Smart 453 mit vier Ausstattungspaketen individualisieren.

Die Ausstattungslinie »passion«
Verbaut sind hier dann Leichtmetallräder im 8-Speichen-Design in Silber mit 165/65 R 15 Reifen vorn und 185/60 R 15 hinten. Die Instrumententafel und Türmittelfelder sind mit schwarzem oder orangem Stoff überzogen, die Akzentteile werden wahlweise in Weiß oder Schwarz ausgeführt. Die Kühlerverkleidung, Tridionzelle und die Spiegelaußenverkleidungen sind in Schwarz lackiert.

Die Ausstattungslinie »perfect«
In dieser Ausstattungslinie sind Leichtmetallräder, schwarz lackierte und glanzgedrehte Alufelgen im 4-Speichen-Design mit 165/65 R 15 Reifen vorn und 185/60 R 15 hinten verbaut. Die Instrumententafel und Türmittelfelder sind mit braunem Stoff überzogen, die Akzentteile wahlweise in Schwarz ausgeführt. Die Luftdüsen sind in einem Grauton abgesetzt. Die Polsterungen sind hier dann in Lederoptik oder in Schwarz oder braunem Stoff mit Ziernähten in Braun ausgeführt. Die Kühlerverkleidung, Tridionzelle und die Spiegelaußenverkleidungen sind in Schwarz lackiert.

Die Ausstattungslinie »prime«
In dieser Ausstattungslinie sind Leichtmetallräder, schwarz lackierte und glanzgedrehte Alufelgen im 5-Speichen-Design mit 165/65 R 15 Reifen vorn und 185/60 R 15 hinten verbaut. Die Instrumententafel und Türmittelfelder werden in schwarzem Stoff, die Akzentteile in schwarz/grauer Farbe ausgeführt. Die Polsterung dann im schwarzem Leder mit grauen Ziernähten. Die Kühlerverkleidung, Tridionzelle und die Spiegelaußenverkleidungen sind in Schwarz lackiert. In dieser Ausstattungsvariante sind Fahrer- und Beifahrersitz mit Sitzheizung ausgerüstet.

Die Ausstattungslinie »Brabus-Style«
Unverwechselbar markant ist diese sportliche Ausstattungslinie. Es ist ein Sportfahrwerk mit 10 mm Tieferlegung verbaut. Grau matt lackiert 16 Zoll vorne und 17 Zoll Brabus Monoblock IX Leichtmetallräder mit 185/50 R 16 Reifen vorn und 205/40 R 17 hinten. Außen sofort erkennbar, sind die Brabus Heckschürze in Wagenfarbe mit Heckdiffusoreinsatz in Grau matt, der Frontspoiler in Wagenfarbe und den »Brabus-Style«-Schriftzug im Spiegeldreieck.
Im Innenraum fällt die Instrumententafel in Lederoptik und Stoff mit den Zusatzinstrumenten auf der linken Seite neben dem Tachometer ins Auge. Auffällig schön auch das Brabus Multifunktions-Sportlenkrad im 3-Speichen-Design in Nappaleder mit anthraziter Lenkradspange und grauen Ziernähten und Schaltwippen. Verbaut sind auch Sportsitze mit Polsterung in perforiertem Nappaleder in Schwarz mit grauen Ziernähten. Der Fahrersitz ist höhenverstellbar. Schaltknauf und Handbremsgriff sind mit Leder bezogen. Die Fußpedalanlage ist mit Auflagen aus gebürstetem Edelstahl mit Gumminoppen belegt. Hinzu kommen noch Velours-Fußmatten in Schwarz mit eingesticktem Brabus-Logo und Schriftzug.

Aktive Sicherheit

Man spricht von aktiven und passiven Sicherheitselementen eines Fahrzeuges. Die Bedeutung dieser Begriffe ist meist aber gar nicht klar. Aktive Sicherheitseinrichtungen tragen zusammen mit den Elementen der passiven Sicherheit zum Schutz für die

Fahrzeuginsassen bei. Bauteile, die zur aktiven Sicherheitsausrüstung eines Fahrzeuges zählen, sind diejenigen, die einen Unfall verhindern können. Betrachten wir zuerst einige Bauteile, die der aktiven Sicherheit zugerechnet werden. Für ein besseres Verständnis gliedern wir diese in drei Gruppen:

Konstruktive Maßnahmen zur aktiven Sicherheit:
In dieser Gruppe werden die Bauteile eingeordnet, die durch die Gestaltung und Auslegung der Karosserie realisiert werden. Dazu zählen beispielsweise eine leichtgängige, aber nicht rückmeldungsfreie Lenkung, die dem Fahrer den Fahrbahnkontakt vermitteln kann, eine ausgewogene und für möglichst alle Betriebszustände gelungene Abstimmung des Fahrwerks, wirkungsvolle Bremsen und durchzugsstarke Motoren.

Ergonomische Maßnahmen zur aktiven Sicherheit:
Unter diesen Aspekt fällt die Fahrzeugausrüstung, die die Fahrzeugbedienung erleichtert und ein »entspanntes« Fahren ermöglicht. Der Konzentrationserhalt des Fahrers ist ein wichtiger Gesichtspunkt für die Unfallvermeidung. Man kann sich leicht vorstellen, welchen Einfluss komplizierte Bedienelemente verursachen können, wenn man sich die Gesetzeslage hinsichtlich der Benutzung von Telefonen während der Fahrt anschaut. Jeder kleine Moment der Unaufmerksamkeit bedeutet einen potenziellen Moment in einen Unfall verwickelt zu werden. So gehören Fahrzeugausrüstungen wie gute Sitze, das Belüftungs- und Klimatisierungssystem, gute Rundumsicht und möglichst günstig angeordnete Schalter und Anzeigen dazu.

Aktive Sicherheit der Karosserie:
Viele Komponenten, die beim Cabriolet oder geschlossener Version verbaut worden sind, wurden präzise aufeinander abgestimmt. Das Zusammenspiel von elektrischer Lenkunterstützung, dem ABS-System und dem Fahrwerk sind noch erkennbar.

Deutlich unauffälliger ist der konstruktive Aufwand in der Karosserie oder besser der Blechstruktur. Betrachtet man sich die unterschiedlichen Blechstrukturen der Karosserie, werden gerade in tragenden Bereichen hochfeste Bleche verwendet. In der Zusammenarbeit der steifen Karosserie und den elektronischen Helfern wird der Fahrkomfort und damit auch die Fahrsicherheit deutlich erhöht.

Maßnahmen zur Regelung für aktive Sicherheit:
In diese Gruppe werden die Bauteile eingegliedert, die auf der Elektronik basierende Eingriffe in elektronische oder hydraulische Regelsysteme vornehmen. Eingriffe werden beispielsweise in das Bremssystem vorgenommen. Das Anti-Blockier-System (ABS) verhindert, dass ein Rad überbremst wird und ermöglicht so sehr kurze Bremswege mit sicherer Lenkbarkeit des Fahrzeuges auch während der Bremsung.

Passive Sicherheit

Die passiven Sicherheitselemente kommen dann zum Tragen, wenn der Unfall gerade passiert. Die Komponenten der passiven Sicherheit stellen alle konstruktiven Maßnahmen dar, die dazu dienen, die Fahrzeuginsassen vor Verletzungen zu schützen oder zumindest die Verletzungsgefahren zu verringern. Der Begriff »passive Sicherheit« bezieht sich auf das Kollisionsverhalten (Crashtests) und berücksichtigt über den Schutz der Insassen hinaus auch den Schutz anderer Verkehrsteilnehmer. Auch hier lassen sich Merkmale in einen Sortierungsraster bringen:

Insassenschutz:
Unter dem Begriff Insassenschutz versteht man den Schutz des Fahrzeugführers und seiner Mitfahrer. Zu den wichtigsten Bauteilen gehören neben dem Gurtsystem die Airbags und eine »verformungssteife« Fahrgastzelle mit Knautschzonen in Front-, Heck - und Seiten-Bereich. Diese Komponenten sorgen für einen weitestgehend schützenden Abbau der Aufprallenergie und den sicheren Halt der unfallbeteiligten

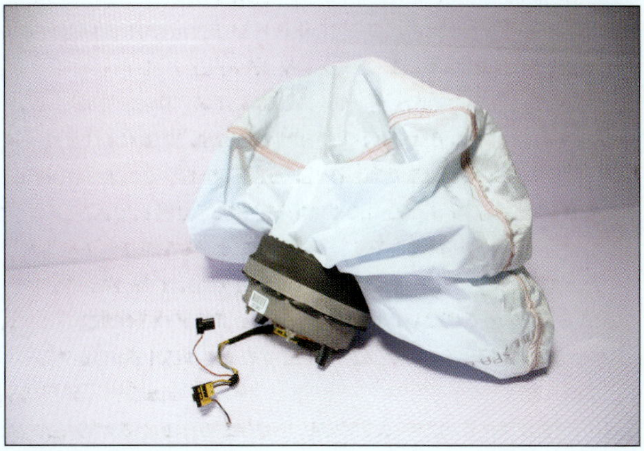

EXPLOSIONSGEFAHR: *Die Kräfte, die der Airbag bei der Zündung freisetzt, können Sie tödlich verletzen!!!*

PRAXISTIPP – Achtung Airbagsystem

Wir stellen Ihnen an dieser Stelle einige wichtige Hinweise zu den Airbagsystemen vor. Es handelt sich um Sprengsätze nach dem Sprengstoffgesetz.
Der Umgang ist klar geregelt. Ohne fachliche Eignung sollten Sie Montagearbeiten an Komponenten des Airbagsystems schon zur eigenen Sicherheit unterlassen.

- Prüf-, Montage- und Instandsetzungsarbeiten dürfen nur von geschultem Personal durchgeführt werden.

- Keinesfalls mit Prüflampe, Voltmeter oder Ohmmeter prüfen.

- Pyrotechnische Bauteile dürfen nur im eingebauten Zustand und mit vom Hersteller frei gegebenen Fahrzeugdiagnose-, Mess- und Informationssystemen geprüft werden.

- Bei Arbeiten an pyrotechnischen Bauteilen und am Airbag Steuergerät muss das Masseband der Batterie bei EINGESCHALTETER Zündung abgeklemmt werden. Anschließend den Minuspol abdecken.

- Nach dem Abklemmen der Batterie ist eine Wartezeit von 10 Sekunden erforderlich.

- Das Anklemmen der Batterie muss bei EINGESCHALTETER Zündung erfolgen. Hierbei darf sich keine Person im Innenraum des Fahrzeugs aufhalten. Ausnahme: Fahrzeuge mit Batterie im Fahrzeuginnenraum. Halten sich Sie sich hierbei nicht im Wirkungsbereich der Airbags und der Sicherheitsgurte auf. Wenn nach dem Wiederanklemmen der Batterie die Zündung nicht eingeschaltet ist (die Kontrollleuchten im Schalttafeleinsatz leuchten nicht), halten Sie zum erstmaligen Einschalten der Zündung Kopf und Arm entfernt vom Lenkrad und einem eventuell verbauten Knieairbag, damit Sie sich nicht im Wirkungsbereich der Airbags und der Sicherheitsgurte befinden.

- Vor dem Hantieren mit pyrotechnischen Bauteilen des Rückhaltesystems, zum Beispiel dem Trennen der elektrischen Steckverbindung, muss sich der Mechaniker elektrostatisch entladen. Das elektrostatische Entladen wird durch das Berühren von geerdeten Metallteilen, zum Beispiel durch kurzes Anfassen des Türschließkeils, erreicht.

Fahrzeuginsassen. Auch der Smart Cabriolet ist mit Airbagsystemen ausgerüstet. Zusätzliche Knieposter halten das Verletzungsrisiko im Falle eines Unfalles so klein wie möglich. Kopf- und Nackenstützen, die im Rücklehnenoberteil integriert sind, erhöhen wie auch die für alle Sitzplätze vorhandenen 3-Punktgurte die Sicherheit erheblich. Die Gurte sind mit Gurtkraftbegrenzern ausgerüstet, um die Höchstkraft zu beschränken und möglichen Verletzungen durch den Gurt beim Unfall zu mindern.
Der Umgang mit den Airbagsystemen erfordert eine besondere Sachkenntnis. Grundsätzlich ist es verboten Arbeiten an sicherheitsrelevanten Systemen durchzuführen, die entweder nicht durch den Hersteller freigegeben wurden oder besondere Kenntnisse erfordern. Airbag-Systeme sind Sprengmittel im Sinne des Gesetzgebers. Für den Umgang mit sprengmittelhaltigen Bauteilen muss ein Sachkundenachweis vorliegen.
Zur Auslösung einer Airbageinheit kann im ungünstigen Fall schon die elektrostatische Aufladung der Kleidung ausreichen. Es handelt sich um Systeme mit eingebauten Sprengladungen, die bei unsachgemäßer Behandlung leicht schwere bis zu tödlichen Verletzungen verursachen können. Um Ihnen das zu verdeutlichen und auch den Ablauf der Vorbereitungen für Arbeiten am und auch rund um das Airbagsystem näher zu bringen, stellen wir Ihnen eine typische Vorgehensweise im Praxistipp »Achtung Airbag« vor. Nehmen Sie diese Arbeiten nicht auf die leichte Schulter und holen Sie sich sachkundige Hilfe (jemanden mit der entsprechenden Airbagschulung) um Unfälle zu vermeiden.
Diese Serienausrüstung kann natürlich auch nur dann funktionieren, wenn sie nicht durch nachträgliche Einbauten daran gehindert wird. Hinsichtlich des Airbagsystems bedeutet das, dass schon nicht geeignete Schonbezüge über den Sitzen einen Einfluss auf das Entfaltungsverhalten des Luftsacks haben können. Auch falsche Reinigungsmittel die einen nicht kalkulierten Einfluss auf den Weichmacher in der Kunststoffabdeckung des Airbags haben, zeigen einen solchen Einfluss. Wer denkt schon daran, dass ein chemischer Reiniger für den Automobilbereich irgendeinen negativen Einfluss auf dieses System haben könnte. Meist ergibt auch die Befragung des Verkäufers wenig bis keine neuen Erkenntnisse über die Verwendbarkeit des Reinigers. Die Inhaltsstoffe werden schließlich meist nicht detailliert beschrieben.

Partnerschutz:
Unfälle passieren eben nicht nur in einem Fahrzeug. Im Normalfall sind immer andere Verkehrsteilnehmer oder auch Verkehrspartner an einem Unfall beteiligt. Gerade bei Fußgängern, Radfahrern und natürlich auch den Bikern ist kein System vorhanden, das eventuelle Unfallfolgen verringern kann. Dieser Aspekt wird bei der Fahrzeugentwicklung heute auch mit einbezogen. Frontbereiche sollen immer auch so konstruiert sein, dass sie die Aufprallenergie aufnehmen oder verringern können, die bei einem Fußgängerunfall den Verkehrspartner erheblich verletzen könnte. Hierin findet sich dann auch der Grund für Kunststoffstoßfänger und Motorhauben ohne Flächenverstrebungen.

Passive Sicherheit Karosserie:
Von außen ist es fast oder gar nicht zu erkennen. Die Karosserie des Smart unterscheidet sich an kleinen, aber sehr wichtigen Details von der Karosserie der meisten Fahrzeuge. Das Prinzip der Fahrgastzelle (Tridionzelle) ist auch in der aktuellen Modellserie noch immer vorhanden. An die Karosserie des Cabriolets wurden die gleichen Maßstäbe angelegt. Das fehlende Dach macht aber einige Verstärkungen erforderlich. So erfüllte die Cabrio-Karosserie die gegenwärtig und mittelfristig zu erwartenden Anforderungen an die passive Sicherheit. Die Konstruktion ermöglichte eine erhöhte Torsions- und Verwindungssteifigkeit der Karosserie, was nicht nur einen hochwertigen Eindruck hinterlässt, sondern auch eine lange Lebensdauer erwarten ließ. Was sich ja bereits bei den Fahrzeugen, die noch heute meist im guten Zustand auf dem Markt sind, bewahrheitet hat. Die Basis für die Konstruktion ist wie schon erwähnt die geschlossene Modellvariante. Die Unterschiede beginnen aber von innen heraus. Zusätzliche Verstärkungsprofile, dickere Karosseriebleche und stärkere Verbindungen und Versteifungen sorgen für eine höhere Festigkeit und Verwindungssteifigkeit der Karosserie. Aus den mit einem Rohr verstärkten A-Säulen und Scheibenrahmen vorne mit der verklebten Windschutzscheibe und dem Überrollbügel sowie dem doppelwandigen Stegblech hinter der Rückenlehne, bildet die Karosserie einen käfigartigen Überlebensraum, für die eigentlich am meisten gefürchtete Unfallart, dem Fall eines Überschlages und des seitlichen Abrollens. Verstärkungen finden sich auch in den Bereichen, wo man sie zuerst einmal nicht vermutet. Stärkere Bleche im Bereich der

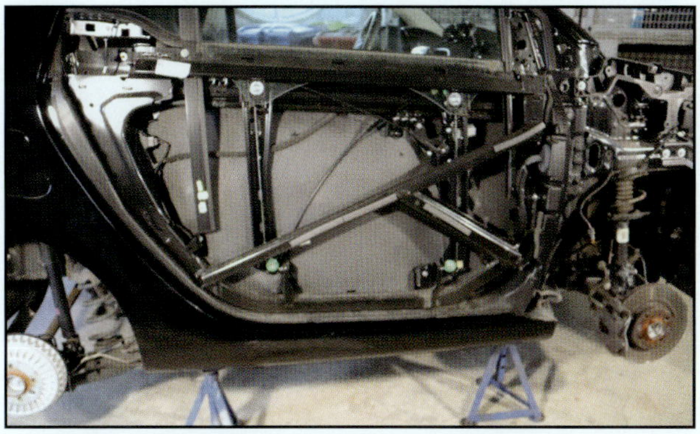

***Unter der Verkleidung:** effektiver Seitenaufprallschutz mit Rohrrahmenkonstruktion in den Seitentüren.*

Schweller und auch im Schachtbereich der rahmenlosen Türen tragen ihren Teil zur Festigkeit bei.

Diverse Assistenten

Die modernen Ausrüstungskomponenten und das Zusammenspiel der Komponenten im Bordnetz als wirklich komplexe Systeme ergeben nicht nur eine sehr hohe Funktionssicherheit der Komponenten. Die Komponenten werden durch die Vernetzung sehr gut überwachbar und auch diagnosefähig. Das Zusammenspiel über Datennetzwerke ermöglicht neue Funktionen, die Fahrsicherheit und den Komfort verbessern. Oftmals sind die Verbindungen zwischen Funktionen und den Bauteilen erkennbar.

Start-Stopp-System:
Das Start-Stopp-System ist ein typisches System, was eine Funktion ermöglicht, die ausschließlich durch bereits im System vorhandene Sensoren möglich geworden ist. Durch die Bremsbetätigung (Bremslichtschalter oder besser Bremspedalschalter), den Stillstand des Fahrzeugs (Radsensoren) und die nicht vorhandene Lastanforderung (Gaspedal oder besser Fahrpedalsensor) erkennt das Motorsteuergerät, ob der Motor nun abgeschaltet werden kann. Im Zusammenspiel mit der erfassten Batteriespannung kann auch nur die Batterieladung ausgesetzt werden, um den Motor im Leerlauf zu entlasten, wenn sich Anforderungen verändern. Natürlich darf man darüber streiten, ob ein Start-Stopp-System wirklich Kraftstoff einsparen kann oder ob die Einsparung durch die höhere Belastung des Starters vollständig vernichtet wird. Zweifelsohne kann zumindest der örtliche Schadstoffausstoß beim innerstädtischen Ampelstopp verringert werden.

Bremssystem:
Das Bremssystem hat heute nicht nur die Aufgabe das Fahrzeug abzubremsen, es nimmt meist unbemerkt Einfluss auf alltägliche Fahrsituationen. Dass das Bremssystem durch eigenständigen und gezielten Einsatz von einzelnen Bremsen beispielsweise die Fahrstabilität wieder herstellen kann, ist ja bekannt. Derselbe Bremseingriff kann auch durchdrehende Räder beim Anfahren auf einem Untergrund mit wenig Grip verhindern. Die Raddrehzahlsensoren liefern entsprechende Signale, um den Reifendruck über den veränderten Abrollumfang eines platten Reifens zu erfassen. Dasselbe Signal wird auch zur Geschwindigkeitserfassung verwendet. Nicht nur der Tachometer wertet das Signal dann zur Fahrerinformation aus, auch die Lenkung verändert ihr Ansprechverhalten geschwindigkeitsabhängig.

Lenkung:
Was soll schon an einer Zahnstangenlenkung Besonderes sein? Mehr ist ja zuerst einmal nicht erkennbar. Kein Behälter für Servoöl, keine Servopumpe am Motor zu entdecken. Die Lenkung im Smart 453 wird über einen Elektromotor unterstützt, allerdings nicht nur das. Der Motor wird sehr sensibel je nach Anforderung angesteuert. So wird beim Rangieren wenig Kraftaufwand vom Fahrer benötigt, um die Räder mit einem hohen Unterstützungsmoment einzuschlagen. Bei Fahrten auf der Autobahn wird das Unterstützungsmoment zurückgefahren, um eine gute Rückmeldung der Fahrbahn an den Fahrer zu ermöglichen. Gleichzeitig wird aber auch eine dauerhafte Lenkkorrektur erfasst. Diese kann durch Ansteuern des Elektromotors Einflüsse wie Seitenwind merklich reduzieren.

Verdecksystem

Komponenten im System

Es sieht eigentlich einfach und sehr übersichtlich aus. Die Technik liegt aber gut versteckt hinter Verkleidungen und auch im Dach selbst.

Bedienung auch während der Fahrt:
Das Kassettensystem im Smart ermöglicht, wie bei anderen Fahrzeugen die mit ähnlichen Systemen arbeiten, eine Verdecköffnung während der Fahrt. Die Verdeckspriegel werden rechts und links in den Hol-

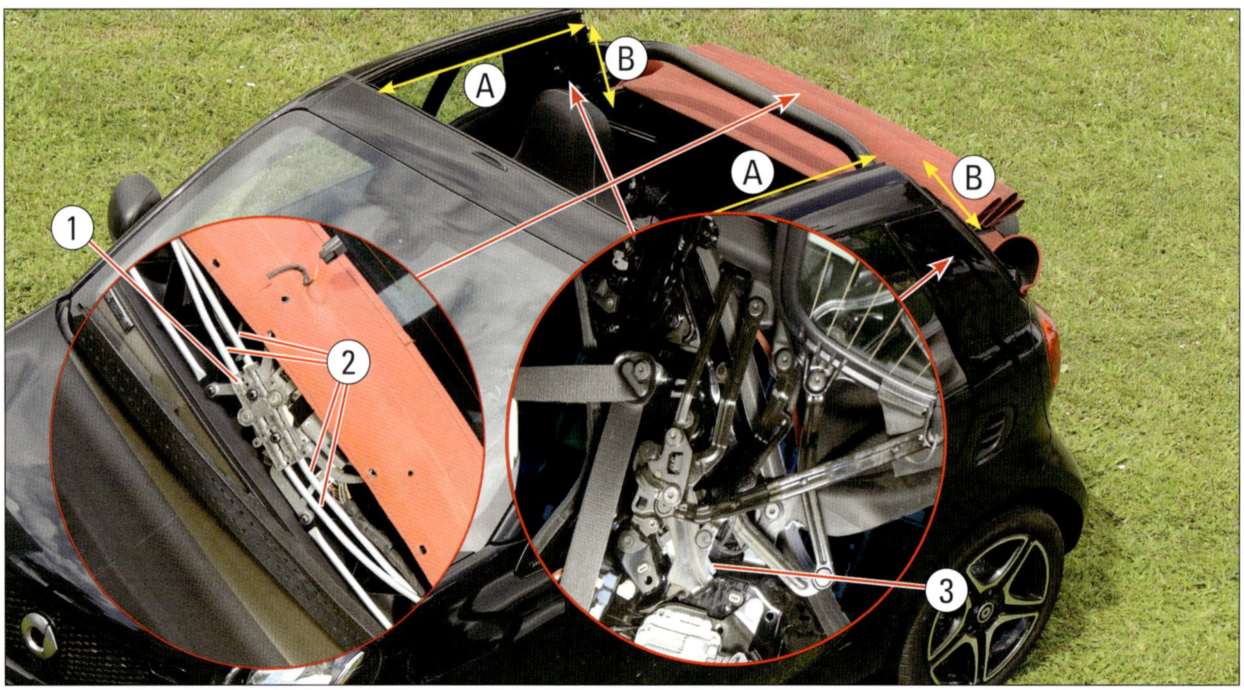

Antriebsmotoren für das Verdeck: *A Bewegungsrichtung des Verdecks oben, B Bewegungsrichtung Heckverdeck, 1 Antriebsmotor Verdeck oben, 2 Führung Antriebsseil, 3 Antriebsmotor in der B-Säule (rechts und links).*

men geführt und können nicht so leicht vom Wind erfasst werden, wie bei Verdecksystemen mit einem klappenden Verdeckgestell.

Keine Notschließung möglich:
Anders als bei Verdecksystemen mit hydraulischer Steuerung wird die Verdeckbewegung mit insgesamt drei Elektromotoren realisiert. Die beiden Bewegungsrichtungen (A und B im Bild links) werden durch den Motor in der Verdeckkassette (1) sowie den beiden Motoren in der B-Säule (3) angesteuert. Zum einen ist es sehr wichtig, dass die Antriebsseile (2) und auch die beiden Motoren in der B-Säule genau aufeinander abgestimmt laufen. Zum anderen ist keiner der Motoren so weit zugänglich, dass eine Handbedienung gefahrlos möglich ist. Bei Ausfall des Verdecksystems bleibt also lediglich einen Parkplatz zu suchen und das Überziehen einer Halbgarage, um das Wasser abzuhalten.

Sensorik für Verdecklage und Holme:
Die Verdeckbetätigung wird durch Positionssensoren für das Heckverdeck, die Seitenholme und die Stromaufnahme der Motoren überwacht. Gerade Letzteres klingt zuerst einmal ungewöhnlich. Genau das ist es aber nicht. Fensterheber arbeiten nach genau diesem Prinzip schon seit mehreren Jahrzehnten sehr zuverlässig. Natürlich können hier auch Störungen oder Schäden auftreten. Die Wartung spielt hier wie bei den meisten Komponenten bei Fahrzeugen eine wichtige Rolle. Details hierzu werden wir im Kapitel »Pflege und Werterhalt« und im Kapitel »Verdeck« genauer betrachten.

Verdeckreparaturen:
Markant schon von außen sind die hochwertigen Verdecke aus Stoff auf den Fahrzeugen. Neue Verdeckstoffe lassen sich durchaus schon für um 800 Euro im Zubehör und beim Sattler erstehen. Ein Schaden muss also nicht zwingend dauerhaft mit Gewebeklebeband notrepariert bleiben. Die Montage werden wir im Kapitel »Verdeck« genauer betrachten. Der Smart Cabrio erlaubt unterschiedliche Stufen der Frischluftzufuhr von oben.

Typischer Verdeckfehler:
Nicht nur die Motorisierung des Smarts hat zugenommen, sondern auch die Fahrgeschwindigkeit. Quittiert wird das beim Cabrio oft mit brüllendem Verdeck. Eine Gegenmaßnahme dazu stellen wir vor.

Faltdach offen: *das Verdeck (Faltdach) vorne.*

Vollöffnung des Verdecks: *Faltverdeck und Heckverdeck sind auf der Heckklappe abgelegt. Die Holme sind ausgebaut und sicher verstaut.*

Verdeckstellungen

Drei Verdeckstellungen werden beim Smart 453 wie schon beim Vorgänger vorgegeben und alle zeigen ein eigenes »Frischluft-Erlebnis«.

Faltdach offen (Bild oben): In der ersten Stufe wird das Faltdach oben zurückgefahren.

Vollöffnung (Bild unten): Die zweite Stufe legt das zurückgefahrene Faltdach und das Heckverdeck auf dem Kofferraum ab. Achten Sie darauf, dass Gegenstände im Gepäckraum nicht zu hoch gestapelt sind. Es könnten beim Öffnen oder Schließen des Heckverdecks die Gegenstände im Kofferraum und/oder das Verdeck beschädigt werden. In der letzten Stufe können dann die Dachholme entnommen werden. Die Dachholme sind nicht verschlossen. Bei geöffnetem Verdeck ist der Diebstahl der Seitenholme möglich. Demontieren Sie deshalb die Seitenholme und verstauen Sie sie im Gepäckraum oder schließen Sie das Verdecksystem.

Targastellung des Verdecks (Bild rechts): Nach dem Herausnehmen der Seitenholme kann das Heckverdeck wieder geschlossen werden. Das Herausnehmen der Dachholme ergibt auch eine Besonderheit, die so genannte Targastellung.

Verdeck öffnen und schließen

Das Verdeck kann sowohl per Schlüssel als auch von innen per Schalter in der Mittelkonsole geöffnet werden. Das Verschließen ist aus Sicherheitsgründen nur mit den Schaltern im Innenraum möglich.
Das Dach kann sowohl bei stehendem und bei fahrendem Fahrzeug geöffnet und geschlossen werden.

Öffnung per Schlüsseltasten:
Die Verdecköffnung ist eine gute und schnelle Möglichkeit, einen aufgeheizten Innenraum im Sommer auf erträgliche Temperaturen abzukühlen.

- Drücken Sie etwa zwei Sekunden auf die Taste zur Verdecköffnung. Das Verdeck öffnet sich vollständig.

Öffnung per Schalter in der Mittelkonsole:

- Stecken Sie den Zündschlüssel ins Zündschloss und drehen Sie ihn auf die Stellung 1.
- Drücken Sie entweder kurz auf die Taste zur Verdecköffnung in der Mittelkonsole oder halten Sie die Taste gedrückt, bis das Faltdach vollständig geöffnet ist.

***Targastellung des Verdecks:** Faltverdeck ist offen, die Seitenholme ausgebaut und das Heckverdeck geschlossen.*

Heckverdeck öffnen und schließen

- Öffnen Sie das Faltverdeck vorne.
- Stecken Sie den Zündschlüssel ins Zündschloss und drehen Sie ihn auf die Stellung 1.
- Drücken Sie auf die Taste zur Verdecköffnung in der Mittelkonsole oder halten Sie die Taste gedrückt bis das Heckverdeck vollständig geöffnet ist.

Dachholme ausbauen

- Öffnen Sie zumindest das Faltverdeck vorne und das Heckverdeck.
- Entriegeln Sie die Dachholme an der B-Säule nacheinander oben und nehmen Sie sie heraus.
- Verstauen Sie die Dachholme in der Verkleidung der Heckklappe.

Rad und Reifen

Rad- und Reifenkombinationen

Im Laufe der Jahre sind unzählige eintragungsfähige Rad- und Reifenkombinationen für den Smart 453 auf dem Markt, sodass es nicht sinnvoll ist einzelne Felgen, Radsätze oder Reifen im Detail vorzustellen.
Wir möchten Ihnen in diesem Abschnitt wichtige Grundlagen für die Umrüstung von Rädern und Reifen an die Hand geben.

Reserverad beim Smart:
Beim Smart sind unterschiedliche Bereifungen auf der Vorderachse und der Hinterachse montiert. Schon diese Tatsache macht die Wahl eines Reserverades schwierig. Hinzu kommt noch, dass eigentlich kein Platz für die Unterbringung eines Reserverades zur Verfügung steht. Entsprechend wichtig ist es, das Pannenset zumindest für längere Touren auf sein Ablaufdatum und Vollständigkeit zu prüfen.

Die Serienräder beim Smart 453
Um die Zulassungbedingungen und auch weitere Rad- und Reifenkombinationen für den Smart zu überprüfen, sollten Sie die Rad-Gutachten einsehen oder Ihren Händler oder TÜV-Prüfer Ihres Vertrauens befragen.

Bautyp/Typ	Reifen VA (HA)	Felgenbezeichnung VA (HA)
Fortwo Coupé 453342, 453344, 453362,	165/65 R15 81H (185/60 R15 84H)	5Jx15 ET: 32 (5.5Jx15 ET: 42)
Nur mit »Sportpaket« oder »Brabus Sportpaket«	185/50 R16 81H (205/45 R16 83H)	6Jx16H2 ET: 44 6.5Jx16H2 ET: 40

Felgen, Reifen und Dimensionen

Abmessungen an der Felge:
Als Größe wird der Durchmesser der Felge bezeichnet an der Stelle, auf dem der Reifen sitzt. Die Bezeichnung 6 J x 15 H2 zum Beispiel bezeichnet eine Tiefbettfelge »x« mit einer Breite von sechs Zoll und einem Durchmesser von 15 Zoll. Der Buchstabe »J« steht für die Form des Felgenhorns. »H2« weist eine an beiden Schultern der Felge rundumlaufende Erhöhung (Hump) hin. Sie verhindern, dass bei schneller Fahrt durch eine Kurve der Reifenwulst durch die Seitenkräfte von der Schulter der Felge ins Tiefbett gedrückt wird. Das Tiefbett ist für die Reifenmontage unerlässlich. Die Smartfelge weist vier Löcher in einem Lochkreis von 100 aus (LK 4 x 100).

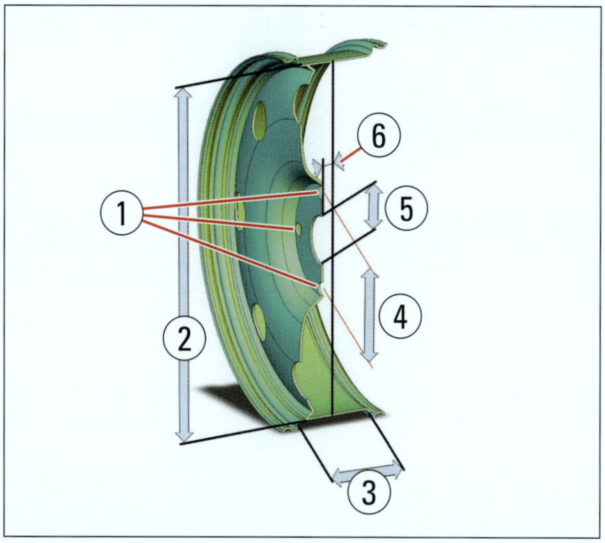

Abmessungen an der Felge: *1 Anzahl der Befestigungslöcher, 2 Durchmesser der Felge, 3 Felgenbreite, 4 Lochkreis, 5 Zentrierbohrung, 6 Einpresstiefe.*

Abmessungen am Reifen:
Natürlich sind auch einige Angaben und Abmessungen am Reifen zu beachten. Hinter der Bezeichnung 185/50 R 16 81H verstecken sich wichtige Angaben, die zu den technischen Angaben des Fahrzeugs passen. Achten Sie auf die Radlasten (Loadindex) und die zulässige Höchstgeschwindigkeit (Speedindex) bei der Bestellung neuer Reifen.

Kürzel	Bezeichnung	Abmessung
185	Breite der Reifenlauffläche (1)	185 mm
50	Höhe der Reifenflanke in % zur Reifenbreite (2)	50%
R	Lagerichtung des Reifengewebes (3)	Radial (dem Umfang folgend)
16	Felgendurchmesser (4)	16 Zoll
81	Loadindex (5) (Radlast pro Reifen)	462 kg
H	Speedindex (6) (zulässige Höchstgeschwindigkeit)	bis 210 km/h

Bezeichnungen am Reifen: *1 Anzahl der Befestigungslöcher, 2 Durchmesser der Felge, 3 Felgenbreite, 4 Lochkreis, 5 Zentrierbohrung, 6 Einpresstiefe.*

Anmerkung zur Rad- und Reifenkombination:
Rad und Reifen werden auch in der Kombination durch den Hersteller freigegeben oder durch den Radhersteller vorgegeben und durch den TÜV geprüft. Auch die Einpresstiefen müssen für den Einsatz an Vorderachse oder Hinterachse freigegeben sein. Es wird also gerade beim Neukauf von Felgen für die Winterräder sehr wichtig, einen Blick auf die genaue Bezeichnung der Felgen zu werfen.

Anmerkung zur Radlast:
Die Radlast muss mindestens der Hälfte der zulässigen Achslast entsprechen. Sie verteilt sich ja auf zwei Reifen. Sie darf auch höher ausfallen, aber niemals niedriger.

Anmerkung zur zulässigen Höchstgeschwindigkeit des Reifen:
Die zulässige Höchstgeschwindigkeit des Reifens muss die angegebene Höchstgeschwindigkeit des Fahrzeugs (»T« im Fahrzeugschein) übertreffen. Eine Ausnahme gibt es für Winterreifen. Die geringere Geschwindigkeit muss dann mit einer Plakette im Sichtfeld des Fahrers gekennzeichnet werden.

Investition in die Zukunft

Ohne das richtige Werkzeug geht nichts. Wenn Sie vorhaben sich intensiv um Ihr Auto zu kümmern, müssen Sie sich zunächst Gedanken um das nötige Handwerkszeug machen. Was Sie dazu unbedingt brauchen und wie Sie alles in der heimischen Garage unterbringen können, wollen wir Ihnen in diesem Kapitel zeigen.

Werkzeug und Ausrüstung

Egal, ob Sie nun häufig oder eher selten, aus purer Lust am Basteln oder um Geld zu sparen am Auto schrauben: Sie müssen dafür zuerst die richtigen Voraussetzungen schaffen. Leider ist das mit Kosten verbunden. Doch wenn Sie bedenken, was eine Arbeitsstunde in der Werkstatt kostet und dass hochwertiges Werkzeug fast ein Leben lang hält, rechnet sich die Investition früher oder später.

Was muss ich als Erstes anschaffen?

Beginnen Sie mit einem Ordnungssystem, bestehend aus einer stabilen Werkbank mit Unterschränken und einem abschließbaren Schrankaufsatz. Ohne ein Ordnungssystem und eine stabile Werkbank sollten Sie nicht beginnen, denn Ordnung und Sauberkeit sind beim Schrauben oberstes Gebot. Das Schöne daran: Das Ganze passt problemlos in eine normale Einzelgarage und bietet Ihnen auf Jahre die nötige Sicherheit. Bei einer Markenfirma kostet eine solche Kombination gerne einige Tausend Euro ohne Inhalt. Der lässt sich mit der Zeit ergänzen. Lassen Sie sich doch von nun an zum Geburtstag oder zu Weihnachten hochwertiges Werkzeug schenken, die Schränke werden sich schneller füllen als Sie denken.

GEFAHRENHINWEIS – Schrauben ist gefährlich

Ob nun reines Hobby oder beruflich: Das Schrauben birgt gewisse Risiken. Vom kleinen Kratzer bis hin zum tödlichen Unfall ist schon alles vorgekommen. Beachten Sie daher stets folgende Grundregeln:

- Benutzen Sie nur hochwertiges Werkzeug!
- Schrauben Sie möglichst immer von sich weg!
- Sichern Sie angehobene Lasten lieber doppelt!
- Sorgen Sie für ausreichende Belüftung!
- Tragen Sie wann immer möglich Schutzkleidung!
- Das gilt ganz besonders für die Augen!
- Wenden Sie niemals Gewalt an, meist gibt es eine andere, elegantere Lösung für das Problem!
- Sorgen Sie dafür, dass immer jemand in der Nähe ist!

Dass Essen, Trinken und offenes Licht sowie Zigaretten am Arbeitsplatz nichts verloren haben, setzen wir als selbstverständlich voraus. Lagern Sie aber auch keine Flüssigkeiten in Trinkflaschen. Selbst an destilliertem Wasser kann ein Mensch sterben! Und zu guter Letzt: Legen Sie sich zur Sicherheit einen Verbandskasten und einen Feuerlöscher bereit.

Woran erkenne ich gutes Werkzeug?

Gutes Werkzeug kann in der Regel nicht billig sein. Ein Ring-/Maulschlüssel kostet je nach Größe zwischen fünf und 15 Euro, sodass ein Satz mit den zehn gebräuchlichsten Größen schon auf rund 80 Euro kommt. Noch größer sind die Qualitäts- und Preisunterschiede bei den Steckschlüsselsätzen – oft auch Umschaltknarren mit Nüssen genannt.
Ein solider Kasten mit 19 Teilen und Verlängerungen kostet an die 200 Euro, hält dafür aber auch höchste Belastungen aus. Auch das Gewicht ist ein gutes Indiz: Je schwerer das Werkzeug ist, umso stabiler ist der Stahl. Nehmen Sie zum Vergleich ein paar Schlüssel in die Hand und achten Sie auf Maßhaltigkeit und die Oberfläche.

Was tun, wenn ich keine Garage habe?

Der ideale Ort zum Schrauben ist natürlich eine in sich abgeschlossene Garage – je größer umso besser. Aber auch wenn Sie lediglich über einen Stellplatz verfügen oder gar im Freien arbeiten müssen, gibt es eine Lösung: Ein Werkstattwagen (Seite 26) lässt sich nach getaner Arbeit leicht wegräumen. Zum Beispiel in den Keller. Nur allzu schwer beladen sollte er dann nicht sein. Achten Sie beim Kauf auf die Lagerung der Schubladen. Ein Werkstattwagen in Profi-Qualität kann ohne Inhalt um die 1000 Euro kosten.

Was kostet mich das alles?

Zunächst einmal viel Geld und bitte sparen Sie dabei nicht zu sehr. Ansonsten kostet es nämlich auch noch Ihre Gesundheit. Natürlich müssen Sie nicht auf Anhieb mit einer voll ausgestatteten Garage beginnen. Eine schrittweise Annäherung ist aber erstrebenswert. Wir haben die Ausstattung um einige pfiffige und günstige Hilfsmittel, z. B. aus dem Programm von Conrad Elektronik ergänzt, auf die wir später noch genauer eingehen.

Lohnt sich das denn?

Wir meinen: Ja! Wie viel Geld Sie letztendlich ausgeben wollen, bleibt Ihnen überlassen. Beachten Sie dabei aber einen Grundsatz: Weniger (dafür aber von hoher Qualität) ist mehr als viel (und dann bei niedriger Qualität auch viel kaputt). Rechnen Sie Ihr Werkzeug einfach über einen Zeitraum der nächsten 15 Jahre. So relativieren sich die höheren Preise recht schnell.

Die Grundausstattung

Grundsätzlich sollten Sie niemals Werkzeug kaufen, weil es günstig ist. Oftmals ist auch bei kompletten Werkzeugsätzen nur ein kleiner Teil wirklich verwendbar. Auch dann, wenn Sie eine Werkzeugkiste im Set kaufen, sollten Sie sich im Klaren sein, dass Sie im nächsten Schritt, meist noch vor den ersten Arbeiten, zusätzliches Werkzeug nachkaufen müssen.

Der Werkzeugwagen (Bild oben rechts):
Sehr sinnvoll ist es, von Anfang an mit einem Werkzeugwagen anzufangen. Oftmals sind hier schon für 400 bis 600 Euro bereits die Basiswerkzeuge mit pas-

Werkzeugwagen mit Schubladen: *Werkzeugordnungssystem mit Ablagemöglichkeiten und kleiner Montagefläche.*

Stecknusssätze in unterschiedlichen Formaten: *1/4 Zoll, 3/8 Zoll und 1/2 Zoll mit kurzen und langen Stecknüssen.*

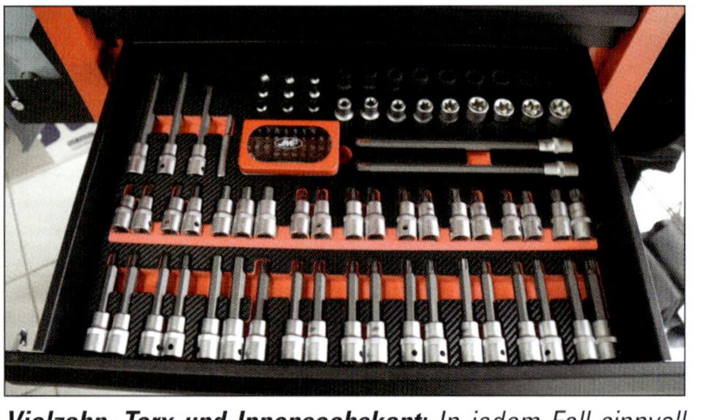

Vielzahn, Torx und Innensechskant: *In jedem Fall sinnvoll sind durchaus unterschiedliche Längen im Sortiment.*

Schlüsselsätze: *Gekröpfte Ringschlüssel, Gabelringschlüssel und Ratschenschlüssel griffbereit in einem Fach.*

Schlagen und Sägen: *Ein Fach mit Durchschlagsatz, Körner und Metallverarbeitungswerkzeugen ergänzt das Set.*

sender Werkzeugeinlage vorhanden. Achten Sie genau auf die Werkzeugbestückung. Leere Schubfächer können später auch mit Werkzeugeinlagen bestückt aufgefüllt werden.

Die Stecknusssätze (Seite 26 Bild links oben):
Ganz sicher sind hier zumindest an der Ratsche selbst recht schnell Qualitätsunterschiede feststellbar. Im Falle des Falles können Sie aber auch eine hochwertige Ratsche nachkaufen und in dem Einlagefach ersatzweise platzieren. Kontrollieren Sie die Stecknüsse regelmäßig auf Verschleiß oder Schäden. Ersetzen Sie beschädigte Teile sofort.

Vielzahn, Torx und Innensechskant (Seite 26 Bild rechts Mitte):
Zunehmend werden in neueren Fahrzeugen Schrauben mit Innenprofilen wie Torx, Vielzahn oder in der einfachsten Variante als Sechskant verbaut. Der Vorteil der Schrauben liegt in den kleinen Außenabmessungen und dem vergleichsweise hohen Anzugdrehmoment, soweit Werkzeug und Schraube intakt sind. Gelegentlich werden Sie auch hier Sonderwerkzeuge nachkaufen müssen. Die Torxsteckeinsätze gibt es nicht nur mit sechs Zähnen, sondern auch mit fünf und ab und an auch mit Loch zur besonderen Sicherung.

Schlüsselsätze (Seite 26 Bild links unten):
Unterschiedliche Schlüsselsätze sind kein Luxus, sondern durchaus sinnvoll. Oftmals sind es nur wenige Millimeter, die an Platz fehlen, um eine Verschraubung lösen zu können. Hier kann schon ein anderer Winkel des Schlüssels sehr entscheidend sein. Im Laufe Ihrer Schrauberzeit werden sicher auch der eine oder andere Schraubenschlüssel, der für Spezialaufgaben umgefertigt worden ist, dazukommen. Auch hierfür muss im Werkzeugwagen ein Fach vorhanden sein.

Schlagen und Sägen (Seite 26 Bild rechts unten):
Diese Sparte wird oft vergessen. Die Werkzeuge für die »ganz normale« Metallbearbeitung gehören auch in jeden Werkzeugwagen. Auch hier ist es sehr wichtig, dass die Werkzeuge in Ordnung sind und regelmäßig überprüft, nachgeschärft oder erneuert werden. Diese Schublade muss meist dann geöffnet werden, wenn eine Verschraubung das Schrauben verweigert oder etwas abgerissen ist, was besser drangeblieben wäre. Dann muss das Werkzeug einsatzfähig sein. Das Nacharbeiten wird schon genug Nerven kosten und muss sich dann nicht noch auf das Werkzeug ausweiten.

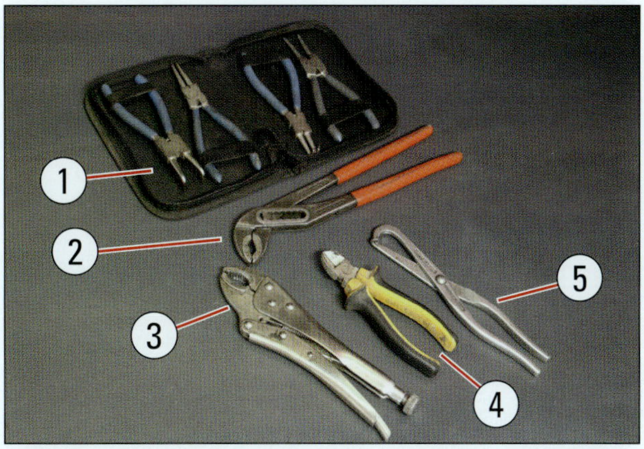

Zangen und Scheren: *1 Sicherungsringzangen, 2 Wasserpumpenzange, 3 Gripzange, 4 Seitenschneider, 5 Federzange.*

Hebe- und Unterstellwerkzeug: *1 Rollbrett, 2 Motorheber, 3 Unterstellböcke, 4 Wagenheber, 5 Auffahrrampen.*

Sinnvolle Ergänzungen Mechanik

Zur Erweiterung der Grundausstattung sind einige Werkzeuge erforderlich, die wir Ihnen im Folgenden in drei Sparten genauer vorstellen wollen.

Zangen und Scheren (Bild oben):
Ohne Zangen und Schneidwerkzeug geht es in der Fahrzeugreparatur nicht. Achten Sie hier darauf, ausschließlich Markenqualität zu kaufen. Billiges Werkzeug kann hier schnell vermeidbare Verletzungen verursachen. Ein Seitenschneider oder eine Schere müssen zuverlässig und sauber trennen können.

Hebe- und Unterstellwerkzeug (Bild unten):
Der klassische Scherenwagenheber sollte besser im Bordwerkzeug verbleiben, soweit er überhaupt noch vorhanden ist. Verwenden Sie am besten einen hydraulischen Wagenheber am besten mit einer Gummi-

auflage, um den Korrosionsschutz an den Anhebepunkten des Fahrzeugs nicht zu schädigen. Je höher der Wagenheber Ihr Fahrzeug anheben soll, umso teurer wird er auch in der Regel. Muss die Antriebseinheit raus, ist der Motorkran sehr hilfreich. Auch dieser ist heute recht erschwinglich, aber wie schon in früheren Zeiten nimmt der Motorkran sehr viel Platz in Anspruch. Kontrollieren Sie Ihr Hebewerkzeug regelmäßig auf Dichtigkeit und auf Druckfestigkeit. Absackende Hydraulik ist sehr gefährlich und muss ersetzt werden. Auch hier sollten Sie besser in hochwertigeres Werkzeug investieren.

Ergänzung zur Wartung und Pflege: *1 Sprühflasche mit Seifenlösung, 2 Glasreiniger, 3 Rostlöser, 4 Sprühfett, 5 Bremsenreiniger, 6 Lagerfett, 7 fusselfreie Putzlappen.*

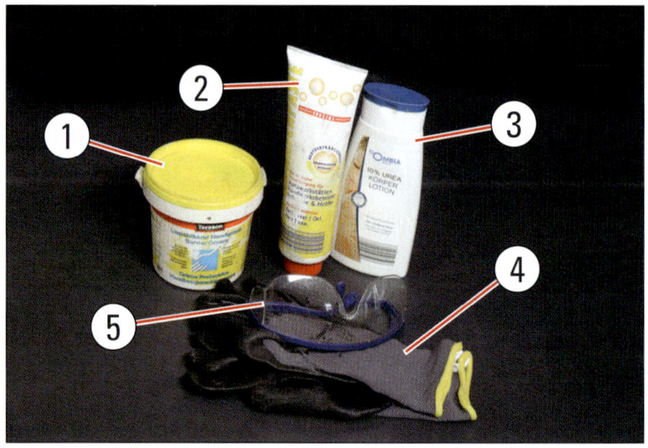

Augen-, Hand- und Hautschutz: *1 unsichtbarer Handschuh, 2 professionelle Handwaschpaste, 3 Pflegecreme nach der Arbeit, 4 Handschuhe, 5 Schutzbrille.*

Unterstellböcke (3 im Bild Seite 27 unten):
In Sachen Unterstellböcke ist Sparsamkeit der absolut falsche Weg. Sie können Ihre Lebensversicherung sein, wenn Sie unter einem angehobenen Fahrzeug arbeiten. Ein sicherer Stand und Einstellmöglichkeiten für die Höhe ist neben möglichst hoher Traglast ein wichtiges Kaufargument. Vier Unterstellböcke ermöglichen es auch, das Fahrzeug komplett anzuheben.

Auffahrrampen (5 im Bild Seite 27 unten):
Die Auffahrrampen sind eine gute Alternative, wenn unter dem Auto gearbeitet werden muss, die Räder aber montiert bleiben sollen. Das Fahrzeug steht sicher auf den eigenen Rädern, allerdings immer entweder hinten oder vorne höher.

Rollbrett (1 im Bild Seite 27 unten):
Das Rollbrett ist eine sehr große Arbeitserleichterung, wenn es um die Montage unter dem Auto geht. Im privaten Schrauberbereich steht eher selten eine Hebebühne zur Verfügung. Mit den Auffahrrampen oder Unterstellböcken ist das Arbeiten unter dem Auto aber durchaus möglich. Bei Verwendung von Unterstellböcken sollten Sie lediglich eine Achse anheben.

Ergänzungen zur Wartung und Pflege

Neben saugfähigen Lappen sind einige Werkzeuge und auch Spraydosen mit Reiniger, Rostlöser und Schmierstoffen sinnvoll. Eine Übersicht sehen Sie im Bild oben.

Rund um den Ölservice:
Wer den Ölwechsel selber machen möchte, sollte sich zumindest eine Ablasswanne, einige Trichter und einen Ölmessbecher anschaffen. Die Trichter können zum Einfüllen des Motoröls in den Motor und dem Einfüllen des Altöls in den leeren Kanister dienen. Den befüllten Ölkanister können Sie bei Ihrem Händler oder bei der Entsorgungsstelle für Sondermüll Ihres Landkreises zur fachgerechten Entsorgung abgeben.

Lösen, Schmieren und Reinigen:
Ohne die Helferlein aus der Sprühdose geht es eigentlich nicht. Ein guter Rostlöser (auch Kriechöl genannt) kann das Lösen verrosteter Verschraubungen deutlich erleichtern. Sprühfett oder gerne auch ein Kettenpflegespray aus dem Motorradbereich erreichen spielend leicht auch die schlecht zugänglichen Bereiche in Türschlössern oder Fangbändern.

Augen-, Hand- und Hautschutz:
Nicht zu vergessen der Schutz der Gesundheit. Grundsätzlich sollten Sie Augen, Hand und Haut bei den

meisten Arbeiten rund um die Fahrzeugtechnik vor den Einflüssen von chemischen Stoffe, scharfen Kanten oder losen Verschmutzungen schützen. Hierzu ist es sehr sinnvoll, die Hände und Arme mit einem »unsichtbaren Handschuh« einzucremen. Zum einen wird die Haut geschützt, zum anderen lassen sich die verschmutzten Hände später sehr einfach abwaschen. Die Schutzbrille ist nicht nur bei Maschinenarbeiten sinnvoll. Gerade am Unterboden finden sich schnell Partikel, die schnell im Gesicht und gerne auch im Auge landen. Schnittwunden durch scharfe Kanten oder Abrutschen beim Schrauben lassen sich durch Handschuhe weitgehend vermeiden. Nach getaner Arbeit ist es wichtig, die Haut wieder etwas aufzupäppeln, um Schäden und Rissbildung verhindern.

Sinnvolle Ergänzungen Elektrik

Für die Instandsetzung von Kabeln und Steckern ist Material zum Isolieren und natürlich auch zur Verbindung der Kabel zwingend erforderlich. So kann ein Schaden aus einem Marderbiss oder ein korrodiertes Anschlusskabel leicht selbst instand gesetzt werden. Ein so genanntes Krimpset zur Kabelreparatur ist durchaus schon für etwa 20 Euro erhältlich.

Sinnvolle Ergänzungen Diagnose

Natürlich führt auch kein Weg um die Messtechnik herum. Hier möchten wir Ihnen zwei sinnvolle Wege empfehlen. Für die Messungen von Spannung, Strom und Widerstand ein Vielfachmessgerät (auch Multimeter genannt) am besten ohne automatische Messwerteinstellung (Autorange) sowie einen Diagnosetester, der zumindest den Fehlerspeicher auslesen kann. Die meisten OBD-Scanner können leider nur die Steuergeräte rund um den Motor abfragen. Etwas teurer, aber mit deutlich mehr Funktionen ist die Diagnoselösung über das Laptop die bessere Wahl.

Sonderfall Karosserie

Dann wenn auch Arbeiten an der Karosserie in Angriff genommen werden sollen, werden Spezialwerkzeuge vom Karosseriebauhammer über Gegenhalter und Schlageisen erforderlich. Sicherlich sind in diesem Bereich aber noch einige Erfahrungen erforderlich. Verarbeitungspistolen für Unterbodenschutz und Hohlraum lassen sich zumindest im kleineren Rahmen durch Spraydosen ersetzen. Bei Schleifgeräte sollten Sie, wie

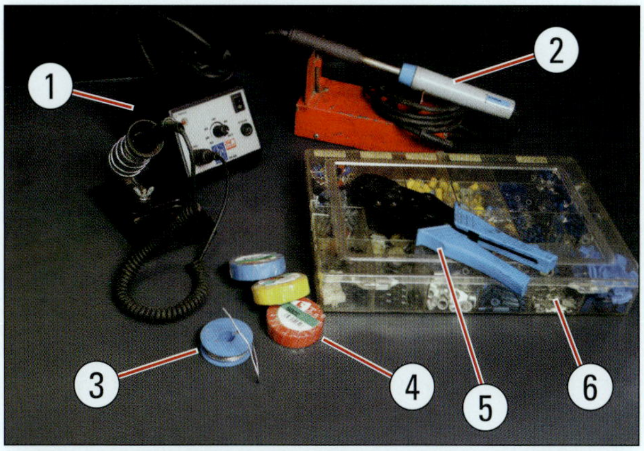

Ergänzendes Elektrowerkzeug: *1 Lötstation, 2 Lötkolben, 3 Lötzinn, 4 Isolierband, 5 Crimpzange, 6 Crimpstecker.*

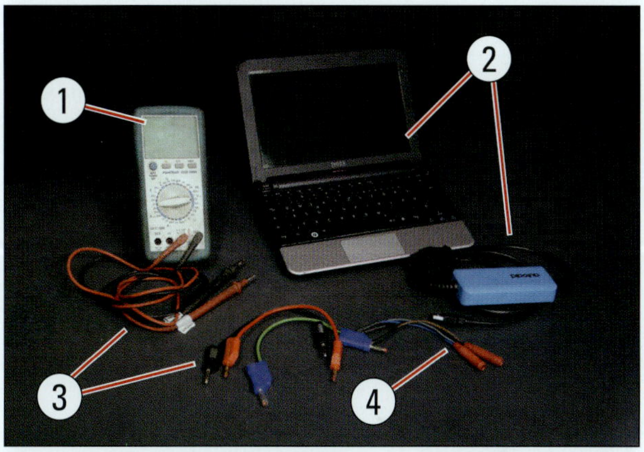

Ergänzendes Diagnosewerkzeug: *1 Multimeter, 2 Laptop mit Diagnosedongel, 3 Messkabel, 4 diverse Messadapter.*

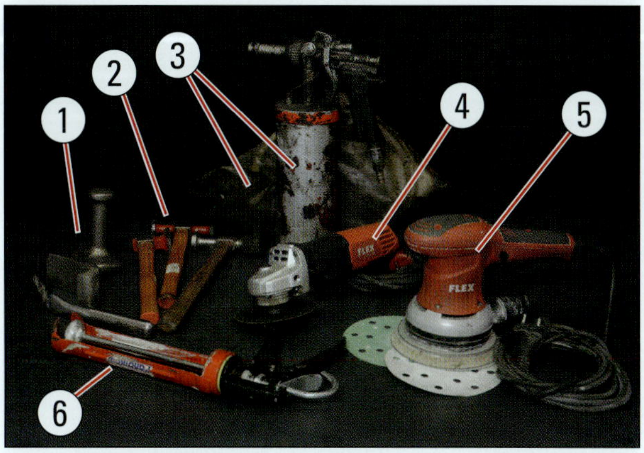

Sonderfall Karosserie: *1 Schlageisen, 2 Ausbeulhämmer, 3 Pistole und Hohlraumsondenset, 4 Winkelschleifer, 5 Exzenter-Schleifer mit Papier, 6 Kartuschenspritze.*

meist bei Werkzeugen die durchaus einige Jahrzehnte alt werden können, nicht beim Anschaffungspreis einsparen. Schließlich müssen auch nach Jahren noch die passenden Schleifmittel erhältlich sein.

Richtig Schrauben

So manchem Schrauber haben unlösbare oder abgerissene Schrauben die Laune schon gründlich vermasselt. Damit Sie nicht zu den Frustrierten gehören, verraten wir Ihnen an dieser Stelle ein paar Tipps und Kniffe.

Drehmomente beachten

Um eine notwendige Verbindungshaltekraft ausüben zu können, muss eine Schraube (Mutter) in dem ihr zugeordneten Innengewinde (Außengewinde) mit einem bestimmten Anziehdrehmoment festgezogen werden. Nur damit ist garantiert, dass die durch die Schraube (Mutter) zueinander verspannten Bauteile ausreichend fest sind und sich die Schraubverbindung nicht von alleine löst.

- Werden Schrauben/Muttern zu leicht angezogen, besteht die Gefahr, dass sich die Schraubverbindung lockert.
- Werden Schrauben/Muttern zu fest angezogen, werden ihre Gegengewinde »weich«; gefühlt ist die Schraubverbindung »fest«. Spätestens im Betrieb lockert sie sich und fällt ab.
- Werden Schrauben/Muttern bei der Montage zu fest angezogen, reißen bzw. brechen dabei aber (noch) nicht, dann aber spätestens im Betrieb.

Verschraubungsgröße	Anzugsdrehmoment
Schraube/Mutter M6	6 bis 10 Nm
Schraube/Mutter M8	15 bis 20 Nm
Schraube/Mutter M10	30 bis 40 Nm
Schraube/Mutter M12	55 bis 70 Nm
Schraube/Mutter M14	85 bis 100 Nm
Schraube/Mutter M16	120 bis 140 Nm

Profis zeichnen jede Schraube/Mutter, die sie mit dem vorgeschriebenen Drehmoment angezogen haben, mit einer Farbmarkierung. Sollte sich eine Schraubverbindung wider Erwarten öffnen, sieht man das an den zueinander verdrehten Farbstrichen!

Drehmomente beachten

Stahlschrauben, die in Aluminium gedreht werden, müssen mindestens mit der Länge des doppelten Schraubendurchmessers in das Innengewinde eingeschraubt werden (M6 also 12 mm). Noch besser ist die zweieinhalbfache Länge (bei M6 also 15 mm).

- Wenn man keine Schrauben in der passenden Länge bekommt und nur solche, die 5 mm zu kurz oder 20 mm zu lang sind, dann lieber die zu langen kaufen und auf passende Länge zurechtsägen. Lohn der (Säge-)Arbeit ist ein nicht ausreißendes Gewinde!
- Wenn Schmutz oder Reste von Schraubenkleber an der Schraube haften, diese mit einer Messingbürste reinigen. Eine scharfe Stahlbürste reißt die Oberflächen des Gewindes auf!
- Bei jeder Schraube, die wieder montiert werden soll, ihr Gewinde begutachten: Ist das Gewinde defekt (»überdreht«), ist sie reif für die Mülltonne.

Verschiedene Schrauben und Scheiben

- Unterlag- oder Wellenscheiben sollen zwischen Stahlmuttern und Aluminium gelegt werden, das verbessert die Flächenpressung und schont das Alu.
- Eine Federscheibe verhindert durch ihre beiden Zacken bis zu einem gewissen Maße das Lösen der Schraube/Mutter. Nur bei Stahl auf Stahl verbauen!
- In die Stoppmutter ist ein Kunststoff-Sicherungsring eingesetzt, der die Mutter auf dem Schraubgewinde »verklemmt« und damit sichert. Stoppmuttern sollen nur einmal, höchstens zweimal verwendet werden.
- Stahlmuttern mit fest angefügter Feinzahnscheibe sind eher selten, sie werden ohne zusätzliche Unterlegscheibe auf Alu oder Stahl verschraubt. Nach mehrmaliger Verwendung ist die Verzahnung »flach«, sichert also nicht mehr richtig.

Problemschrauben lösen

Verrostete Schraubverbindungen lösen:

- Bevor Sie eine festgerostete Mutter bzw. Schraube lösen, befreien Sie die überstehenden Gewindegänge von Schmutz und Rost. Die Vorarbeit ist sehr wichtig. Andernfalls wird nämlich die Reibung auf den Gewindeflanken so groß, dass Sie die Mutter regelrecht abwürgen müssen oder Ihnen kurzerhand der Gewindebolzen abschert.
- Säubern Sie das überstehende Gewinde mit einer Drahtbürste und sprühen es anschließend mit Rostlöser ein.
- Drehen Sie die Schraube vorsichtig (gerne auch mal hin und herdrehen) los und nehmen Sie sie ab.

Beschädigte Muttern oder Schrauben lösen:

- Wenn Sie mit dem Gabelschlüssel eine Sechskantmutter rund gedreht haben oder die Anlageflächen bereits vom Rost zerfressen sind, ist Gewalt häufig das letzte Mittel.
- Bei kleineren Muttern hilft ab und an noch eine stabile Gripzange. Häufig greifen Sie damit noch den angefressenen Sechskant und lösen die Mutter dann per Zange.
- Hilft das nicht weiter, sprengen Sie die Mutter mit einem scharfen Meißel. Werkstätten zerstören widerspenstige Exemplare häufig mit einem Muttersprenger.
- Gut zugängliche Muttern können Sie entlang des Gewindes mit einer Metallsäge aufsägen.
- Als letzte Möglichkeit bleibt das Abschneiden mit dem Winkelschleifer.

Beschädigte Muttern oder Schrauben lösen:

- Ehe Sie ein Werkzeug ansetzen, befreien Sie das Sackloch auf dem Schraubenkopf von Schmutz.
- Zum Lösen solcher Schrauben eignen sich am besten Steckeinsätze mit langem Sechskant bzw. Vielzahn.
- Im Gegensatz zu gebräuchlichen Winkelschlüsseln (bei denen die Kraft immer schräg ansetzt) vertragen Steckeinsätze auf der Adapterseite auch einen Hammerschlag. Der Schlag, im Notfall sogar direkt auf den Schraubenkopf, lockert meistens die Schraube ein wenig und erleichtert das Lösen.

Innensechskant um Torx und Vielzahn:

- Schon nach relativ kurzer Zeit können Schrauben so fest sitzen, dass Sie einen normalen Schraubendreher damit schlichtweg überfordern. Bei Kreuzschlitzschrauben kommt erschwerend hinzu, dass der Schraubendreher auch bei starkem Gegendruck aus dem Kreuzschlitz wandert. Schon nach wenigen Versuchen ist der Schraubenkopf vermurkst.
- »Festgebackene« Schrauben versuchen Sie zunächst mit einem knackigen Hammerschlag auf den Schraubenkopf zu lösen. Dadurch trennen sich oft schon die Gewindegänge. Wenn Sie den Schraubenkopf nicht direkt mit dem Hammer erreichen, setzen Sie einen passenden Schraubendreher mit stabilem Griff und am bestem mit einem durchgehenden Eisenkern an und traktieren die Verbindung mit Schlägen auf den Griff.

In der Werkstatt

Nicht alle Arbeiten werden Sie trotz Anleitung in Eigenregie angehen wollen. Oftmals reichen die Informationen schon, um sich gegen die Arbeit in Eigenleistung zu entscheiden. Dann wissen Sie aber, was der Werkstatt oder besser dem Mechaniker nun bevorsteht.

Was braucht die Werkstatt

Aufgrund der vielen Ausstattungsvarianten und verfügbaren Extras ist die genaue Bestimmung des Fahrzeuges für die Ersatzteilbeschaffung nicht immer nur über die Fahrgestellnummer möglich.

Unterlagen und Informationen:

- Schlüsselnummern (Hersteller und Typ)
- Zulassungsdatum
- Motorisierung
- Fahrgestellnummer
- Radiocode
- Infos und Unterlagen zum verbauten Zubehör oder Sonderumbauten oder Tuningmaßnahmen.

Griffbereite Unterlagen (im Fahrzeug):

- Fahrzeugschein mit HU und AU Bescheinigung.
- Serviceheft, auch dann wenn Sie ein herstellerungebundenes Serviceheft verwenden.
- Adapter für die Felgenschlösser (soweit verbaut).
- Alle Schlüssel (falls eine neue Codierung erforderlich werden sollte).

Eine klare Auftragserteilung

Um möglichst ohne Missverständnisse eine Auftragsformulierung und eine Rechnungstellung ohne Überraschungen hinzubekommen. Sie sollten sich auf die Fahrzeugübergabe gut vorbereiten. Wir geben Ihnen im Folgenden einige Punkte vor, die helfen können, Streitigkeit im Vorfeld schon zu vermeiden.

Eine gute Fehlerbeschreibung:

Mit Hilfe der folgenden W-Fragen können Sie eine mögliche Fehlfunktion Ihres Fahrzeuges recht eindeutig beschreiben. Machen Sie sich durchaus Notizen, um im Auftragsgespräch nichts zu vergessen.

Diese W-Fragen sind mit leichten Abwandlungen auf nahezu alle Probleme anwendbar. Möglicherweise finden Sie den Fehler auch selbst, wenn Sie die richtigen Fragen stellen und abarbeiten. Es sind oft die Kleinigkeiten, die in einer Schilderung den richtigen Weg weisen.

- **Wann** tritt das Problem häufig oder immer auf? Schildern Sie das Auftreten des Fehlers mit beispielhafter Fahrtstrecke, eventuell mit einer Außentemperatur, wenn diese etwas verändert. Beschreiben Sie auch den Betriebszustand Ihres Fahrzeugs.
- **Wie** kann man das Problem verstärken oder abschwächen? Welchen Einfluss haben Lastwechsel? Kurvenfahrten? Bewirken die Motortemperatur, Beschleunigen oder Bremsen eine Veränderung?
- **Wo** kommt das Geräusch her? Es macht durchaus Sinn die eigene Einschätzung, eine Idee oder das was Sie selbst schon nachgesehen haben zu schildern.
- **Was** haben Sie schon selbst dagegen unternommen? Schildern Sie ruhig alles vom Ausräumen bis Abdämmen und Umbauen. Auch die Auswirkungen oder Veränderungen hieraus können hilfreich sein.

Umfang und Auftrag abstecken:
Es kann viel schief laufen bei einer Fahrzeugreparatur. Streitigkeiten sind aber in den meisten Fällen vermeidbar. Erteilen Sie Arbeitsaufträge grundsätzlich schriftlich und treffen Sie mündlich keine »Nebenabreden«. Eine schriftliche Auftragsbestätigung gibt im Falle eines Falles Rechtssicherheit. Für beide Seiten. Nehmen Sie in Absprache die Antworten auf Ihre W-Fragen mit in Ihren Auftrag auf. Um nicht mit einer Reparaturrechnung konfrontiert zu werden, die weit über dem Erwarteten liegt, sollten Sie der Werkstatt grundsätzlich ein Kostenlimit auferlegen und darauf bestehen kontaktiert zu werden, wenn der Kostenrahmen überschritten wird oder weitere Arbeiten erforderlich sind. Geringfügige Abweichungen bis zu 10% des Kostenvoranschlages können grundsätzlich hingenommen werden. Auch der Fertigstellungstermin sollte klar abgesprochen werden. Schließlich muss nicht nur die Werkstattauslastung verplant werden, sondern Sie müssen auch schauen, wie Sie die Abwesenheit Ihres eigenen Fahrzeuges ausgleichen. Um eine Reparaturverzögerung vermeiden zu können, sollten Sie auch erreichbar sein. Eine Telefonnummer oder auch eine E-Mail-Adresse, die erreichbar ist oder einen Rückruf oder eine Rückmail erlaubt, ist hier sehr hilfreich.

Wenn es doch zu Differenzen kommt

Versuchen Sie, den Vorgang noch einmal mit dem Verantwortlichen sachlich durchzugehen, eventuell auch unter Beteiligung des Mechanikers oder Meisters. Normalerweise wird kein Werkstattbetrieb in Eigenregie einen Auftrag erweitern oder unnötige Kosten produzieren. Gehen Sie immer zuerst davon aus, dass es sich um ein Missverständnis handelt, und klären Sie alle Fakten die zum Auftrag, der Rechnungsstellung und auch zu der Reklamation geführt haben. Vieles lässt sich einfach klären. Dieses Gespräch sollte in einen separaten Raum stattfinden und nicht vor weiteren Kunden. Für das Unternehmen kann es sehr schädlich sein, wenn laute Streitereien vor der Kundschaft ausgetragen werden, entsprechend wird die Reaktion ausfallen. Nehmen Sie ruhig sachkundige Verstärkung mit, Ihr Gegenüber wird auch nicht alleine sein. Ein Zeuge kann später sehr wichtig sein. Sollte das nicht das gewünschte Ergebnis bringen, haben Sie noch die Möglichkeit, ein Schlichtungsverfahren einzuleiten. Jedenfalls bei Betrieben, die der Handwerkskammer angehören.

Checkliste Werkstattauftrag

PRAXISTIPP

Klären Sie diese Punkte mit Ihrer Werkstatt des Vertrauens, um Streitigkeit aus dem Wege zu gehen:

- Wie kommt das Auto in die Werkstatt?
- Wo sind die notwendigen Fahrzeugpapiere?
- Kann ich auf die Fertigstellung warten?
- Kann ich einen Leihwagen bekommen?
- Bis wann erfolgt die Fertigstellung?
- Sind Kostenrahmen und Reparaturumfang klar?
- Sind Kontaktmöglichkeiten zwischen mir und der Werkstatt bekannt?
- Habe ich eine schriftliche Auftragsbestätigung erhalten?
- Wie soll die Bezahlung erfolgen?

Smart Waschtag

Sein eigenes Auto zu pflegen macht Spaß. Sie sichern damit nicht nur den Wert, sondern lernen Ihr Auto auch bis in den letzten Winkel kennen. Das ist die ideale Voraussetzung, wenn wir später beginnen wollen Teile zu demontieren. Das Verdeck stellt auch besondere Ansprüche an die Pflege.

Wagenpflege und Werterhalt

Ein Auto zu besitzen ist für die meisten Menschen weitaus mehr als nur eine bequeme Alternative zu Straßenbahn oder Fahrrad. So auch für Sie. Schließlich haben Sie sich bewusst für ein bestimmtes Modell entschieden, in Ihrer Lieblingsfarbe und mit genau den Ausstattungsmerkmalen, die Sie mögen. Der Lack funkelt in der Sonne, der Innenraum riecht angenehm. Da stellt sich zu Recht ein gewisser Besitzerstolz ein, zumal ein Auto auch eine hübsche Stange Geld kostet. Diesen Wert gilt es zu erhalten, denn vielleicht kommt der Tag, an dem Sie sich doch von Ihrem Schmuckstück trennen wollen oder müssen. Dann geht es um Bares und wie so oft im Leben zählt hier der erste Eindruck. Und stellen Sie sich einfach vor, Sie müssten ein jahrelang vernachlässigtes Auto vor dem Verkauf in Form bringen. Eine Wahnsinnsarbeit, nur für den Käufer! Also pflegen Sie Ihr Auto regelmäßig. Sie werden sehen, das macht sogar Spaß! Wie das am besten geht und was Sie dabei beachten müssen, erfahren Sie hier.

Putzen gefährdet die Umwelt

GEFAHRENHINWEIS

Ausnahmsweise gilt dieser Gefahrenhinweis nicht Ihnen, sondern der Umwelt. Den Wagen vor der eigenen Haustür zu waschen ist längst nicht mehr überall erlaubt und das aus gutem Grund: Mit dem Abwasser können gefährliche Stoffe in das Grundwasser gelangen. So zum Beispiel Öl oder Chemikalien, die Sie zum Reinigen verwenden. Auch der Trinkwasserverbrauch ist nicht zu unterschätzen. In Waschanlagen werden diese Stoffe durch Abscheider aufgefangen und das Wasser mehrmals aufbereitet und erneut verwendet. Auch die verschmutzten Lappen sind im Grunde genommen Sondermüll, besonders wenn Sie damit dicke Ölkrusten beseitigt haben. Wir raten Ihnen deshalb, grundsätzlich einen ausgewiesenen Waschplatz aufzusuchen. Am besten einen, der überdacht ist, so müssen Sie auch nicht darauf achten, dass Ihnen die Sonne unter Umständen hässliche Wasserflecken in den Lack brennt. Und Sie sind unter Ihresgleichen: Autoliebhaber, die ihr Fahrzeug nicht nur als Fortbewegungsmittel sehen, sondern es mit Hingabe pflegen. Also ein guter Ort für Benzingespräche.

Hand oder Maschine? *Natürlich haben beide Vorgehensweisen Vor- und Nachteile – Sie müssen entscheiden!*

Waschanlage oder Handwäsche?

Eine der wichtigsten Fragen, die eben so heiß wie häufig diskutiert wird. Und leider können auch wir keine eindeutige Antwort darauf geben. Einerseits ist die Maschinenwäsche natürlich die bequemste Variante und auch in Sachen Umwelt erste Wahl, andererseits haben die Vertreter der Handwasch-Fraktion natürlich recht, wenn sie vor Kratzern und anderen Beschädigungen warnen. Denn natürlich gehen in Waschanlagen manchmal Außenspiegel zu Bruch oder die Bürsten hinterlassen auf dunklen Lacken leichte Kratzer. Das passiert allerdings nur bei schlecht gewarteten oder veralteten Anlagen, aber auch genauso, wenn der Schwamm bei der Handwäsche nicht sauber ist. Wie die meisten Fahrzeuge hat auch die Karosserie Ihres Smarts viele tückische Stellen. Dazu gehören zum Beispiel die Falze und Kanten an den Türinnenseiten oder auch am Kofferraum. Die Reinigung in der Waschanlage allein kann also zu unbefriedigenden Resultaten führen, und Sie müssen am Ende ein paar Stellen doch von Hand nachputzen.

Schadet häufiges Waschen dem Lack?

Heutige Lacke sind außerordentlich resistent gegen Umwelteinflüsse. Sie müssen selbst bei relativ frisch lackierten Teilen (zum Beispiel nach einer Unfallreparatur) keine Angst haben. Die größere Gefahr geht von Vogelkot, Insekten oder Pflanzensäften aus, die den Lack mit der Zeit angreifen. Also am besten gleich abwaschen!

Hilfsmittel und Putzutensilien

Egal, ob Sie nur von Hand waschen oder Ihren Wagen zunächst durch eine Waschanlage jagen – Sie brauchen in jedem Fall noch ein paar Dinge, um Ihr Schmuckstück perfekt in Form zu bringen. Denn auch die beste Waschanlage lässt manchmal ein paar Stellen aus. Am besten entfernen Sie mit einer gründlichen Vorbehandlung hartnäckige Verunreinigungen und warten dann mit Schwamm und Leder bewaffnet am Ausgang der Waschanlage, um sofort nacharbeiten zu können.

Und natürlich sollten Sie sich bei dieser Gelegenheit auch gleich den Stellen widmen, die eine Waschanlage niemals erreichen kann: Hierzu zählen beispielsweise die Innenseiten der Scheiben oder auch die Einstiegsleisten. Wir haben darum für Sie hier die wichtigsten Utensilien zusammengestellt, die Sie beim Waschgang unbedingt parat haben sollten.

Reinigungsmittel Außen: *1 Schwamm für Felgen, 2 Autoshampoo, 3 Insektenentferner, 4 Felgenreiniger, 5 Tiefenpfleger für Kunststoffe, 6 Glasreiniger, 7 Reifenglanzspray, 8 Gummierte Handschuhe, 9 lange Handschuhe, 10 Flaschenbürste für enge Stellen, 11 Waschbürste, 12 Leder zum Trocknen, 13 Putzlappen, 14 Lappen für ölige Stellen, 15 Schwamm für die Lackflächen.*

Materialien für die Nacharbeiten

Für die schon oben erwähnten Nacharbeiten nach der Waschstraße im Bereich des Türeinstiegs und der Türrahmen oben, sollten Sie in einer Plastiktüte einen sauberen Lappen (13 im Bild oben) sowie ein Spray oder Sprühflasche mit Seifenwasser (2 im Bild unten) griffbereit haben. So können Sie dann mit etwas Feuchtigkeit die verblieben enSchmutzreste leicht entfernen.

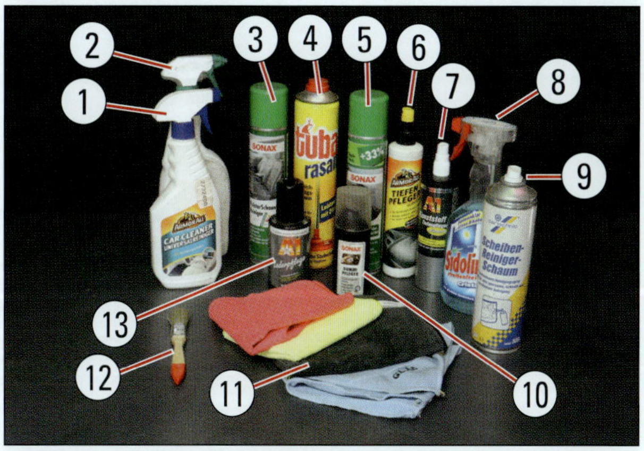

Reiniger für den Innenraum: *1 Universal-Innenreiniger, 2 Wasser/Seife-Gemisch in einer Sprayflasche, 3 Polsterreiniger, 4 Teppichreiniger, 5 Cockpitspray, 6 und 7 Tiefenpfleger für Kunststoff, 8 Glasreiniger, 9 Scheibenschaum, 10 Gummipflegemittel, 11 unterschiedliche Lappen für unterschiedliche Reiniger, 12 Pinsel für Lüftungsdüsen und schlecht zugängliche Bereiche, 13 Lederpflegemittel.*

Materialien für die Karosserie außen

Die Karosserie außen wird fast jeden Tag durch Staub und Dreck sowie Salz, kleine Steine und nicht zu vergessen Insekten beaufschlagt. Wir haben Ihnen die wichtigsten Utensilien im Bild oben zusammengestellt. Die Wäsche außen soll entsprechend nicht nur lackschonend die Anhaftungen entfernen helfen, sondern am besten nach der Wäsche eine Schutzschicht und vielleicht sogar etwas Konservierung auftragen. Gerade die schärferen Chemikalien wie den Insektenentferner und auch den Felgenreiniger sollten Sie niemals in der Sonne auftragen und sich genau an die angegebenen Einwirkzeiten halten. Es können sehr schnell sogar Schäden durch Verfärbung oder Ablösung von Lack entstehen. Die Bedienungsanleitung ist hier sehr wichtig.

Materialien für den Innenraum

Das Bild unten zeigt Ihnen unsere Auswahl der wichtigsten Reinigungsmittel für den Innenraum. Nicht alles, was sich versprühen lässt, ist auch für die Innenraumreinigung geeignet. Achten Sie darauf, dass die Reiniger für den Innenraum von

Fahrzeugen geeignet sind. Hier geht es nicht nur um vermeidbare Verfärbungen oder andere optische Schäden, sondern es muss sichergestellt sein, dass die Reiniger keine Verkleidungsteile um die Airbageinheiten oder andere Materialien nachhaltig schädigen. Auf Lösungsmittel wie Bremsenreiniger oder Verdünnung sollten Sie grundsätzlich verzichten.

Vorbehandlung

Vor einer gründlichen Reinigung sollten Sie Ihren Wagen auch einer gründlichen Vorbehandlung unterziehen. Widmen Sie sich akribisch den großen Flächen der Karosserie. Inspizieren Sie gleichzeitig die gesamte Karosserie auf Kratzer. Später gehen wir darauf ein, wie Sie Ihr Fahrzeug vor Kleinschäden mit relativ geringem Aufwand und vor allen Dingen vertretbaren Kosten schützen oder auch kleine Schäden instand setzen können.

***Felgenreinigung als Vorarbeit:** Gerade dann, wenn die Felgen stark verschmutzt sind oder der Schmutz stark anhaftet, sollten Sie die Felgen mit Felgenreiniger vorbehandeln.*

***Insekten entfernen:** Chemisch anlösen und mit viel Wasser und Schaum gründlich abwaschen. Am besten sollten Sie jedes Kratzen oder mechanisches Lösen vermeiden.*

Frühlingsspecial

Unterbodenwäsche:
Zumindest die erste Wäsche im Frühjahr sollten Sie am besten in der Waschstraße erledigen. Ein klarer Vorteil liegt in der Unterbodenwäsche. Gönnen Sie Ihrem Fahrzeug eine gründliche Dusche auch gerade am Unterboden, um die Streusalzreste und den Dreck von Herbst und Winter gründlich zu entfernen.

Reinigung der Winterräder:
Egal ob Stahl- oder Alufelgen: Die Räder, die in der kalten Jahreszeit für sicheres Fortkommen sorgen sollen, werden deutlich mehr mit Steinchen und natürlich auch Salz beaufschlagt. Korrosion ist für diesen Radsatz ein größeres Thema. Umso wichtiger ist es, die Räder vor der Einlagerung gründlich zu reinigen und natürlich auch auf Zustand und Profiltiefe zu überprüfen.

Bei Waschstraße oder Handwäsche

Ob Sie die Fahrzeugwäsche von Hand angehen oder durch die Waschstraße fahren, die Vorarbeit ist gleichermaßen wichtig. Sind die Felgen sauber und die Insektenleichen schon gelöst oder bereits entfernt, wird die Reinigung deutlich erleichtert. Das kann das Ergebnis deutlich verbessern.

Felgendreck und Mückenreste:
Wie auch bei den Winterrädern, sollten Sie die Felgen vor der eigentlichen Fahrzeugwäsche gründlich vorreinigen.

- Waschen Sie die Felgen am besten mit einem Hochdruckreiniger vor. Achten Sie darauf, etwas Abstand zu den Kunststoffdeckeln der Felge und zu den Reifen zu halten.
- Sprühen Sie die Felgen mit Felgenreiniger ein und warten Sie die angegebene Einwirkzeit ab.
- Lösen Sie die angelösten Verschmutzungen mit einem kleinen Schwamm oder auch mit der

Flaschenbürste (10 im Bild oben auf Seite 35).

■ Waschen Sie den Felgenreiniger mit viel Wasser und mit Hilfe des Schwamms ab.

Radkästen und Schweller:
In den Radkästen sammelt sich der Dreck, der von den Rädern abgeschleudert wird. Oftmals sammeln sich Dreck und andere Partikel auch hinter dem Innenradlauf im Kotflügel. Es kann also durchaus sinnvoll sein, die vorderen Innenkotflügel zumindest in den hinteren Ecken zu lösen und den Raum dahinter mit Wasser gründlich auszuspülen. Auf die Demontage der Innenkotflügel werden wir in diesem Band noch im Detail eingehen.

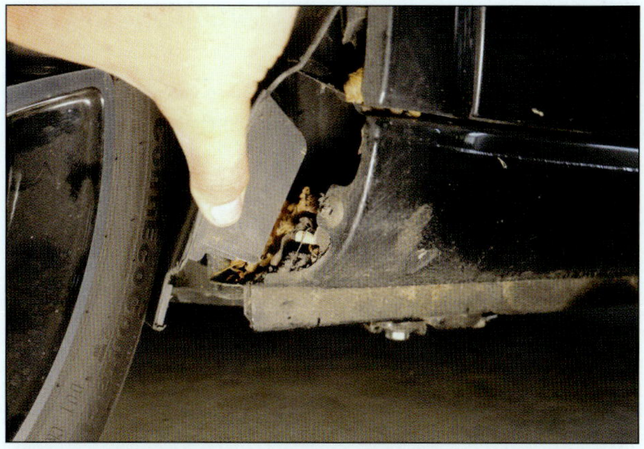

***Versteckt hinter dem Innenradkasten:** Die Reste von Herbst und Winter sammeln sich gerne in diesem Bereich.*

Wäsche mit dem Hochdruckreiniger

Nachdem Sie die Spezialarbeiten an Felgen, die Insektenentfernung und die Reinigung der Schweller und Radkästen erledigt haben, können Sie nun den Rest des Autos in die Vorarbeiten mit einbeziehen. Die Vorwäsche wird von den Waschanlagen programmgesteuert durchgeführt. Wenn Sie von Hand waschen, kommen Sie um die Vorwäsche auch nicht herum.

⚠ Vorsicht beim Dampfstrahlen

GEFAHRENHINWEIS

Ein Dampfstrahler ist an sich eine tolle Erfindung: Heißes Wasser, das unter extrem hohem Druck aus einer Düse schießt, löst fast jede Schmutzkruste. Besonders gut natürlich dicke Ölkrusten an Motor und Getriebe. Hiervon raten wir aber dringend ab. Denn die im Motorraum verbauten Elektronikteile können durch die eindringende Feuchtigkeit erheblichen Schaden nehmen. Die Folge könnte eine kostspielige Reparatur sein. Der Motorraum sollte daher nur mit geeigneten, so genannten Kaltreinigern und in Handarbeit, oder noch besser vom Profi gesäubert werden. Auch für den Kühler ist ein Dampfstrahler Gift. Denn der scharfe Strahl dringt mit großem Druck durch die feinen Lamellen und kann diese deformieren. Bleiben noch die Felgen, die Schweller und die Radläufe. Tatsächlich kann der Dampfstrahler hier im Kampf mit Bremsstaub und anderen Verschmutzungen viel bewirken. Meistens reflektieren die Speichen den Strahl jedoch in die Richtung, in der Sie gerade stehen. Und wehe Sie kommen dem Reifen zu nah! Auch in der Seitenwand moderner Pneus kann der enorme Druck des Wasserstrahls Schaden anrichten. Also wenigstens 50 cm Abstand halten!

***Hochdruckreinigung von oben:** Lösen und Abwaschen grober Verschmutzung von der Karosserie.*

Vorarbeit mit der Waschlanze:

■ Verwenden Sie die Hochdruck-Waschlanze und so weit möglich Heißwasser für die Vorreinigung.

■ Arbeiten Sie von oben nach unten, waschen Sie auch die verdeckten Kanten gründlich mit einem klaren Heißwasserstrahl ab.

Vorarbeit mit der Waschbürste:

■ Verwenden Sie die Waschbürste und so weit möglich Heißwasser für das Einseifen. Geben Sie aber Acht, dass die Dreckreste Ihres Vorgängers nicht mehr im Bürstenkopf hängen und so Ihre Lackoberfläche verkratzen.

■ Fangen Sie mit dem Dach an und verteilen Sie

von dort den Waschschaum auf die restliche Karosserie.

■ Schäumen Sie die Felgen und den unteren Bereich des Stoßfängers zum Schluss ein.

Abwaschen mit der Waschlanze:

■ Verwenden Sie wieder die Hochdruck-Waschlanze und so weit möglich Heißwasser.

■ Arbeiten Sie auch bei diesem Arbeitsschritt von oben nach unten.

■ Waschen Sie auch die verdeckten Kanten, die Schweller, Radkästen und den unteren Bereich der Stoßfänger gründlich mit einem klaren Heißwasserstrahl ab. Es sollen keine Reste von Reiniger oder Schaum auf dem Fahrzeug verbleiben.

Die beiden Arbeitsschritte »Vorarbeit mit der Waschbürste« und »Abwaschen mit der Waschlanze« können Sie auch ein weiteres Mal wiederholen. Die Waschanlage verwendet beim Klarspülen einen Zusatz, der die Oberfläche mit einem Wachs als Schutzschicht überzieht. Einen solchen Waschzusatz können Sie auch bei guten Selbstwaschanlagen wählen.

Wäsche mit dem Schwamm und Eimer

Stehen Ihnen an Ihrem Waschplatz lediglich ein Gartenschlauch, Waschbürste und eine einstellbare Waschdüse zur Verfügung, können Sie die meisten Vorarbeiten auch mit Leitungswasserdruck erledigen.

Vorarbeit mit dem Wasserstrahl:

■ Verwenden Sie die Waschdüse am besten mit einem harten Punktstrahl für die Vorreinigung.

■ Arbeiten Sie von oben nach unten, waschen Sie auch die verdeckten Kanten gründlich mit einem klaren Wasserstrahl ab.

Einschäumen der Oberflächen:

■ Mischen Sie etwas Autowaschshampoo nach den Herstellerangaben auf der Flasche in einem Putzeimer mit am besten heißem Wasser an. Bei vielen Shampooherstellern ist die Verschlusskappe der Messbecher für die Zumessung der richtigen Menge für einen 10--Eimer.

■ Waschen Sie die Karosserie vom Dach beginnend nach unten gründlich ab. Verwenden Sie viel Waschwasser, um Verschmutzungen zu lösen.

Waschlanze mit Schaum: *Lösen und Abwaschen grober Verschmutzungen von der Karosserie.*

Klarspülen mit der Waschlanze: *Lösen und Abwaschen grober Verschmutzungen von der Karosserie.*

Wäsche mit Schwamm und Eimer: *Lösen und Abwaschen grober Verschmutzungen von der Karosserie.*

■ Auch hier sollten Sie die Schweller, den unteren Bereich der Stoßfänger und die Felgen immer zum Abschluss abwaschen, um den Schwamm so wenig wie möglich zu verschmutzen.

Abwaschen mit dem Wasserstrahl:
■ Verwenden Sie die Waschdüse am besten mit einem breiten Brausestrahl für die Vorreinigung.
■ Arbeiten Sie von oben nach unten, waschen Sie auch die verdeckten Kanten gründlich mit einem klaren Wasserstrahl ab.

Die beiden Arbeitsschritte »Einschäumen der Oberfläche« und »Abwaschen mit dem Wasserstrahl« können Sie auch ein weiteres Mal wiederholen. Der Glanzzusatz ist schon bei einigen Autowaschshampoos enthalten. Es sind aber auch Sprühflaschen oder Wasserzusätze mit einem speziellen Glanzmittel erhältlich.

Nachbehandlung

Ein perfektes Finish macht den Unterschied. Also ist nach dem Waschgang nochmals Handarbeit angesagt. Fahren Sie auf gar keinen Fall sofort nach der Wäsche los, denn sonst war die Arbeit bis dahin vergebens. Die noch feuchten Stellen, zum Beispiel an der Unterkante der seitlichen Schweller, nehmen sofort wieder Straßenschmutz auf, der durch die Räder und den Fahrtwind aufgewirbelt wird.

Verbliebene Lackflächen

Feucht nachwischen:
Hierzu zählen, wie bereits erwähnt, die Einstiegsleisten, aber auch die Innenseiten und Aussparungen der Türen und des Heckdeckels.
■ Mischen Sie etwas Autowaschshampoo nach den Herstellerangaben auf der Flasche in einem Putzeimer mit am besten heißem Wasser an. Bei vielen Shampooherstellern ist die Verschlusskappe der Messbecher für die Zumessung der richtigen Menge für einen 10 l Eimer.
■ Waschen Sie die Bereiche mit dem Schwamm und ausreichend Wasser ab.
■ Waschen Sie gerade dann, wenn Sie einen besonders stark verschmutzten Bereich reinigen, den Schwamm im Waschwasser gründlich aus.
■ Die oberen Bereiche der Türen sollten lediglich feucht ausgewischt werden, um das Eindringen von Wasser im Innenraum zu vermeiden.
■ Sprühen Sie die Kunststoffflächen der anliegenden Verkleidungen mit einem Kunststoffreiniger ein und lassen Sie ihn etwas einwirken.
■ Wischen Sie die Kunststoffverkleidungen und die Lackstellen in den Türinnenkanten mit einem sauberen Lappen trocken.
■ Sehr hilfreich ist es, mit Druckluft Restfeuchte aus verdeckten Kanten auszublasen. Hier läuft dann kein Schmutzwasser mehr heraus.

Nachwischen und Trocknen: *Wassertropfen, Schlieren und Schmutzreste mit dem Leder aufnehmen und entfernen.*

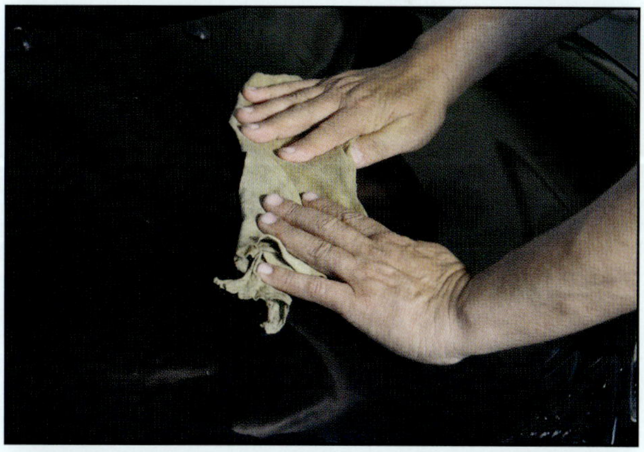

Lackflächen abledern: *Streifenfreie glänzende Oberflächen ohne Wasserspuren sind das Ziel nach dem »Abledern«.*

Wasserspuren vermeiden:
Abtrocknendes Wasser wird gerade dann, wenn es von einem Tropfen aus verdunstet, Spuren hinterlassen. Es ist sinnvoll, das Fahrzeug nach dem Waschvorgang »abzuledern«. Der Vorteil liegt darin, dass das Leder überschüssige Wasserreste aufnimmt und gleichzeitig schon angetrocknete Bereiche wieder etwas befeuchtet.

- Waschen Sie Ihr Ledertuch (Nr. 12 im Bild oben auf Seite 35) gründlich aus und wringen (zusammendrehen) Sie das Tuch sehr gut aus.
- Breiten Sie das Ledertuch auf der Lackfläche aus und ziehen Sie es mit möglichst großer Fläche über der Oberfläche ab. Fangen Sie auch diesen Arbeitsschritt von oben an.
- Wringen Sie zwischendrin das Ledertuch immer wieder aus, um das aufgenommene Wasser wieder loszuwerden.
- Trocknen Sie auf die gleiche Weise auch die Glasflächen wie Spiegel und Scheiben.
- Waschen Sie das Ledertuch gründlich aus und hängen Sie es zum Trocknen auf.

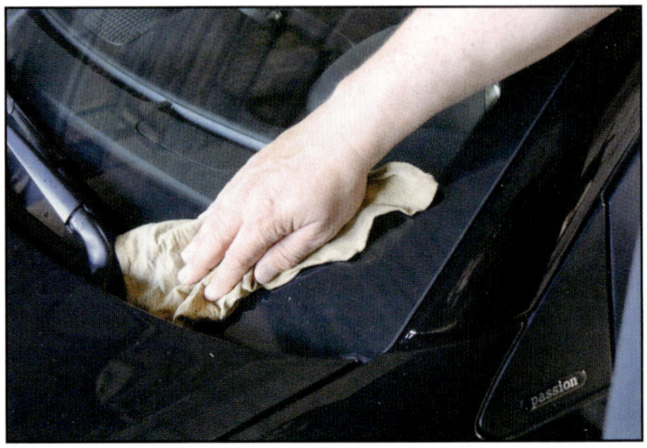

Scheiben und Spiegel abledern: *Wasserflecken mit Auto- oder Fensterleder vermeiden und Scheibe abtrocknen.*

Polieren und Konservieren

Zeitpunkt und Produkte

Der richtige Zeitpunkt:
Dem Lackkleid sollten Sie von Zeit zu Zeit eine Politur gönnen. Dadurch kann der Schmutz nicht so leicht anhaften und auch das Wasser perlt einfacher ab. Das ist übrigens ein guter Indikator für den richtigen Zeitpunkt: Bildet das Wasser größere Pfützen auf der Karosserie, sollten Sie die Oberfläche neu versiegeln.

Auswahl der Mittel:
Im Handel sind zahllose Produkte zu finden, vom leichten Mittel bis zum schleifenden Reiniger für stark verwitterte Lacke. Lesen Sie also die Beschreibung aufmerksam durch und verwenden Sie im Zweifelsfall stets das weniger aggressive Produkt. Im Prinzip sollten Sie grundsätzlich einen Lackreiniger dann anwenden, wenn Verfärbungen, kleine Kratzer oder Verwitterungen das Lackbild stören. Der Lackreiniger trägt (schleift) diese dann ab. Zwischen »Schleifpolitur« und »Versiegelungswachs« liefern die meisten Produkte eine Wachspolitur mit leichten Schleifanteilen. Diese dürften für die meisten Arbeiten ausreichend sein.

Oberflächenversiegelung:
Lack-Pflegefachbetriebe oder Fahrzeugreiniger bieten auch die Versiegelung der Lackoberfläche an. Diese Art das Fahrzeugäußere zu versiegeln kostet zwar mehr, hält dafür aber auch mitunter

Unterschiedliche Produkte im Zubehör: *Lösen und Abwaschen grober Verschmutzungen von der Karosserie.*

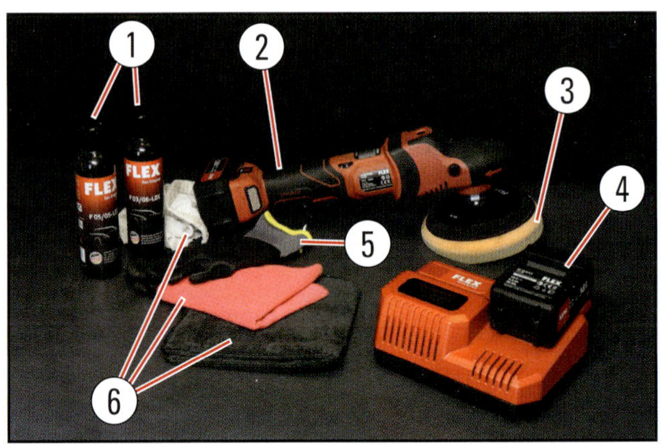

Profiset zum Polieren: *1 Schleifpasten, 2 Poliergerät, 3 Polierschwamm, 4 Zweitakku, 6 Mikrofasertuch, 5 Handschuhe.*

einige Jahre. Kurzfristiger aber auch zur Selbstanwendung geeignet sind so genannte »Detailer«. Wenn es darum geht, schnell Fingerabdrücke, Staub oder Schlieren wegzuwischen, sind Detailer perfekt für die schnelle Reinigung zwischendurch.

Polieren von Lackflächen

Ganz sicher können Sie ein Auto auch von Hand durchpolieren. Allerdings werden Sie dafür viele Stunden brauchen und die Arbeitsleistung der Maschinen nie erreichen können. Wir stellen Ihnen die Arbeiten mit professionellen Poliergeräten an einigen Beispielen vor.

Verarbeitung von Lackreiniger:
Bei verwitterten Lacken ist ein erster Durchgang mit Lackreiniger oder Schleifpolitur sinnvoll.

- Waschen Sie das Fahrzeug, wie wir Ihnen das ab Seite 36 vorgestellt haben.
- Ledern Sie die Lackflächen ab.
- Kleben Sie narbige Kunststoffflächen wie Scheibenwaschdüsen oder Spiegelblenden und Zierleisten mit Klebeband ab. Sie verhindern so mit wenig Aufwand, dass die Kunststoffflächen mit Politur verschmutzt werden.
- Verwenden Sie am besten eine Rotationspoliermaschine, da sie eine deutlich höhere Schleifleistung hat.
- Wählen Sie einen Politurpad für den Auftrag und die Politurarbeit aus. Im Profibereich gibt es eine sehr breit gefächerte Auswahl von Polierpads für die unterschiedlichen Maschinen. Wir stellen Ihnen hier eine kleine Auswahl vor.

Politurpad	Schleif- oder Polierleistung	Poliermaschine
Lammfell oder Mikrofaser	hoch	Rotationspoliermaschine
Schaum hart	mittel	Rotationspoliermaschine
Schaum weich	gering(er)	Exzenterpoliermaschine

- Tragen Sie einige Tupfen Lackreiniger oder Schleifpolitur wie im Bild oben vorgestellt auf das Politurpad auf.
- Beginnen Sie mit geringerer Maschinendrehzahl die Schleifpolitur auf der Lackfläche zu verarbeiten. Führen Sie die Maschine mit möglichst geringem Druck gleichmäßig im Kreuzgang.

Nicht sparsam aber ausreichend: *Diese vier Tupfen können für die Bearbeitung einer ganze Haube ausreichen.*

Polierarbeit mit der Maschine: *Gleichmäßig mit wenig Druck arbeiten, ergibt die besten Ergebnisse.*

Abpolieren der Politurreste: *Am besten werden die Polierreste mit einem frischen Mikrofaserlappen aufgenommen.*

- Achten Sie darauf, nicht zu viel Poliermittel einzusetzen. Die Arbeitsflächen sollten aber auch nicht trocken laufen oder sogar heiß werden. Wenn Sie die Arbeitsflächen mit der Hand kontrollieren, werden Sie schnell merken, dass die

Arbeit der Maschine auch Temperatur auf den Lackflächen hinterlässt.

■ Nehmen Sie die Polierreste mit einem Mikrofaserlappen auf.

■ Kontrollieren Sie das Ergebnis und, falls erforderlich, wiederholen Sie die Verarbeitung des Lackreinigers.

Verarbeitung von Politur:
Polieren Sie grundsätzlich nur ein gereinigtes Fahrzeug. Die Gefahr, dass Sie sich mit Schmutzpartikeln den Lack verkratzen, ist sehr hoch.

■ Kleben Sie narbige Kunststoffflächen wie Scheibenwaschdüsen oder Spiegelblenden und Zierleisten mit Klebeband ab. Sie verhindern so mit wenig Aufwand, dass die Kunststoffflächen mit Politur verschmutzt werden.

■ Verwenden Sie am besten eine Exzenterpoliermaschine, da sie zwar eine geringere Schleifleistung hat, aber auch das Auftreten so genannter Hologramme (Bild oben) verhindert.

■ Wählen Sie ein weiches Schwamm-Politurpad für den Auftrag und die Politurarbeit aus. Sie sollten grundsätzlich für jede Politurart einen neuen Schwamm verwenden.

■ Tragen Sie einige Tupfen Politur (wie im Bild oben auf Seite 41) vorgestellt auf das Politurpad auf. »Zu viel des Guten« verursacht nur Spritzer und Mehrarbeit in der Umgebung.

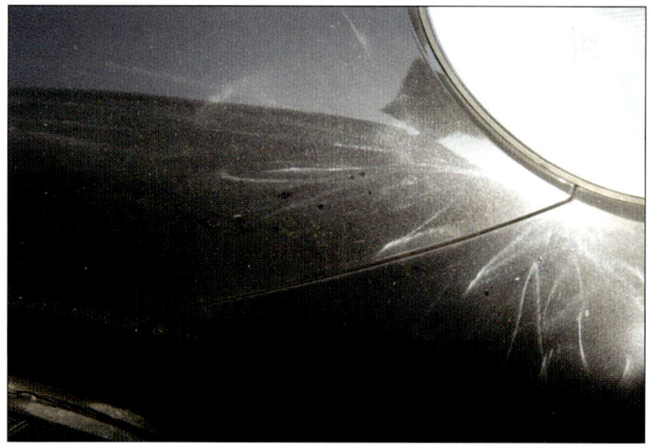

***Typische Hologramme:** Durch falsche Anwendung des Rotationspoliergerätes können die Feinstkratzer ein Muster für die Lichtbrechung erzeugen.*

■ Beginnen Sie mit geringerer Maschinendrehzahl die Politur auf der Lackfläche zu verarbeiten.

■ Führen Sie die Maschine mit möglichst geringem Druck gleichmäßig im Kreuzgang.

■ Nehmen Sie die Polierreste mit einem sauberen Mikrofaserlappen auf.

■ Kontrollieren Sie das Ergebnis und, falls erforderlich, wiederholen Sie die Verarbeitung der Politur.

Verdeckpflege

Der Smart 453 Cabrio ist ab Werk mit einem Verdeck aus Verdeckstoff ausgestattet. Dieses Textilmaterial ist aber weniger robust im Umgang und nimmt mangelhafte Pflege besonders übel. Ein Fahrzeug mit Textildach sollte grundsätzlich in einem zumindest überdachten Unterstand stehen. Anhaltende Sonneneinstrahlung greift Gewebe, Gummierung und Farbe an.

Verdeckreinigung

Vorreinigung mit der Bürste:

■ Staub auf dem Verdeck entfernt man mit einer weichen Bürste. Dabei in Richtung der Gewebelinien bürsten.

■ Das Verdeck grundsätzlich auch vor der Wagenwäsche abbürsten.

■ Grundsätzlich sollte der Verdeckstoff aber nur mit klarem Wasser abgespült werden. Vogelkot sofort mit viel Wasser abwaschen, denn er greift die Gummierung des Verdeckstoffes an. Flecken im Verdeck dürfen nie mit Fleckenwasser oder anderen chemischen Mitteln behandelt werden.

***Handmassage fürs Verdeck:** Ausbürsten des Verdecks mit einer weichen Bürste in Geweberichtung mit wenig Druck.*

Die Imprägnierung könnte Schaden nehmen und sollte dann erneut aufgetragen werden.

Nassreinigung des Verdeckstoffs:
Für Waschanlagen ist das Textil-Verdeck eigentlich nicht geeignet. Wer seinem Stoffdach etwas Gutes tun will, der erspart ihm moderne Reinigungstechnik und lässt lieber Handarbeit walten. Durch die schonendere Behandlung bei der Handwäsche ist die Imprägnierung länger wirksam.

■ Mit viel klarem, höchstens lauwarmem Wasser gut vorspülen und mit etwas echter Kernseife oder einer Mischung von 1 - 2 Teelöffeln mildem Geschirrspül- oder Feinwaschmittel auf 10 Liter Wasser das Dach abwaschen.

■ Verwenden Sie dazu eine weiche Bürste, die Sie, ohne aufzudrücken, geradlinig von vorne nach hinten streichen.

■ Stark verschmutzte Verdecke, vor allem solche in helleren Farben, einige Zeit einweichen lassen, bevor abgebürstet wird.

■ Anschließend reichlich nachspülen und gut im Freien abtrocknen lassen, aber nicht bei direkter Sonneneinstrahlung.

Nassreinigung mit dem Sprühreiniger:
Sehr gut lassen sich die Reinigungsarbeiten mit einem Spühreiniger durchführen. Profigeräte sind mit unterschiedlichen Tanks für Frischwasser und Abwasser ausgerüstet. Über die Sprühdüse wird sauberes Wasser aufgeprüht und mit dem Sauger wieder aufgenommen. Die Gewebeoberfläche wird so regelrecht gewaschen.

■ Mit viel klarem, höchstens lauwarmem Wasser gut vorspülen.

■ Mischen Sie das Reinigungsmittel in lauwarmen Wasser an.

■ Geben Sie das Reinigungsmittel in den Frischwassertank des Sprühreinigers hinein.

■ Schalten Sie das Gerät auf »Sprühen« und bürsten Sie das Verdeck beim Aufsprühen in Faserrichtung gründlich ab.

■ Lassen Sie das Reinigungsmittel einige Minuten einwirken und arbeiten Sie den nächsten Bereich in Sachen Bürsten und Aufsprühen vor.

■ Schalten Sie die Saugfunktion hinzu und sprühen und saugen Sie den ersten Bereich so lange ab, bis Sie im Sichtfenster der Saugdüse kein Schmutzwasser mehr erkennen können.

Auftragen des Verdeckreinigungsschaums: *Ein gleichmäßiger Auftrag und zeitnahe Verarbeitung ist hier wichtig.*

Einschäumen mit einer weichen Bürste: *Der Schaum nimmt die gelösten Schmutzpartikel bis zum Spülen auf.*

Reinigung mit dem Sprühsauger: *Das Verdeckgewebe wird gründlich mit Wasser und Reiniger ausgewaschen.*

■ Bei stark verschmutztem Verdeck, vor allem solche in helleren Farben, müssen die Vorgänge - Aufsprühen - Einbürsten - Sprühen und Saugen (Spülen) - auch mehrfach durchgeführt werden.

Professionelle Aufbereitung

Dampfstrahler (Heißwaschgerät): *Waschgerät mit Dieselheizung und Chemie gegen hartnäckige Verschmutzungen.*

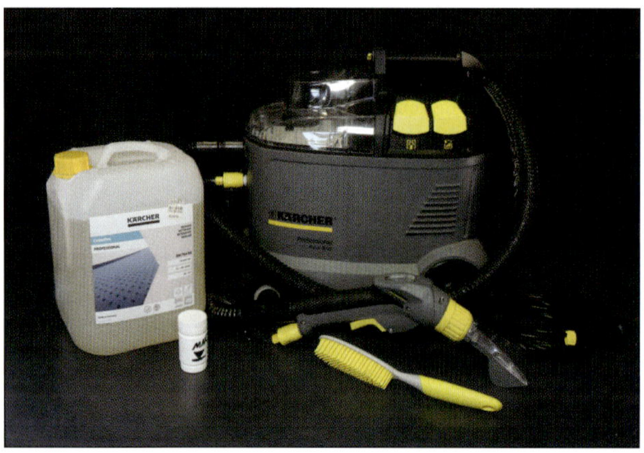

Sprühreiniger für Stoffe und Polster: *Ein Waschgerät für den handlichen Einsatz für Sitze, Polster und Stoffe.*

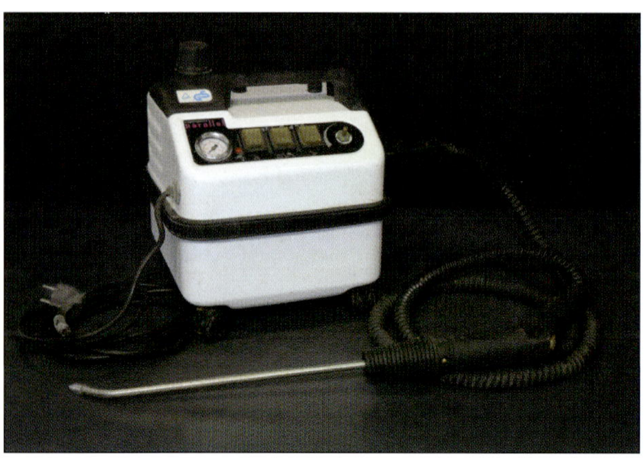

Dampfreiniger für verstecke Ecken: *Dampf löst sehr gut klebrige Verschmutzungen und auch Pedalgummis.*

Heißwasserwaschgerät

Eine Kombination aus Hochdruckreiniger und Wasserheizung ermöglich das Reinigen mit 80 °C und etwa 150 bar von starken Verschmutzungen oder der Schaumwäsche mit Waschbürste.

Sprüh-Saug-Reiniger

Der Spezialsauger kann nicht nur Wasser aufsaugen, sondern auch gezielt vor die Saugdüse Reiniger und Waschmittel aufsprühen. Textile Oberflächen können so feucht bearbeitet und bis in die Fasern gespült werden.

Heiß-Dampfreiniger

Wenn ein Bereich nicht mit Wasser zum Anlösen geflutet werden kann, bleibt die Reinigung mit sehr wenig Wasser und hoher Temperatur. Die Verschmutzung wird angelöst und kann einfach mit einem Lappen aufgewischt werden.

Trockeneisstrahlgerät

CO^2 hat im festen Zustand eine Temperatur von -78,4 °C. Bei Raumtemperatur geht es schlagartig in den gasförmigen Zustand über. Das Volumen nimmt dabei auch schlagartig zu. Zerkleinertes CO^2 wird mit einer Pistole und Druckluft auf Reinigungflächen geschossen und sprengt dabei die Verschmutzung regelrecht ab.

Trockeneisstrahlen: *Festes CO^2 reinigt mit Pressluft und den schlagartigen Übergang zum gasförmigen Zustand.*

Fit durch den Winter

Auto fahren macht auch im Winter Spaß, vorausgesetzt, Sie haben den Wagen fit für die kalte Jahreszeit gemacht. Auch Sie selber müssen sich natürlich auf den Winter und seine Tücken einstellen und sich rechtzeitig ein paar Gedanken machen.

Problemvermeidung

Eine Frage der Traktion

Mit Heckantrieb und Heckmotor: Der Smart 453 hat im Schnee grundsätzlich gute Karten. Die Antriebskraft wird schon hinten dank des Motorgewichtes in Traktion umgesetzt. Deshalb sind gute Winterreifen Pflicht. Auch von der Schneekettenpflicht auf manchen Passstraßen sind Sie trotz der überragenden Traktion nicht entbunden. Die Schneeketten sollten immer auf der Hinterachse montiert werden. Die in allen Modellen serienmäßig vorhandene elektronische Regelsysteme wie ABS, ASR und ESP helfen natürlich auch im Winter. Damit übertrifft der Kleinwagen sogar die Selbstverpflichtung der europäischen Automobilindustrie (ACEA vom 1. Juli 2004), nach welcher alle Fahrzeuge unter 2,5 t zulässigem Gesamtgewicht serienmäßig zumindest mit ABS ausgestattet sein sollen. Beim Herausschaukeln aus Schneeverwehungen sollten diese Fahrhilfen kurzfristig abgeschaltet werden. Es kann in bestimmten Fällen passieren, dass die Fahrdynamikregelung in das Notprogramm fällt und die Warnlampe leuchtet. Zum Beispiel, wenn Sie die Hinterräder lange auf einer glatten Stelle durchdrehen lassen und dabei stark lenken, oder auch bei der Verwendung von Schneeketten aufgrund unterschiedlicher Abrollumfänge der Räder. Die Systeme lernen sich aber in der Regel nach kurzer Zeit selbsttätig an.

Winterausrüstung mitnehmen

Damit Sie gut gerüstet sind, empfehlen wir Ihnen, im Alltag zumindest eine kleine Menge der Flüssigkeiten und folgende Utensilien mitzuführen:
a eine fertige Mischung Frostschutz für die Scheibenwaschanlage (in der Garage);
b) damit der Sprit nicht ausgehen kann, einen Reservekanister. Den Kraftstoff sollten Sie allerdings regelmäßig aufbrauchen. Er ist nur begrenzt haltbar;
c) eine warme Decke, falls Sie festsitzen und der Sprit doch ausgeht;
d) eine kleine Schaufel für eine Tiefschneehavarie. Damit kann der Schnee vor den Rädern weggeschaufelt werden;
e) eine Kopflampe, bei der Sie im Dunklen die Hände frei haben;
f) ein Seil oder besser noch einen langen Schwerlast-Spanngurt. Damit können Sie andere Autofahrer aus dem Graben ziehen oder selbst geborgen werden. Mit Hilfe der Ratsche und einem Baum können Sie sich sogar selbst helfen;
g) ein Starthilfekabel.

Startschwierigkeiten im Winter vermeiden

Der Motorstart wird unter winterlichen Bedingungen schnell mal zu einem Problemfall. Denn nicht nur das Motoröl wird bei niedrigen Temperaturen dickflüssiger, sondern auch die Batterie gibt bei Frost weniger Leistung ab.

Zusammengenommen können dies im Winter K.o.-Kriterien für das Fortkommen sein. Denn gerade jetzt braucht der Anlasser (Starter) mehr Leistung, um die erhöhten Reibwiderstände zu überwinden. Sie können es der Batterie aber so leicht wie möglich machen. Schalten Sie vor dem Start unnötige Verbraucher ab, hierzu zählen zum Beispiel die Lüftung oder das Radio.

Das Licht sollte beim Startvorgang aus sein, ebenso die Innenraumbeleuchtung oder Sitzheizung. Wenn Sie dies beachten, wird die Batterie am wenigsten in Anspruch genommen und kann Startschwierigkeiten im Winter vermeiden.

Winterreifen

Grundvoraussetzung für sicheres Vorankommen bei Minusgraden sowie Eis und Schnee ist die richtige Bereifung Ihres Smarts. Denn die vier Handtellerflächen aus Gummi zwischen Ihnen und der Fahrbahnoberfläche stellen nun mal das wichtigste Bindeglied zur Straße dar. Seit 2006 schreibt selbst die Straßenverkehrsordnung eine »geeignete Bereifung« (§2 Abs.3a) für den Winter vor. Wie diese aber auszusehen hat oder welche Spezifikationen sie erfüllen muss, ist nicht näher definiert.

Ganzjahresreifen können für unkritische Wetterlagen mit milden Temperaturen ausreichend sein. Bei plötzlichem Kälte- und Schneeeinbruch sind sie aber schlichtweg ungeeignet. Weder die geübte Hand noch die Elektronik können dann bei unzureichender Bodenhaftung/Bereifung das Fahrzeug noch kontrollieren. Gehen Sie also auf Nummer sicher, was das Vorankommen auf vier Rädern angeht – verwenden Sie einen vernünftigen Satz Winterreifen. Welche Winterreifen geeignet sind und vor allen Dingen passen, erfahren Sie auf den folgenden Seiten genauso, wie Sie ohne Risiko beim Winterreifenkauf auch Geld sparen können und die Winterreifen auch sicher anbringen. Damit Sie keinen Fehlgriff machen, haben wir die wichtigen Prüfkriterien ebenfalls aufgeführt.

Die 7-Grad-Empfehlung

Ob die so genannte 7-Grad-Empfehlung als Marketingmaßnahme oder aufgrund früherer Reifenentwicklungen entstanden ist, lässt sich auch von uns nicht mehr nachvollziehen. Ihre Kernaussage ist, dass Winterreifen bei Temperaturen bis 7 Grad Celsius angeblich bessere Eigenschaften als Sommerreifen hätten.
Dem entgegen haben verschiedene Tests jedoch solche pauschalen Aussagen widerlegt. Denn auch bei Temperaturen knapp über dem Gefrierpunkt können mit Sommerreifen sowohl auf nasser als auch auf trockener Fahrbahn kürzere Bremswege erzielt werden als mit vergleichbaren Winterreifen. Winterreifen sind vor allen Dingen für winterliche Straßenverhältnisse ausgelegt. Sie verfügen über eine kälteresistente Gummimischung, die bei Minustemperaturen weniger verhärtet und damit eine bessere Verzahnung und Kraftübertragung mit dem Untergrund ermöglicht. Winterreifen sind mit dem M&S-Symbol und einer stilisierten Schneeflocke gekennzeichnet (siehe Kasten). Anders als bei Sommerreifen ist es bei Winterreifen erlaubt, abweichend von den einzuhaltenden Angaben des Fahrzeugscheines, Reifen mit niedrigerem Geschwindigkeitsindex einzusetzen.
In Deutschland ist in diesem Fall auch ein Aufkleber mit dem Aufdruck der zugelassenen Geschwindigkeit im Sichtbereich des Fahrers anzubringen.

Richtige Winterreifen für den Smart

Die Wahl der richtigen Winterreifen für den Kleinwagen fällt angesichts der vielen Angebote auf dem Markt nicht leicht. Muss es ein teurer High-Performance-Pneu sein oder reicht auch das günstige No-Name-Fabrikat? Die Fahrzeughersteller empfehlen immer Markenreifen, da hier die Qualität keinen Schwankungen unterliegt und auch die Modellwechsel nachvollziehbar werden. Darüber hinaus sind aber auch jede Saison neue Modelle verfügbar. Ausgiebige Tests, zum Beispiel vom ADAC, zeigen, welche Winterreifen auch für die Dimensionen empfehlenswert und welche weniger geeignet sind. Die Tests gehen daher auf unterschiedliche Eigenschaften der Pneus ein, beispielsweise die Bremseigenschaften, auch bei trockener, unbeschneiter Fahrbahn. Sie können Ihre Kaufentscheidung nach den für Sie relevanten Kriterien fällen, dabei sollte aber in jedem Fall die Fahrsicherheit vor der Sparsamkeit stehen.

Das Schneeflockensymbol

WISSENSWERTES

Der großen Verunsicherung vieler Autofahrer, welche Reifen sich im Winter am besten eignen, soll durch das Schneeflockensymbol Einhalt geboten werden. Die Entstehungsgeschichte dieses Symbols rührt auch aus dem zum Teil betriebenen Missbrauch mit der »M+S«-Kennung (engl.: Mud and Snow = Matsch und Schnee), die nicht als geschützte Kennzeichnung für unbeschränkte Wintertauglichkeit gilt. Denn nicht alle mit M+S gekennzeichneten Reifen weisen die Lamelleneinschnitte in den Profilblöcken auf, die für gute Traktion auf Schnee sorgen. Daher tragen etwa auch Reifen für den Geländeeinsatz dieses Symbol. Doch gerade gröbere Allradreifen sind für den Einsatz im Winter höchst ungeeignet. Für die Experten des Deutschen Verkehrssicherheitsrats ist der Winterreifen mit Schneeflockensymbol daher Favorit für die sichere Fahrt. Die auf der Reifenflanke dargestellte Schneeflocke hat sich im Jahr 2002 europaweit als freiwilliges Hersteller-Kennzeichen von Winterreifen zusätzlich zur M+S-Markierung durchgesetzt. Angebracht wird sie aber nur an Reifen, die auch streng den vorgegebenen Spezifikationen entsprechen. Dies gilt für Reifen, die im Vergleich mit einem Standard-Referenzreifen mindestens sieben Prozent mehr Traktion auf Schnee bieten und zudem über einen um ebenfalls sieben Prozent kürzeren Bremsweg verfügen. M+S-Reifen hingegen müssen per Definition nur ein besonders grobes Profil besitzen. Die M+S-Kennzeichnung auf der Reifenflanke allein fordert aber keine bestimmte Schnee-Performance.

Bessere Haftung dank Lamellen

Durch Forschung und Entwicklung der Reifenhersteller kam man nicht nur darauf kälteresistente Gummimischungen zu verwenden, sondern auch die einzelnen Profilblöcke mit feinen Lamellen-Einschnitten und vielen Rillen zu versehen. Diese dienen als scharfe Greifkanten beim Abrollen des Rades auf der Fahrbahn. Der dynamische Prozess an der Auflagefläche erhöht die Verzahnungskräfte besonders mit losem Untergrund wie z. B. Schnee. Mit anderen Worten: Der lamellierte Reifen hat dadurch, dass er sich in den Untergrund reinkrallt, mehr Grip. Die Lamellen sind andererseits auch ein guter Verschleißindikator: Mit zunehmender Abnutzung verschwinden die unterschiedlich tief geschnittenen Lamellen. Ihre beschriebene Wirkung nimmt ab. Unter 4 mm Profildicke verlieren Winterreifen auf Schnee daher ihren Nutzen und sollten durch neue ersetzt werden. Es spricht allerdings wenig dagegen, Winterreifen im Frühjahr noch bis auf eine Profiltiefe von rund 3 mm aufzubrauchen.

PRAXISTIPP: Gebrauchte Winterreifen

Seit dem 01. Januar 2006 sind Autofahrer verpflichtet, im Winter ihr Fahrzeug mit »geeigneter Bereifung« auszurüsten. Damit gibt es für Autofahrer keine Ausrede mehr, auf Winterreifen zu verzichten. Wer dennoch ohne erwischt wird, riskiert ein Bußgeld und im Falle eines Unfalls sogar den Versicherungsschutz. Nicht selten ist der Erwerb von Winterrädern, also dem Komplettsatz von Reifen und Felgen, aber auch eine Kostenfrage. Bares Geld lässt sich beim Kauf gebrauchter Winterreifen sparen. Diese finden Sie zum Beispiel bei Winterreifen-Börsen, die vielerorts meist Anfang November stattfinden. Achten Sie auf Hinweise in Ihrer Tageszeitung oder informieren Sie sich im Internet, z. B. auf den Seiten des ADAC. Notieren Sie sich vor dem Kauf unbedingt die für Ihr Fahrzeug passenden Reifengrößen, sie sind im Fahrzeugschein hinterlegt. Der Reifenhersteller Continental schafft zudem auf seinen Internetseiten mit dem »Reifenkonfigurator« Klarheit. Nach Eingabe der Schlüsselnummer (s. Fahrzeugschein), werden auch alternative Reifengrößen aufgeführt. Haben Sie nun einen passenden Satz gefunden, inspizieren Sie ihn nach den Prüfkriterien: Profiltiefe, Reifenalter und Erscheinungsbild (Beschädigungen etc.), bevor Sie zugreifen. Informationen zu den Bezeichnungen und Beschriftungen finden Sie auch in diesem Buch.

Geringerer Geräuschpegel

Auch bei der Minderung der Geräuschemission ging man mit Cleverness vor: Die Lamellenprofile erlaubten zum einen eine geringere Höhe der einzelnen Profilblöcke, was sich insbesondere auf das Geräusch verursachende Eigenschwingverhalten positiv auswirkte. Zum anderen wurden die Profilblöcke unterschiedlich groß gestaltet, sodass die nach dem Abrollen nachschwingenden Blöcke unterschiedliche Eigenschwingfrequenzen aufweisen. Ein eigendynamisches und geräuschvolles Schwingen bei einer bestimmten Geschwindigkeit wird so unterbunden.

Schneeketten anlegen üben

Spezielle Schneeketten für den Smart gibt es natürlich beim Smart-Händler oder auch im Zubehörhandel. Ein gutes Set umfasst zwei Schneeketten im wasserfesten Transportbeutel, der problemlos im Kofferraum verstaubar ist und sich auch als Unterlage bei der Montage verwenden lässt. Schneeketten können aber auch beim ADAC ausgeliehen werden. Dringend zu empfehlen ist für die Montage eine zusätzliche Fußmatte mitzuführen. Das erspart einem die obligatorischen durchweichten Hosen besonders im Kniebereich. Gefütterte Arbeitshandschuhe erleichtern die Arbeit mit den kalten Schneeketten im Schnee erheblich.

Mindestprofiltiefe: *Gesetzliche Vorgabe ist Sommer wie Winter 1,6 mm. Sinnvoll bei Winterreifen sind 4,0 mm.*

Wisch- und Waschanlage

Scheibenwaschanlage

Der einwandfreie Zustand der Waschanlage an Ihrem Smart ist ein wichtiges Sicherheitsmerkmal. Denn saubere Scheiben und eine klare Sicht sind Grundvoraussetzung für Ihre Sicherheit beim Fahren. Damit Sie unterwegs auch bei widrigsten Umständen wie Regen oder Schnee den Durchblick behalten, sollten Sie sich regelmäßig von der fehlerfreien Funktion Ihrer Wischanlage überzeugen. Die meisten Arbeiten sind leicht zu erledigen. Wir zeigen Ihnen auf den folgenden Seiten, worauf Sie insbesondere zu achten haben und welche Arbeitsschritte nötig sind. Hierzu gehören zum Beispiel die Kontrolle der Wischergummis und gegebenenfalls deren Austausch.

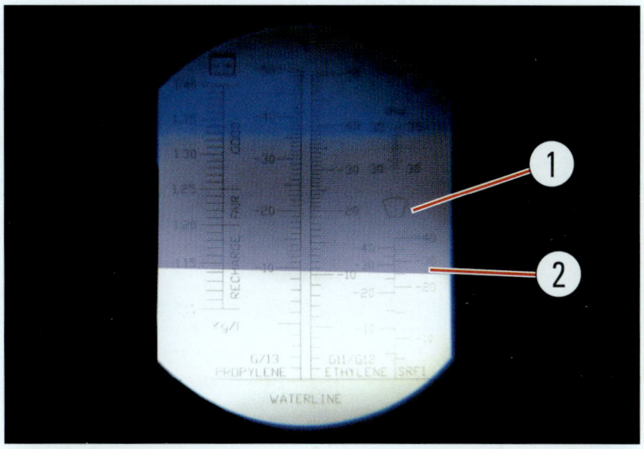

Durchs Refraktometer: *1 Skala für den Scheibenreiniger, 2 »Waterline« als Ableselinie für den Scheibenfrostschutz.*

Wischwasser

Vergessen Sie nicht das Wischwasser aufzufüllen und achten Sie dabei auf den richtigen Wischwasserzusatz. Die Verwendung eines falschen Waschmittelzusatzes kann zum Aufschäumen an den Spritzdüsen führen, was ein Grund unzureichender Waschleistung sein kann. Das Wischwasser wird aus einem Konzentrat und Wasser angemischt, das nach Herstellerangabe angemischt werden soll. Grundsätzlich sollten Sie ein Mischungsverhältnis wählen, das einen Frostschutz bis zu Temperaturen von -25 °C gewährleistet. Damit dürfte auch im Winter eine sichere Funktion der Waschdüsen gewährleistet sein.

Wischwasser anmischen:
Sie sollten grundsätzlich das Wischwasser vor dem Einfüllen in das richtige Mischungsverhältnis bringen. Natürlich können Sie, sobald ausreichend Konzentrat aus dem Kanister verbraucht ist, das Wischwasser als »gebrauchsfertig« in dem Vorratskanister anmischen.

- Füllen Sie je nach Mischungsverhältnis das Scheibenfrostschutzkonzentrat in einen Messbecher.
- Füllen Sie die erforderliche Menge Wasser auf.
- Kontrollieren Sie das Mischungsverhältnis mit einem Refraktormeter auf die geforderte Frostsicherheit von etwa -25 °C.

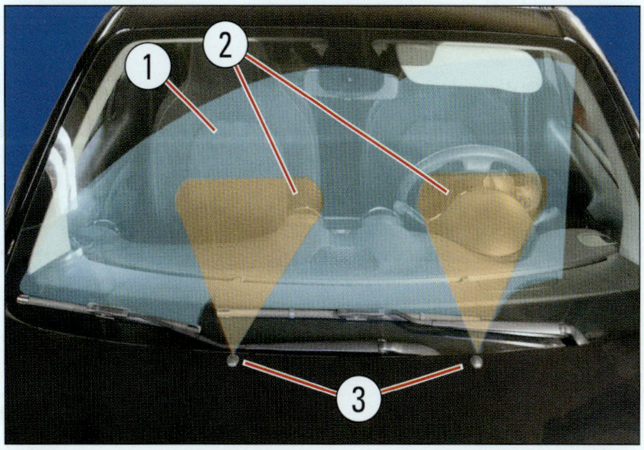

Wisch- und Waschanlage vorne: *1 Wischbereich Frontscheibe, 2 Treffbereich der Waschdüsen, 3 Waschdüsen.*

Wischwasser nachfüllen:

- Öffnen Sie die Wartungsklappe vorne.
- Ziehen Sie den Verschlussdeckel ab.
- Füllen Sie das fertig angemischte Wischwasser in den Vorratsbehälter. Achten Sie darauf, dass Sie etwa 2 cm unter dem Behälterrand bleiben.

Waschdüsen einstellen

Waschdüsen vorne:
Die Waschdüsen sind als Fächerdüsen ausgelegt. Einige Modelle können zumindest in der Höhe ausgerichtet werden.

- Schalten Sie die Zündung ein und betätigen Sie die Waschpumpe vorne.
- Beobachten Sie den Auftreffbereich des Waschwassers und vergleichen Sie ihn mit dem Bild oben.

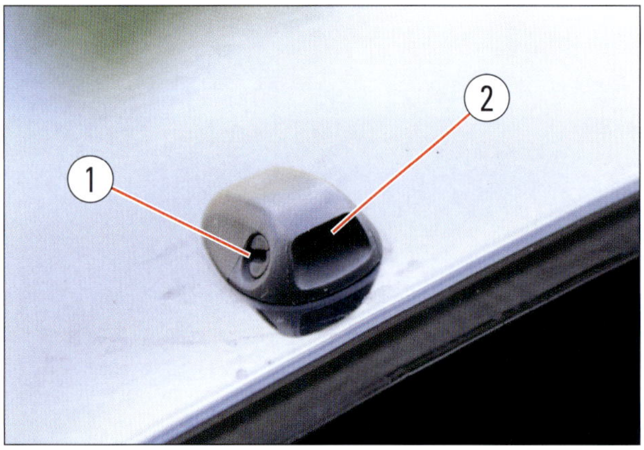

Waschdüse vorne: *1 Einstellschraube für die Auftreffhöhe, 2 Fächerdüsenaustritt für das Waschwasser.*

Wenn der Auftreffbereich auf der Scheibe nicht mehr stimmt oder es muss erheblich nachgebessert werden, bleibt oftmals nur der Ersatz der Waschdüse gegen eine neue.

■ Stellen Sie die jeweilige Spritzdüse (Bild links oben) der Scheibenwaschanlage so ein, dass das Scheibenwasser etwa im mittleren Bereich der Scheibe (1) auftrifft.

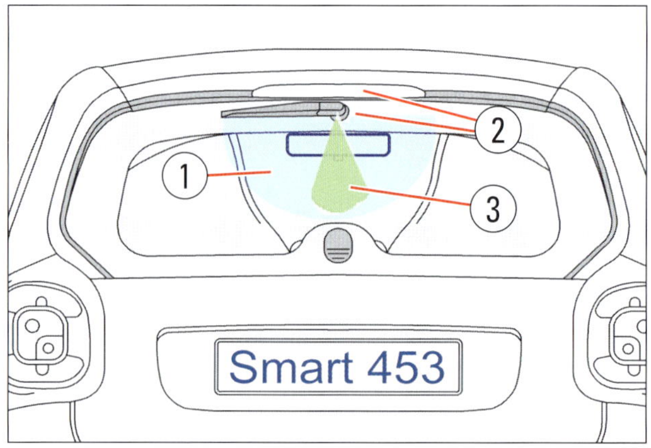

Waschdüse hinten: *1 Wischbereich Heckwischer, 2 Spritzdüse, 3 Spritzbereich der Düse auf der Heckscheibe.*

Waschdüsen hinten:
Auch die Heckwaschdüsen sind Fächerdüsen. Diese werden dann wie die vorderen mit der Einstellschraube verstellt. Es gibt aber auch Kugeldüsenmodelle. Diese werden dann über das Verdrehen der Kugeldüse mit einer Nadel eingestellt.

■ Stellen Sie Spritzdüse (2) der Scheibenwaschanlage (Bild rechts oben) der Scheibenwaschanlage so ein, dass das Scheibenwasser etwa im mittleren Bereich der Heckscheibe (3) auftrifft.

Wischerblätter

Sichtkontrolle der Scheibenwischergummis: *Rissbildungund abgerissene Lippen machen den Ersatz der Wischer zwingend notwendig.*

Wischerblätter prüfen

Die Pflege der Wischergummis wird oft vernachlässigt. Dies kann sich später bei einer Fahrt im Regen rächen. Eingerissene und poröse Gummilippen ziehen Schlieren, anstatt die Scheibe vom Wasser zu befreien. In der Dunkelheit laufen Sie dadurch Gefahr, im Blindflug unterwegs sein zu müssen, da der Blendeffekt durch die Lichtbrechungen stark zunimmt. Heben Sie zur Kontrolle die Wischerarme von der Scheibe und fahren Sie mit der Fingerkuppe die Auflagefläche ab. Rillen und Vertiefungen sind ein klares Indiz für den fälligen Austausch. Kontrollieren Sie auch die Wischermechanik. Sie darf nicht verbogen sein.

Wischerblattwechsel vorne

Wischerblatt vorne demontieren:

■ Schalten Sie die Zündung aus und ziehen sie den Zündschlüssel ab.

■ Klappen Sie den Wischerarm (4 im Bild oben auf Seite 51) hoch.

■ Drücken Sie die Verrastung (3) am Wischerblatt.

■ Scheibenwischer in Richtung (1) aus der Führung herausschieben und abnehmen.

■ Klappen Sie den Scheibenwischerarm (4) vorsichtig zurück zur Scheibe und legen ihn auf einem Lappen ab.

Wischerblatt vorne montieren:
■ Kontrollieren Sie die Länge der Scheibenwischerblätter genau.
Die Wischerblätter müssen auf dem Glas aufsitzen und dürfen weder den Scheibenrahmen noch sich untereinander berühren.
■ Wischerblattaufnahme in den Wischerarm einschieben, bis sie hörbar verrastet.
■ Wischerarm vorsichtig auf die Frontscheibe zurückklappen.
■ Prüfen Sie den Wischbereich und den Auftreffpunkt des Wischwassers wie beschrieben.

Wischerblatt hinten demontieren:
Der Scheibenwischer ist direkt im Wischerarm eingeclipst. Achten Sie darauf, dass der neue Wischer im Wischerarm einrastet. Sollte er zu lose einliegen, wechseln Sie den Wischerarm mit. In diversen Internetplattformen sowie auch im Zubehörhandel lassen sich kostengünstige Sets erwerben.
■ Klappen Sie den Wischerarm hoch.
■ Klappen Sie das Wischerblatt etwa 45° vom Wischerarm ab.
■ Verrastung am Wischerblatt ausclipsen und Scheibenwischerblatt abnehmen.

Wischerblatt hinten montieren:
■ Achten Sie auf die Einbaulage des Scheibenwischers. Er muss auf dem Glas aufsitzen und darf den Scheibenrahmen nicht berühren.
■ Prüfen Sie den Wischbereich und den Auftreffpunkt des Wischwassers wie beschrieben.

Einbaulage Wischerblatt prüfen

Die Einbaulage der Wischerblätter wird durch Lösen der Mutter am Wischerarm und Versetzen der Wischerarme erreicht.

Wischerblatt vorne:
■ Die Wischerblätter sollten an den Markierungen (2 im Bild Mitte) auf der Windschutzscheibe liegen. Sind diese nicht vorhanden, richten Sie die Wischerblätter in etwa so aus, wie auf dem Bild Mitte gezeigt.

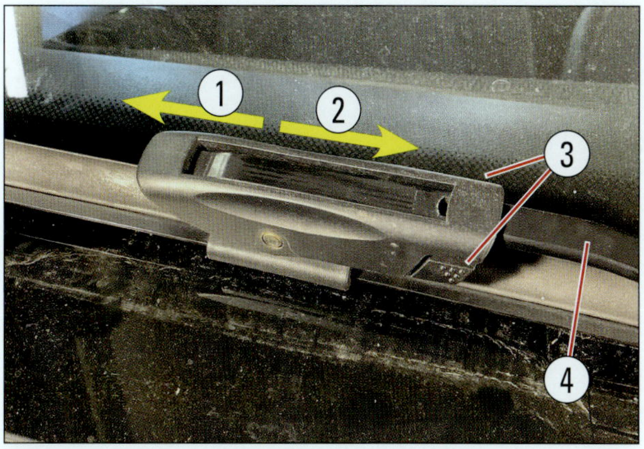

***Wischer vorne:** 1 Bewegungsrichtung abziehen, 2 Bewegungsrichtung aufschieben, 3 Rasten, 4 Wischerarm.*

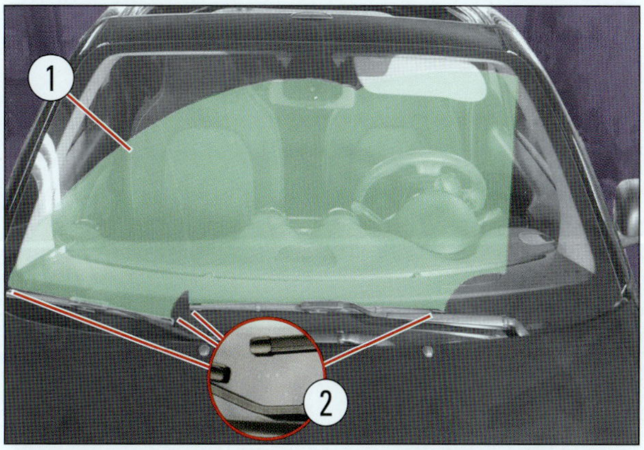

***Wischer vorne:** 1 Wischbereich Scheibenwischer vorne, 2 Markierungen auf der Windschutzscheibe.*

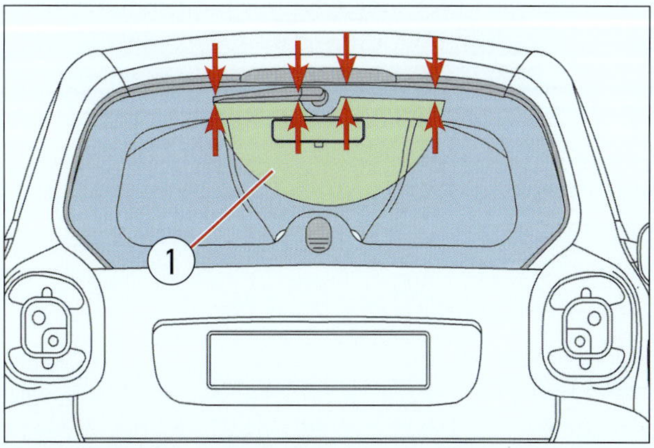

***Wischer hinten:** 1 Wischbereich Scheibenwischer hinten, Pfeile Ausrichtung gleichmäßig zur Scheibenkante.*

Wischerblatt hinten:
■ Die Wischerblätter hinten werden so ausgerichtet, dass der Arbeitsbereich rechts und links möglichst parallel zur Scheibenkante (siehe Bild unten) ausgerichtet sein sollte.

Heizung und Lüftung

Heizung und Lüftung prüfen

Damit im Winter die Scheiben auch von innen möglichst schnell und zuverlässig frei werden, müssen Heizung und Lüftung, aber auch die Klimaanlage in tadellosem Zustand sein. Die Klimaanlage kann nämlich auch im Winter wertvolle Dienste leisten: Die Luft wird getrocknet und das Beschlagen der Scheiben vermindert. Leider behindert der im Frischluftkanal integrierte Wärmetauscher einer Klimaanlage die Frischluftzufuhr von außen, weshalb Sie das Gebläse im Winter immer mindestens auf Stufe 1 mitlaufen lassen müssen.

- Prüfen Sie zunächst, ob das Gebläse in allen Stufen wirkungsvoll arbeitet, indem Sie die Luft auf die mittleren Ausströmer lenken und alle Schalterstellungen durchprobieren. Eventuell den Reinluftfilter wechseln.
- Ab einer Motortemperatur von 60 Grad oder nach ca. fünf Kilometern Fahrt muss aus den Ausströmern warme Luft kommen, sobald Sie die Einstellung der Temperatur verändern.
- Prüfen Sie zum Abschluss noch, ob die Luftverteilung funktioniert. Sie können das an den jeweiligen Düsen erfühlen und auch hören. Beim Umschalten öffnen und schließen sich die jeweiligen Klappen des Lüftungssystems. Gerade die Funktion zur Belüftung der Frontscheibe ist sehr wichtig, sie muss sich auch so einstellen lassen, dass keine zusätzlichen Austrittsstellen für die Luft geöffnet werden. Nur so bleibt die Frontscheibe gerade in der Phase, in der das Auto noch nicht warm ist, beschlagfrei.

Innenraumfilter (Pollenfilter)

Die Innenraumfiltereinsätze (Pollenfilter) haben die Aufgabe, Schadstoffe aus der Luft zu entfernen, bevor diese in den Innenraum gelangt.

Die Partikelfilter:
Die Partikelfilter filtern wie der Name schon sagt Partikel aus der Außenluft heraus. Pollen, Bremsstaub, Straßenstaub und Ähnliches wird aus der Luft für den Innenraum herausgefiltert. Er besteht im Wesentlichen aus Filterpapier und einem synthetischen Vlies. Die Partikel werden mechanisch über die Filterporen und statisch über die statische Aufladung gefiltert.

Die Kombifilter:
Beim Kombifilter kommt eine Aktivkohleschicht hinzu. Der Filter ist so auch in der Lage, bedingt Gase, Gerüche wie Benzindämpfe oder auch Ozon aus der Außenluft herauszufiltern.

Innenraumfilter wechseln

Der Wechsel vor der kalten Jahreszeit macht schon deswegen Sinn, da der Luftdurchsatz bei zugesetztem Filter deutlich geringer ausfällt.

Demontage des Innenraumfilters:

- Nehmen Sie die Fußmatte im Beifahrerfußraum heraus.
- Bauen Sie die Fußstütze im Beifahrerfußraum aus.
- Entriegeln Sie den Deckel zum Innenraumfilter (1 im Bild unten) und nehmen Sie ihn ab.
- Ziehen Sie den Innenraumfilter heraus.

Montage des Innenraumfilters:

- Saugen Sie mit einem Staubsauger die Blattreste und Verschmutzungen.
- Setzen Sie den Innenraumfilter ein und setzen Sie den Deckel wieder auf.
- Achten Sie darauf, dass der Deckel einrastet.
- Bauen Sie Fußstütze und Fußmatte wieder ein.

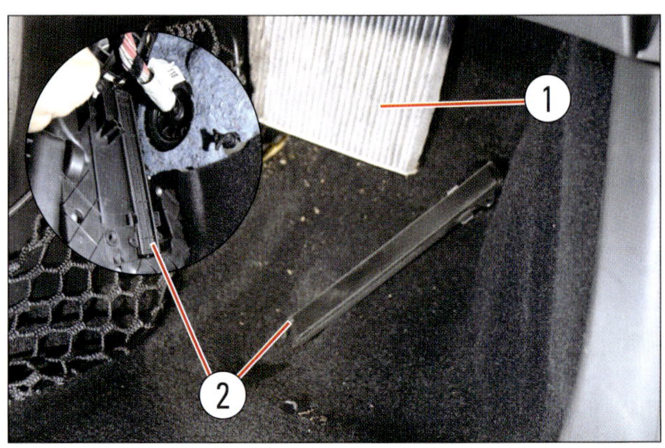

Innenraumfilter im Beifahrerfußraum: *1 Innenraumfiltereinsatz, 2 Gehäusedeckel im Gebläsekasten.*

Kühlerfrostschutz

Das richtige Kühlmittel

Im Smart 453 kommt ein silikatfreies »Ethylenglycol« Kühlmittel in der Farbe Rot bis Pink zum Einsatz. Die Färbung zeigt schon sehr schnell, ob eine Durchmischung mit anderen Kühlmittelkonzentraten erfolgt ist. Ist das der Fall, muss das Kühlmittel komplett ersetzt werden. Es sind 6,9 Liter bis 7,3 Liter im Kühlsystem vorhanden. Die Freigabekennung von Smart (Mercedes) lautet »MB325.6«.

Frostschutzgehalt prüfen

Die optimale Mischung machts, auch beim Kühlmittel. Der Wasseranteil übernimmt den Wärmetransport. Der Kühlmittelkonzentratanteil sorgt für Korrosionsschutz, Schmierung, Geräuschdämmung und natürlich den Frostschutz. Ein zu hoher Konzentratanteil sorgt für einen schlechteren Wärmetransport und kann sogar eine Überhitzung zur Folge haben. Achten Sie darauf, dass das Kühlmittel, das Sie prüfen wollen, gut durchmischt ist. Sonst messen Sie nur den Frostschutzgrad, den Sie durch Nachfüllen im Ausgleichsbehälter erreicht haben.

Frostschutz spindeln:
Die Frostschutzspindel reagiert auf die unterschiedliche Dichte des Kühlmittels. Je weniger Kühlmittelkonzentrat vorhanden ist, umso mehr schwimmt die Skala (sie ist der Schwimmer) auf.

- Lassen Sie den Motor abkühlen und öffnen Sie vorsichtig den Deckel des Ausgleichsbehälters. Das Kühlsystem kann unter Druck stehen – es besteht Verbrühungsgefahr!
- Drücken Sie den Ansaugball (1 im Bild oben) zusammen und stecken Sie den Ansaugschlauch in den Ausgleichsbehälter.
- Saugen Sie so viel Kühlmittel an, bis der Frostschutzprüfer vollständig mit Kühlmittel gefüllt ist.
- Halten Sie die Frostschutzspindel gerade und lesen Sie die Temperatur auf der Skala ab, für die Ihr Kühlmittel gegen Frost geschützt ist.

Frostschutz mit dem Refraktometer bestimmen:
Der Frostschutzprüfer arbeitet mit dem veränderten Lichtbrechungswinkel, der dann in der Optik eine Linie entstehen lässt, an der sich der Frostschutzgehalt Ihres Kühlmittels ablesen lässt.

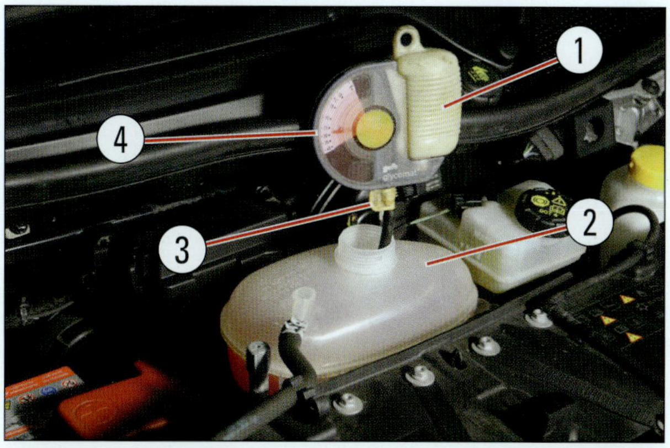

Frostschutz spindeln: *1 Ansaugball, 2 Ausgleichsbehälter, 3 Verschlusshahn, 4 Ableseskala mit Zeiger im Sichtfenster.*

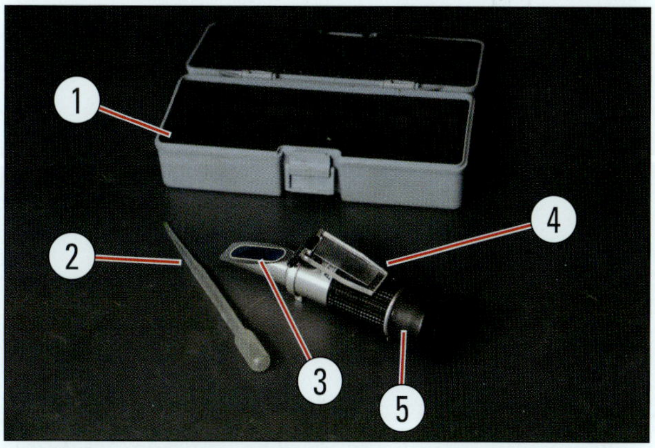

Frostschutz mit dem Refraktometer bestimmen: *1 Kasten, 2 Pipette, 3 Glasplatte, 4 Lichtabdeckung, 5 Refraktometer.*

- Klappen Sie die Lichtabdeckung (4 im Bild unten) auf und geben Sie einen Tropfen Kühlmittel auf die Glasplatte (3).
- Klappen Sie die Lichtabdeckung auf und halten Sie das Refraktometer gegen das Licht.
- Lesen Sie auf der »Ethylenglycol«-Skala die Temperatur ab, für die Ihr Kühlmittel gegen Frost geschützt ist.

Kühlmittel auffüllen

Der Ausgleichsbehälter soll einen Ausgleich für die Ausdehnung des Kühlmittels bei unterschiedlichen Temperaturen schaffen. Überfüllen Sie den Behälter niemals über die Maximaltemperatur hinaus. Bei warmem Motor bleiben Sie zwischen »MIN-« und »MAX-«-Markierung am Behälter.

Dichtgummis pflegen

Die Dichtungsgummis sind bei Minustemperaturen besonderen Anforderungen ausgesetzt. Kaputte Gummidichtungen sind nicht nur optisch ein Problem, sondern können im Extremfall zu Wassereinbruch und übermäßigen Scheibenbeschlag führen. Sparen Sie also nicht bei der Pflege, denn der Wechsel defekter Dichtungen ist nicht billig. Verwenden Sie lieber regelmäßig einen Gummipflegestift. Das Pflegemittel verhindert im Winter das Festkleben von Gummidichtungen an Türen, Scheiben und Kofferraumdeckeln. Zusätzlich wird das Gummi geschmeidig gehalten, was vor dem Brüchigwerden schützt ohne fettige Rückstände zu hinterlassen.

Schmieren und Pflegen: *Den Gummidichtungen müssen Sie in der kalten Jahreszeit besondere Beachtung schenken. Verwenden Sie dazu am besten einen Glycerinstift. Er hält die Dichtungen geschmeidig.*

Pflegemittel auftragen

- Öffnen Sie die Tür oder Klappe und wischen Sie das Dichtgummi mit einem feuchten Lappen gründlich sauber.
- Warten Sie, bis das Dichtgummi getrocknet ist, und tragen Sie das Pflegemittel auf.
- Lassen Sie das Pflegemittel ablüften und wischen Sie das Dichtgummi mit einem Tuch nach, um eventuelle Rückstände zu verteilen und eine spätere Verschmutzung der Kleidung beim Ein- oder Aussteigen zu vermeiden.

Lichtanlage Wintercheck

Gerade dann, wenn Sie in der dunklen Jahreszeit sich auf die Lichtanlage verlassen müssen, fallen ausgefallene Leuchten schnell auf. Auch die Kfz-Betriebe reagieren schon seit Jahrzehnten darauf. Der »Lichttest« zielt jedes Jahr im Herbst auf Ihre Sicherheit und die Kundenbindung zur Werkstatt.

Rundgang

- Kontrollieren Sie in regelmäßigen Abständen den Zustand der Lampen und die Funktion der Leuchten.
- Reinigen Sie die Lampen und Leuchten und auch die Kennzeichen in regelmäßigen Abständen.

Blick ins Schaufenster

- Nutzen Sie die Chance, wenn Sie vor einem Schaufenster stehen, um die Lichter ihres Fahrzeugs im Spiegelbild des Schaufensters zu kontrollieren.

PRAXISTIPP

Schmutz kostet Leuchtkraft

Waschen Sie, besonders in der schmuddeligen Jahreszeit, die Scheinwerfer häufiger als die Karosserie. Denn Schmutzpartikel auf den Abdeckgläsern schlucken die Lichtstrahlen oder leiten sie in die Irre. Folge: geringere Sichtweite, unkontrolliertes Streulicht, starke Blendung – vornehmlich bei Nebel. Schon nach einer etwa halbstündigen Fahrt auf feuchter Straße können die Scheinwerfer Ihres Autos zu über 60 Prozent verschmutzt sein. Entsprechend mager ist dann die Lichtausbeute – ein Gefahrenpotenzial für Sie und andere Verkehrsteilnehmer. Die Lampengläser können Sie beim Tankstellenstopp mit den vorhandenen Mitteln schnell von der Schmutzschicht befreien. Eine Reinigung unterwegs mit Wasser und Schwamm wirkt Wunder und sichert anschließend wieder die volle Leuchtkraft des Scheinwerfers. Achten Sie aber darauf, dass die Schmutzpartikel nicht das Scheinwerferglas beschädigen oder verkratzen.

CHECKLISTE

Fit für den Winter

Bereich	Worauf Sie achten sollten	Was zu tun ist
A Motor	1 Motorölstand	Das Motoröl wird durch extreme Kaltstarts und die großen Temperaturschwankungen stärker belastet als im Sommer. Vielleicht etwas kürzere Intervalle fahren und ein gutes Öl mit niedriger Viskosität spendieren (beachten Sie dazu unbedingt die Hinweise im Kapitel »Antrieb«)
	2 Kühlmittelstand	Ist der Frostschutzgehalt zu niedrig und das Kühlwasser friert ein, kann das Eis den Motor sprengen. Also rechtzeitig messen und einen anstehenden Wechsel auf den Herbst legen
	3 Thermostat	Wenn im Winter der Thermostat nicht vollständig schließt, braucht der Motor lange, um warm zu werden. Beobachten und bei langer Warmlaufphase wechseln
B Räder und Reifen	1 Winterreifen	Winterreifen funktionieren auf Schnee nur gut, wenn noch mindestens 4 mm Profiltiefe übrig ist. Reifen im Oktober montieren. Falls Sie neue Reifen brauchen: Nicht erst auf die ersten Schneeflocken warten, denn dann hat der Reifenhändler garantiert keine Zeit
C Licht und Sicht	1 Beleuchtung	Kontrollieren Sie regelmäßig die Beleuchtungsanlage und reinigen Sie die Klarglasabdeckungen der Scheinwerfer. Im Winter sind einwandfrei funktionierende Scheinwerfer unentbehrlich
	2 Verglasung	Die Scheiben sollten frei von Kratzern und Steinschlägen sein. Gerade Mikrokratzer verschlechtern die Durchsicht bei Gegenlicht erheblich
	3 Scheibenwischer	Spendieren Sie im Herbst neue Wischer und füllen Sie genügend Frostschutz in die Waschanlage. Prüfen Sie die Funktion der Waschdüsen
D Karosserie	1 Türen und Hauben	Sprühen Sie die Dichtungen großzügig mit Silikonspray ein, das verhindert das Festfrieren
	2 Schlösser und Scharniere	Die Gelenke freuen sich über eine Extraportion Öl bzw. Fett, das verhindert nebenbei auch Korrosion
	3 Lack	Gönnen Sie dem Lack regelmäßiges Waschen, so setzt sich erst gar keine Salzkruste fest
E Elektrik	1 Batterie	Lassen Sie eine Batterie-Kurzschlussprüfung durchführen, um festzustellen, wie viel Kapazität noch vorhanden ist. Batterien leiden unter Kälte, das gilt übrigens auch für die Fernbedienung
	2 Heizung und Lüftung	Innenraumfilter prüfen und eventuell wechseln. Gerade in der dunklen Jahreszeit ist durch die hohe Luftfeuchte im Innenraum viel Luftvolumen zum Trocknen der Scheiben erforderlich

Standheizung nachrüsten

Eine Standheizung ist ein echter Zugewinn an Komfort und Sicherheit. Lästiges Scheibenkratzen entfällt und der bereits warme Motor läuft vom Start weg schadstoffarm und abgasreduziert. Den Einbau sollten Sie allerdings dem Fachmann überlassen. Die Heizung muss übrigens nicht unbedingt durch Kraftstoff betrieben werden. Es gibt Systeme, die im Motorblock eingebaut werden, diese wärmen das Kühlmittel über einen Heizstab wie ein Tauchsieder vor. Diese Motorvorwärmsysteme stellen wir Ihnen auch vor.

Klassische Standheizung

Die klassische Standheizung greift auf die Energieversorgung aus dem Kraftstofftank zu. Wie bei der Heizung im Haus wird der Kraftstoff in einer Brennkammer verbrannt und damit der Kühlmittelkreislauf erwärmt. Mit einer kleinen elektrischen Pumpe wird das Kühlmittel im Kühlkreislauf umgewälzt und damit auch der Motor und der Innenraum erwärmt. Ein klarer Vorteil liegt darin, dass dieses Heizungssystem ortsunabhängig ohne weitere Anschlüsse betrieben werden kann. Das Steuergerät hat in der Regel Zugriff auf das Heizungsgebläse und kann so auch leicht die Scheiben abtauen. Die Kosten für ein solches System liegen bei etwa 300 bis 500 Euro.

Motorvorwärmer

Bei diesen Systemen erfolgt die Energieversorgung über eine 240-V-Schutzkontaktsteckdose. Der Nachteil liegt im Anschlusskabel und in den meisten Fällen darin, dass kein Zugriff auf die Umwälzpumpen oder das Heizungsgebläse der Lüftungs- und Klimaanlage erfolgt. Ähnlich wie beim Tauchsieder wird ein Heizstab erhitzt, der ersatzweise in einen Frostschutzstopfen des Motorblocks eingebaut wird. Das System erwärmt also primär den Motor. Sobald der Motor läuft, steht aber das Heißwasser auch im System zur Verfügung. Das Anschlusskabel wird im Auto verwahrt oder über eine spezielle Steckdose in das Fahrzeug eingesteckt. Die Kosten liegen bei bis zu 200 Euro. Das System ist also eine Alternative.

Sitzheizung nachrüsten

Wer sein Fahrzeug mit einem Komfortmerkmal erweitern möchte, hat dazu reichlich Möglichkeiten. Eine dieser Möglichkeiten ist die Nachrüstung einer Sitzheizung. Natürlich ist eine werkseitige Sitzheizung deutlich besser in das Fahrzeugbordnetz integriert und kann dann auch in die Spannungsversorgung und zumindest teilweise in die Diagnose mit einbezogen werden.

Standheizung Nachrüstung

Die im Zubehör angebotenen Carbon-Heizmatten sind wesentlich bruchfester als die früheren Nachrüstelemente mit konventionellen Heizmatten. Die Kosten liegen für einen Sitz bei etwa 30 bis 100 Euro. Egal ob Zubehör oder Originalteil: Für die Sitzmattenmontage muss der Sitz zerlegt werden. Der Einbau sollte allerdings durch einen Fachbetrieb erfolgen. Zudem sind in den Sitzen die Belegungserkennung und in vielen Fällen auch die Sidebags (Seitenairbags) verbaut. Den Eingriff in das Airbagsystem sollten Sie in keinem Fall ohne die Airbagsachkunde in Eigenregie durchführen. Hinweise hierzu finden Sie auch auf den Seiten 17 und 18 genauer beschrieben.

Originalteile nachrüsten:
Ganz sicher die teurere Variante. Oftmals finden Sie aber bereits die Kombistecker bereits vorkonfektioniert an der richtigen Stelle. Oftmals müssen diese Systeme dann nur angeschlossen werden.

Zubehörteile nachrüsten:
Im Einbausatz sind die Heizmatten und meistens auch alle erforderlichen Montagematerialien vorhanden. Die Matten können und müssen dann entsprechend der Schaumstoffauflage und der dem Sitzpolster zugeschnitten werden. Denken Sie daran, ausreichend Bewegungsfreiheit und einen Stecker für die Kabel unter den Sitzen zu lassen.

Fit durch den Sommer

Der Betrieb in der Sommerzeit, vielleicht auch eine Fahrt mit Gepäck in den Urlaub, will gut vorbereitet sein. Mit Überlegungen und Vorbereitungen lässt sich leicht Stress vermeiden. Pannen und Defekte mit kleiner Ursache, die oft schon im Vorfeld erkennbar gewesen wären, sind dann besonders nervig.

Profiltiefe und Kontrollen

Profiltiefe messen: *An der am stärksten verschlissenen Stelle wird die verbliebene Tiefe der Hauptprofilrille mit einem Profiltiefenmesser gemessen.*

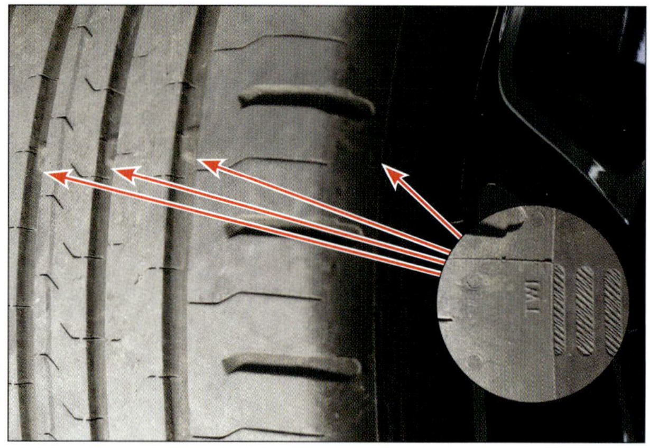

TWI-Indikator am Reifen: *Der Indikator ist 1,6 mm hoch. Wenn er bündig zum Reifenprofil ist, muss der Reifen sofort zwingend ersetzt werden.*

Sommerreifen

Sommerzeit ist Reisezeit und will gut vorbereitet sein. Nach dem Packen kommt Ihr Smart dran. Beginnen wir mit den Reifen.

Profiltiefe messen:
Gesetzlich vorgeschrieben sind zwar lediglich 1,6 mm Profiltiefe, wer jedoch mit diesen Reifen eine Vollbremsung hinlegen muss oder gar in den Regen kommt, hat schlechte Karten. Denn schon bei ca. 4 mm, also rund der Hälfte des Profils neuer Reifen, verlängert sich der Bremsweg aus 100 km/h bereits um mehr als zwei Wagenlängen. Zur Ermittlung der Profiltiefe empfiehlt sich ein Profiltiefenmesser (Bild oben rechts), entscheidend sind die Hauptprofilrillen. Die Profiltiefe messen Sie in den Hauptprofilrillen an den am stärksten verschlissenen Stellen.

Profiltiefe über die TWI bestimmen:
Die Positionen der TWI-Indikatoren sind an der Reifenschulter sichtbar und zeigen die gesetzliche Mindestvorgabe von 1,6 mm (Bild unten links) an.

Luftdruck anpassen:
Passen Sie in jedem Fall den Reifendruck auf den Beladungszustand an. Im Tankdeckel, auf einem Aufkleber im Fahrereinstieg oder in der Bedienungsanleitung finden Sie dazu eine tabellarische Übersicht.

Haltbarkeitsdatum des Reparaturkits prüfen:
Auch bei Reifenreparaturkits (Tire-kit) ist eine Kontrolle erforderlich. Das Mindesthaltbarkeitsdatum des Füllmittels muss beachtet werden. Wie im heimischen Kühlschrank ist die Qualität und Funktion mit Ablauf des angegebenen Datums nicht gewährleistet. Kontrollieren Sie auch die Funktion des Kompressors, und das Vorhandensein eventueller Anschlussadapter muss geprüft werden.

Notfallausrüstung und Werkzeug

Die Notfallausrüstung wie Warndreieck, Sicherheitswesten und natürlich auch das Werkzeug sollten zweckmäßig und griffbereit untergebracht werden. Eine Reifenpanne findet eher selten auf einem Parkplatz statt. Wenn nun auf der Autobahn das halbe Auto wieder ausgeräumt werden muss, nur um die notwendigen Utensilien zusammenzusuchen, vergeht nicht nur Urlaubszeit, sondern die Gefährdung

Bremsweg aus 100 km/h (regennasse Fahrbahn)

Profiltiefe	Bremsweg	Verlängerung (relativ)
8 mm	70 m	
4 mm	82 m	17%
3 mm	87 m	24%
2 mm	97 m	39%

Kleine Reifenkunde

PRAXISTIPP

Seit 01. Januar 2006 ist es Gesetz, dass laut Straßenverkehrsordnung (§2 Abs. 3a) bei Kraftfahrzeugen die Ausrüstung an die Wetterverhältnisse anzupassen ist. Hierzu gehört insbesondere eine »geeignete Bereifung«. Damit sollte es nun nicht mehr nur für Fachleute, sondern auch für alle Autofahrer selbstverständlich sein, dass Sommer und Winter ihre eigenen Reifen hinsichtlich Profil und Gummimischung benötigen. Gerade auf der Fahrt in den Urlaub kommt es darauf an, der Bereifung besondere Aufmerksamkeit zu schenken. Wer weiß schon, dass ein moderner Reifen aus bis zu 16 verschiedenen Gummimischungen bestehen kann, die zum Beispiel folgende Anforderungen erfüllen müssen: Geringstmöglicher Abrieb, Rissfestigkeit, Rutschwiderstand, geringer Rollwiderstand, dynamische Beständigkeit, Luftdichtigkeit, Laufruhe sowie Alterungsbeständigkeit. Allerdings bestimmen nicht nur Gummimischung und Auslegung des Profils – zum Beispiel das Lamellenprofil eines Winterreifens – die Leistung eines Reifens. Mindestens genau so wichtig sind nach Aussage der Kfz-Innungsexperten die unterschiedlichen Profiltiefen. Zwar schreibt der Gesetzgeber hier nur einen Mindestwert von 1,6 Millimetern vor, aber in der Praxis ergeben sich andere und realistischere Werte. Auf eine einfache Formel gebracht: Profiltiefe Sommerreifen: Minimum 3 Millimeter. Profiltiefe Winterreifen: Minimum 4 Millimeter. Die Gründe für diese Empfehlungen sind zahlreich und absolut sicherheitsrelevant. Mit dem Minimumprofil von 1,6 Millimeter verlängert sich bei Nässe der Bremsweg bereits um das Doppelte. Wenn man weiter weiß, dass bei nasser Fahrbahn die Drainagerillen bei 80 km/h bis zu 25 Liter Wasser pro Sekunde und bei 140 km/h bis zu 43 Liter kanalisieren müssen, erübrigt sich wohl jede weitere Diskussion um falsche Sparsamkeit. Gerade vor der sommerlichen Urlaubsreise mit ihren erhöhten Anforderungen an Temperaturen, Fahrzeuggewicht und Geschwindigkeit raten die Fachleute der Kfz-Meisterbetriebe zu einer detaillierten Reifenkontrolle, bei der neben der Erhöhung des Luftdrucks speziell auf Beschädigungen an Lauffläche, Seitenwand und Ventilabdichtung sowie auf Profiltiefe geachtet werden muss. Gehen Sie also beim einzigen Bindeglied zwischen Ihnen und dem Straßenbelag keine unnötigen Risiken ein und kontrollieren Sie regelmäßig Ihre Fahrzeugbereifung.

auf der Autobahn nimmt mit der Standzeit zu. Hilfreich ist es, das Werkzeug griffbereit und leicht zugänglich in einer Tasche aus dem Zubehörmarkt mit Klettverschluss hinter dem Beifahrersitz zu platzieren. Verbandskasten und Warndreieck können mit Klettverschluss auch einfach in diesem Bereich rutschfest und gut zugänglich verstaut werden.

Prüfpunkte in der Übersicht

Unter der Serviceklappe hinten (Kofferraum): Einer der beiden Wartungsklappen befindet sich hinten im Fahrzeug. Die Kontrollpunkte im Maschinenraum des Smarts sind über die Motorraumklappe unter dem Kofferraumteppichboden erreichbar.

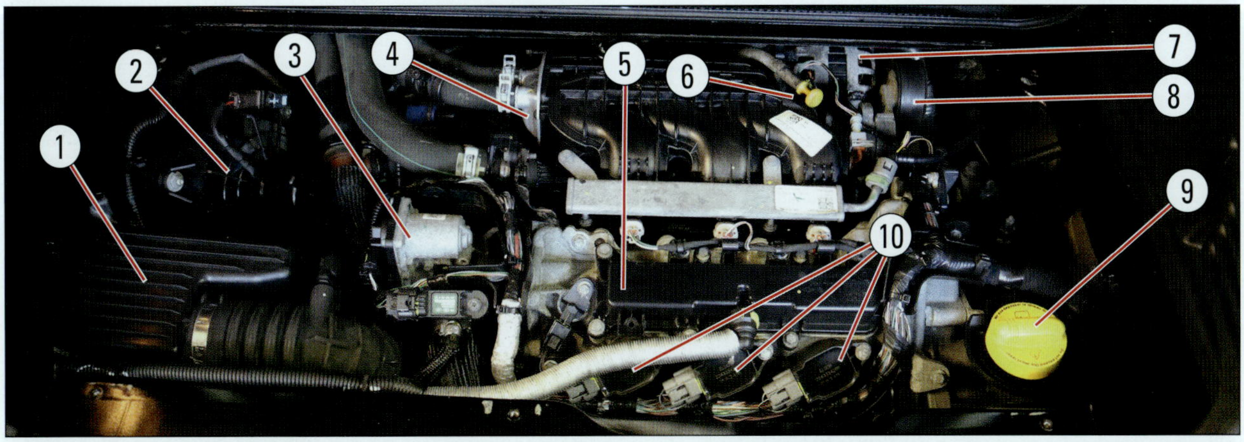

Übersicht im Motorraum beim 0,9-l-Turbomotor als Muster: *1 Luftfilterkasten, 2 Motorraumlüfter, 3 Drosselklappenmodul (E-Gas-Steller), 4 Ladeluftkühler beim Turbomotor, 5 Ventildeckel, 6 Ölpeilstab für Motoröl, 7 Generator, 8 Riemenspanner für den Keilrippenriemen, 9 Öleinfüllstutzen mit Deckel (Motoröl), 10 Zündspulen über den Zündkerzen.*

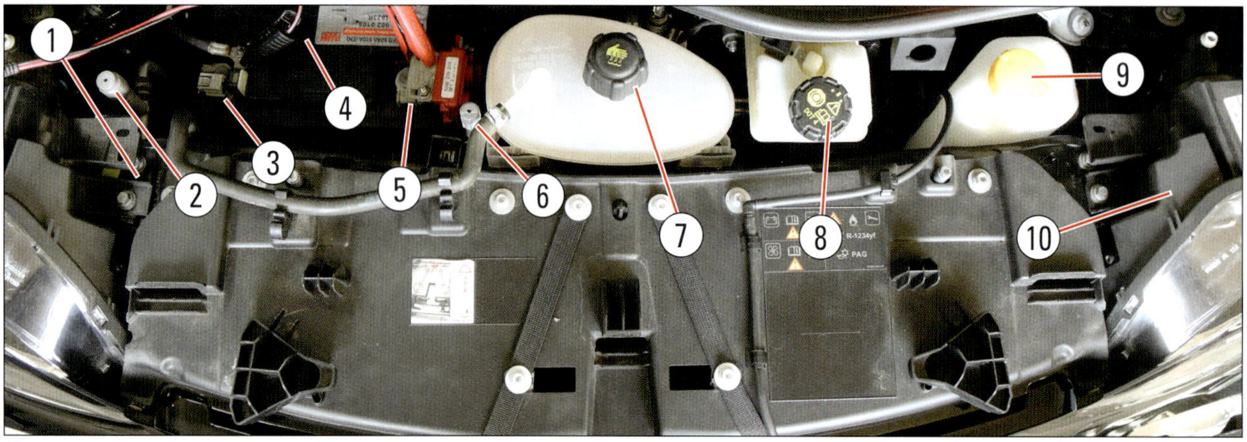

Übersicht unter der vorderen Wartungsklappe: *1 Scheinwerfer rechts, 2 Wartungsanschluss Klimaanlage (ND), 3 Masseanschluss Batterie, 4 Batterie, 5 Plusanschluss Batterie, 6 Wartungsanschluss Klimaanlage (HD), 7 Ausgleichsbehälter für Kühlmittel, 8 Vorratsbehälter Bremsflüssigkeit, 9 Vorratsbehälter Scheibenreiniger, 10 Scheinwerfer rechts.*

Unter der Serviceklappe vorne (Frontklappe): Die zweite Wartungsklappe befindet sich vorne am Fahrzeug. Bei den meisten Fahrzeuge würde man die Klappe als Motorhaube bezeichnen und darunter den Motor erwarten. Zugänglich ist hier auch die Batterie zur Starthilfe. Die Klappe sollte grundsätzlich am linken Hebel abgeschlossen werden. Andernfalls ist es möglich, problemlos die Klappe auch unberechtigt zu öffnen. Hier ist so manche Batterie schon abhanden gekommen.

Klimaanlage und Lüftung

Wie funktioniert eine Klimaanlage?

Das Funktionsprinzip ist vergleichbar mit dem des heimischen Kühlschranks. Ein vom Motor angetriebener Kompressor verdichtet das dampfförmige Kältemittel, welches sich dabei erhitzt. Beim anschließenden Abkühlen im Kondensator (an der Fahrzeugfront) wird das Mittel wieder flüssig. Durch ein Ventil wird diese abgekühlte Flüssigkeit nun in den Verdampfer (im Fahrzeuginnenraum) eingespritzt. Beim Verdampfungsprozess wird nun der außen an dem Waben- und Röhrensystem vorbeiströmender Luft aus dem Fahrgastraum Wärme und Feuchtigkeit entzogen. Die Luft kühlt hierbei ab und wird dann in den Innenraum geleitet. Die Intensität der Abkühlung hängt im Wesentlichen vom Luftdurchsatz und der eingestellten Temperatur ab. Das heißt, je höher die Gebläsestufe und je niedriger die gewählte Temperatur, desto kälter wird es. Intelligente Klimasysteme zeichnen sich heutzutage durch viele zusätzliche Sensoren und Steuereinheiten aus. So wird eine automatische Luftverteilung und eine gleichmäßige Abkühlung des Innenraums möglich.

Gebrauch der Klimaanlage

PRAXISTIPP

Beim ausgiebigen Sonnenbad Ihres Fahrzeugs heizt sich der Innenraum auf Temperaturen bis zu 60 °C oder gar noch mehr auf. Sie sollten daher vor dem Losfahren zunächst alle Türen öffnen und die größte Hitze entweichen lassen. Danach erst die Fahrt antreten und zum zügigen Herunterkühlen zunächst volle Gebläsestufe wählen. Dann schnell kleiner drehen, um unnötige Zugluft zu vermeiden. Die automatische Klimaanlage regelt sensorgesteuert Temperatur, Gebläsestufe und Luftverteilung selbsttätig. Bei manuell geregelten Klimageräten übernehmen Sie diese Aufgaben selbst. Die Wohlfühl-Temperatur liegt bei etwa 21 - 24 °C. Auch im Herbst und Winter sollten Sie gelegentlich die Klimaanlage aktivieren. Dies vermindert nicht nur durch die Aufnahme der Feuchtigkeit aus der Luft das Anlaufen der Scheiben, sondern dient auch dem Schutz des Klimasystems und seiner Aggregate vor Korrosion. Vermeiden Sie durch regelmäßige Checks bei der Fahrzeugwartung auch, dass Bakterien und Pollen sowie Sporen dem Innenraumfilter (Pollenfilter) übel zusetzen können.

Arbeiten am Klimasystem

Das Schrauben am Klimatisierungs-System scheitert weniger an Sicherheitsrisiken, es ist vielmehr die komplizierte Technik, die dem Heimwerker das Leben schwer macht. Im Klimaanlagensystem ist zum einen ein Kältemittel in einer bestimmten Menge vorhanden und zur Schmierung eine ganz bestimmte Menge Kompressoröl. Füllmengen für Kühlmittel und Öl werden vom Hersteller je nach System und verbautem Kompressor vorgegeben. Ein Hinweisschild auf dem Schlossträger im Motorraum gibt Aufschluss über das verwendete Kältemittel und Kältemittelöl. Befüllt und abgelassen werden kann es schadenfrei nur mit einem Klimaservicegerät. Auch defekte Anlagen sollten grundsätzlich abgesaugt werden. Beschädigte Bereiche oder offene Anschlüsse müssen abgedeckt werden, um den Eintritt von Wasser oder Verschmutzungen zu vermeiden. Die Arbeiten sollten Sie aufgrund der Gefahr von Kälteverbrennung (Gefrierbrand) der Haut grundsätzlich lieber einem Mechaniker mit nachgewiesener Sachkunde überlassen. Er ist für die Gefahren, die Besonderheiten und den Umgang mit den Anlagen geschult. Zudem wird die anfallende Entsorgung umweltgerecht durchgeführt.

Klimaanlage desinfizieren:
Die Komponenten der Klimaanlage sollten regelmäßig, mindestens einmal im Jahr oder alle 15.000 km, desinfiziert werden. An den Wärmetauschern setzen sich sonst Bakterien ab, die zu üblen Gerüchen, beschlagenen Scheiben und sogar zu Erkrankungen der Atemwege führen können. Je nach Ausführung brauchen Sie neben dem Desinfektionsspray eine Atemschutzmaske. Die meisten Sprays für den Fußraum werden bei laufendem Motor und eingeschaltetem Gebläse ausgelöst und im Beifahrerfußraum des Fahrzeugs platziert. Bei Spraydosen mit Sonden sprühen Sie zunächst eine Ladung Spray in die Austrittsdüsen. Schalten Sie das Gebläse auf Umluft und maximale Geschwindigkeit. Um die Batterie nicht unnötig zu belasten, kann dabei der Motor laufen. Sprühen Sie nun das Desinfektionsspray in Ansaugrichtung vor den Wärmetauscher. Tragen Sie dabei eine Atemschutzmaske. Lassen Sie die Lüftung bei geschlossenen Scheiben rund 10 Minuten bei voller Leistung laufen. Die Luft im Innenraum wird dadurch mehrmals umgewälzt.

GEFAHRENHINWEISE

⚠ Kältemittel der Klimaanlage

Die Bauteile des Klimasystems sowie alle Kältemittelschläuche und -leitungen finden Sie beim Smart vorn unter der Serviceklappe (2 und 6 im Bild auf Seite 60). Doch Vorsicht: Hier müssen Sie sich selbst als passionierter Schrauber bremsen! Denn bei den Komponenten der Klimaanlage bestehen gesundheitliche Risiken und auch die Gefahr, Ihre Klimaanlage bei Reparaturversuchen zu beschädigen! So kann der Umgang mit Kältemitteln Erfrierungen bei Berührung verursachen oder gar zum Ersticken am Boden oder in unteren Räumen, wegen der Schwere des Mittels, führen. Klimaanlagen dürfen also nur vom Hersteller oder in Service-Stützpunktwerkstätten instand gesetzt bzw. ersetzt werden.

Unterschiedliche Kältemittel: Ob das alte Kältemittel R134a oder das neuere R1234yf in Ihrem Klimasystem verwendet wurde, können Sie an einem Aufkleber auf der Fahrzeugfront erkennen. Es dürfen keine zwei Kältemittel vermischt werden.

Riskieren Sie hier keine gesundheitlichen Schäden oder teure Nachreparaturen. Denn der Kältemittelkreislauf der Klimaanlage darf nicht geöffnet werden. Das Neubefüllen ist Werkstatt-Sache. Zudem könnten Sie sich bei unsachgemäßer Handhabung auch strafbar machen: Das Ablassen von Kältemittel in die Umwelt ist eine strafbare Handlung. Sollte Ihre Klimaanlage also der Wartung bedürfen, fahren Sie am besten gleich in Ihren Servicebetrieb.

Desinfektionsspray im Fußraum: *Bei laufendem Gebläse im Ansaugbereich des Beifahrerfußraums das Desinfektionsspay nach Anleitung Spraydose leersprühen lassen.*

Elektrischer Zuheizer

Eine Besonderheit moderner Lüftungs- und Heizungssysteme ist ein elektrischer Zuheizer. Effiziente Antriebssysteme sollen möglichst wenig Abwärme produzieren.
Dieser Vorteil ist allerdings in Sachen Komfort ein deutlicher Nachteil. Wenig Abwärme bedeutet für den Fahrgastraum eine deutlich langsamer ansprechende Heizung. Gerade bei Fahrzeugen wie dem Smart, die recht viel im Bereich der Kurzstrecke unterwegs sind, machen hier eine Systemergänzung für Fahrsicherheit (freie Sicht und Wohlfühlatmosphäre) erforderlich.

Schon viele Jahre bekannt

Frühe Systeme verwendeten Glühkerzen, die in den Wasserkreislauf eingebaut sind, um das Kühlmittel etwas schneller zu erwärmen. Moderne Systeme wie in Ihrem Smart verwenden PTC-Zuheizer (4 im Bild unten) die im Luftkanal verbaut worden sind und direkt die Luft im Luftstrom des Innenraumgebläses erwärmen. Neben dem klassischen Wärmetauscher im Kühlsystem (6) ist der elektrische Zuheizer (4) zur Unterstützung aber auch für eine schnellere Erwärmung der Luft für den Fahrgastraum zuständig.

Ansteuerung über das Bordnetzsteuergerät

Über zwei Sensoren rechts und links im Gebläsekasten wird die Lufttemperatur erfasst. Je nach Ausstattung werden dann über verschiede Klappen die Luftverteilung für den Innenraum realisiert. Je nach Anforderung und Kühlmitteltemperatur wird der PTC-Zuheizer dazugeschaltet. Die Anforderung erfolgt vom Klimaanlagensteuergerät, die Schaltung dann vom Bordnetzsteuergerät. Die Temperaturregelung erfolgt nicht über den PTC-Zuheizer. Geregelte Temperaturen werden nur vom Heizungsventil am Unterboden umgesetzt. Für die Demontage der einzelnen Komponenten mit Ausnahme von Gebläsemotor, Vorwiderstand des Gebläsemotors, der beiden Temperaturfühler und natürlich dem Innenraumfilter muss der komplette Gebläsekasten unter der Armaturentafel ausgebaut und zerlegt werden.

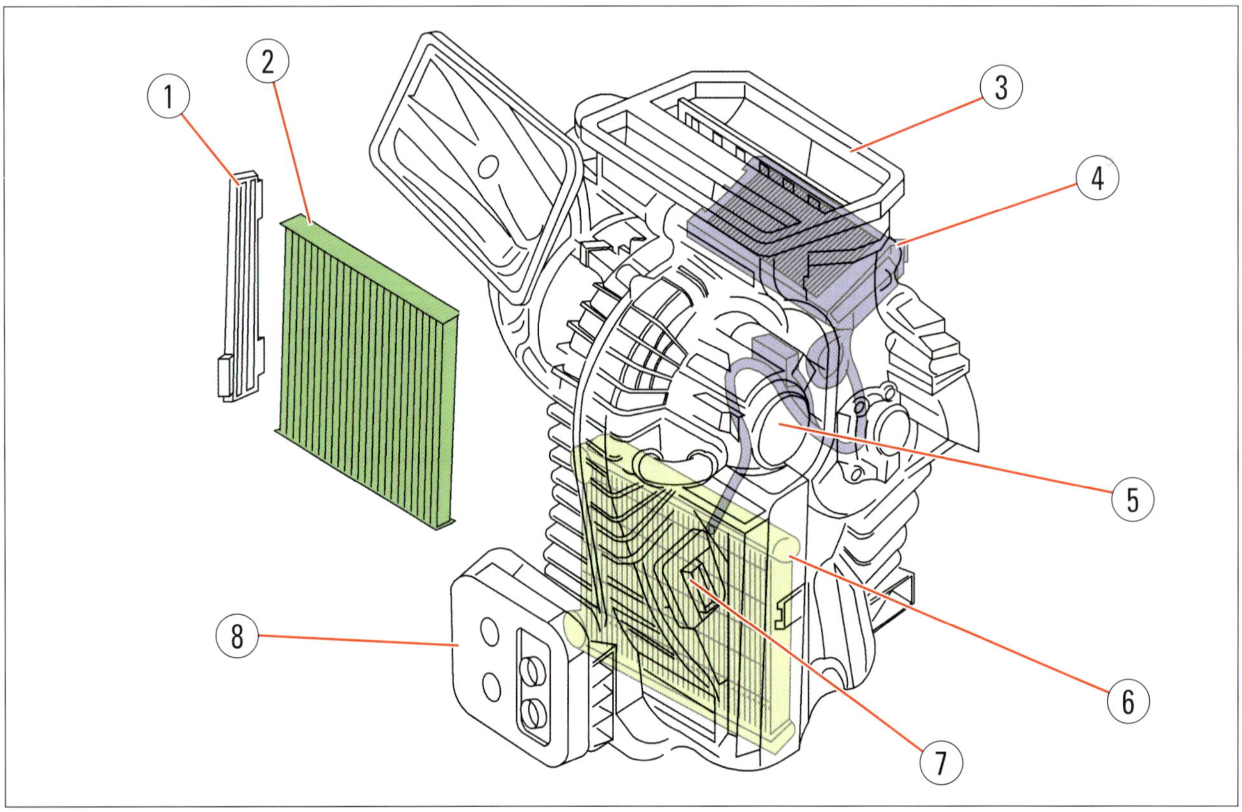

Bauübersicht über den Gebläsekasten im Smart 453: *1 Deckel zum Innenraumfilter (Pollenfilter), 2 Innenraumfilter (Pollenfilter), 3 Gebläsekasten, 4 PTC-Zuheizer (elektrischer Wärmetauscher), 5 Gebläsemotor, 6 Heizungskühler (Wärmetauscher), 7 Vorwiderstände Gebläsemotor, 8 Anschlussplatte Heizungskühler an der Spritzwand vorne.*

Urlaub und Reise

Panne und Ausfall

Engel auf Rädern

Nein, Schutzbriefe sind nicht für Weicheier oder Warmduscher. Sie sind gerade heute eine sinnvolle Ergänzung des Reisegepäcks. Eine Panne kann im Ausland erhebliche Kosten verursachen. Wer bereits einen Abschleppdienst finanziell kennengelernt hat, kann sich sicherlich noch an die nicht gerade günstig ausgefallene Rechnung erinnern. Gehen Sie ruhig davon aus, dass der freundliche Abschlepper in Frankreich oder Italien Ihnen auch keinen Freundschaftsrabatt anbieten wird. Ein Schutzbrief, der vertraglich die Kosten regelt und dafür sorgt, dass Ihr Auto auch tatsächlich wieder bei Ihnen zu Hause oder einer Werkstatt Ihres Vertrauens landet, ist dann Gold wert. Betrachten wir uns einige aus unserer Sicht sinnvolle Inhalte, die Ihnen ein Schutzbrief bieten sollte. Ein Vergleich der unterschiedlichen Anbieter fällt Ihnen dann wesentlich leichter.

Fahrzeugrücktransport

Fällt Ihr Fahrzeug im Ausland aus und kann vor Ort nicht oder erst wesentlich später repariert werden, sollte durch den Schutzbrief der Rücktransport zu Ihrem Wohnsitz organisiert und bezahlt werden. Zusätzliche Leistungen wie Abschlepp- und Einstellkosten sollten auch abgedeckt sein.

Fahrtkosten nach Fahrzeugausfall

Sollten Sie aufgrund einer Panne oder eines Unfalls liegen bleiben oder Ihr Fahrzeug ist gestohlen worden, sollte der Schutzbrief die Kosten für die Bahnfahrt zum Zielort und zurück zum Schadensort oder zurück zu Ihrem Wohnsitz übernehmen. Die Kosten für einen Mietwagen sollten dann für die Dauer des Fahrzeugausfalls, maximal bis zu 7 Tagen, übernommen werden.

Übernachtung nach Fahrzeugausfall

Natürlich kann bei Panne oder nach einem Unfall auch schnell eine außerplanmäßige Übernachtung die Urlaubskasse belasten. In der Regel tragen die Schutzbrieforganisationen dann die zusätzlichen Hotelübernachtungen für Sie und alle Insassen des Fahrzeugs.

Im Fall des Falles: *Die Pannenhilfe vom Profi kann von kleinen Hilfestellungen bis zum Fahrzeugtransport alles abdecken.*

Abschleppen und Bergung

Für das Abschleppen oder die Fahrzeugbergung nach einem Unfall fallen schnell erhebliche Kosten an. In der Regel ist dies auch Leistung der großen Schutzbrieforganisationen.

Hilfe bei verlorenen oder defekten Fahrzeugschlüsseln

Den Schlüssel am Strand verbuddelt oder verloren? Gerade bei den großen Organisationen wie dem ADAC werden auch solche kuriosen Vorfälle bearbeitet und die Kosten hierfür übernommen. Ein Ersatzteilversand - Gerade in den abgelegenen Winkeln dieser Erde sind nicht unbedingt alle notwendigen Ersatzteile immer greifbar. Um die Urlaubszeit nicht ins Ungewisse zu verlängern, wird sogar der Ersatzeilversand für solche Fälle auch weltweit organisiert.

Fahrradträger auf dem Grundträger: *»Paulchen« Grundträger-Lösung mit Haltersatz für zwei Fahrräder bis 40 kg ohne Montage auf einer Anhängekupplung.*

Gepäckbox auf dem Grundträger: *»Paulchen« Grundträger-Lösung mit abschließbarer Gepäckbox und Packreserven bis 40 kg ohne Montage auf einer Anhängekupplung.*

Zuladung und Belastung

Gerade für die Urlaubsfahrt muss alles mit, verstaut werden und Platz finden. Schon das ist beim Smart gar nicht so einfach. Ein Faktor, der nicht nur schwer einzuschätzen ist, sondern in der Praxis auch kaum Beachtung findet, ist die Zuladung eines Fahrzeugs. Klären wir zuerst einige Begriffe:

Zulässiges Gesamtgewicht

Das zulässige Gesamtgewicht benennt das maximale Gewicht des Fahrzeuges, inklusive der Passagiere, des Gepäcks und natürlich auch der erforderlichen Träger und Halter. Die Überladung des Fahrzeuges kann sich nicht nur negativ auf das Fahrverhalten auswirken, sondern kann im Falle einer Polizeikontrolle empfindliche Auswirkungen auf die Urlaubskasse haben. Der sicherste Weg ist das Fahrzeug im beladenen Zustand auf einer Waage wiegen zu lassen. Diese Waagen finden sich meist bei Deponien oder bei Schrotthändlern. In den meisten Fällen lassen sich die Kosten für das Einwiegen durch einen kleinen Obolus in die Kaffeekasse abgelten.

Leergewicht

Das Leergewicht eines Fahrzeuges setzt sich aus der Leermasse und dem zu 90% gefüllten Tank zusammen. Für die Beladung müssen Sie dieser Leermasse das Gewicht der Träger und Dachboxen hinzuziehen, wenn Sie die Zuladung über eine Personenwaage erfassen möchten.

Stützlast

Die Stützlast bezeichnet die Last, die auf die Anhängekupplung Ihres Fahrzeuges einwirken darf. Sie beträgt in der Regel 50 kg. Für den Betrieb eines Fahrradträgers dürfen es 70 kg werden. Die Stützlast muss der Zuladung angerechnet werden.

Dachlast

Für die Cabriolets ist eine Beladung auf dem Verdeck nicht vorgesehen. Sie sollten auch nicht versuchen, Lasten auf dem Dach zu transportieren. Das Verdeckgestell und auch der Aufbau des Verdecks können hierbei Schaden nehmen. Zudem ist eine Ladungssicherung nicht zu realisieren.

Anhängelast

Die Anhängelast ist die einzige Last, die bis auf die Stützlast 50 kg durch den Anhänger keinen Einfluss auf das zulässige Gesamtgewicht hat. Sie ist in Abhängigkeit von Motorvariante und Sitzplatzanzahl derzeit bis zu 550 kg groß. Genauere Informationen erhalten Sie bei Ihrem Fachhändler oder Ihrem Lieferanten für die Anhängekupplung.

Fahrradträgersystem ohne Anhängekupplung

Das bekannteste System für Anbauträger, die nicht auf der Anhängekupplung sitzen, ist das der Firma Paulchen aus Hamburg. Das Trägersystem sitzt auf speziellen Haltern und auf dem Gewinde der hinteren Abschleppöse. Die Traglast des Trägersystems beträgt nach Herstellerangabe 40 kg. Interessant ist das Trägersystem, da sich optional eine wasserdichte Box verbauen lässt, die eine merkliche Vergrößerung des Gepäckabteils ermöglicht.

CHECKLISTE

Vor und nach jeder großen Fahrt

Bereich	Worauf Sie achten sollten	Was zu tun ist
A Motor	**1** Motorölstand	Wurde der Motor lange auf Kurzstrecken betrieben, sammeln sich flüchtige Substanzen. Deshalb kann es sein, dass der Ölstand bei heißem Motor schlagartig absinkt. Nach den ersten 100 Kilometern nachmessen
	2 Kühlmittelstand	Den Kühlmittelstand im kalten Zustand auf Maximum auffüllen
	3 Zustand der Schläuche	Alle Wasserschläuche müssen dicht und elastisch sein. Schläuche kräftig kneten. Kalkablagerungen an den Anschlüssen und harte oder poröse Schläuche sind kein gutes Zeichen. Im Zweifel austauschen
	4 Kühlerventilator prüfen	Lassen Sie den Motor im Leerlauf laufen, bis sich der Kühlerventilator ein- und später wieder ausschaltet. Sie werden ihn brauchen, wenn Sie im Stau stehen
B Räder und Reifen	**1** Luftdruck prüfen	Der Luftdruck in den Reifen muss an die Beladung angepasst werden. Nach der Reise nicht vergessen, den Luftdruck wieder abzusenken
	2 Zustand prüfen	Die Reifen sollten natürlich auch am Ende der Reise noch genug Profil haben. Das sollten Sie besonders bei Winterreifen bedenken, die mindestens vier Millimeter Profiltiefe haben müssen
C Fahrwerk	**1** Stoßdämpfer prüfen	Wird das Auto richtig vollgeladen, sind die Stoßdämpfer besonders gefordert. Fahnden Sie nach Ölspuren und lassen Sie beim kleinsten Verdacht einen Stoßdämpfertest durchführen. Mit Wippen an der Karosserie lassen sich schwache Dämpfer kaum entlarven
	2 Fahrwerksfedern prüfen	Sehen Sie die Fahrwerksfedern genau an. Steht das Fahrzeug gerade? Sind Federn bereits gebrochen?
	3 Manschetten und Gelenke prüfen	Sind Achsmanschetten oder die Gummis der Gelenke rissig und porös, werden die Teile bei hoher Belastung rasant verschleißen. Besser vorher austauschen
D Sonstiges	**1** Beleuchtung	Schalten Sie alle Lichter durch und nehmen Sie Ersatzlampen für Scheinwerfer und Rückleuchten sowie ein passendes Sicherungssortiment mit
	2 Scheibenwaschanlage	Prüfen Sie die Einstellung der Spritzdüsen und füllen Sie den Vorratsbehälter mit geeignetem Gemisch bis zum Maximum auf
	3 Zubehör aufrüsten	Einen Fünf-Liter-Reservekanister, einen Liter Motoröl einige Kabelbinder und eine Rolle Textilklebeband mit auf die Reise nehmen

Trägersystem nachrüsten

In Sachen Transportmöglichkeiten lässt sich der Smart schon immer leicht nachbessern. Wir zeigen am Cabrio die Montage eines Trägersystems von »Paulchen« das ohne Anhängekupplung auskommt und sich, ist es einmal eingerichtet, auch schnell zurückbauen lässt. Das sehr leichte, aber sehr stabile, System ist deutlich günstiger als eine Anhängekupplung und ein Radträger. Die Beladung des Kofferraums beim Coupé erfolgt über die Heckscheibe, beim Cabrio über den Innenraum. Wir haben die elektrischen Leitungen an die Rücklichter angeschlossen und den Anschlussstecker so verlegt, dass er etwa mittig aus der Heckklappendichtung herausgelegt werden kann.

Montage des Systems als Radträger

Wir gehen davon aus, dass Sie das Trägersystem nach den Herstellerbeschreibungen vormontiert und eingerichtet haben.

- Öffnen Sie die Heckklappe und legen Sie den Anschlussstecker (9) über die Heckklappendichtung heraus. Das Kabel wird bei angeschlossenem Leuchtenträger in der Heckklappe eingeklemmt.
- Schrauben Sie die beiden Gurthalter (5) an die seitliche Verschraubung der Heckklappenverkleidung an.
- Legen Sie die Halter oben (4) etwa 20 cm von der Außenkante in die Sicke der Heckklappe ein und schließen Sie die Heckklappe wieder.
- Demontieren Sie den Deckel zur Abschleppöse hinten und drehen Sie den Adapter (1) hinein.
- Bauen Sie den Halter links außen (7) an und verschrauben Sie ihn.
- Montieren Sie die Querstrebe (8) unten.
- Hängen Sie den Radträger in die beiden Halter oben (4) an der Heckklappe ein und verschrauben Sie sie an der Querstrebe unten (12) mit den Haltern.
- Sichern Sie den Träger mit zwei Gurten an den Gurthaltern (5).
- Stecken Sie den Anschlussstecker (9) der Lichtleiste auf.
- Entsichern Sie den Tragbügel (11) und klappen Sie ihn herunter.
- Fixieren Sie die Fahrräder über die Felgenbänder (12) unten und die Haltebügel (3) oben.
- Schließen Sie die Schlösser am Rad (2) und am Trägersystem (14 und 10) ab.

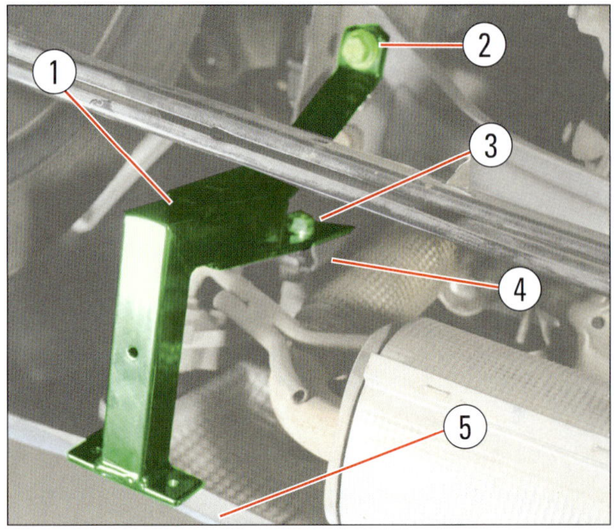

Bleibende Montage am Unterboden: *1 Halter links, 2 Schraube hinten Querstrebe, 3 Restgewinde des Auspuffhalters, 4 Auspuffhalter, 5 Stoßfänger hinten.*

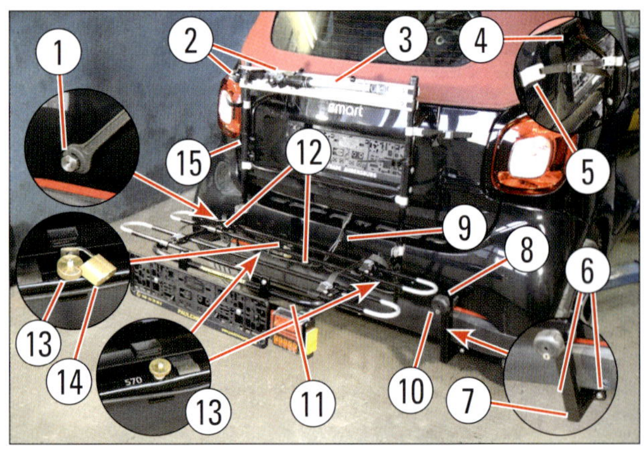

Angebautes Trägersystem (als Radträger): *1 Adapter, 2 Schloss, 3 Haltestreben, 4 Halter oben, 5 Gurthalter, 6 Schrauben, 7 Halter links außen, 8 Querstrebe unten, 9 Anschlussstecker, 10 Schloss, 11 Tragbügel, 12 Felgenbänder, 13 Rändelschraube, 14 Schloss, 15 Stützrohr.*

Umbau des Systems zum Gepäckboxträger

Die Lichtleiste für die Transportbox nicht erforderlich, da die Rücklichter nicht verdeckt werden. Es muss lediglich ein Wiederholungskennzeichen verbaut angebracht oder das hintere Kennzeichen des Fahrzeugs umgebaut werden.

- Entsichern Sie den Tragbügel (11) und klappen Sie ihn herunter.
- Demontieren Sie die beiden Radhaltebügel unten.
- Montieren Sie die Alubox mit den mitgelieferten Schellen am Tragbügel (11) und über die Adapter an der Montagestrebe am Stützrohr (15).

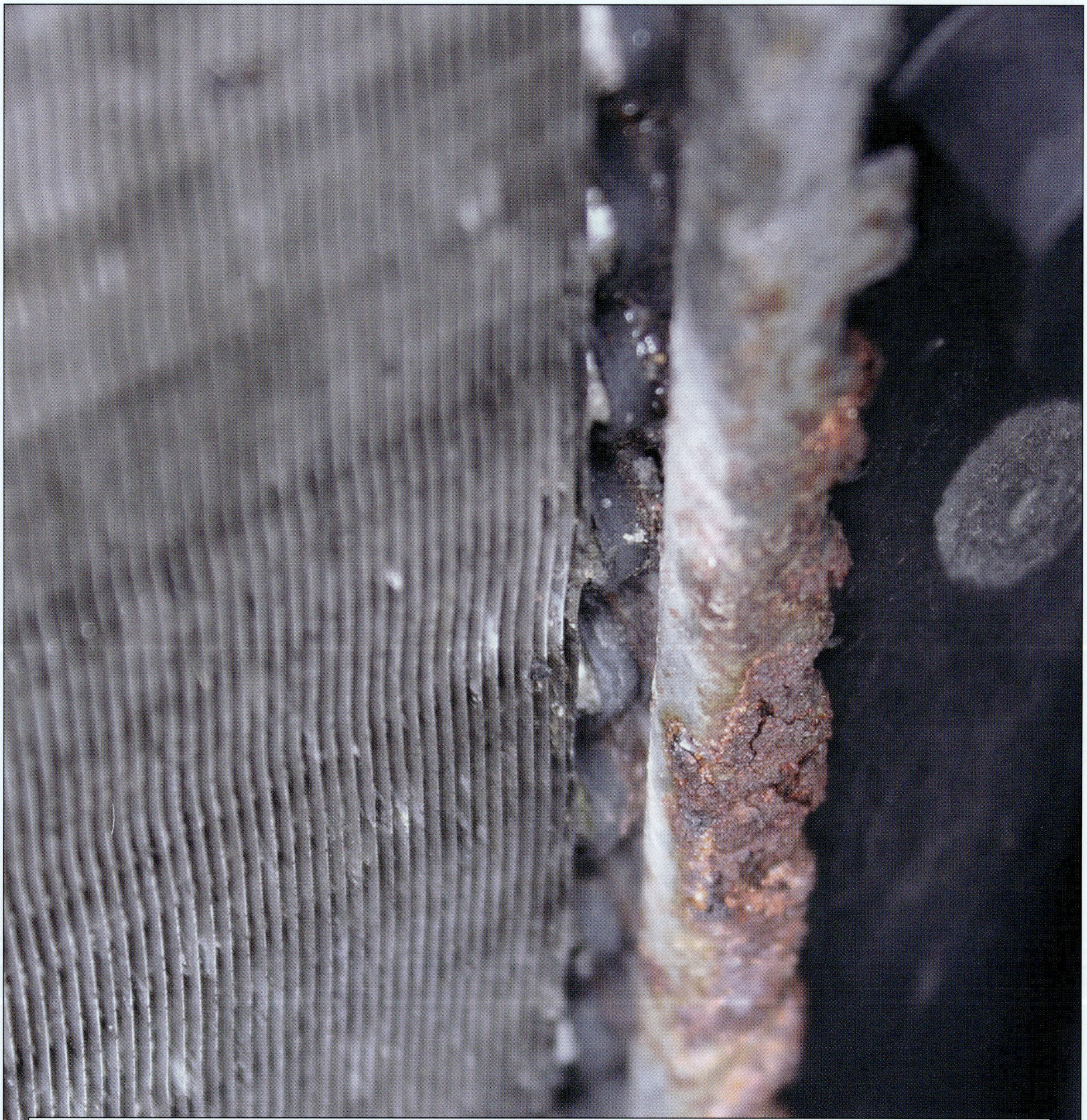

Kleine Schäden und Pannen

Sie gehören zu den Tücken des Alltags und machen einem das Autofahrerleben schwer: kleinere Pannen und Schäden. Dennoch können gerade diese Kleinigkeiten eine umso größere Wirkung haben. Denn manchmal ist es nur eine Nichtigkeit wie die Batterien der Autoschlüssel, die das Fortkommen verhindern. Wie Sie in solchen und ähnlichen Fällen Ihren Smart wieder flottkriegen, steht in diesem Kapitel.

Womit muss ich immer rechnen?

Sie müssen zur Arbeit und sind spät dran. Es ist Winter, ungemütlich kalt und dunkel. Eine dicke Eisschicht überzieht die Scheiben. Schnell ein Guckloch kratzen und los, so denken Sie. Aber: Sie drehen den Schlüssel im Zündschloss und nichts passiert! Vielleicht ist das auch besser so, denn nur ein Guckloch freizukratzen ist lebensgefährlich und wird mit Bußgeld geahndet.
Doch auch das Startproblem geht eventuell auf Ihr Konto oder es wäre mit etwas mehr Pflege und Aufmerksamkeit durchaus zu vermeiden gewesen. Die leere Batterie ist jedenfalls einer der Klassiker unter den kleinen Pannen und langweilige Routine für die gelben Engel vom ADAC. Die stundenlange Wartezeit ist meistens schon im Rahmen einer regelmäßigen Durchsicht vermeidbar. Für den Fall, dass die Batterie doch einmal ausfällt, verraten wir Ihnen, was in einem solchen Fall zu tun ist. Ärgerlich ist zum Beispiel auch, wenn die Batterie im Schlüssel schwächelt und Ihnen eines Tages den Zugang zu Ihrem Smart verwehrt. Dann müssen Sie sich an die eigene Nase fassen, denn der regelmäßige Wechsel der Batterie ist kinderleicht und kostet nicht die Welt.

Was tun bei einer Reifenpanne?

Etwas anders sieht die Sache mit einem platten Reifen aus. Statistisch gesehen erlebt jeder Autofahrer nur etwa alle 70.000 km dieses Malheur. Dann aber heißt es richtig reagieren und umsichtig handeln. Schätzen Sie die Situation hinsichtlich Gefahrenpotenzial ein. Können Sie an dieser Stelle einen Radwechsel durchführen, ohne sich zu gefährden? Befinden Sie sich beispielsweise auf einer zweispurigen Autobahn ohne Standstreifen, unterlassen Sie zu Ihrer eigenen Sicherheit einen Radwechsel. Rufen Sie stattdessen sofort Hilfe per Handy oder versuchen Sie sich im Schritttempo zum nächsten Rastplatz zu retten.

Mit einer Panne weiterfahren oder lieber stehen bleiben – ab wann wird es kritisch?

Abgesehen von dieser Panne, die bei jedem Auto auftreten kann, gilt der Smart als relativ unkompliziert und robust. Verlassen Sie sich stets auf Ihren gesunden Menschenverstand und verzichten Sie im Zweifelsfall lieber auf einen Reparaturversuch vor Ort. Genauso wichtig ist es zu wissen, wann es besser ist nicht mehr weiter zu fahren. Sie ersparen sich damit nicht nur teure Folgeschäden, sondern setzen auch nicht Ihre Gesundheit und die Ihrer Mitmenschen aufs Spiel. Wir haben darum in unseren Störungsbeiständen die wichtigsten Symptome aufgeführt, die auf einen schlimmen Schaden hindeuten oder auch auf Dinge hingewiesen, die einen schlimmen Schaden verursachen können. So reagieren alle direkt einspritzenden Diesel absolut allergisch auf eine Falschbetankung mit Benzin. Fatalerweise passt nämlich die dünnere Zapfpistole der Otto-Kraftstoffe immer in die große Öffnung der Dieselfahrzeuge, der große Rüssel der Diesel-Zapfsäule jedoch nicht in die kleinen Tankstutzen der Benziner. Sollten Sie Ihren falsch betankten Diesel dennoch starten, so werden Sie mit einiger Sicherheit aufgrund der Folgeschäden einen vierstelligen Euro-Betrag los.

Infos für die Werkstatt

Lässt sich ein Abschleppen mit anschließendem Werkstattbesuch nicht vermeiden, sollten Sie unbedingt folgende Dinge beachten: Generell sind die Mitgliedschaft in einem Automobilclub und ein spezieller Schutzbrief immer von Vorteil, besonders fern der Heimat. Lesen Sie sich beizeiten in Ruhe das Kleingedruckte durch und legen Sie die entsprechende Notrufnummer in das Handschuhfach. Bestellen Sie einen Abschleppwagen nur über diese Nummer und lassen Sie sich vom Fahrer eine Bestätigung über seinen Auftraggeber zeigen. Es ist ja auch möglich, dass der Abschleppwagen rein zufällig des Weges kam! Schildern Sie der Werkstatt dann ganz in Ruhe und chronologisch den Schadenshergang. Je mehr die Werkstatt weiß, umso kürzer ist die Zeit für die Fehlersuche.

Wichtige Informationen sind zum Beispiel:

- In welchem Betriebszustand trat der Schaden auf (Temperatur, Geschwindigkeit, Drehzahl)?
- Haben Sie vorher ungewöhnliche Geräusche oder ein ungewöhnliches Fahrverhalten bemerkt?
- Wie ist die Vorgeschichte des Wagens (wurden vor Kurzem Reparaturen oder Inspektionen durchgeführt)? Bestehen Sie auf einen schriftlichen Auftrag und einen Kostenvoranschlag. Ziehen Sie vor Reparaturbeginn eine finanzielle Grenze, über der die Werkstatt Ihr Einverständnis braucht.

Panne und Selbsthilfe

Im Bordwerkzeug Ihres Smarts finden Sie serienmäßig keinen Spindelwagenheber. Auch ein Reserverad suchen Sie wie bei den meisten Fahrzeugen heute vergebens. Leider ist in einigen Ausstattungsvarianten nicht mal ein Reifenpannenset vorhanden. Ohne Eigeninitiative und regelmäßige Kontrolle auf Vollständigkeit ist Ihre Handlungsfähigkeit schnell auf das Warten auf den Pannendienst eingeschränkt.

Sinnvolle Ergänzung Bordwerkzeug

Pannenset im Beifahrerfußraum (Bild oben)
Im bordeigenen Pannensethalter unter der Beifahrerfußmatte finden Sie in der kleinsten Ausstattung einen Schraubendreher und eine Abschleppöse. Hier lässt sich auch ein Pannenset aus dem Zubehör verstauen. Für das Originalset ist eine andere Fußstütze erforderlich. Natürlich müssen Sie auch dann, wenn Sie ein Reparaturkit nachgerüstet haben, das Ablaufdatum beachten und das Füllmittel sobald erforderlich ersetzen.

Ergänzung in einer sinnvollen Tasche (Bild unten)
Sinnvoll neben den Warnwesten sind ein Scherenwagenheber, ein Radschlüssel mit der passenden Stecknuss, und für die eingefahrene Schraube vielleicht sogar ein Reifenreparaturset, was eine fachgerechte Instandsetzung einer eingefahrenen Schraube oder eines Nagels im Profilbereich erlaubt. Die Arbeitsschritte hierzu werden wir im Kapitel Räder und Reifen noch im Detail vorstellen.

Scherenwagenheber
Verstaut wir er sinnvollerweise in der Werkzeugtasche. Mit dem Wagenheber lässt sich der Wagen für die meisten Arbeiten hoch genug anheben. Zur Vergrößerung der Hubhöhe können Sie einen Holzklotz unterstellen. Ebenso sollten Sie zur Sicherheit stets ein kleines Brett mit etwa den Abmaßen 30 cm x 30 cm und 2 cm Dicke unterstellen. Damit verringert sich die Gefahr, dass der Wagenheberfuß in den Boden einsinken kann. Gehen Sie mit Unterstellböcken auf Nummer sicher. Wenn Sie ernsthaft unter dem Fahrzeug arbeiten wollen, raten wir dringend zur Verwendung von Unterstellböcken. Nur so können Sie Ihren angehobenen

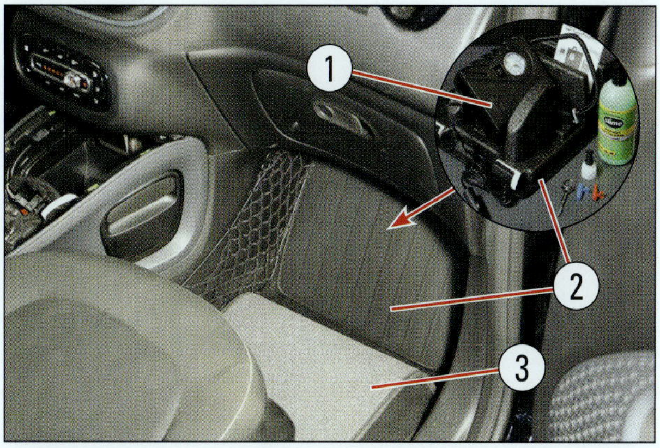

Bordwerkzeug im Beifahrerfußraum: *Unter der Fußmatte (3) im Beifahrerfußraum ist, der Bordwerkzeugträger (1) in der Trittplatte (2) versteckt.*

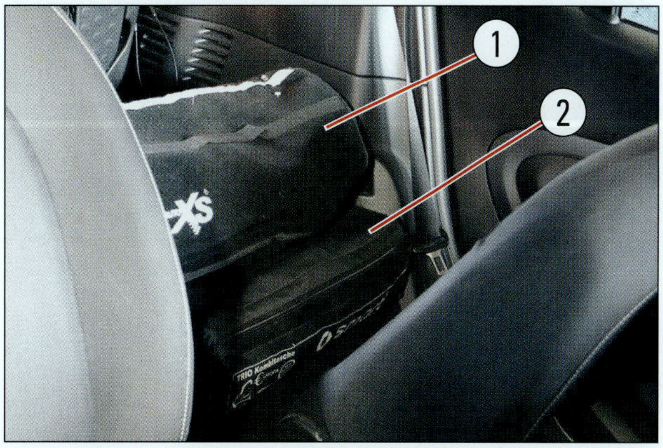

Rutschfest verstauen mit Klettverschluss hinter den Sitzen: *1 Werkzeugtasche mit Klettverschluss, 2 Kombipannentasche aus Verbandskasten und Warndreieck.*

Smart sichern. Begeben Sie sich niemals unter das angehobene Fahrzeug, wenn dieses nicht durch Unterstellböcke gesichert ist, Sie begeben sich sonst in Lebensgefahr!

Fahrzeug aufbocken

Der Wagen muss, wenn er mit dem Wagenheber aufgebockt werden soll, grundsätzlich auf festem, ebenem Untergrund stehen. Verwenden Sie lediglich einen Wagenheber.

■ Feststellbremse aktivieren und zumindest eines der Räder gegenüber der Anhebestelle mit Holzkeilen, notfalls mit geeigneten Steinen, gegen Wegrollen sichern. Nur auf die Feststellbremse dürfen Sie sich nicht verlassen.

Wagenheberaufnahmen am Smart: *Die Bereiche am Schweller, die für die Aufnahme von Wagenheber oder Hebebühne vorgesehen sind, sind mit einem eingeprägten Dreieck (1) gekennzeichnet.*

■ Nun den Wagenheber senkrecht zum gekennzeichneten Aufnahmepunkt am Schweller heben.

■ Bevor der Wagenheber auf die Arbeitshöhe hochgekurbelt ist, nochmals vergewissern, dass ein Wegkippen des Hebers ausgeschlossen ist. Ist der senkrechte Stand nicht gewährleistet, den Wagenheber nochmals neu ansetzen. Ansonsten nun auf nötige Höhe kurbeln. Die entsprechenden Unterstellböcke haben wir Ihnen bereits auf der Seite 27 im Bild unten unter der Bildnummer (3) vorgestellt.

■ Der Unterstellbock darf nur an den Bodenverstärkungen am Rahmen oder an den Achsen oder Achsaufnahmen angesetzt werden. Zwischen die Auflage des Bocks und den Fahrzeugboden sollten Sie einen Gummi- oder Hartholzklotz legen, der die Last verteilt. Kontrollieren Sie vor dem Ansetzen des Bockes, ob eventuell ein Blechfalz im Weg ist, der eingedrückt oder deformiert werden könnte oder gar die Bremsleitung eingeklemmt werden kann.

■ Der Dreibein-Unterstellbock steht am sichersten, wenn eines seiner Beine nach außen und zwei zur Wagenmitte hin zeigen. Achten Sie auf diese Stellung, wenn Sie das Fahrzeug aufbocken, sonst kann es passieren, dass beim Anheben des Wagens der auf der anderen Seite bereits angesetzte Unterstellbock seitlich weggedrückt wird.

GEFAHRENHINWEIS

⚠ Aufnahmepunkte zum Anheben

Fahrzeug nur an diesen vorgesehenen Aufnahmepunkten anheben! Die Schweller sind in diesem Bereich extra hierfür verstärkt! Wagenheberkopf mit der linken Hand gegen den Aufnahmepunkt drücken, während man mit der rechten Hand die Kurbel im Uhrzeigersinn dreht und den Wagenheberfuß gegen den Boden drückt. Immer darauf achten, dass der Wagenheber senkrecht steht und nicht nach einer Seite abkippt! Wird das Fahrzeug auf einer Hebebühne angehoben, muss es mit Spanngurten gesichert werden. Bei den meisten Arbeiten besteht aufgrund des geringen Fahrzeuggewichtes die Gefahr, dass das Fahrzeug von der Bühne kippt.

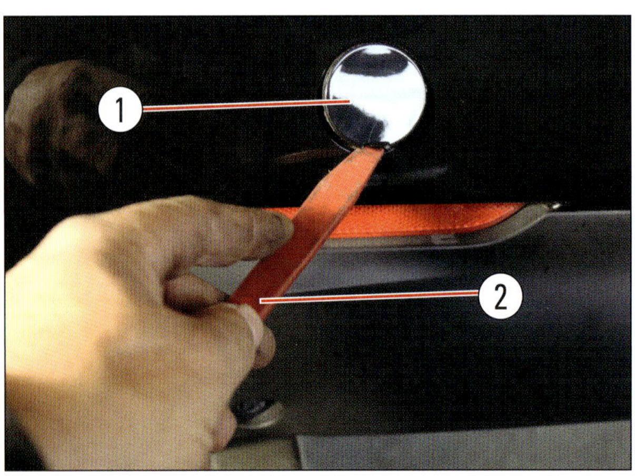

Abdeckung im Stoßfänger (vorne und hinten): *Hebeln Sie die Abdeckung (1) mit einem Schraubendreher oder einem anderen geeigneten Werkzeug (2) heraus.*

Fahrzeug abschleppen

Wegstrecken begrenzen

Grundsätzlich sollten Sie die Fahrtstrecke beim Abschleppen so kurz wie möglich wählen. Bei Fahrzeugen mit automatischen Getrieben besteht die Gefahr, dass das Getriebe Schaden nehmen kann, da die Steuerung und die Schmierstellen bei stehendem Motor nicht versorgt werden können. Beachten Sie auch unseren Kasten auf der nächsten Seite »Vorschriften beim Abschleppen«.

Vorgegebene Befestigungspunkte

Die Abschleppöse des Smart finden Sie im Bordwerkzeug unter der Fußmatte im Beifaherfußraum. Jeweils vorne und hinten ist ein Gewinde im Rahmen

Abschleppöse eindrehen: *1 Aussparung in der Stoßfängerverkleidung, 2 Abschleppöse zum einschrauben, 3 Abdeckung in der Stoßfängerverkleidung.*

vorgesehen, in das die Abschleppöse eingeschraubt werden kann. Hierzu muss die Abdeckung aufgeclipst und die Abschleppöse dann im Uhrzeigersinn hineingedreht werden. Sie sollte mindestens etwa 1 cm in das Gewinde eingedreht werden.

Abschleppstange oder Abschleppseil?

Grundsätzlich handelt es sich hier um unterschiedliche Systeme mit der gleichen Aufgabe. Ein defektes Fahrzeug soll durch ein intaktes Fahrzeug abgeschleppt werden können. Die Abschleppstange bildet eine starre Verbindung zwischen ziehendem und gezogenen Fahrzeug. Sie ist bei entsprechender Qualität deutlich teurer und benötigt mehr Platz, bietet aber etwas mehr Sicherheit, da die Fahrzeuge leichter auf Abstand gehalten werden können. Das Abschleppseil ermöglicht ein sanfteres Anfahren, erfordert aber hohe Aufmerksamkeit der Fahrzeugführer. Der Schleppende muss bewusst anfahren und möglichst ruckfrei die Gangwechsel über die Bühne bringen. Der Abgeschleppte muss mit hoher Bremsbereitschaft und Feingefühl das Abschleppseil möglichst auf Spannung halten.

Reifen flicken

Reifenpannen passieren statistisch recht selten. Das ist sicherlich der Grund, warum viele Hersteller auf ein Reserverad verzichtet haben. Um möglichen Pannen vorzubeugen, ist die Kontrolle im Rahmen der regelmäßigen Wartung des Reifenzustandes, des Alters und des Luftdrucks extrem wichtig. Trotz größter Umsicht, können Straßenschäden oder Beschädigungen durch Einstiche von Schrauben einen Luftverlust verursachen. Die Reifen können durchaus noch repariert werden. Der Schaden muss aber im Bereich der Lauffläche zu finden sein. Die Reifenflanken dürfen keine Schäden aufweisen.

Vorschriften beim Abschleppen

WISSENSWERTES

Beachten Sie nach einer Havarie beim Abschleppen die nach §15a der Straßenverkehrsordnung geltenden Grundsätze: Beim Abschleppen eines auf der Autobahn liegen gebliebenen Fahrzeugs ist die Autobahn bei der nächsten Ausfahrt zu verlassen. Ist Ihr Fahrzeug außerhalb der Autobahn liegen geblieben, dürfen Sie nicht auf die Autobahn auffahren. Während des Abschleppens müssen beide Fahrzeuge das Warnblinklicht einschalten. Zudem steht der Nothilfegedanke im Vordergrund, das heißt, ein abzuschleppendes Fahrzeug ist nicht über weite Strecken zu transportieren, sondern nur bis zur nächstgelegenen oder nächstgeeigneten Werkstatt. Der Fahrzeugführer des abschleppenden Kfz benötigt eine Fahrerlaubnis der Klasse, die dem ziehenden Kfz zugehört. Der Lenker eines abzuschleppenden Kfz muss indes keinen Führerschein besitzen. Außerdem besteht kein gesetzliches Mindestalter zur Steuerung des abgeschleppten Fahrzeugs. Da derjenige allerdings für das Bremsen und Lenken verantwortlich ist und Sie für die Einweisung in diesen Vorgang, ist es ratsam, sich im Zweifelsfall davon zu überzeugen, dass Ihr »Pannenhelfer« dies auch kann. Verwenden Sie eine starre Abschleppstange, damit auch das Bremsen ohne Pedalkraftverstärkung nicht zur bösen Überraschung wird.

Notreparatur durch Dichtmittel

Werkseitig sind ein Dichtmittel und ein Kompressor unter der Beifahrerfußmatte versteckt. Die Vorgehensweise und die Wartezeit kann vom Hersteller abhängen und ist im Detail auf dem Dichtmittel beschrieben. Alternativ gibt es auch Dichtmittelsprays, die das Dichtmittel und das erforderliche Füllgas in der Spraydose beinhalten. Oftmals muss aber der Reifendruck noch nachgebessert werden über Kompressor, Spraydose oder Druckkartuschen. Die chemischen Dichtmittel verbleiben im Reifen und benetzen Reifen und Felge von innen. Die Reparatur gelingt meistens und erlaubt die Fahrt zumindest bis zum nächsten Reifendienst oder der Fachwerkstatt fortzusetzen. Ein Dauerbetrieb ist nicht zu empfehlen. Die Reinigung von Felge und Reifen bei einer anschließenden Reparatur wird aufwendig ausfallen oder sogar nicht möglich sein. Eine Reparatur des Reifens entfällt oftmals aufgrund der Verunreinigung durch das Dichtmittel.

Reparatur mit einem Reparatursatz

Vereinfacht wird die Schraube oder der eingefahrene Nagel aus der Lauffläche entfernt, der Durchstich mit einem Werkzeug gereinigt, erweitert und anschließend mit einem Klebefaden (Vulkansierstreifen) oder einem Reparaturstück verschlossen. Bei Systemen mit einem Klebefaden (Vulkansierstreifen) kann die Reparatur von außen erfolgen. Wir werden Ihnen die Reparatur exemplarisch im nächsten Kapitel im Detail vorstellen.

Starthilfe geben

Verwenden Sie zur Überbrückung von einer vollen zu einer leeren Batterie spezielle Starthilfekabel. Damit schützen Sie die elektronischen Bauteile Ihres Smarts vor gefährlichen Spannungsspitzen. Sicherheitshalber können Sie einen Verbraucher wie beispielsweise das Standlicht einschalten um Spannungsspitzen zu vermeiden.

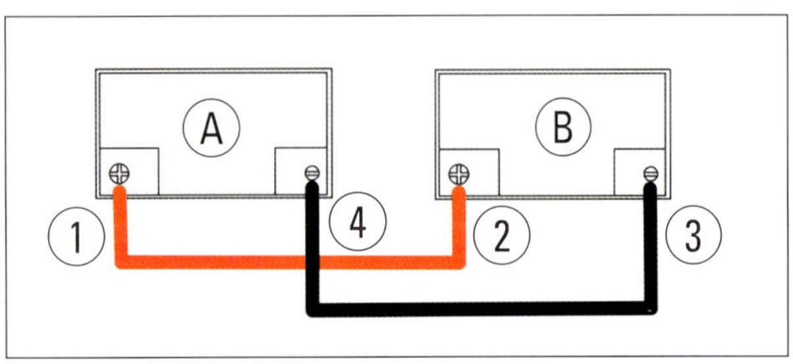

***Anschlussreihenfolge der Starthilfekabel:** A Pannenfahrzeug, B Hilfsfahrzeug, 1 Plusanschluss Pannenfahrzeug, 2 Plusanschluss Hilfsfahrzeug, 3 Minusanschluss Hilfsfahrzeug, 4 Minusanschluss Pannenfahrzeug.*

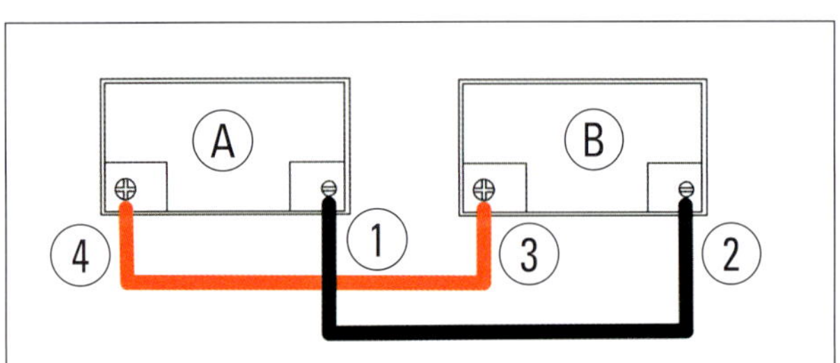

***Abklemmreihenfolge der Starthilfekabel:** A Pannenfahrzeug, B Hilfsfahrzeug, 1 Minusanschluss Pannenfahrzeug, 2 Minusanschluss Hilfsfahrzeug, 3 Plusanschluss Hilfsfahrzeug, 4 Plusanschluss Pannenfahrzeug.*

Anklemmen (Bild oben)

- Das Hilfsfahrzeug dicht an das Pannenfahrzeug heranfahren, damit die Batterien durch die Starthilfekabel verbunden werden können. Schalten Sie am Pannenfahrzeug alle Stromverbraucher ab.
- Die Pluspole mit dem Starthilfekabel verbinden, zuerst am Pannenfahrzeugs (1 im Bild oben), dann am Hilfsfahrzeugs (2 im Bild oben) anklemmen.
- Das andere Kabel zuerst am Minuspol des Hilfsfahrzeugs (3) und dann am Minuspol des Pannenfahrzeugs (4) anschließen.
- Motor des Hilfsfahrzeug (B) starten und mit etwas erhöhter Drehzahl laufen lassen, damit die Lichtmaschine viel Strom liefert.
- Starten Sie das Pannenfahrzeug (A). Wenn der Motor nicht gleich anspringt, sollten Sie nach weiteren Versuchen immer wieder eine Pause einlegen, damit der Anlasser abkühlen kann. Dabei den Motor des Hilfsfahrzeugs weiterlaufen lassen – die leere Batterie im Pannenfahrzeug wird dadurch schon etwas nachgeladen.

Abklemmen (Bild unten)

- Zum Abnehmen der Starthilfekabel zuerst den Minuspol (1) am Pannenfahrzeug (A), dann den am Hilfsfahrzeug (2) abklemmen. Anschließend die Kabel von den Pluspolen abnehmen, zuerst den am Hilfsfahrzeug (3), dann an der Batterie des Pannenfahrzeugs (4).

Überhitzen durch Wasserverlust

Wenn der Motor überhitzt, droht ein kapitaler Motorschaden. In den meisten Fällen fehlt dem Motor Kühlwasser. Drehen Sie niemals den Ausgleichsbehälter sofort auf. Er steht gerade bei überhitzten Kühlsystemen unter hohem Druck. Das Kühlwasser kann durchaus überspannt sein. Das bedeutet, es hat eine Temperatur über 100 °C bzw. über 115 °C erreicht. Wasser ist bei ca. 100 °C schon gasförmig. Schwere Verbrennungen wären so unausweichlich!

- Stellen Sie den Motor sofort ab.
- Warten Sie einige Zeit ab und öffnen Sie den Deckel des Ausgleichsbehälters langsam. Halten Sie niemals den Kopf in den Bereich des Kühlwasserbehälters, wenn Sie den Deckel abschrauben wollen. Vor dem eigentlichen Abdrehen hat der Kühlerdeckel noch eine Raststufe. Kurz nach dieser Stufe wird hörbar der Druck entweichen. Warten Sie ab, bis der Druckausgleich stattgefunden hat und drehen Sie

den Kühlerdeckel langsam und sehr vorsichtig mit einem Lappen als Handschutz ab.

■ Bevor Sie jedoch nun fehlendes Kühlwasser auffüllen, sollten Sie als Erstes versuchen die Ursache des Wasserverlustes zu lokalisieren.

»Kochen« durch Kühlmittelverlust

Stellen Sie regelmäßigen Wasserverlust fest, kann das mehrere Ursachen haben.

■ Ein undichter oder beschädigter Schlauch kommt als Ursache genauso infrage wie eine beschädigte Wasserpumpe oder ein Schaden an Kopfdichtung oder anderen Teilen des Kühlsystems. Suchen Sie gezielt nach Wasserspuren im Motorraum. Zumeist lässt sich der Schaden recht gut einkreisen, wenn man den »weißen« Spuren folgt.

Der Einsatz von »Kühlerdichtmitteln« ist sicherlich keine Lösung, die als Reparatur bezeichnet werden kann. Die chemischen Zusätze können zwar ein vorhandenes Leck zuerst einmal verschließen, bedeuten aber keine Betriebssicherheit. Defekte Bauteile und Dichtungen sollten am besten sofort getauscht werden.

»Kochen« durch Ausfall des Kühler-Lüftermotors

Wenn der Ventilator streikt und der Motor nur im Stand heiß wird, können Sie die Fahrt bei freier Strecke fortsetzen. Im Stand und an roten Ampeln dann jeweils den Motor abstellen.

■ Stellen Sie die Heizung auf maximale Wärme bei höchster Gebläsestufe, um zusätzlich etwas Hitze aus dem Motor abzuführen.

Kleine Schäden und Pannen

STÖRUNGSBESISTAND

Störung	Was kann das sein?	Was kann ich tun?
A Reifen verliert Luft	**1** Nagel oder Schraube in der Lauffläche eingefahren	Standstreifen, Raststätte, Pannenbucht oder Parkplatz langsam anfahren und den Reifen mittels Reparatursatz instand setzen. - Stellen Sie ein Warndreieck auf!
	2 Schäden an der Reifenflanke (Innen- oder Außenseite)	
	3 Ventil undicht	Standstreifen, Raststätte, Pannenbucht oder Parkplatz langsam anfahren und das Ventil soweit im Reparatursatz vorhanden ersetzen. Stellen Sie ein Warndreieck auf!
B Die Batterie ist entladen	**1** Die Batterie ist defekt	Prüfen Sie den Säurestand und die Kapazität der Batterie mit einem Batterietester, eventuell die Batterie erneuern.
	2 Der Generator ist defekt	Prüfen Sie die Ladespannung an der Batterie auch bei eingeschaltetem Licht und erhöhter Drehzahl. Fällt Sie zu niedrig aus, müssen die Anschlüsse und der Generator geprüft und eventuell erneuert werden.
C Die Kühlmittelanzeige steigt zu stark an	**1** Der Kühlerlüfter ist defekt	Kühlmittelstand überprüfen. Heizung einschalten und die Temperatur über das Innenraumgebläse bei geöffneten Fenstern abbauen. Die Fahrt kann mit verminderter Last und Pausen fortgesetzt werden. Die Temperaturanzeige im Auge behalten!
	2 Das Kühlsystem ist undicht	Leckage so weit wie möglich eingrenzen. Die meisten Teile des Kühlsystems sind unzugänglich für eine Reparatur auf dem Parkplatz. Lassen Sie Ihr Fahrzeug abschleppen, um keinen Schaden am Motor zu riskieren.
	3 Die Zylinderkopfdichtung ist defekt	

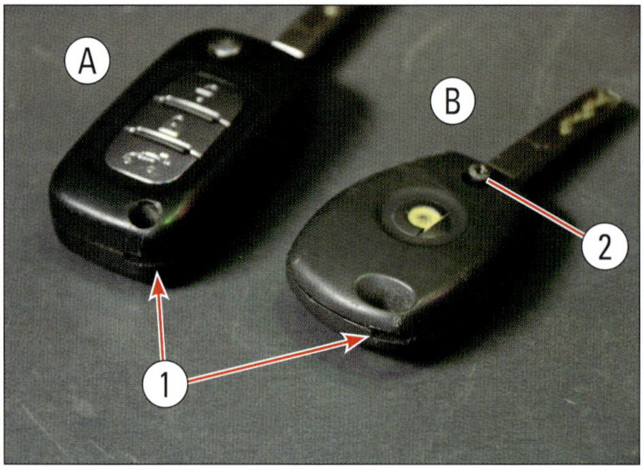

Gehäusedeckel aufhebeln: *A Klappschlüssel, B starrer Schlüssel, 1 Öffnungsnut, 2 Schraube.*

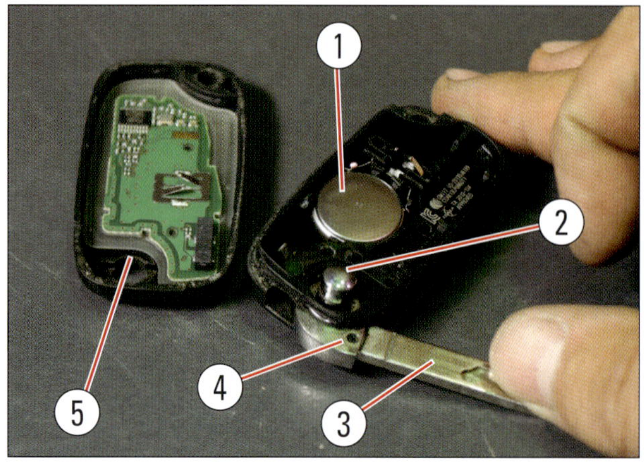

Klappschlüssel geöffnet: *1 Batterie (- ist oben), 2 Raste, 3 Schlüsselbart, 4 Sicherungsstift, 5 Tastenfeld mit Platine.*

Schlüsselbatterie wechseln

Wie bei den meisten modernen Fahrzeugen wird auch Ihr Smart über die Schlüsselfernbedienung geöffnet oder verschlossen. Ärgerlich, wenn die Batterie schwächelt oder sogar einfach ausfällt. Natürlich könnten Sie dann das Fahrzeug noch immer über den Schlüssel mechanisch öffnen. Zumindest dann, wenn das Schloss im Türgriff nicht schon aus Wartungsmangel einfach festoxidiert ist. Die Wartung lässt sich mit etwas Sprühöl und Bewegung bei eingestecktem Schlüssel im Rahmen der regelmäßigen Wartung abarbeiten.

Schlüsselbatterie am Klappschlüssel

- Nehmen Sie den Schlüssel vom Schlüsselring ab.
- Stecken Sie einen Schraubendreher oder eine Münze in die Trennnaht (1 im Bild oben links) am oberen Gehäuserand, verdrehen das Werkzeug und hebeln Sie die Gehäusehälften auseinander.
- Nehmen Sie die Gehäusehälfte (5 im Bild oben rechts) ab.
- Nehmen Sie die Batterie (1) heraus.
- Soll der Schlüsselbart oder das Gehäuse gewechselt werden, muss der Sicherungsstift (4) herausgedrückt und der Schlüsselbart abgenommen werden.
- Setzen Sie die neue Batterie (1) ein und drücken Sie die Gehäuseteile zusammen. Achten Sie auf die Position der Raste (2).
- Prüfen Sie die Funktionen des Schlüssels und setzen Sie ihn wieder in den Schlüsselring ein.

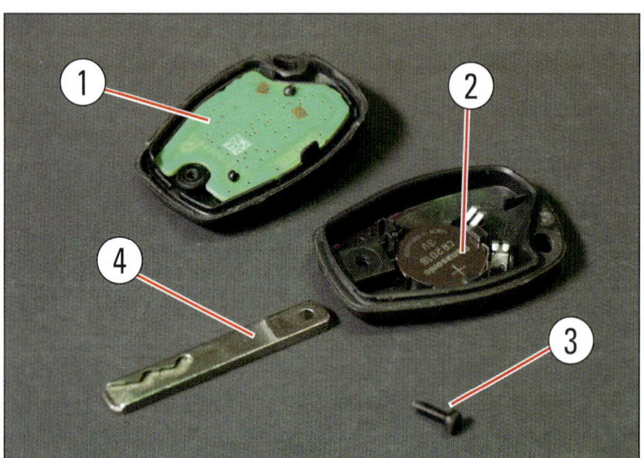

Starrer Schlüssel in Teilen: *1 Tastenfeld mit Platine, 2 Batterie (+ ist oben), 3 Schraube, 4 Schlüsselbart.*

Schlüsselbatterie einbauen

- Nehmen Sie den Schlüssel vom Schlüsselring ab.
- Drehen Sie die Schraube (3 im Bild unten links) heraus. Jetzt ist es möglich, den Schlüsselbart he-rauszuziehen und zu wechseln.
- Stecken Sie einen Schraubendreher oder eine Münze in die Trennnaht (1 im Bild oben links) am oberen Gehäuserand, verdrehen das Werkzeug und hebeln Sie die Gehäusehälften auseinander.
- Nehmen Sie die Batterie (2 im Bild unten links) heraus.
- Setzen Sie die neue Batterie (2) mit der Plusseite nach oben ein.
- Setzen Sie die Gehäusehälfte (1) wieder auf und drücken Sie das Schlüsselgehäuse so zusammen, dass die beiden Gehäusehälften hörbar einrasten.
- Drehen Sie die Schraube (3 im Bild unten links) wieder ein.
- Prüfen Sie die Funktionen des Schlüssels und setzen Sie ihn wieder in den Schlüsselring ein.

Räder, Reifen und Radwechsel

Sie gehören zu den wichtigsten Teilen am Fahrzeug und stellen die Verbindung zur Fahrbahn her. Der richtige Umgang, die Radmontage und auch die versteckten Information zum Reifenalter finden Sie in diesem Kapitel. Auch Pannen, die Ursachen und der Umgang mit dem Reifenkompressor werden wir Ihnen näher bringen. Manchmal sind es nur Kleinigkeiten, die das Fortkommen verhindern können. Wie Sie in diesen Fällen Ihren Smart wieder flottkriegen, steht in diesem Kapitel.

Anforderung und Aufgaben

In der Kombination spricht man von den Rädern eines Fahrzeuges. Sowohl der Reifendurchmesser als auch die Reifenbreite beeinflussen das Fahrverhalten unter Umständen deutlich. Inwieweit andere Reifenhaftungspotenziale und auch andere Kräfte, die an der Lenkung entstehen, einen Einfluss auch auf die Regelungssysteme des Fahrwerks haben, wurde entweder noch nicht untersucht oder noch nicht veröffentlicht. Das Urteilsvermögen eines Sachverständigen muss hinsichtlich der Eintragungen auch um Kenntnisse über Einflüsse und Störungen bezüglich der Regelsysteme erweitert werden.
Gerade in diesem Punkt ist es sehr erstaunlich, welche Rad-Reifenkombinationen abgenommen und eingetragen werden. Fahrwerksteile wie Spurplatten und Komplettfahrwerke weichen zum Teil erheblich von den Herstellervorgaben ab. Der Tuner will sein Produkt Fahrzeug schließlich auch deutlich von den Serienmodellen abheben. Als verantwortungsbewusster Autofahrer sollten Sie grundsätzlich gerade die fachlichen Hintergründe hinterfragen und im Zweifelsfall auf Serienausrüstung oder zumindest auf baugleiche Bauteile zurückgreifen, die vom Hersteller auch freigegeben wurden.

Das Bindeglied zur Straße – der Reifen

Reifenunterbau, Gummimischung und das ausgefeilte Reifenprofil machen moderne Reifen zu echten Hightech-Produkten, die einen wichtigen Beitrag zur passiven Sicherheit Ihres Autos leisten. Sie tragen das Gewicht eines Fahrzeugs, fangen kleinere Stöße der Fahrbahn ab und übertragen die Kräfte, die bei Antrieb, Bremsen und Kurvenfahrt entstehen. Die Reifen an den Vorderrädern bringen es durchschnittlich auf eine Laufleistung von 30.000 bis 50.000 Kilometer, die Pneus der Hinterräder auf 15.000 bis 35.000 Kilometer. Aber auch wenn Sie Ihr Fahrzeug nur selten bewegen – spätestens nach sieben, acht Jahren sind die Reifen am Ende, weil sich die Mischung des Gummis mit der Zeit auflöst und/oder versprödet bzw. verhärtet.

Anforderungen an den Reifen (Bild oben)

Mit der Kreisfläche soll das Leistungsvermögen des Reifens dargestellt werden. Die Kreisteile zeigen den Anteil der Anforderung in der Gesamtanforderung an die Leistung des Reifens. An der begrenzten Form des Kreises kann man recht schnell die begrenzten definierten Eigenschaften einsehen, die ein Reifen für den Hersteller erfüllen muss. Es wird sehr anschaulich, was passiert, wenn eine Eigenschaft deutlicher hervortreten soll. Mindestens eine Eigenschaft muss dann für diese vorrangige Eigenschaft zurückgestellt werden. Das erklärt auch die durchaus unterschiedlichen Testergebnisse bei Reifentests.

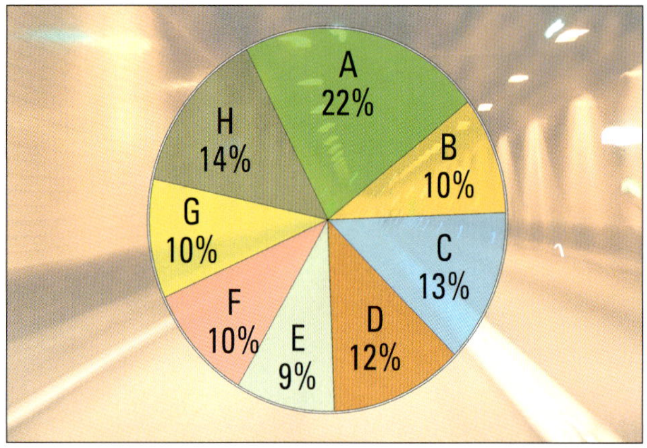

Anforderungsprofil eines Reifens im Kreisdiagramm: *A Nassbremsverhalten, B Fahrkomfort, C Lenkpräzision, D Fahrstabilität, E Reifengewicht, F Lebenserwartung, G Rollwiderstand, H Aquaplaningverhalten.*

Wichtiges zum Thema Reifen

Die Anforderungen an die Reifen eines Autos steigen ständig, Faktoren wie steigendes Fahrzeuggewicht, höhere Geschwindigkeiten und höhere Fahrzeugsicherheiten verursachen naturgemäß einen größeren Verschleiß an den Reifen.

Reifen und Luftdruck

Durch das Gewicht des Fahrzeuges wird der Reifen im Bereich seiner Aufstandsfläche auf der Fahrbahn verformt. Diese Verformung nennt man Abplattung. Am drehenden Rad läuft diese Abplattung um den Umfang herum. Diese zwangsmäßige Verformung des Reifens ergibt einen größeren Rollwiderstand. Hieraus ergeben sich wiederum ein höherer Reifenverschleiß und Kraftstoffverbrauch und, nicht zu vergessen, ein höheres Sicherheitsrisiko. Grundsätzlich sollte immer der Luftdruck eingehalten werden, den der Hersteller in Tankdeckel und/oder im Fahrerhandbuch angibt.

- Ein zu hoher Luftdruck führt zu Mittenverschleiß und schlechtem Abrollkomfort.
- Zu niedriger Luftdruck bewirkt höheren Rollwiderstand, höhere Reifentemperatur und einen höheren Verschleiß auf den Außenkanten des Reifenprofils.

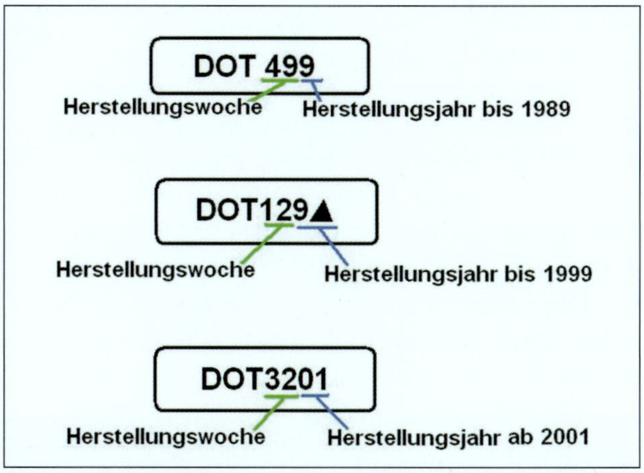

Produktionsprägung: *Auf der Reifenflanke findet sich in einer ovalen Vertiefung hinter der Dot-Nummer das Kürzel für das Produktionsdatum.*

Produktionsdatum

Das Reifenherstellungsjahr ist verschlüsselt auf jedem Reifen angegeben. Gerade bei älteren Fahrzeugen kommt es vor, dass schon sehr alte Reifen montiert sind. Achten Sie beim Reifenkauf gerade bei gebrauchten Radsätzen darauf, dass die Reifen nicht älter als vier Jahre sind. Grundsätzlich dürfen zwar auch ältere Reifen gefahren werden. Allerdings werden die Reifen mit zunehmenden Alter härter und verlieren damit ihren Grip. Das bedeutet: Die Verzahnung zwischen Straße und Reifen wird schlechter. Die Auswirkungen sind natürlich schlechtere Antriebsleistung. Aber, und das ist wesentlich schlimmer, der Bremsweg verlängert sich genauso.

Laufrichtung beachten (Bild unten)

Der Verschleiß an der Antriebsachse ist durch die höheren Lasten, die durch Antrieb und Radführung auf der Vorderachse abgedeckt werden müssen, deutlich höher als der Verschleiß auf der Hinterachse. Solange das Ablaufbild »normal« ist und der Reifen auch, dürfen sie niemals entgegen ihrer Laufrichtung betrieben werden. Achten Sie auf die Laufrichtungsmarkierung (Pfeil) auf der Reifenflanke.

Standplatten am Reifen

Der Begriff Standplatten oder auch Abflachung oder Abplattung beschreibt eine ebene Fläche auf dem Reifenprofil, die durch das Abstellen des Fahrzeugs oder der Reifen über einen längeren Zeitraum verursacht wurde. Standplatten können Unruhe in der Lenkung verursachen, die gefühlsmäßig durchaus dieselben Symptome wie die Reifenunwucht aufweisen. Standplatten lassen sich nicht durch Auswuchten beseitigen. Dieser Fehler muss vor der Wuchtung durch den Monteur erkannt werden. In der Regel verschwinden diese Verformungen im normalen Betriebsalltag des Reifens wieder von selbst. In jedem Fall muss zuerst einmal der Reifenluftdruck überprüft werden. Es sollte auch ausgeschlossen werden, dass irgendwelche Schäden an den Reifen vor-

WISSENSWERTES

Abmessungen an der Felge

Die Größe einer Felge gibt man stets in Zoll an. Als Größe wird der Durchmesser der Felge an der Stelle bezeichnet, auf dem der Reifen sitzt. Die Bezeichnung 6 J x 15 H2 zum Beispiel bezeichnet

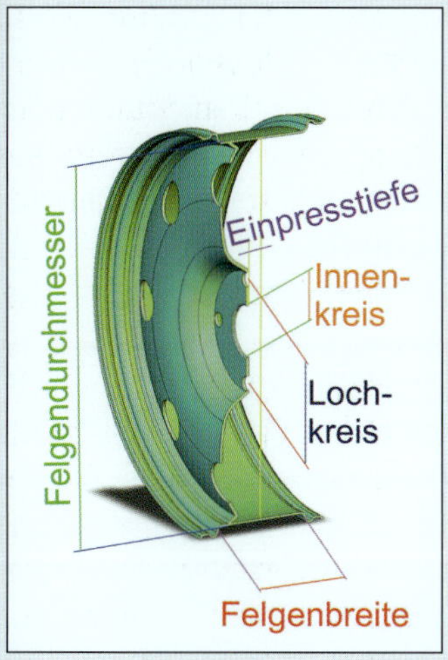

eine Tiefbettfelge (x) mit einer Breite von sechs Zoll und einem Durchmesser von 15 Zoll. Der Buchstabe »J« steht für die Form des Felgenhorns. H2 weist auf eine an beiden Schultern der Felge rundumlaufende Erhöhung (Hump) hin. Sie verhindert, dass bei schneller Fahrt durch eine Kurve der Reifenwulst durch die Seitenkräfte von der Schulter der Felge ins Tiefbett gedrückt wird. Das Tiefbett ist für die Reifenmontage unerlässlich.

Einbaurichtung beachten: *Typische Kennzeichnungen auf den Rädern zur Laufrichtungs- (ROTATION) oder Anbaurichtungs-(Outside) Markierung am Reifen.*

liegen. Sind diese Grundlagen geschaffen, können Sie auch durch Warmfahren des Reifens in vielen Fällen schon den Standplatten beheben. Auf einer Autobahn sollten Sie nun, soweit es Straße, Verkehr und Sichtverhältnisse zulassen, eine Strecke von 20 bis 30 km mit etwa 120 bis 150 km/h zurücklegen. Anschließend sollte das Fahrzeug sofort angehoben und die Räder demontiert und neu gewuchtet werden. Die Ursachen für einen Standplatten können vielseitig sein:

- Das Fahrzeug stand mehrere Wochen auf einer Stelle, ohne dass es bewegt wurde.
- Der Luftdruck der Reifen ist zu gering.
- Das Fahrzeug wurde nach einer Lackierung in eine Trockenkammer gestellt.
- Das Fahrzeug wurde mit warmen Reifen in einer kühlen Garage oder Ähnlichem abgestellt. In einem solchen Fall kann schon über Nacht der »Standplatten« entstehen.

Radschrauben für den Smart

An Ihrem Smart werden in der Serienausstattung pro Rad vier Radschrauben verwendet. Sie haben die Gewindebezeichnung M12x1,5x24 (10.9). Die Verwendung von kürzeren oder längeren Schrauben kann Schäden am Gewinde oder auch anderen Bauteilen der Radaufhängung verursachen. Die Radschrauben sollen nach Herstellerangaben angezogen werden. Für die Stahlfelgen ist ein Anzugsdrehmoment von 105 Nm erforderlich. Es ist nicht erlaubt und auch aus fachlicher Sicht unsinnig, die Bolzen oder das Gewinde einzufetten. Der Hintergrund hier liegt in der leichteren Lösbarkeit gerade nach dem Winter. Das Fett erleichtert tatsächlich das Lösen und auch das Festziehen der Radschrauben. Leider ist das Anzugsdrehmoment genau auf diesen Reibwert der Schraube ausgelegt. Dreht diese sich jetzt leichter, wird die Schraube stärker belastet, als das vom Hersteller vorgesehen war. Die Folgen sind hier leicht abreißende oder sich selbst lösende Radschrauben sowie Schäden am Gewinde der Radnabe.

Lagerung von Reifen

Auch die Lagerung der Reifen muss mit Sorgfalt erfolgen. Aufgrund der Hintergründe für so genannte Standplatten sollten Reifen niemals aufrecht stehend gelagert werden. Reifen sollten immer gut geschützt vor Sonneneinstrahlung und größeren Temperaturschwankungen eingelagert werden. Auch vor Einwirkungen von Öl, Lösemittel oder Feuchtigkeit sollten sie geschützt werden. Grundsätzlich sollten die gerade demontierten Felgen am besten vor der Lagerung auf einem Felgenbaum gründlich gereinigt werden. Sauber und trocken stehen sie für den nächsten Einsatz bereit. Wer bei der Reinigung der Räder den Zustand und auch das Alter der Reifen genauer betrachtet, kann schon frühzeitig vor der jeweiligen Saison den eventuell notwendigen Ersatz bei seinem Reifenhändler in Auftrag geben.

Praktische Lagerung: *Reifen auf einem Felgenbaum.*

Radschrauben

WISSENSWERTES

Für den Smart sind eine Vielzahl von Felgen auch im Zubehörhandel zu erwerben. Hier können unterschiedliche Radschrauben erforderlich werden. Ob nun Kegelsitzschrauben oder Kugelsitzschrauben zum Einsatz kommen, ist zum einen gut zu erkennen, zum anderen aber auch in den Felgengutachten beschrieben. Dasselbe gilt auch für Radspurplatten, die das Verwenden von gleichen Felgeneinpresstiefen erlauben. Auch hier müssen Sie beachten, welche Sitzbauform der Schraube vorgegeben ist. Die falsche Radschraube beschädigt den Sitz der Felge. Achten Sie immer darauf, dass die Radschrauben ausreichend tragendes Gewinde zur Verfügung haben. Sie müssen mindestens neun Gewindegänge eingeschraubt werden können, bevor sie festgezogen werden müssen.

Umrüsten von Rad-Reifenkombinationen

Tiefer, breiter, Keilformfahrwerk, diverse Fahrwerksumrüstsets werden für Tuningzwecke auch beim Smart herangezogen. Vielfach enden solche Tuning-Orgien in der totalen technischen Katastrophe. Bevor wir nun alles verteufeln, was nicht Original ist, möchten wir dem technisch interessierten Schrauber einige Überlegungen mit auf die Werkzeugkiste legen.

Negativ ist positiv

Ein Fahrzeughersteller wie Smart konzipiert seine Fahrzeuge so, dass sie auch in extremen Situationen beherrschbar bleiben sollen. Der Fahrer soll das nur an gutmütigem Fahrverhalten und notfalls auch an erfolgreich gemeisterten Extremsituationen merken. Nehmen wir einmal an, bei Ihrem Fahrzeug platzt während der Fahrt der Reifen vorne rechts. Was wird passieren? Zuerst nimmt man mal an, dass das Fahrzeug sofort und extrem zu der rechten Seite ziehen wird. Der Hersteller allerdings hat diese Situation in der Lenkgeometrie anders ausgelegt. Zwar steht das Lenkrad nach dem Platzer schief, das Auto aber fährt geradeaus weiter.

Vereinfacht lässt sich die Reaktion des Fahrzeugs so darstellen: Eine konstruktive Auslegung ist der Lenkrollenhalbmesser einer Vorderachse.

Der Smart ist werksmäßig mit einem »negativen« Lenkrollenhalbmesser ausgelegt worden. Das bedeutet nichts anderes, als dass der Drehpunkt des Rades auf der Fahrbahn etwas weiter nach außen als der eigentliche Mittelpunkt der Radaufstandsfläche auf der Fahrbahn gelegt wurde. Betrachten wir nun wieder den geplatzten vorderen rechten Reifen. Er wird einen deutlich höheren Rollwiderstand produzieren als das intakte linke Vorderrad. Da der Drehpunkt des Rades nicht im Radaufstandflächenmittelpunkt liegt, erzeugt der platte rechte Reifen eine Lenkbewegung nach links. Der linke Reifen läuft nun nicht mehr gerade zur Fahrbahn und erzeugt auch einen höheren Rollwiderstand.

Die Lenkgeometrie will nun einen Kräfteausgleich der beiden Räder erzeugen und sucht sich den neuen »Mittelpunkt«. Sind die Rollwiderstände gleich, fährt das Fahrzeug wieder geradeaus. Der Kräfteausgleich bewirkt wiederum die Schiefstellung des Lenkrades. Derselbe Vorgang ergibt sich übrigens auch bei unterschiedlichen Reifen oder auch unterschiedlichem Luftdruck der Reifen.

Positiv ist negativ

Das Lieblingskind der Tuner ist der Umbau auf breite Reifen und natürlich auch auf Spurplatten oder Felgen mit kleineren Einpresstiefen. Beides bewirkt oftmals eine erhebliche Veränderung des Lenkrollenhalbmessers. Der im ungünstigsten Fall nun positive Lenkrollenhalbmesser bewirkt das Gegenteil der Überlegungen des Fahrzeugherstellers.

Betrachten wir nun wieder die Fahrsituation mit dem geplatzten vorderen rechten Reifen. Er wird einen deutlich höheren Rollwiderstand produzieren als das intakte linke Vorderrad. Da der Drehpunkt des Rades zwar auch nicht im Radaufstandflächenmittelpunkt liegt, sondern etwas weiter innen, erzeugt der platte rechte Reifen eine Lenkbewegung nach rechts.

Zwar läuft der linke Reifen nun auch nicht mehr gerade zur Fahrbahn und erzeugt auch einen höheren Rollwiderstand, die Wirkrichtung ist aber leider nach rechts.

Da keine Kräfte entgegenstehen, kann die Lenkgeometrie keinen Kräfteausgleich der beiden Räder erzeugen und lenkt nach rechts. Die Kräfte werden schlagartig auftreten und durch die unterschiedliche Radbelastung stark an- und abschwellende Gegenkräfte vom Fahrer einfordern. In der Regel wird es kaum möglich sein, das Fahrzeug auf der Straße zu halten und einen Unfall zu vermeiden.

An diesem Beispiel sieht man sehr drastisch, wie ungewollte Einflüsse auf das Fahrzeug ausgeübt werden können, die fatale Folgen nach sich ziehen können. Hinterfragen Sie ruhig auch die Auswirkungen der breiteren Räder auf das Fahrverhalten des Fahrzeugs und natürlich auch die Auswirkungen auf den Lenkrollenhalbmesser. Ein Händler, der nicht in der Lage ist, diesen Zusammenhang darzustellen, ist sicherlich ungeeignet Ihr Fahrzeug durch Tuningmaßnahmen zu verbessern.

Neben der Veränderung des Lenkrollenhalbmessers verändern auch Höhenlage, Sturz, Spur und Nachlauf das Fahrverhalten des Fahrzeuges. Ohne tiefgehende Kenntnisse über die Fahrwerkstechnik sollten Sie niemals Veränderungen, Reparaturen oder Umbauten an Achsbauteilen vornehmen. Rad-/Reifenkombinationen sollten grundsätzlich vom Hersteller freigegeben worden sein oder zumindest hinsichtlich der Abmessungen (inkl. der Einpresstiefe) den Vorgaben der Hersteller entsprechen.

Montage und Wuchten

Wuchtgewichte auf der Felge entfernen: *1 Montage-Kombizange, 2 Bohrung im Wuchtgewicht (an der Zange ist eine Nase für die Bohrung angebracht, 3 Wuchtgewicht.*

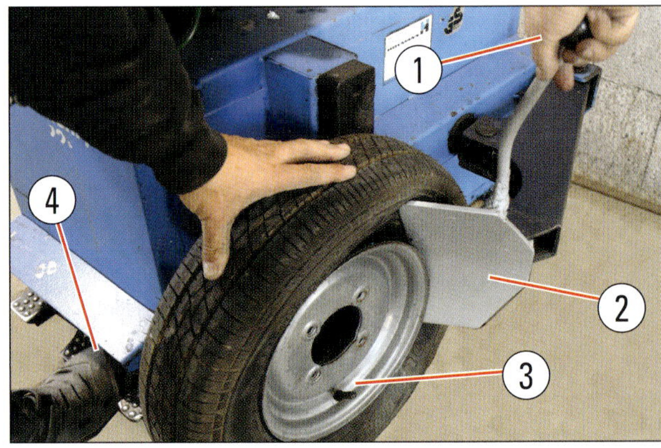

Reifen von der Felge abdrücken: *1 Führungshebel, 2 Abdrückeschild, 3 Position des Ventils beim Abdrücken (nie im Arbeitsbereich!), 4 Pedal zur Betätigung des Schildes.*

Reifen De- und Montage

Die Reifenbeschaffung lässt sich heute leicht und sehr günstig über Händler oder Marktplattformen im Internet realisieren. Die Lieferung erfolgt in der Regel bis an die Haustüre. Die Reifenmontage und das Wuchten kann in vielen Mietwerkstätten für recht kleines Geld in Eigenarbeit erledigt werden. Wir zeigen Ihnen an einem einfachen Montiergerät, wie diese Arbeiten fachgerecht durchgeführt werden.

Die Demontage

- Drehen Sie das Reifenventil heraus und lassen Sie die Luft ab.
- Demontieren Sie die alten Wuchtgewichte (Bild links oben). Bei Aluminium-Felgen müssen die Klebegewichte und die Rückstände des Klebstoffes entfernt werden.
- Drücken Sie mit dem Abdrückeschild (Bild rechts oben) den Reifen auf beiden Seiten über den Hump von der Felge ab. Der Reifen muss nun lose auf der Felge sitzen.
- Setzen Sie die Felge mit dem Reifen auf dem Montageteller auf und spannen Sie sie mit den Spannkrallen fest (Bild Mitte).
- Verdrehen Sie den Montageteller mit der Felge so weit, dass das Ventil etwa eine viertel Umdrehung vom Montageschuh entfernt steht (Bild unten).
- Stellen Sie den Montagearm so ein, dass der Montageschuh knapp über der Felge steht.
- Hebeln Sie den Reifen wie gezeigt auf den Mon-

Reifen auf dem Montageteller einspannen: *1 Felge mit abgedrücktem Reifen, 2 Reifen (durchsichtig dargestellt), 3 Spannkrallen auf dem Montageteller der Montiermaschine.*

Stellung des Ventils zum Demontagebeginn: *1 Montagehebel (Reifen-Montierhebel), 2 Montageschuh des Montiergerätes, 3 Position des Ventils bei der Demontage.*

tagesschuh und drehen Sie den Montageteller im Uhrzeigersinn (Bild oben). Der Reifenwulst wird von der Felge runtergezogen. Achten Sie darauf, dass Sie die Drehung vor dem Ventil beenden. Das Ventil könnte auch ein Drucksensor (nur bei direkten RDKS) sein, der leicht beschädigt werden kann.

- Verdrehen Sie den Montageteller mit der Felge wieder soweit, dass das Ventil etwa eine viertel Umdrehung vom Montageschuh entfernt steht (Bild unten auf Seite 80).
- Hebeln Sie mit dem Montierhebel den unteren Reifenwulst auf den Montageschuh und drehen Sie den Montageteller im Uhrzeigersinn (wie im Bild auf S. 82). Der Reifenwulst wird von der Felge heruntergezogen. Achten Sie auch hier darauf, dass Sie die Drehung vor dem Ventil beenden. Das Ventil könnte auch ein Drucksensor (nur bei direkten RDKS) sein, der leicht beschädigt werden kann.
- Nehmen Sie den Reifen ab.
- Bei Fahrzeugen ohne RDKS-Sensor und einem Gummiventil schneiden Sie das Ventil auf der Innenseite der Felge ab.

Die Montage

- Reinigen Sie den Reifensitz auf der Felge und entfernen Sie lose Farbe oder Rost.
- Prüfen Sie die neuen Reifen auf Beschädigungen.
- Tragen Sie etwas Montagepaste auf das neue Reifenventil (1 im Bild unten links) auf und ziehen Sie ein neues Ventil mit dem Ventileinziehhebel (2) ein.
- Streichen Sie den Reifenwulst (1 im Bild unten rechts) mit Montagepaste ein.
- Stellen Sie den Montagearm so ein, dass der Montageschuh knapp über der Felge steht.

WISSENSWERTES

RDKS Systeme

Seit November 2014 wird jedes neu zugelassene Fahrzeug mit einem RDKS (Reifendruckkontrollsystem) ausgestattet. So ist es dem Fahrer möglich seinen Reifendruck permanent im Auge zu behalten. Es werden unterschiedliche RDKS-Systeme verbaut.

Das indirekte RDKS

Es arbeitet über die ABS-Raddrehzahlsensoren und wertet die Raddrehzahl aus. Für das System werden keine Drucksensoren im Reifen benötigt. Es liefert keine Druckmesswerte. Bei fallendem Reifendruck wird der wirksame Durchmesser des Reifens kleiner und die Raddrehzahl des betroffenen Rades wird größer. Es wird eine »Reifendruckwarnung« im Tachodisplay angezeigt.

Das direkte RDKS

Es arbeitet über Drucksensoren im Reifen. Es liefert Druckmesswerte für alle Reifen des Fahrzeugs. Bei fallendem Reifendruck wird der Druck mit einer »Reifendruckwarnung« im Tachodisplay angezeigt. Beim Radwechsel müssen die Radsensoren meist neu angelernt werden. Veränderte Reifendrücke müssen durch den Fahrer bestätigt werden.

- Verdrehen Sie den Montageteller mit der Felge wieder so weit, dass das Ventil etwa eine viertel Umdrehung vom Montageschuh entfernt steht (siehe Bild oben links auf Seite 82), um eine Beschädigung bei montiertem RDKS-Sensor zu vermeiden.
- Legen Sie den unteren Reifenwulst wie im Bild oben rechts (Seite 82) gezeigt im Montageschuh ein.

Einziehen des neuen Reifenventils (Gummi) in die Felge: *1 Einstreichen mit Montagepaste, 2 Ventileinziehhebel, 3 Pinsel mit Reifenmontagepaste.*

Einstreichen des Reifenwulstes mit Montagepaste: *1 Reifenwulst (Sitz und Abdichtung auf der Felge), 2 Pinsel mit Reifenmontagepaste (niemals Öle oder Fette verwenden!).*

Position des Ventils bei der Reifenmontage: *Um mit dem Reifenwulst das Ventil oder einen RDKS-Sensor nicht zu beschädigen steht das Ventil 90° vom Montageschuh entfernt.*

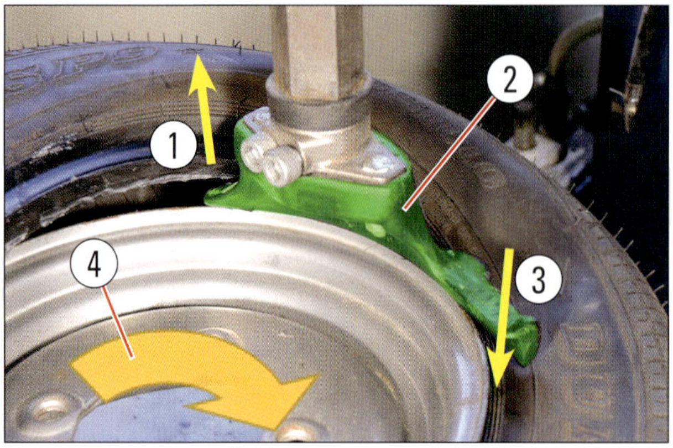

Position des Reifens im Montageschuh: *Reifen über dem Montageschuh, 2 Montageschuh, 3 Reifen unter dem Montageschuh, 4 Drehrichtung für die Montage.*

- Drehen Sie den Montageteller im Uhrzeigersinn und achten Sie darauf, dass der Reifenwulst in das Felgentiefbett rutscht.
- Verdrehen Sie den Montageteller mit Felge wieder so weit, dass das Ventil etwa eine viertel Umdrehung vom Montageschuh entfernt steht, um eine Beschädigung bei montiertem RDKS-Sensor zu vermeiden.
- Öffnen Sie die Spannkrallen des Montagetellers und stellen Sie den Reifen aufrecht hin.
- Drehen Sie das Reifenventil heraus und setzen Sie den Reifenluftfüller an. Ohne das Ventil kann mehr Luft in den Reifen gelangen, was das Setzen des Reifens erleichtern kann.
- Befüllen Sie den Reifen mit etwa 3-bar-Luftdruck, bis der Reifenwulst rundum und auf beiden Seiten über den Felgenhump gesprungen ist.
- Nehmen Sie die Reifenfüller ab und drehen Sie das Reifenventil ein.
- Befüllen Sie den Reifen mit dem angegebenen Reifenfülldruck je nach Bereifung und Fahrzeugbeladung.

Reifen wuchten

Wuchtgeräte-Einstellung

- Spannen Sie die Felge auf das Wuchtgerät auf und stellen Sie den Felgendurchmesser, die Felgenbreite und das Abstandsmaß zur Felge am Reifenwuchtgerät ein. Moderne Geräte in der Profiklasse erfassen die Werte durch Antasten mit einem Messstab.
- Stellen Sie das Wuchtgerät auf die Felgenbauart und möglicherweise auch auf die Position ein, an der die neuen Gewichte befestigt werden sollen.
- Kontrollieren Sie, ob alle alten Gewichte und deren Rückstände entfernt worden sind.

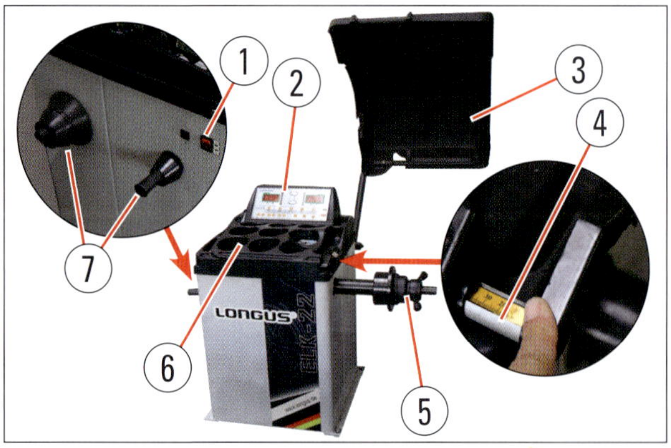

Reifenwuchtgerät: *1 Netzschalter, 2 Anzeigen und Wahltasten, 3 Radschutz, 4 Abstandsmaßstab zwischen Rad und Maschine, 5 Spannmutter, 6 Ablage, 7 Konusablage.*

- Schließen Sie den Radschutzkasten und starten Sie das Wuchtgerät.
- Lesen Sie die Anzeige für die dynamische Unwucht der Innenseite ab und befestigen Sie ein entsprechendes Gewicht auf der Innenseite der Felge auf der angezeigten Stelle.
- Schließen Sie den Radschutzkasten und starten Sie das Wuchtgerät erneut.
- Lesen Sie die Anzeige für die dynamische Unwucht der Außenseite ab und befestigen Sie ein entsprechendes Gewicht auf der Außenseite der Felge auf der angezeigten Stelle.
- Überprüfen Sie die Auswuchtung mit einem erneuten Durchgang.
- Kontrollieren Sie das Ergebnis über die »Feinwuchtung« (soweit vorgesehen).
- Nehmen Sie das Rad von dem Wuchtgerät ab und montieren Sie es am Fahrzeug.

Montage am Fahrzeug

Grundregeln

Das Montieren der Sommer- und Winterräder können Sie unter Beachtung weniger Grundregeln für Montage und Lagerung schnell und sicher erledigen.

- Beachten Sie aber beim Anheben des Fahrzeugs die Sicherheitsbestimmung, siehe Kapitel »Kleine Schäden und Pannen, Fahrzeug aufbocken«.
- Nach Demontage der Räder müssen diese eingelagert werden. Empfehlenswert ist hierzu ein Felgenbaum, der verhindert, dass die Flanken oder Laufflächen während der Einlagerung belastet werden.
- Das Anzugsdrehmoment liegt bei 105 Nm, nach 100 km sollten Sie alle Schrauben zur Sicherheit mit einem Drehmomentschlüssel nachziehen!
- Suchen Sie eine ebene Stelle mit festem Untergrund für den Radwechsel und ziehen Sie die Handbremse fest an.

Montagearbeit

- Lösen Sie vor dem Anheben des Wagens alle Radbolzen zunächst nur um eine Viertelumdrehung.
- Heben Sie nun das Fahrzeug so weit an, bis das Rad ein paar Zentimeter über dem Boden ist.
- Entfernen Sie dann die Radbolzen und nehmen Sie das Rad ab. Wechseln Sie immer ein Rad nach dem anderen. So bleibt das Fahrzeug trotz Wagenheber noch sehr standfest.

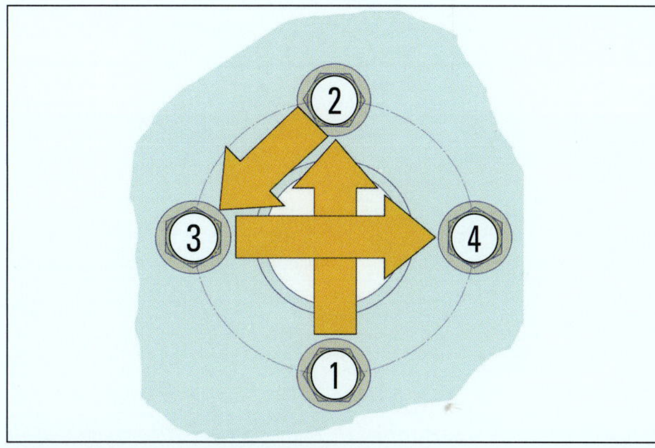

Anzugsfolge der Radschrauben: *Grundsätzlich immer die gegenüberliegende Schraube und über Kreuz anziehen (1-4).*

- Kontrollieren Sie den Zustand der Radnabe. Säubern Sie diese gegebenenfalls mit der Drahtbürste und tragen Sie eine hauchdünne Schicht Kupferpaste auf. Das schützt vor weiterer Korrosion.
- Setzen Sie jetzt das Rad an. Drehen Sie alle Radbolzen in das Gewinde ein und achten Sie darauf, dass das Rad gerade an der Nabe anliegt.
- Ziehen Sie zunächst alle Räder handfest an.
- Ziehen Sie die Radbolzen über Kreuz mit einem Drehmoment von 105 Nm an.

Räder, Reifen und Radwechsel

Störung	Was kann das sein?	Was kann ich tun?
A Reifen verliert Luft	**1** Starker, einseitiger Verschleiß des Profils	Achsgeometriemesswerte stimmen nicht, Achsvermessung durchführen
	2 Verschleiß an den Außenkanten des Profils	Zu viel Luftdruck, Luftdruck kontrollieren
	3 Verschleiß in der Mitte des Profils	Zu wenig Luftdruck, Luftdruck kontrollieren
B Schütteln am Lenkrad	**1** Räder unwuchtig	Räder wuchten (lassen)
	2 Bremsscheiben verzogen	Bremsscheiben und Anlageflächen an der Nabe prüfen, gegebenenfalls ersetzen
	3 Bauteile von Fahrwerk oder Lenkung defekt	Fahrwerk und Lenkung prüfen, defekte Teile ersetzen und gegebenenfalls eine Achsvermessung durchführen

Reifenreparatur

Stichkanal aufreiben: *Durch Eindrehen der Reibahle mit Handgriff wird der Stichkanal gereinigt und erweitert.*

Faden einziehen mit der Durchstichnadel: *Mit leichten Drehbewegungen den Faden in den Stichkanal drücken.*

Voraussetzungen

Eine Schraube oder ein Nagel im Reifen macht den Ersatz des Reifens noch nicht erforderlich. Solange der Schadensbereich auf der Lauffläche ist und das Innere des Reifens keinen weiteren Schaden genommen hat, ist eine Reparatur möglich. Grundsätzlich muss der Reifen für jede Reparatur abgezogen werden, um den Schaden von innen begutachten zu können und die Richtung des Stichkanals für die Reparatur sicherstellen zu können. Hierfür sind im Wesentlichen zwei Reparatursysteme auf dem Markt. Wir möchten Ihnen hier ein Reparaturverfahren mit einem Reparaturfaden vorstellen. Bei sachgemäßer Handhabung nach den Herstellervorgaben kann der Reifen uneingeschränkt weitergenutzt werden.

Reparaturablauf

- Schadstelle ausfindig machen und wenn erforderlich, die Schraube oder den Nagel entfernen.
- Etwas Gleitmittel auf die Reibahle auftragen und die Reibahle unter leichter Drehbewegung in den Stichkanal hineindrücken.
- Durch wechselnde Zug- und Druckbewegungen den Stichkanal aufreiben, bis sich die Reibahle leichter bewegen lässt. Hierbei die Richtung des Einstichkanals beibehalten.
- Die Durchstichsicherung auf die Durchstichnadel aufsetzen.
- Den Reparaturfaden aus der Verpackung nehmen und in die Durchstichnadel einführen.
- Die Durchstichnadel mit dem Reparaturfaden in den erweiterten Einstichkanal bis Anschlag einführen und verdrehen.
- Die Durchstichnadel mit Schwung herausziehen.
- Die überstehenden Reste bis zur Profilhöhe abschneiden.
- Den vorgeschriebenen Reifendruck wieder herstellen.
- Mit einem Prüfspray (Seifenspray) die Reparaturstelle auf Dichtigkeit prüfen.

Überstände abschneiden: *Die Überstände des eingeschobenen Reparaturfadens bis zur Profilhöhe abschneiden.*

Reparaturstelle fahrbereit: *Nach Reparatur und erfolgreicher Dichtigkeitsprobe ist der Reifen wieder einsatzbereit.*

Fahrwerk

Als Fahrwerk werden die Teile des Fahrzeugs bezeichnet, die für die präzise Radführung mit bestmöglichem Bodenkontakt, die Richtungsstabilität und für eine komfortable und ausgeglichene Führung der Karosserie über dem Boden zuständig sind. Eigentlich gehören die Reifen auch dazu. Diese haben wir aber schon im letzten Kapitel behandelt und betrachten hier die Radführungskomponenten genauer.

Was ist eigentlich ein Fahrwerk?

Im Volksmund versteht man unter Fahrwerk eher nur die Stoßdämpfer und die Federn. Dass hinter diesem Begriff eine Konstruktion aus sehr vielen Bauteilen steht, die aufeinander abgestimmt den Spagat zwischen Komfort und präziser Radführung abdecken müssen, ahnt zuerst mal niemand. Zum Fahrwerk gehört alles, was zwischen Karosserie und Straße für die Radführung sorgt. Jede Veränderung, sei es durch Verschleiß oder aber auch durch Umbau, erfordert erhebliches Fachwissen durch den Monteur. Gerade bei Tuningmaßnamen rund ums Fahrwerk darf nie vergessen werden, dass es sich um ein Kraftfahrzeug handelt, das sicher im Straßenverkehr bewegt werden soll. Kunstwerke werden nicht gefahren, sondern ausgestellt.

Auslegung des Fahrwerks

Damit ein Fahrzeug überhaupt geradeaus fahren kann, ist der Bezug zur Hinterachse extrem wichtig. Jeder, der mal erlebt hat, wie ein Auto reagiert, wenn die Hinterachse ausbricht (das Fahrzeug übersteuert dann ...), weiß, welche Auswirkung es hat, wenn die Hinterachse als so genannte spurgebende Achse das Fahrzeug nicht mehr führt. Alle Fahrwerkswerte beziehen sich immer auf die Hinterachse. Sie ist der Bezugspunkt für die Konstruktion und natürlich auch für die Fahrwerksvermessung. Aus diesem Grund ist es, gelinde ausgedrückt unsinnig die Vorderachse einzeln zu vermessen. Ein Rad kann neben der Drehbewegung sich auch seitlich neigen oder auch nach vorn oder hinten versetzt werden. Die Räder werden sogar beim Einlenken angehoben oder abgesenkt. Alle diese Funktionen entstehen aus dem Zusammenspiel der Bauteile und sind gewollt. Sogar die Veränderung der Höhenlage eines Fahrzeuges folgt solchen »Kennlinien« und hat selbstverständlich Einflüsse auf die Achsgeometrie und das Fahrverhalten. Auch wenn es kaum vorstellbar ist, haben sogar die Felgengröße und ihre Einpresstiefe Einfluss auf das Fahrwerk und seine Funktionen.

Ohne Reibung keine Kraftübertragung. Das kennen wir schon von der einen oder anderen Glatteisfahrt. Man kann sich vorstellen, dass für eine »spurgenaue« Fahrzeugführung der Kontakt der Reifen von entscheidender Wichtigkeit ist. Geht die Verbindung zwischen Reifen und Fahrbahn verloren, können weder Vortriebs-, Brems-, Seitenführungs- oder Lenkkräfte mehr übertragen werden. Wichtige Elemente für diese Aufgabe sind Federung und Stoßdämpfung. Bodenunebenheiten werden so durch Ein- und Ausfedern des einzelnen Rades möglichst ausgeglichen. Unerwünschtes Nachschwingen des Aufbaus verhindern die Stoßdämpfer. Sie müssten eigentlich Schwingungsdämpfer heißen, da sie zwar auch Stöße dämpfen, aber in der Hauptsache durch Federn verursachte Schwingungen abschwächen.

Lenkung und Fahrsicherheit

Die Lenkung soll möglichst feinfühlig sein und zielgenaues Lenken ermöglichen. Sie ist genau auf die Achsen und die Lenkgeometrie abgestimmt. Wie bei fast allen Autos heutzutage kommt beim Smart eine Zahnstangenlenkung zum Einsatz. Sie gilt als besonders präzise und sorgt trotz der serienmäßigen Servounterstützung für ein noch direkteres und feinfühligeres Ansprechen der Lenkung. Die Lenkung ist ein Bauteil, von dem die gesamte Fahrsicherheit in besonderem Maße abhängt. Defekte, falsche Einstellungen und fehlerhafte Reparaturarbeiten können deshalb fatale Auswirkungen haben.

GEFAHRENHINWEIS: Fahrwerk und Lenkung

Die Arbeiten an Teilen des Fahrwerks und der Lenkung sind nicht immer fürs Do-it-yourself geeignet. Sie setzen Erfahrung und oft auch spezielle Werkstattgeräte sowie Spezialwerkzeuge voraus.

Fehlerhafte Reparaturen werden damit nicht nur zur Gefährdung für Sie selbst, sondern auch für andere Verkehrsteilnehmer. Denn genauso wie bei den Bremsen Ihres Smart kann nur die einwandfreie Funktion aller Teile des Fahrwerks und der Lenkung die Fahrsicherheit gewährleisten. Die Teile der Lenkung und des Fahrwerks sind nach einer Beschädigung, zum Beispiel durch einen Unfall, meist zu ersetzen. So dürfen Sie beispielsweise defekte Teile der Radaufhängung nicht etwa einfach richten oder schweißen – sie müssen grundsätzlich erneuert werden.

Wenn Sie sich nicht sicher sind, ob Sie die betreffende Reparatur selbst ausführen können oder wenn Sie die dafür benötigten Werkzeuge nicht besitzen – überlassen Sie die Arbeit besser der Werkstatt.

WISSENSWERTES

McPherson-Federbein

Fahrbahnunebenheiten erzeugen an den Rädern Auf- und Abwärtsbewegungen. Mit Hilfe der Federbeine, bestehend aus Federn und Dämpfern, werden diese Bewegungen der Räder durch Ein- und Ausfedern kompensiert und der Kontakt zur Straße gehalten. Die Kombination der Feder- und Dämpfereinheit am Fahrzeug beeinflusst dabei wesentlich den Fahrkomfort, die Fahrsicherheit und auch das Kurvenverhalten.
Im Gegensatz zum Nutzfahrzeug kommt hierzu im Pkw fast durchgängig die Einzelradaufhängung zum Einsatz. Mit ihr können die ungefederten Massen gering gehalten werden und die Räder beeinflussen sich nicht gegenseitig beim Ein- und Ausfedern, wie beim Starrachsenprinzip.
Als kostengünstig und platzsparend hat sich das so genannte ***McPherson-Federbein*** erwiesen. Seinen Namen verdankt es seinem Erfinder, dem US-Amerikaner Earl S. McPherson, dessen Patent erstmals 1948 zum Einsatz kam. Es entstand aus dem Doppelquerlenker-Federbein und ist, durch seine kompaktere Bauweise, besonders zum Einsatz in Klein- und Mittelklassewagen geeignet.
Die Platzersparnis resultiert aus der Ersetzung des oberen Querlenkers durch ein Schwingungsdämpferrohr, an dem die Achsschenkel befestigt sind. Das Stoßdämpferaußenrohr ist mit dem radlagertragenden Achszapfen und dem Spurstangenhebel fest verbunden. Beim Lenken schwenkt diese Einheit um die »Lenkachse« (gedachte Linie zwischen Domlager und Traggelenkbolzen), die mit ihrem oberen Ende in einem Gummilager der Karosserie sitzt (Domlager), während unten am Federbein ein frei bewegliches Kugelgelenk (Traggelenkbolzen) über einen Querlenker die zweite Verbindung zur Karosserie herstellt.

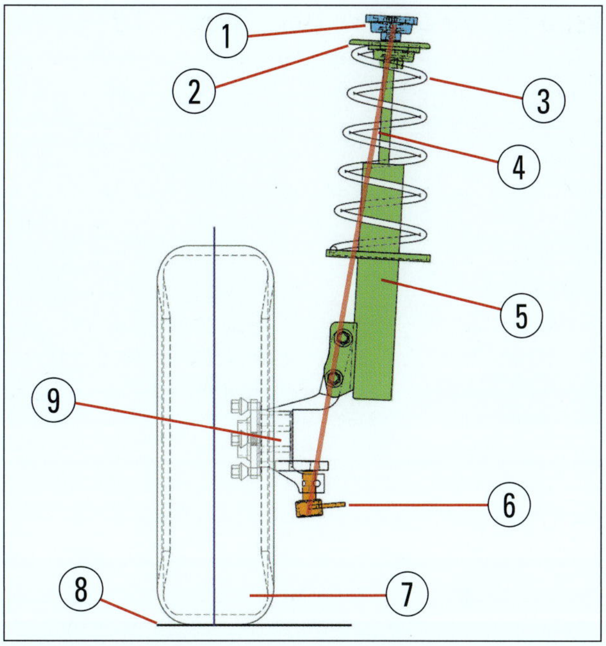

Reifenwuchtgerät: *1 Domlager, 2 Federteller oben, 3 Fahrwerksfeder, 4 Lenkachse (gedachte Linie), 5 Federbein, 6 Traggelenkbolzen, 7 Rad, 8 Fahrbahnoberfläche, 9 Achsschenkel mit eingebautem Radlager.*

Die Vorderachse

Die Mc-Pherson-Vorderachse besteht aus einem Querlenker unten und radführenden Federbeinen. Die meisten Fahrzeuge mit McPerson-Federbein werden über die Vorderräder angetrieben. Beim Smart erfolgt der Antrieb über die Hinterachse. Zur Querstabilisierung wird ein Stabilisator verwendet, der verschraubt mit dem Achsträger über die Koppelstangen die Seitenneigung der Karosse mechanisch verringert. Der Dreiecklenker wird durch einen Hilfsrahmen aufgenommen, der an der Karosserie verschraubt ist.

Arbeiten an der Vorderachse

Achs- und Gelenkmanschetten

Die Kugelgelenke der Achsgelenke (rechts und links zwischen Querlenker und Lenk-Schwenklager) sitzen in einer Fett-Dauerfüllung in Kunststoffschalen. Staubkappen aus Kunststoff schützen sie vor Nässe und Schmutz. Die Gelenke sind wartungsfrei. Eine beschädigte Staubkappe bedeutet allerdings das vorzeitige »Aus« fürs Gelenk – eindringender Schmutz wirkt wie Schmirgelsand, Feuchtigkeit lässt es mit der Zeit festrosten.
Hilfreich für die folgende Prüfung sind ein Montierhebel, um das Spiel zwischen Gelenk und Gelenktopf zu überprüfen, und eine gute Handlampe.

- Fahrzeug vorne aufbocken, ideal wäre für die Prüfung eine Hebebühne.
- Lenkung zu der Seite voll einschlagen, die kontrolliert werden soll.

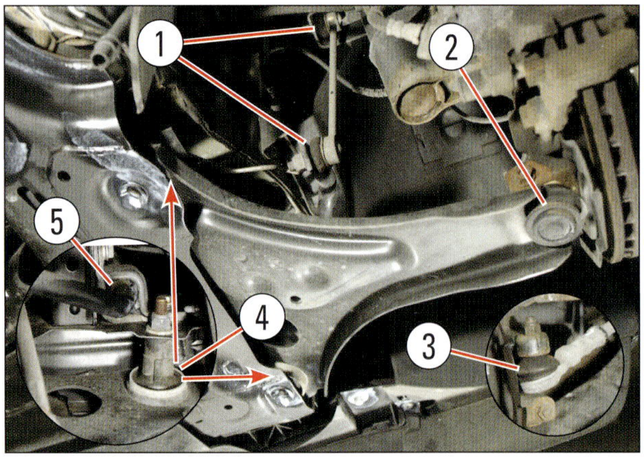

Gummimanschetten und Lager vorne: *1 Koppelstange 2 Traggelenkbolzen, 3 Manschette Spurstangenkopf, 4 Querlenkerlager, 5 Stabilisatorlager.*

Die folgenden Prüfungen müssen grundsätzlich für beide Fahrzeugseiten durchgeführt werden. Gerade bei Schäden an der Lagerung der Querlenker (4) sollten immer vier Lager ersetzt werden.

Kontrolle der Staubmanschetten

- Die Gummimanschetten der Koppelstangen (1 im Bild oben links), der Traggelenkbolzen(2) und der Spurstangen (3) zusammendrücken – so entdecken Sie auch versteckte Risse.
- Eine schadhafte Staubkappe kann nicht einzeln ersetzt werden, der Gelenkbolzen muss komplett ausgetauscht werden.

Traggelenkbolzen prüfen

- Das Axialspiel prüfen, indem der Achslenker (6) kräftig mit Blick auf den Traggelenkbolzen (7) nach unten gezogen und wieder hochgedrückt wird.
- Das Radialspiel prüfen, indem das Rad (8) mit Blick auf den Traggelenkbolzen (9) kräftig nach innen und außen gedrückt wird.

Spurstangengelenk prüfen

- Umfassen Sie das Gelenk (10) der Spurstange fest mit der einen Hand.
- Bewegen Sie die Spurstange (11) indem Sie versuchen sie mit der anderen Hand oder dem Montierhebel nach unten und oben zu drücken. Wenn Spiel vorhanden ist, bemerken Sie es in der Hand, mit der Sie das Gelenk der Koppelstange umfassen.

Querlenkerlager prüfen

- Hinteres und vorderes Lager für Querlenker (4) genau prüfen. Dabei vor allem auf Risse des Gummilagers achten. Abgerissene Lagergummis müssen ersetzt werden. Hilfreich für diese Arbeitsschritte ist ein Reifenmontierhebel, um die Lagerung bewegen zu können.

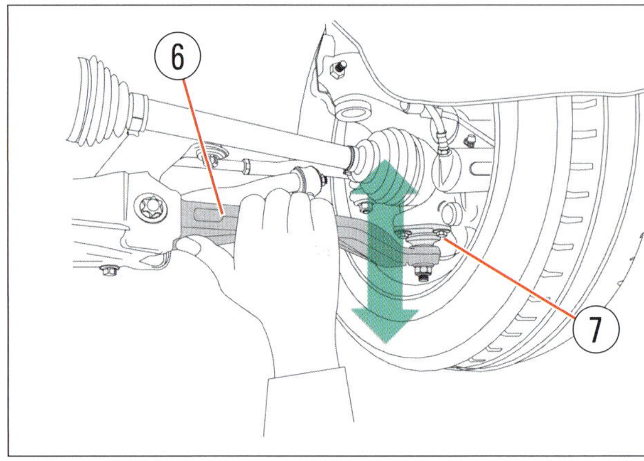

Axialspiel prüfen: *Achslenker (6) kräftig mit Blick auf den Traggelenkbolzen (7) nach oben und unten drücken.*

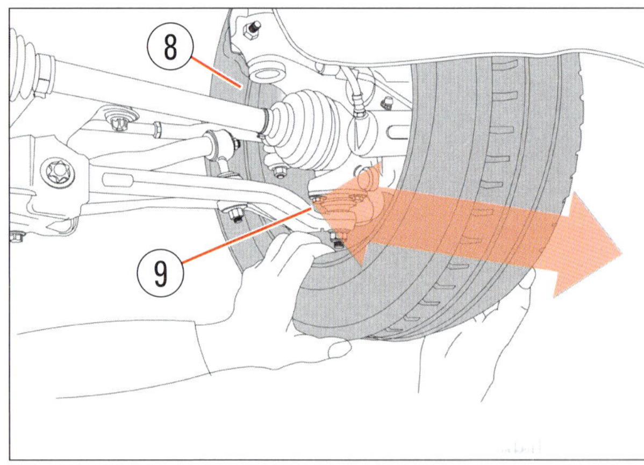

Radialspiel prüfen: *Rad (8) unten kräftig mit Blick auf den Traggelenkbolzen (9) nach innen und außen drücken.*

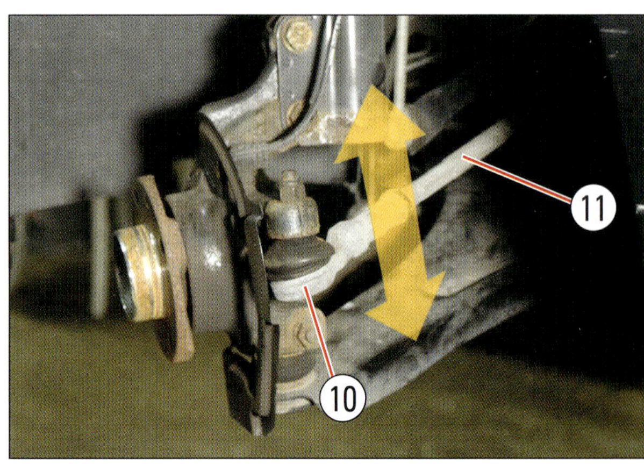

Spurstangenkopf prüfen: *Den Spurstangenkopf (10) umfassen, Spurstange (11) kräftig nach oben und unten drücken.*

WISSENSWERTES

Begriffe der Lenkgeometrie

Von der Stellung der Vorderräder wird die Straßenlage wesentlich bestimmt. Das bedeuten die wichtigsten Begriffe in jedem Vermessungsprotokoll:

Vorspur (A im Bild unten): Der vordere Abstand der Räder einer Achse ist kleiner als der hintere.

Nachspur (C im Bild unten): Der vordere Abstand der Räder einer Achse ist größer als der hintere.

Spurdifferenzwinkel: Für die Vorderradaufhängung festgelegte Abweichung zwischen den Radeinschlagwinkeln bei Stellung eines Rades auf 20°. Bei der Fahrt durch eine Kurve schwenkt das kurveninnere Rad zur Unterstützung der Lenkbewegung und der Lenkkräfte stärker ein als das kurvenäußere. Die Vorspur geht in Nachspur über (Räder einer Achse hinten enger zusammen).

Sturz: Die Neigung des Rades zu einer Senkrechten auf der Fahrbahn.

Nachlauf: Neigung der Lenkachse (Lenkdrehachse) in Richtung der Fahrzeuglängsachse. Durch den Nachlauf werden die Räder gezogen (und nicht geschoben). Sie neigen deshalb dazu, sich von selbst geradeaus zu stellen und diese Stellung auch beizubehalten.

Spreizung: Die Neigung der Lenkachse (Lenkungsdrehachse) zu einer Senkrechten auf der Fahrbahn. Denkt man sich eine Linie dieser Achse zum Boden und misst den Abstand zur Mittellinie durch das Rad (Mittelpunkt der Reifenaufstandsfläche), erhält man den Lenkrollradius. Dieser soll möglichst klein sein, um die Störkräfte in der Lenkung zu verringern. Die Spreizung bewirkt zusammen mit dem Nachlauf, dass sich bei eingeschlagenen Rädern das Fahrzeug etwas anhebt. Lässt man das Lenkrad los, stellen sich die Räder in die Mittelstellung zurück.

Geofahrachswinkel: Der Geofahrachswinkel (Geofahrachse) wird durch die Spur der beiden Hinterräder gebildet und beschreibt die Abweichung der Lage der Fahrzeugmittelachse (Symmetrieachse) zur tatsächlichen Fahrtrichtung.

Prüfen der Koppelstange

■ Umfassen Sie das Gelenk (1) der Koppelstange fest mit der einen Hand.

■ Bewegen Sie den Stabilisator, indem Sie versuchen ihn mit der anderen Hand oder dem Montierhebel nach unten und oben zu drücken. Wenn Spiel vorhanden ist, bemerken Sie es in der Hand, mit der Sie das Gelenk der Koppelstange umfassen.

Lenkmanschetten prüfen

Die aus dem Zahnstangengehäuse austretende Zahnstange wird links und rechts durch eine Gummimanschette geschützt. Dringen durch einen rissigen oder beschädigten Faltenbalg Schmutz und Feuchtigkeit ein, verbinden sie sich mit dem Fett des Lenkgetriebes zu einer Schleifpaste, die ständig am Lenkritzel nagt. Eine verschlissene Manschette sollten Sie daher sofort ersetzen.

■ Leuchten Sie mit einer Taschenlampe jeden Faltenbalg ab.

■ Schlagen Sie die Lenkung voll nach rechts und links ein; ziehen Sie dann den Faltenbalg Stück um Stück auseinander, um Risse in den Falten zu erkennen.

Radeinstellung prüfen

Die richtige Stellung der Vorderräder entscheidet darüber, ob Ihr Fahrzeug auf ebener Strecke und in Kurven ruhig und sicher auf der Straße liegt.

■ Nach harter Berührung des Bordsteins kann die Geometrie der Vorderradaufhängung bereits empfindlich gestört sein. Auch verschlissene Gelenke und Gummilager oder unsachgemäße Reparaturen

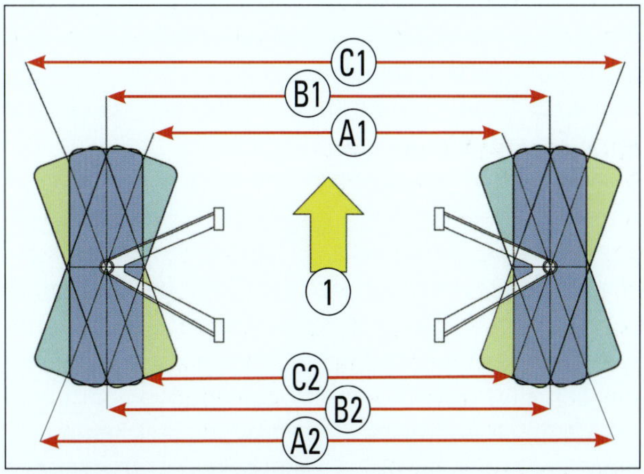

Spur, Vorspur und Nachspur: *1 Fahrtrichtung, A Vorspur (A1<A2), B Spur »0« (B1=B2), C Nachspur (C1>C2).*

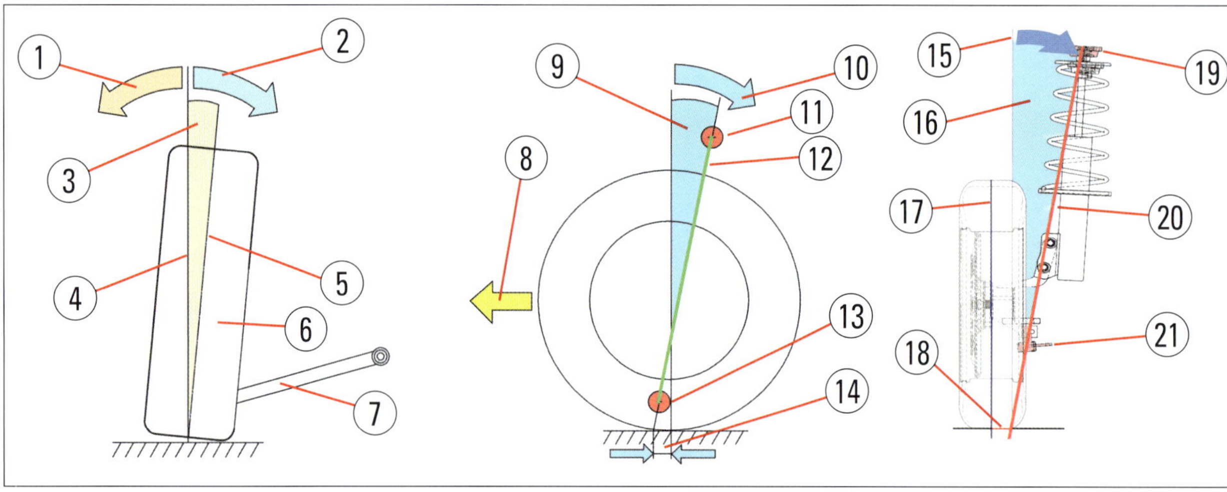

Sturz, Nachlauf und Spreizung: *1 positiver Sturz, 2 negativer Sturz, 3 Sturzwinkel, 4 Senkrechte auf der Fahrbahn, 5 Mittelebene des Rades, 6 Rad, 7 Querlenker, 8 angenommene Fahrtrichtung, 9 Nachlaufwinkel, 10 positiver Nachlaufwinkel, 11 Domlager, 12 Lenkachse (gedachte Linie zwischen Domlager und Traggelenkbolzen), 13 Traggelenkbolzen, 14 Nachlaufstrecke, 15 Senkrechte auf der Fahrbahn, 16 Spreizungswinkel, 17 Radmittelebene, 18 Lenkrollhalbmesser, 19 Domlager, 20 Lenkachse (gedachte Linie zwischen Domlager und Traggelenkbolzen), 21 Traggelenkbolzen.*

wirken sich spürbar negativ auf das Fahrzeugverhalten aus. Unternehmen Sie deshalb ganz gezielt eine kurze Probefahrt zur Überprüfung der Lenkgeometrie. Dazu müssen die Reifen einer Achse dieselbe Reifensorte und Profiltiefe aufweisen und den gleichen vorgeschriebenen Luftdruck haben.

■ Prüfen Sie regelmäßig, dass die Reifen sich gleichmäßig abnutzen.

■ Lassen Sie regelmäßig eine Fahrwerksvermessung auf einem Achsmessstand durchführen. Die Kosten hierfür fallen geringer aus als der Ersatz zweier einseitig abgefahrener Reifen.

Schadensbild Stoßdämpfer: *Das ausgelaufene Dämpferöl, wie hier zu sehen, bedeutet einen Totalausfall.*

Zustand der Stoßdämpfer prüfen

Nach zwei verschlissenen Reifensätzen besitzen die Stoßdämpfer meist nur noch die Hälfte ihrer Wirkung. Sie sind dann reif für den Austausch. Schlechte Dämpfer gehören zu den schleichenden Verschleißerscheinungen. Die meisten Fahrer gleichen Mängel am Stoßdämpfer mit der Zeit unbewusst durch verändertes Fahrverhalten aus. Lassen Sie zu Ihrer Sicherheit das Bauteil zur exakten Diagnose einmal im Jahr auf dem Prüfstand eines Automobilclubs oder von TÜV/DEKRA kontrollieren. Die Schaukelmethode, bei der man den Wagen am betreffenden Kotflügel aufschaukelt und plötzlich loslässt, ersetzt keine Prüfung. Damit können Sie nur einen total ausgefallenen Stoßdämpfer feststellen. Dies gilt auch für die Sichtprüfung. Erkennen Sie bereits das ausgelaufene

Domlager im Dom vorne: *Die Aufnahme der Feder-Dämpfer-Einheit steht unter großer Beanspruchung. Eine Sichtkontrolle schadet daher von Zeit zu Zeit nicht.*

Dämpferöl, ist der Dämpfer ebenfalls schrottreif. Mit einigen Kontrollfragen können Sie dennoch die nachlassende Wirkung Ihrer Dämpfer feststellen.

Beim Fahren auf Folgendes achten

- Flattert die Lenkung? In diesem Fall haben die Räder nicht ständig Kontakt zum Boden.
- Schwingt die Karosserie bei Fahrbahnunebenheiten nach?
- Wirkt das Fahrzeug in Kurven schwammig? Dann werden die kurveninneren Räder nicht genügend auf den Asphalt gedrückt, die äußeren nicht stark genug entlastet. Sichtprüfung!
- Nutzen die Reifen gleichmäßig ab?
- Sind die Aufnahmen in den Radhäusern unbeschädigt?
- Weisen die Dämpfer offensichtlich Schaden auf (z. B. auslaufendes Dämpferöl, wie in Bild Mitte (auf Seite 90) zu erkennen?

Federbein vorne ausbauen

Für die Montagearbeiten ist es einfacher, beide Stoßdämpfer zeitgleich zu demontieren. Wird nur eine Seite aufgebockt, wird der Stabilisator auf der Vorderachse unter Spannung stehen und die Montagearbeiten unnötig erschweren.

- Heben Sie das Fahrzeug an.
- Schrauben Sie das entsprechende Rad ab.
- Bremsträger mit montiertem Bremssattel an der Vorderachse abbauen und mit angeschlossenem Bremsschlauch zur Seite hängen.
- Die Schraube (1 im Bild oben) herausschrauben und Drehzahlgeber vorn (ABS-Sensor) aus dem Achsschenkel herausziehen.
- Die Mutter an der Koppelstange am Federbein abschrauben und die Koppelstange aushängen.
- Die Mutter am Spurstangenkopf abschrauben und die Spurstangenkopf mit Abdrücker (Bild unten) vom Achsschenkel lösen und aushängen. Den Spurstangenkopf vorsichtig auspressen, da die Gummimanschette beschädigt werden kann. Die Gummimanschette auf Beschädigung prüfen und wenn Schäden erkennbar sind, den Spurstangenkopf erneuern.
- Öffnen Sie die Wartungsklappe vorne und lösen Sie die drei Schrauben (1 im Bild oben).
- Hängen Sie den Bremsschlauch und die Anschlusskabel zum ABS-Sensor und zur Belagverschleißanzeige am Stoßdämpfer aus und legen Sie sie aus dem Arbeitsbereich heraus.

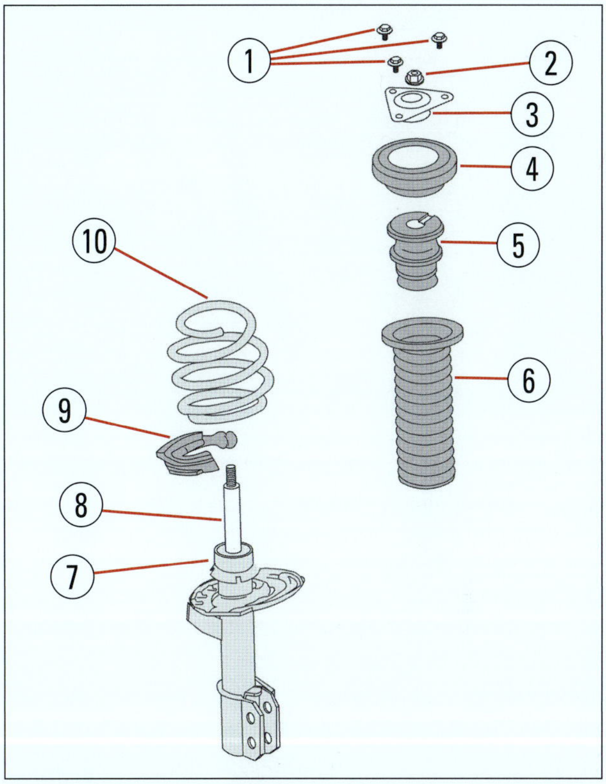

Federbein vorne: *1 Schrauben, 2 Mutter, 3 Domlager, 4 Gummilager Domlager, 5 Anschlag-Puffer, 6 Staubschutz Faltenbalg, 7 Stoßdämpfer, 8 Kolbenstange Stoßdämpfer, 9 Federunterlage, 10 Feder.*

Spurstangenkopf abdrücken: *Der Abdrücker vermeidet Schäden an Gewindebolzen und Dichtmanschette.*

- Unterbauen Sie den Querlenker so, dass er nicht durch das Gewicht des Achsschenkels nach dem Abbau des Federbeins nach unten gedrückt wird. Den Querlenker an der Vorderachse dabei nur so weit wie unbedingt notwendig nach unten drücken, andernfalls können die Gummibuchsen im Querlenker beschädigt werden.

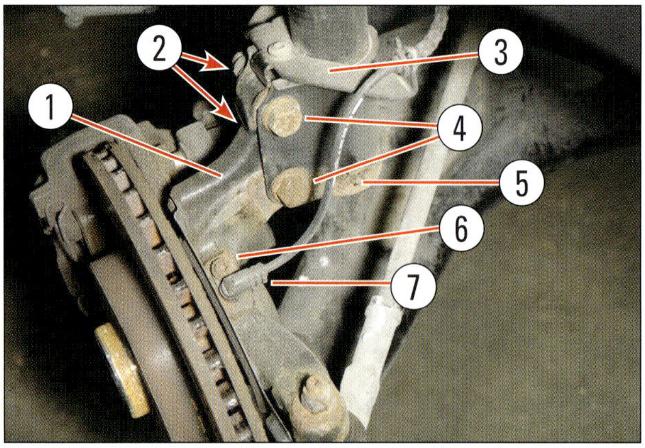

***Achsschenkel und Federbein:** 1 Achsschenkel, 2 Muttern, 3 Halter mit Anschlusskabel ABS-Sensor und Bremsleitung, 4 Schrauben, 5 Federbein, 6 Schraube ABS-Sensor (Raddrehzahlgeber), 7 ABS-Sensor (Raddrehzahlgeber).*

- Die Muttern (2 im Bild oben) abschrauben, die Schrauben (4) noch im Stoßdämpfer stecken lassen.
- Lassen Sie das Fahrzeug ab.
- Ziehen Sie die Schrauben (4) heraus und sichern Sie den Achsschenkel gegen Herausklappen mit Kabelbindern an der Karosserie, um Schäden am Traggelenkbolzen und am Bremsschlauch zu verhindern.
- Nehmen Sie den Achsschenkel vom Federbein ab.
- Drehen Sie die Schrauben oben im Domlager ab und nehmen Sie den kompletten Stoßdämpfer, Federbein mit Feder und Anbauteilen heraus.

Die Montage erfolgt sinngemäß in umgekehrter Reihenfolge zur beschriebenen Demontage.

- Ersetzen Sie grundsätzlich alle selbstsichernden Muttern.
- Lassen Sie anschließend eine Fahrwerksvermessung auf einem Achsmessstand durchführen.

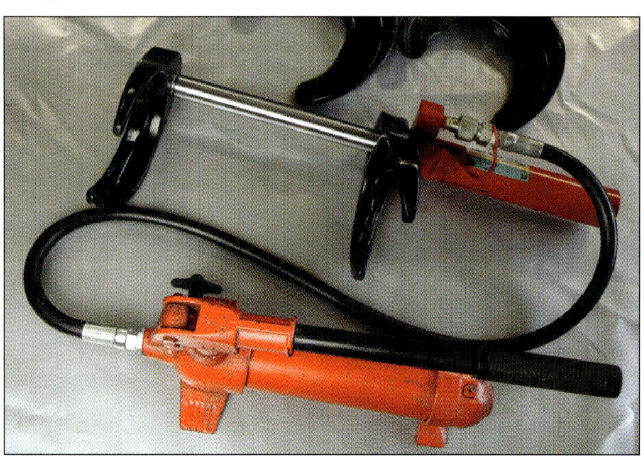

***Hydraulischer Federspanner:** Die deutlich teurere, aber auch schnellere und sicherere Feder-Spannmöglichkeit.*

***Feder spannen:** Der Federspanner sollte auf keinen Fall mit dem Schlagschrauber betätigt werden.*

Stoßdämpfer vorne ausbauen

Grundsätzlich müssen Stoßdämpfer immer zumindest achsweise ersetzt werden. Ein Unterschied im Dämpfungsverhalten hätte fatale Auswirkungen. Zur Demontage der Fahrwerksfeder vorne muss zwingend ein Federspanner verwendet werden. Die Vorspannung ist viel zu groß, als dass man sie sicher von Hand halten könnte.

- Bauen Sie das Federbein wie beschrieben aus.
- Setzen Sie den Federspanner entsprechend der Bedienungsanleitung des Federspanners an und spannen Sie die Feder so weit vor (Bild oben rechts), dass zwischen Domlager und Feder ein Spalt entsteht und die Feder leicht beweglich ist.
- Drehen Sie die zentrale Sicherungsmutter (2 im Bild oben auf Seite 91) des Domlagers heraus und nehmen Sie das Domlager ab.
- Nehmen Sie die Feder (10) vom Stoßdämpfer ab.

***Demontage vom Dämpfer in Reihenfolge:** 1 Domlager (meist mit Halteplatte), 2 Protektionkit, 3 Feder.*

■ Ziehen Sie auch das Protektionkit (5 und 6) vom Dämpfer ab.
■ Setzen Sie das neue Protektionkit (5 und 6) auf den Stoßdämpfer auf.
■ Prüfen Sie das Domlager (3) auf Leichtgängigkeit und Spiel.
■ Setzen Sie die vorgespannte Feder auf den neuen Dämpfer auf. Achten Sie auf den richtigen Sitz im Federteller.
■ Montieren Sie das Domlager oben.
■ Ersetzen Sie grundsätzlich alle selbstsichernden Muttern.
■ Kontrollieren Sie erneut den richtigen Sitz der Feder im Federteller und entspannen Sie den Federspanner langsam und gleichmäßig.
■ Lassen Sie anschließend eine Fahrwerksvermessung auf einem Achsmessstand durchführen.

Arbeiten an der Hinterachse

Die Hinterachse des Smart 453 stellte die Konstrukteure vor eine weitere Herausforderung. Die engen Platzverhältnisse des Kleinwagens und ein enger Kostenrahmen mussten trotzdem ein Fahrzeug mit sicheren und konkurrenzfähigen Fahreigenschaften ergeben. Die Wahl fiel auf eine besondere Hinterachskonstruktion für Starrachsen. Die bewährte De-Dion-Konstruktion wurde vom Vorgänger übernommen und deutlich verbessert. Die verbauten Querlenker erlauben einen Versatz der Achse. Die Neuanordnung des Zentrallagers verbesserte die Handlichkeit des Smart merklich. Die Anordnung der Schraubenfedern dämmten die Rollbewegungen der Karosserie besser ein. Schrauberisch sind das Zentrallager sowie die Lagerungen der Querlenker zu beachten. Sind sie ausgeschlagen oder die Gummilager zeigen deutliche Einrisse, müssen sie ersetzt werden. Die Montagearbeiten hinsichtlich des Ausbaus oder des Wechsels der Stoßdämpfer oder der Federn fallen recht einfach aus, wie Sie in den nächsten Arbeitsschritten sehen werden.

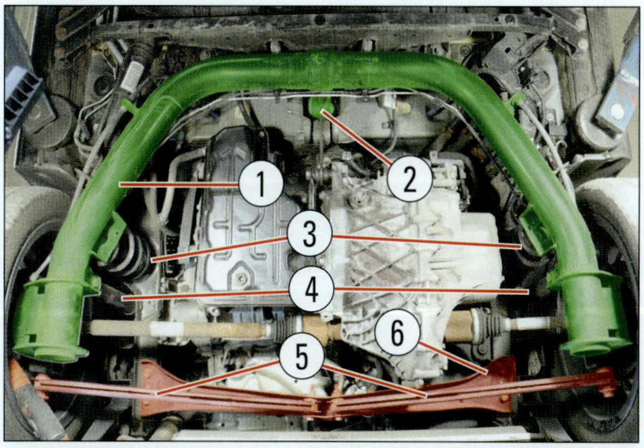

***Hinterachse von unten:** 1 Achsrohr, 2 Zentrallager, 3 Federn, 4 Stoßdämpfer, 5 Sturzstreben, 6 Strebenquerträger.*

Federn hinten ausbauen

Ein paarweiser Tausch der Hinterachsfedern (2 im Bild unten) wird von Smart nicht vorgeschrieben, ist aber zu empfehlen.
■ Stellen Sie die Leergewichtslage für die Hinterachse fest (Radmittelpunkt bis zur Radlaufkante).
■ Heben Sie das Fahrzeug an.
■ Schrauben Sie das entsprechende Rad ab.
■ Das Hinterachsrohr mit Aggregatehubtisch oder einem Getriebeheber so weit anheben, dass der Stoßdämpfer leicht zusammengedrückt wird. Sichern Sie das Fahrzeug unbedingt auf der Hebebühne mit Spanngurten, um ein Herunterfallen oder Abrutschen von der Bühne zu verhindern.

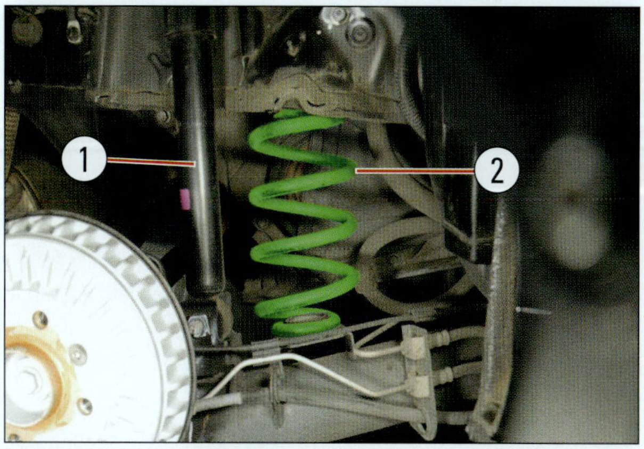

***Fahrwerksfeder hinten:** 1 Stoßdämpfer hinten, 2 Fahrwerksfeder im Federsitz von Hinterachse und Rahmen.*

■ Die untere Schraube des Stoßdämpfers (2 im Bild oben Seite 94) herausdrehen.
■ Das Hinterachsrohr mit einem Getriebeheber so weit absenken, dass die Schraubenfeder hinten (2 im Bild unten) aus den Aufnahmen am Achsrohr und am Rahmen oben herausgenommen werden kann.

■ Die Schraubenfeder hinten herausnehmen.

Die Montage erfolgt sinngemäß in umgekehrter Reihenfolge zur beschriebenen Demontage.
■ Beachten Sie die Einbaulage der Schraubenfeder hinten.
■ Prüfen Sie das obere und untere Gummilager der Schraubenfeder hinten und die des Stoßdämpfers. Soweit erforderlich reinigen oder erneuern.

Stoßdämpfer hinten ausbauen

Grundsätzlich sollten immer alle Stoßdämpfer einer Achse (zumindest) zeitgleich ersetzt werden. Bei unterschiedlichem Dämpfungsverhalten kann es leicht zu unvorhersehbarem und somit gefährlichem Fahrzeugverhalten kommen.
■ Heben Sie das Fahrzeug an. Sichern Sie das Fahrzeug unbedingt auf der Hebebühne mit Spanngurten, um ein Herunterfallen oder Abrutschen von der Bühne zu verhindern.
■ Schrauben Sie das entsprechende Rad ab.
■ Das Achsrohr mit einem geeigneten Getriebeheber oder einem Aggregatehubtisch abstützen.
■ Das Achsrohr nun vorsichtig so weit anheben, bis der Stoßdämpfer (1 im Bild oben) vollständig entlastet ist.
■ Die untere Schraube (2) herausdrehen.
■ Die Innenverkleidung im Kofferraum demontieren. Diese Arbeitsschritte beschreiben wir im Kapitel »Karosserie« genauer.
■ Die obere Mutter (3) herausdrehen. Die Kolbenstange an den Abflachungen auf der Kolbenstange (4) beim Drehen festhalten.
■ Den Stoßdämpfer (2) herausnehmen.

Die Montage erfolgt sinngemäß in umgekehrter Reihenfolge zur beschriebenen Demontage.
■ Achten Sie auf richtigen Sitz der hinteren Federn in ihren Aufnahmen.

Radlager ausbauen

Radlager vorne

Die vorderen Radlager müssen mit einer hydraulischen Presse oder einem Radlagermontagesatz demontiert werden. Diese Arbeiten beschreiben wir aufgrund der verwendeten Spezialwerkzeuge, die man eher in einer Profiwerkstatt findet, in der Reparaturanleitung 1349 zum Smart 453.

Stoßdämpfer hinten: *1 Stoßdämpfer hinten, 2 Schraube unten, 3 Mutter oben (Kofferraum), 4 Kolbenstange.*

Radlager hinten

Das Radlager wird als Radlagereinheit mit dem Gehäuse und der Radnabe geliefert.
■ Heben Sie das Fahrzeug an und sichern Sie es.
■ Schrauben Sie das entsprechende Rad ab.
■ Bauen Sie die entsprechende Bremstrommel ab.
■ Bauen Sie die entsprechende Achsgelenkwelle aus und verschließen Sie die Öffnung für die Achswelle im Getriebe mit einem passenden Stopfen.
■ Drehen Sie die Schrauben (1 im Bild unten) heraus und nehmen Sie das Radlagergehäuse von der Bremsankerplatte und dem Achsrohr ab.

Die Montage erfolgt sinngemäß in umgekehrter Reihenfolge zur beschriebenen Demontage.
■ Reinigen Sie die Sitzfläche auf der Nabenwelle gründlich.
■ Fetten Sie die Sitzfläche der Lagereinheit auf dem Achsträger leicht ein.
■ Achten Sie darauf, dass der ABS-Sensor (2) nicht beschädigt wird, und reinigen Sie den Sensorkopf.

Radlagereinheit (Lager mit Träger) hinten: *1 Schrauben der Radlagereinheit, 2 ABS-Sensor (Raddrehzahlgeber).*

Fahrwerk

Störung	Was kann das sein?	Was kann ich tun?
A Schwammiges Fahrverhalten	**1** Reifen zu geringer Luftdruck	Luftdruck kontrollieren
	2 Stoßdämpfer undicht	Ölverlust mit Finger prüfen, bleibt Öl am Finger: Stoßdämpfer tauschen
	3 Stoßdämpfer verschlissen	Kolbenstange auf Riefen und Abplatzung prüfen, evtl. die Stoßdämpfer beim TÜV auf einem Prüfstand prüfen lassen
	4 Achsmesswerte stimmen nicht	Achsvermessung durchführen
	5 Federn erlahmt	Federn prüfen ggf. austauschen
	6 Gummis an Querlenker Domlager oder Hinterachse erlahmt oder defekt	Neue Gummilager, Querlenker oder Streben einbauen
B Reifen	**1** starker, unregelmäßiger Verschleiß	Spurwerte stimmen nicht, Achsvermessung durchführen
	2 Sägezahnbildung am Profil	Stoßdämpfer verschlissen oder Lagerungen an Achsteilen defekt, Bauteile und Dämpfer prüfen.
	3 Verschleiß am Profilrand	Zu wenig Luftdruck
	4 Verschleiß in der Profilmitte	Zu wenig Luftdruck
C Klappern beim Überfahren von Unebenheiten	**1** Koppelstange defekt	Koppelstangen auf Spiel prüfen und gegebenenfalls ersetzen
	2 Spiel in der Lenkung	Lenkung prüfen
	3 Spiel in Fahrwerksteilen	Domlager, Traggelenk und Spurstangen prüfen
	4 Antriebswelle defekt	Antriebswellen prüfen und gegebenenfalls ersetzen
C Geräusche bei Kurvenfahrt	**1** Radlager defekt	Richtige Seite durch Wechselkurven feststellen
	2 Spurwerte stimmen nicht	Reifenprofil kontrollieren (siehe B)
	3 Antriebswelle defekt	Antriebswellen prüfen und gegebenenfalls ersetzen

Tieferlegung und Zugstufe

Die Aufgabe des Fahrwerks liegt im Wesentlichen darin, eine optimale Verbindung der Räder zur Fahrbahn zu ermöglichen, und natürlich können das die serienmäßigen Fahrwerkskomponenten. Dass das aber durchaus verbessert werden kann, wird tatsächlich erfahrbar, wenn man ein speziell auf ein Fahrzeug abgestimmtes Fahrwerk im Vergleich fahren kann. Stoßdämpfer sollen zwar Stöße von der Fahrbahn eindämpfen aber auch Schwingungen des Fahrwerks reduzieren. Ob nun eine Tieferlegung über Fahrwerksfedern oder über ein komplettes Gewindefahrwerk nachgerüstet werden soll, können Sie mit eigenen Ansprüchen auswählen. Prüfen Sie grundsätzlich den Zustand der Fahrwerkskomponenten wie die Lagerungen, Koppelstangen und ersetzen Sie diese im Rahmen des geplanten Umbaus des Fahrwerks.

***Dezent und sportlich:** Optisch und fahrdynamisch in einer anderen Liga: der Smart 453.*

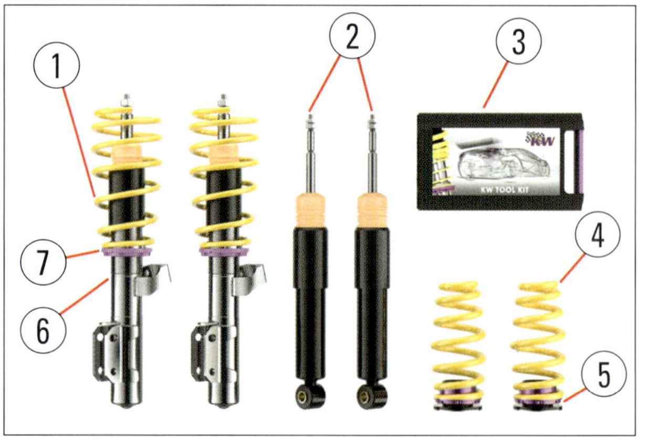

***Tieferlegungssatz:** 1 Fahrwerksfeder vorne, 2 Stoßdämpfer hinten, 3 Werkzeugsatz zum Gewindefahrwerkssatz, 4 Fahrwerksfedern hinten, 5 verstellbare Federauflage, 6 Stoßdämpfer vorne, 7 Verstellring untere Federauflage.*

Fahrwerksfedern

Die Fahrwerksfedern von KW senken den Smart um etwa 30 mm auf der Vorder- und Hinterachse ab. Neben der Tieferlegung wird die Abstimmung zum Seriendämpfer verbessert. Die Tieferlegung beschränkt sich entsprechend nicht nur auf den sportlichen optischen Eindruck, sondern das Einfederverhalten wird straffer, die Seitenneigung und auch das Ausfedern wird reduziert. Die Kosten für einen Tieferlegungssatz über die Fahrwerksfedern liegen bei etwa 200 Euro. Der Einbau unterscheidet sich nicht wesentlich vom Einbau der Serienfedern, die wir in diesem Kapitel beschrieben haben. Besonderheiten werden in den beiliegenden Beschreibungen dargestellt. Die Tieferlegung muss unverzüglich nach dem Einbau von einem anerkannten Sachverständigen (TÜV-Prüfer) abgenommen werden.

Gewindefahrwerk

Zuerst einmal muss angemerkt werden, dass nicht alles was machbar ist auch automatisch zulässig ist. Kunst ist Kunst und gehört ins Museum oder auch in Messehallen. Für den Straßenbetrieb gibt es klare Vorgaben, die die Tieferlegung beschränken und in den Gutachten bis ins Detail beschrieben sind. Abweichung zu den Gutachten des Fahrwerks haben das Erlöschen der Betriebserlaubnis des Fahrzeugs zur Folge. Das Gewindefahrwerk ermöglicht die individuelle Abstimmung des Fahrzeugs in der Höhenlage aber auch im Dämpfungsverhalten durch Verstellen der Zugstufe. Mit viel Feingefühl können Sie über das Verändern der Zugstufe (die Ausfedergeschwindigkeit des Stoßdämpfers) das Fahrzeug auf die Streckenanforderungen oder auf veränderte Fahreigenschaften durch andere Rad-Reifenkombinationen anpassen. Die Kosten für ein Gewindefahrwerk liegen bei etwa 1.600 Euro. Der Einbau unterscheidet sich nicht wesentlich vom Einbau der Serienfahrwerkskomponenten, die wir in diesem Kapitel beschrieben haben. Besonderheiten werden in den beiliegenden Beschreibungen dargestellt. Natürlich muss das Fahrwerk unverzüglich nach dem Einbau von einem anerkannten Sachverständigen (TÜV-Prüfer) abgenommen werden.

Bremsanlage

Hauptaufgabe der Bremsanlage ist die Umwandlung von kinetischer Energie (Bewegungsenergie) in Wärmeenergie, die durch Reibung entsteht. Temperaturen von mehreren Hundert Grad können dabei die Bremsscheibe sogar zum Glühen bringen. Umso wichtiger ist daher die vernünftige Wartung. Wir zeigen Ihnen alle Funktionen sowie alle Do-it-yourself-Arbeiten, die Sie an Ihren Bremsen durchführen können.

Grenzen der Belastbarkeit

Die Bremsanlage des Smart gilt allgemein als robust und standfest. Der breiten Vielfalt unterschiedlicher Motorleistungen kommt der Hersteller mit dem Einbau verschieden dimensionierter Anlagen nach.
Der Smart hat an der Vorderachse eine Scheibenbremse verbaut. An der Hinterachse arbeitet eine Trommelbremse. Obwohl die Bremsanlage also im Prinzip ausreichend dimensioniert ist, stößt die Anlage früher oder später an ihre Grenzen. Das ist ganz natürlich, denn eine Bremsanlage kann nichts anderes tun, als Bewegungsenergie in Wärme umzuwandeln.
Je mehr Masse und Belüftung die Bremsscheiben und Bremstrommeln haben, umso mehr Energie kann umgesetzt werden. Alle Teile der Bremsanlage werden dann zunehmend erwärmt, natürlich auch die Bremsflüssigkeit. Bei rasanten Passabfahrten kann es also durchaus passieren, dass der Druckpunkt immer schwammiger und der Pedalweg immer länger wird. Ist die Bremsflüssigkeit alt und der Wassergehalt groß, werden jetzt mit Sicherheit Dampfblasen entstehen. Das kann gefährlich werden, denn irgendwann geht der Tritt ins Leere.
Bei extremer Beanspruchung meldet sich die Bremsanlage dann auch akustisch: Ein Wummern oder Brummen deutet auf eine thermische Überlastung hin. Die Scheibe beginnt sich zu verziehen, die Beläge fangen an zu schmieren. Gesellen sich noch spürbare Vibrationen hinzu, ist es höchste Zeit die Anlage bei mittlerer Geschwindigkeit, möglichst ohne Bremsbetätigung, abkühlen zu lassen.

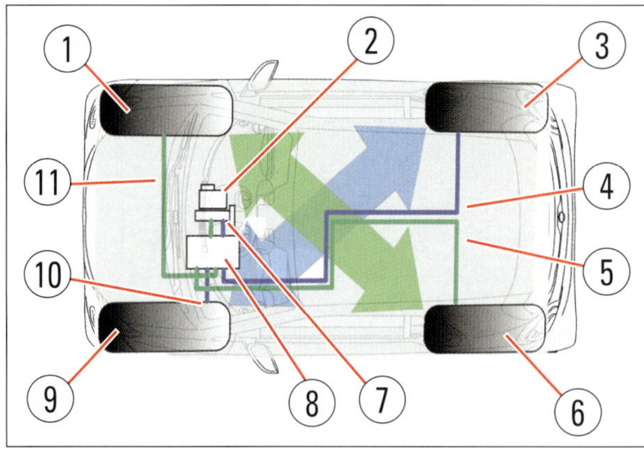

Zweikreis-Bremssystem: *1 Rad vorne rechts, 2 Vorratsbehälter, 3 Rad hinten rechts, 4 Bremskreis hinten (Kreis 1), 5 Bremskreis hinten (Kreis 2), 6 Rad hinten links, 7 Hauptbremszylinder, 8 Hydraulikeinheit (ABS), 9 Rad vorne links, 10 Bremskreis vorne (Kreis 2), 11 Bremskreis vorne (Kreis 1).*

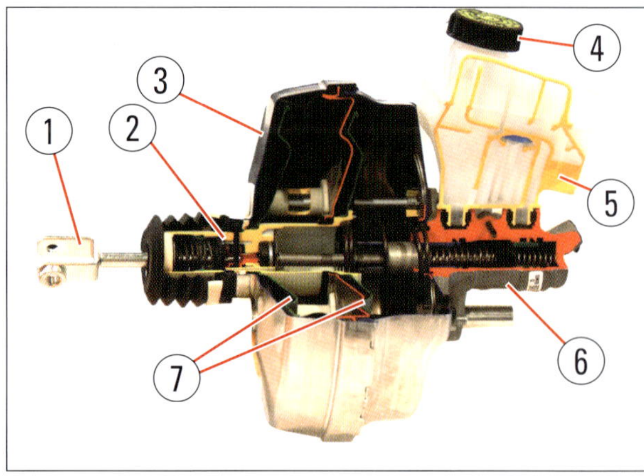

Bremskraftverstärker und Hauptbremszylinder: *1 Anschluss Bremspedal, 2 Steuerventil, 3 Bremskraftverstärker, 4 Verschlussdeckel, 5 Vorratsbehälter, 6 Tandem-Hauptbremszylinder, 7 Membrane im Bremskraftverstärker.*

Die Zweikreisbremsanlage

Die StVZO (Straßenverkehrs-Zulassungs-Ordnung) fordert für jedes Kfz zwei Bremsanlagen, die unabhängig voneinander arbeiten. Wenn ein System ausfällt, soll das andere das Fahrzeug immer noch abbremsen können. Deshalb verfügt auch Ihr Smart über eine diagonal aufgeteilte Zweikreisbremsanlage analog Bild oben: Ein Bremskreis ist für linkes Vorderrad (1) und rechtes Hinterrad (2), der andere für rechtes Vorderrad (3) und linkes Hinterrad (4) zuständig. Fällt ein Bremskreis aus, bleiben ein Vorder- und ein Hinterrad bremsfähig. Man muss kräftiger aufs Pedal steigen, es lässt sich weiter durchtreten, der Anhalteweg wird länger.

Wie funktionieren die Bremsen?

Druckaufbau

Wenn Sie auf das Bremspedal treten, presst eine mit dem Pedal verbundene Druckstange (1 im Bild unten) zwei hintereinanderliegende Kolben in den Hauptbremszylinder (6), der sich unter der vorderen Serviceklappe befindet. Die Kolben übertragen die Kraft auf die dort eingeschlossene Bremsflüssigkeit. Der so entstehende hydraulische Druck in der Bremsflüssigkeit gelangt über Rohr- und Schlauchverbindungen zu den Radzylindern in den Bremssätteln und der Bremstrommeln. In diesen drücken Kolben die Bremsklötze gegen die Bremsscheiben. Dadurch verschiebt sich der auf langen Bolzen geführte Bremssattel und überträgt den gleichen Druck auf den äußeren Bremsklotz.

Druckabbau und Lüftspiel
Liegt der Bremsdruck nicht mehr an, wird die Rechteckmanschette zurückverformt und zieht den Kolben von den Bremsscheiben zurück. So entsteht zwischen Bremsklotz und Scheibe ein Spiel von weniger als einem Millimeter. Die Bremsscheibe dreht wieder frei, das Lüftspiel ist hergestellt.

Bremssystem im Smart

Der Smart verfügt serienmäßig über ein Antiblockiersystem. Im Smart 453 kommt ein ABS/ESP-System zum Einsatz. Es besteht neben dem Eingriff auf die Bremsanlage die Möglichkeit, mit dem Bordnetzsystem und der Motorsteuerung einige Neuerungen umzusetzen.

ABS, ASR, EBV und ESP
Es sind nun folgende Funktionen realisiert worden: ABS (Blockierverhinderer beim Bremsen), ASR (verhindert durchdrehende Räder), EBV regelt den Bremsdruck an der Hinterachse, ESP (Stabilitätsprogramm, um Schleudern einzudämmen) und das MSR reduziert das Motormoment zum Anfahren auf glatter Straße über den Eingriff in das System E-Gas.
Störungen am ABS-System haben keinen Einfluss auf das hydraulische System der Bremsanlage und Bremskraftverstärkung. Die herkömmliche Bremsanlage bleibt auch ohne das ABS-System funktionsfähig. Es muss jedoch mit einem veränderten Bremsverhalten gerechnet werden. Nach Aufleuchten der ABS-Kontrollleuchte können beispielsweise die Hinterräder beim Bremsen frühzeitig blockieren.

⚠ Bremsflüssigkeit

GEFAHRENHINWEIS

- Die im Hydrauliksystem zirkulierende Flüssigkeit ist Bremsflüssigkeit nach dem Standard »FMVSS 116 DOT 4«, wovon auch die Weiterentwicklung »DOT 4 plus« erhältlich ist.
- Bremsflüssigkeit auf keinen Fall mit mineralölhaltigen Flüssigkeiten (Öl, Benzin, Reinigungsmittel) in Verbindung bringen. Mineralöle beschädigen die Dichtungen und Gummitüllen der Bremsanlage!
- Bremsflüssigkeit ist giftig. Sie darf wegen ihrer ätzenden Wirkung auch nicht mit Lack in Berührung kommen.
- Eventuell ausgetretene Bremsflüssigkeit mit viel Wasser abspülen!
- Bremsflüssigkeit ist hygroskopisch, das heißt, sie nimmt aus der umgebenden Luft Feuchtigkeit auf und ist darum stets in luftdicht verschlossenen Behältern aufzubewahren.

Funktionsprüfung der Bremse

Regelmäßige Kontrolle der Bremsanlage ist für Autofahrer die beste Lebensversicherung. Im Straßenverkehr entscheiden die Bremsen über Ihre Sicherheit und die anderer Verkehrsteilnehmer. Scheuen Sie sich nicht, die Räder abzunehmen und den Zustand von Bremsscheiben und Bremsbelägen gründlich zu prüfen!
Ans Schrauben sollten Sie sich nur dann wagen, wenn Sie sich wirklich auskennen, suchen Sie sonst besser eine Werkstatt auf.
Beim Reinigen der Anlage fällt Bremsstaub an, der zu schweren gesundheitlichen Schäden führen kann. Niemals Bremsstaub einatmen! Immer strikt darauf achten, dass Mineralöl, Schmierfett o. Ä. nicht in die Bremsanlage gelangen.

Prüfschritte in Eigenregie

Sichtprüfungen
- Bremskraftverstärker, Hauptbremszylinder (Montage-Einheit mit Bremsflüssigkeitsbehälter links hinten im Motorraum) und Bremssattel auf Beschädigungen und Undichtigkeiten prüfen. Alle Anschlüsse und Verbindungen von Schläuchen und Rohrleitungen auf richtigen Sitz, Undichtigkeiten und Korrosion untersuchen.
- Kontrollieren Sie besonders, ob Hydraulikleitungen geknickt oder Anschlüsse an der Hydraulikeinheit undicht sind. Undichtigkeiten und Schmutznester am Hydrauliksystem müssen beseitigt werden.
- Bremsschläuche dürfen nicht in sich verdreht und

nirgendwo porös und brüchig sein. Bei maximalem Lenkeinschlag muss ihr Abstand zu anderen Achsteilen mindestens 15 mm betragen. Die Rastnasen der Leitungen müssen einwandfrei in den Haltern sitzen.

■ Wenn Bremsschläuche, elektrische Leitungen und Steckkupplungen Scheuerstellen aufweisen und Schläuche feucht oder aufgequollen sind: auswechseln!

Funktionsprüfung:

■ Bei laufendem Motor eine Minute lang mit voller Kraft aufs Bremspedal treten. Das Pedal darf nicht nachgeben. Eine exakte Druckprüfung ist allerdings Sache der Werkstatt mit Spezialgerät und Diagnosesystem.

■ Auf 50 km/h beschleunigen, Lenkrad loslassen, Hände griffbereit halten. Zuerst sanft, dann scharf bis zum Stillstand bremsen. Das Fahrzeug soll die Spur halten. Nach dem Test auf leicht abschüssiger Strecke das Fahrzeug aus dem Stand losrollen lassen. Drehen die Räder frei?

Felgen- und Bremstemperatur:

Räder anfassen oder besser noch die Temperatur mit einem Lasertemperaturfühler messen. Alle vier Felgen müssen etwa gleich warm sein.

■ Eine einzelne kalte Felge weist auf mangelhafte Bremsfunktion an diesem Rad hin.

■ Wenn eine Felge ungewöhnlich warm ist (oder wenn Ihnen das bei allen Felgen so scheint), muss weiter gesucht werden. Eine Ursache für zu hohe Temperatur können z. B. schleifende Bremsen oder defekte Radlager sein.

Professionelle Bremsenprüfung

Die Bremsenprüfung erfolgt auf einem 1-Achs-Rollenprüfstand. Die Anlagen erfüllen meist die Bedingung, dass die Prüfgeschwindigkeit 6 km/h nicht überschreitet, da sonst beim zeitversetzten Anlaufen der Rollen Bremseingriffe durch das EDS (elektronische Differenzialsperre, Bestandteil des ABS/ESP-Systems) erfolgen. Es wird jeweils eine Achse auf die Rollen gefahren. Handgeschaltete Autos in den Leerlauf, automatisch geschaltete in Stellung »N« schalten. Der Antrieb erfolgt durch die Rollen. Ratsam ist es, die Bremsentests von DEKRA, TÜV oder ADAC in Anspruch zu nehmen. Alle dabei oder auch ohne Geräte von Ihnen festgestellten Mängel müssen unverzüglich in eigener Arbeit oder durch die Werkstatt beseitigt werden.

Bremsanlage Vorderachse

Abmessungen der Bremse vorne

Bei den höheren Motorisierungsvarianten kommt eine innenbelüftete Bremsscheibe zum Einsatz. Die vordere Bremse wird nur als Betriebsbremse eingesetzt. Die Bremssättel werden hydraulisch betätigt.

Scheibendurchmesser	259 mm	258 mm
Bauform	Vollscheibe	Innenbelüftet
Bauhöhe	40,9 mm	43,9 mm
Scheibendicke	12 mm	22,0 mm
Verschleißmaß Dicke	10,6 mm	19,8 mm
Zentrierlochdurchmesser	61 mm	
Lochkreis Radschraube	4 x 100	
Lockkreis Halteschraube	2 x 100	

Je nach Motorisierung werden unterschiedliche Bremsenmodelle eingesetzt. Da sich die Bremssysteme oft nur durch die Hersteller im Zubehörbereich oder im Detail unterscheiden, sollten Sie sich grundsätzlich immer die richtigen Bauteile durch ein aktuelles Ersatzteilprogramm Ihres Zulieferers oder Händlers heraussuchen lassen.

Kontrolle der Bremsanlage vorne

Hinweise zur Prüfung

■ Kontrollieren Sie regelmäßig die Stärke der Bremsbeläge, mindestens jedoch alle 15.000 km oder einmal im Jahr. Zur Prüfung von Scheiben und Bremsbelägen können Sie durch einen Raddurchbruch schauen. Dabei sind Handlampe, Spiegel und Messschieber hilfreich. Für eine exakte Messung der Belagdicke ist aber die Demontage der Räder empfehlenswert. Kontrollieren Sie den Zustand der Bremsscheiben stets gemeinsam mit dem der Beläge.

■ Beim Erneuern von Bremsbelägen (2) beachten: Grundsätzlich immer auf beiden Seiten austauschen!

■ Mit neuen Bremsbelägen (2) sollten Sie auf den ersten 200 Kilometern häufige Vollbremsungen vermeiden. Der Belag kann verhärten (»verglasen«) und erreicht dann nicht mehr seine beste Bremswirkung.

■ Bremsbeläge (2), die Sie weiter verwenden können, sollten Sie beim Ausbau kennzeichnen. Sie müssen an gleicher Stelle wieder eingebaut werden.

Bremsbeläge prüfen (Bild oben):
Leuchten Sie mit einer Taschenlampe durch einen Durchbruch in der Felge. Die Dicke des äußeren Belages durch Sichtprüfung ermitteln. Den inneren Belag anleuchten und einen Spiegel anhalten. Dann die Dicke des inneren Belages durch Sichtprüfung ermitteln.

■ Zur besseren Beurteilung der Restbelagdicke einen Prüfspiegel benutzen oder das Rad abnehmen.

■ Anbauposition des Rades kennzeichnen.

■ Dicke des äußeren und inneren Belages messen. Bei der Belagdicke (1,5 mm ohne Rückenplatte) haben die Bremsbeläge ihre Verschleißgrenze erreicht und sind zu ersetzen.

■ Rad in der gekennzeichneten Position wieder anschrauben. Radbefestigungsschrauben über Kreuz mit 110 Nm anziehen ggf. Radschraubenkappen aufstecken.

Bremsscheiben prüfen (Bild Mitte):
Wenn die Scheibenbremsbeläge ersetzt werden müssen, sind unbedingt auch die Bremsscheiben auf Verschleiß zu prüfen. Fehlerbilder sind:

■ Risse,

■ Riefen,

■ Rost und

■ Grat am Bremsscheibenrand, ggf. Bremsscheiben ersetzen (grundsätzlich achsweise).

De- und Montage der Bremssättel

■ Die Radschrauben der vorderen Räder lösen, aber noch nicht herausdrehen.

■ Fahrzeug anheben, Räder abbauen, elektrische Steckverbindung für Belagverschleißanzeige (soweit verbaut) trennen. Bremsschlauch eventuell aus dem Halter nehmen.

■ Die Haltefeder (2 im Bild unten) aus dem Bremssattel aushängen und vom Bremssattelträger abnehmen.

■ Beide Staubkappen aus der Bremssattellagerung (2 im Bild oben auf Seite 102) herausziehen.

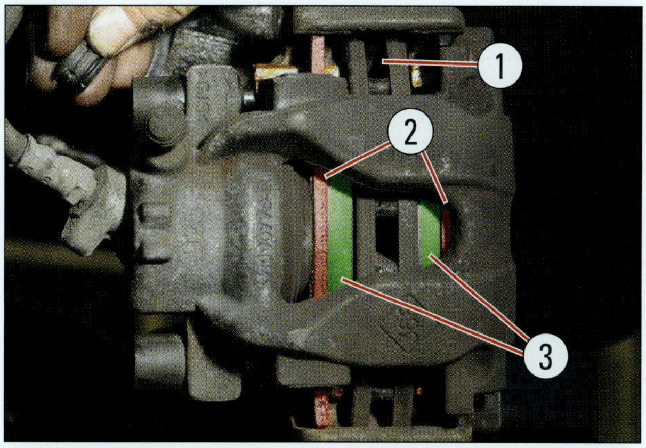

Belag und Belagträger: *1 Bremsscheibe, 2 Bremsbelagträgerplatte (rot markiert), 3 Bremsbeläge (grün markiert).*

Zustand der Bremsscheiben: *starke Riefenbildung auf den Reibflächen und Gratbildung durch Abnutzung sind gewichtige Gründe die Bremsscheiben zu erneuern.*

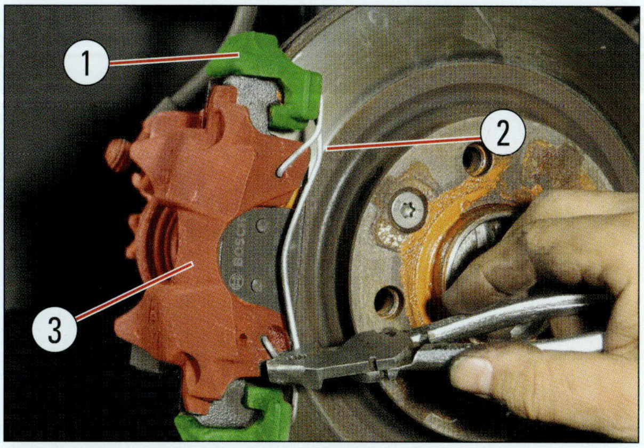

Demontage Bremssattel vorne: *1 Bremssattelträger, 2 Feder (Haltefeder), 3 Bremssattel.*

■ Beide Schrauben aus der Bremssattellagerung (2) herausdrehen.

■ Mit einem Schraubendreher den Bremskolben mit dem Bremsbelag im Bremssattel etwas zwischen

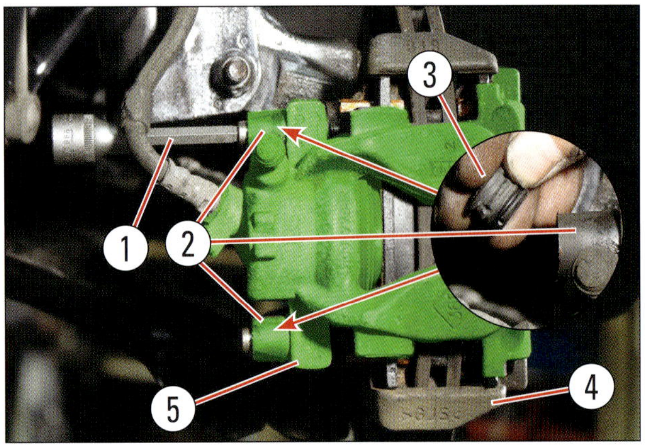

Demontage des Bremssattels: *1 Innensechskantnuss, 2 Lagerung Bremssattel (Schwimmlager), 3 Schutzkappen, 4 Sattelträger, 5 Bremssattel.*

Bremsscheibe und Bremssattel zurückdrücken.

■ Den Bremssattel (5) abnehmen und so mit Draht befestigen, dass das Gewicht des Bremssattels den Bremsschlauch nicht belastet bzw. beschädigt.

Die Montage erfolgt sinngemäß in umgekehrter Reihenfolge zur beschriebenen Demontage.

De- und Montage der Bremsbeläge

■ Die Radschrauben lösen, aber noch nicht herausdrehen.

■ Das Fahrzeug anheben und die Räder abbauen.

■ Die elektrische Steckverbindung für die Belagverschleißanzeige (soweit vorhanden) trennen.

■ Eventuell den Bremsschlauch aus dem Halter nehmen.

■ Den Bremssattel wie bereits beschrieben demontieren.

■ Weiter zu verwendende Bremsbeläge beim Ausbau unbedingt kennzeichnen und die Beläge an gleicher Stelle wieder einbauen, sonst kann ungleichmäßige Bremswirkung entstehen!

■ Ziehen Sie den inneren Belag (2 im Bild oben rechts) vom Bremskolben im Bremssattel (1) ab.

■ Nehmen Sie den äußeren Bremsbelag (2 im Bild Mitte) vom Sattelträger (1) ab.

■ Reinigen Sie die Anlageflächen für die Beläge am Sattelträger (1) gründlich und entfernen Sie eventuell vorhandene Korrosion.

■ Bremsen-Montagepaste oder Kupferpaste auf die Auflagestellen an Bremsträger und Bremssattel dünn auftragen.

■ Den Bremssattel zurückstellen. Der Kolben des

De- und Montage des inneren Bremsbelags: *1 Bremssattel mit Bremskolben, 2 innerer Bremsbelag.*

De- und Montage des äußeren Bremsbelags: *1 Sattelträger am Achsschenkel, 2 äußerer Bremsbelag.*

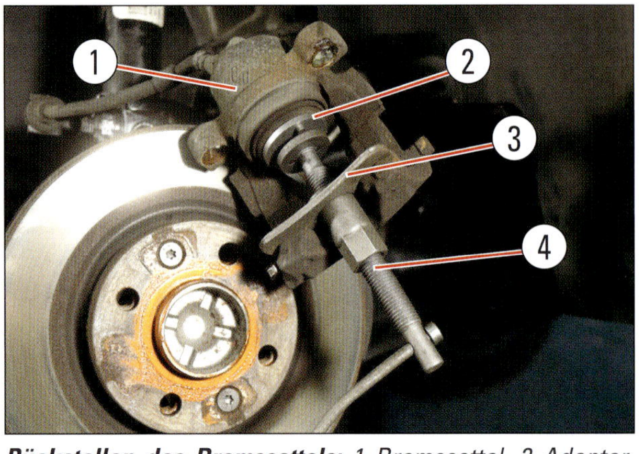

Rückstellen des Bremssattels: *1 Bremssattel, 2 Adapterplatte, 3 Anlageplatte Bremssattel innen, 4 Hubspindel.*

Bremssattels (1 im Bild oben rechts) muss zurückgedrückt werden. Verwenden Sie dazu ein Bremssattelrückstellwerkzeug (Bild unten). Mit einer Zange werden leicht Schäden an Bremskolben, Manschette oder am Sattel selbst verursacht.

■ Neue Bremsbeläge (3 im Bild 13) außen in den Bremsträger einlegen.
■ Neue Bremsbeläge (3 im Bild 12) innen im Bremskolben (1) einclipsen.

Die Montage erfolgt sinngemäß in umgekehrter Reihenfolge zur beschriebenen Demontage.
■ Kontrollieren Sie den Bremsflüssigkeitsstand.

De- und Montage der Bremsscheiben

■ Demontieren Sie den Bremssattel und die Bremsbeläge wie bereits beschrieben.
■ Drehen Sie die Schrauben (2 im Bild unten) in der Bremsscheibe heraus. Verwenden Sie unbedingt einen passenden Schlüssel. Lösen Sie die Schrauben durch einige Hammerschläge. Sie sind recht oft festgerostet.
■ Drehen Sie die beiden Schrauben (2 im Bild oben) heraus und nehmen Sie den Bremssattelträger (3) ab.
■ Nehmen Sie die Bremsscheibe von der Radnabe ab. Auch hier kann Rostbildung dafür sorgen, dass die Bremsscheibe sehr fest sitzt. Im Extremfall helfen nur gezielte Hammerschläge von hinten auf die Bremsscheibe, um sie zu lösen. Der Ersatz ist dann nicht mehr abzuwenden.
■ Reinigen Sie die Auflagefläche der Bremsscheibe auf der Radnabe sehr gründlich. Sehr gut und einfach gelingt das mit einer Topfbürste auf dem Winkelschleifer oder der Bohrmaschine. Geringe Korrosionsreste können das saubere Aufliegen der Bremsscheibe verhindern oder zumindest verschlechtern. Daraus resultiert eine ungleichmäßige Wärmeableitung, die schnell einen Verzug der Scheibe nach sich ziehen kann.
■ Tragen Sie im Bereich der Auflage der Bremsscheibe auf der Radnabe etwas (sehr wenig!) Montagepaste oder Kupferpaste auf. So wird das Festkorrodieren etwas hinausgezögert.
■ Ersetzen Sie die Befestigungsschraube (2 im Bild Mitte) in der Bremsscheibe in jedem Fall.

Die weitere Montage erfolgt sinngemäß in umgekehrter Reihenfolge zur beschriebenen Demontage.

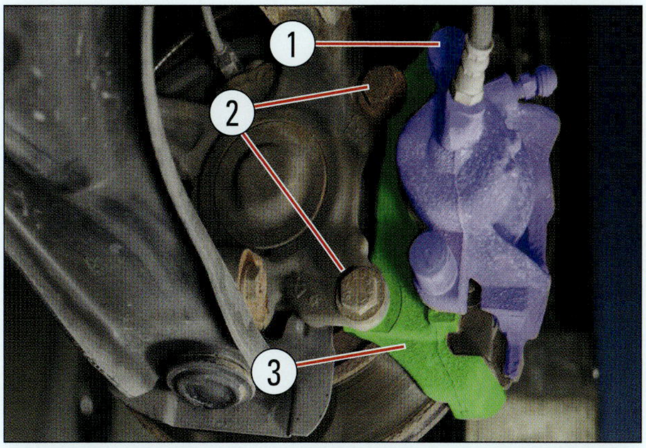

De- und Montage des Sattelträgers: *1 Bremssattel, 2 Schrauben Sattelträger am Achsschenkel, 3 Sattelträger.*

De- und Montage der Bremsscheibe: *1 Bremsscheibe, 2 Schrauben Bremsscheibe, 3 Torxschraubendreher.*

Bremsanlage Hinterachse

Abmessungen der Bremse hinten

Bei der Trommelbremse kommt eine Trommel aus Vollmaterial (Stahlguss) zum Einsatz. Die Betätigung der Bremsbacken für die Betriebsbremse erfolgt hydraulisch. Die Scheibenbremse hinten ist eine Bremsscheibe ohne Innenbelüftung aus Stahlguss. Für die Handbremse werden die gleichen Beläge mechanisch über Seilzüge betätigt.

Durchmesser	203 mm
Bauform	Trommel (Innen)
Bauhöhe außen	46 mm
Bauhöhe innen	58 mm
Verschleißmaß Dicke	204,4 mm
Zentrierlochdurchmesser	59 mm
Lochkreis Radschraube	4 x 100
Lockkreis Halteschraube	2 x 100

Kontrolle der Bremsbeläge hinten

Mit einer Taschenlampe durch die Kontrollöffnung (soweit vorhanden) der Bremsankerplatte leuchten und die Dicke des Belages durch Sichtprüfung ermitteln. Für eine exakte Messung der Belagdicke und der Begutachtung des Zustandes der Bremstrommeln ist die Demontage der Räder und der Bremstrommeln empfehlenswert. Kontrollieren Sie den Zustand der Bremstrommeln stets gemeinsam mit dem der Beläge. Auch den Radbremszylindern sollten Sie bei dieser Gelegenheit unter die Staubmanschette sehen, um eventuell eine Undichtigkeit frühzeitig erkennen zu können. Zusätzlich sollten Sie die Radlager in diese Kontrolle mit einbeziehen.

■ Beim Erneuern von Bremsbelägen beachten: Grundsätzlich immer auf beiden Seiten austauschen!

■ Bei nassen Bremsbelägen durch undichte Radbremszylinder müssen die Bremsbeläge beidseitig mit den Radbremszylindern ersetzt werden!

■ Ziehen Sie den Stopfen (nicht immer vorhanden) im Bremsenschutzblech heraus. Kontrollieren Sie die Belagstärke durch die Bohrung hindurch.

■ Zur besseren Unterscheidung drehen Sie an der Bremstrommel. So können Sie Belag und Trommel besser erkennen.

De-und Montage der Bremstrommeln

■ Radschrauben lösen, aber noch nicht herausdrehen, das Fahrzeug anheben, die Räder abbauen. Legen Sie vor und hinter die Vorderräder Holzblöcke oder andere geeignete Gegenstände, um das Wegrollen zu verhindern.

■ Verdrehen Sie die Bremstrommeln so, dass Sie durch eine Gewindebohrung den Nachsteller (1 im Bild unten) zur Bremsnachstellung sehen können (Taschenlampe).

■ Verdrehen Sie den Nachsteller mit einem Schraubendreher so, dass die Bremsbeläge möglichst weit von der Bremstrommel wegstehen. Sie haben so die Nachstellung zurückgenommen und haben etwas mehr Platz zur Demontage der Trommel.

■ Drehen Sie die Schrauben (2 im Bild oben) der Bremstrommel (1) heraus und nehmen Sie die Bremstrommel ab. Auch hier kann Rostbildung dafür sorgen, dass die Bremstrommel sehr fest sitzt. Im Extremfall helfen nur gezielte Hammerschläge diagonal und umlaufend auf die Außenseite der Bremstrommel, um sie zu lösen.

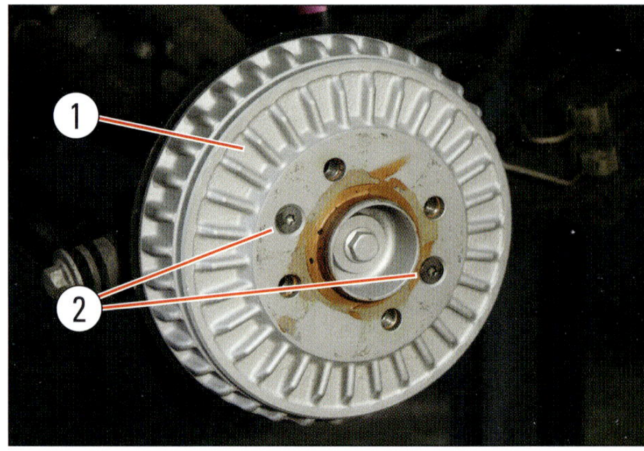

Trommelbremse an der Hinterachse: *1 Bremstrommel, 2 Sicherungsschrauben in der Radnabe.*

Montagefläche der Bremstrommel auf der Radnabe: *1 Nachsteller der Trommelbremse, 2 Anlagefläche der Bremstrommel mit etwas Kupferpaste.*

Die Montage erfolgt sinngemäß in der umgekehrten Reihenfolge zur beschriebenen Demontage.

■ Reinigen Sie die Bremsanlage mit Bremsenreiniger und lassen Sie die Bremse abtrocknen.

■ Tragen Sie im Bereich der Auflage der Bremstrommel auf der Radnabe etwas (sehr wenig!) Montagepaste oder Kupferpaste auf. So wird das Festkorrodieren etwas hinausgezögert.

De-und Montage der Bremsbeläge

Weiter zu verwendende Bremsbeläge müssen beim Ausbau gekennzeichnet werden. Sie müssen an gleicher Stelle wieder eingebaut werden, da sonst ungleichmäßige Bremswirkung entstehen kann!

Die Bremsen sind achssymmetrisch aufgebaut. Entsprechend setzen Sie zuerst eine Seite instand und belassen die andere Seite im zusammengebauten Zustand. So haben Sie ein Muster zum Gucken, wenn

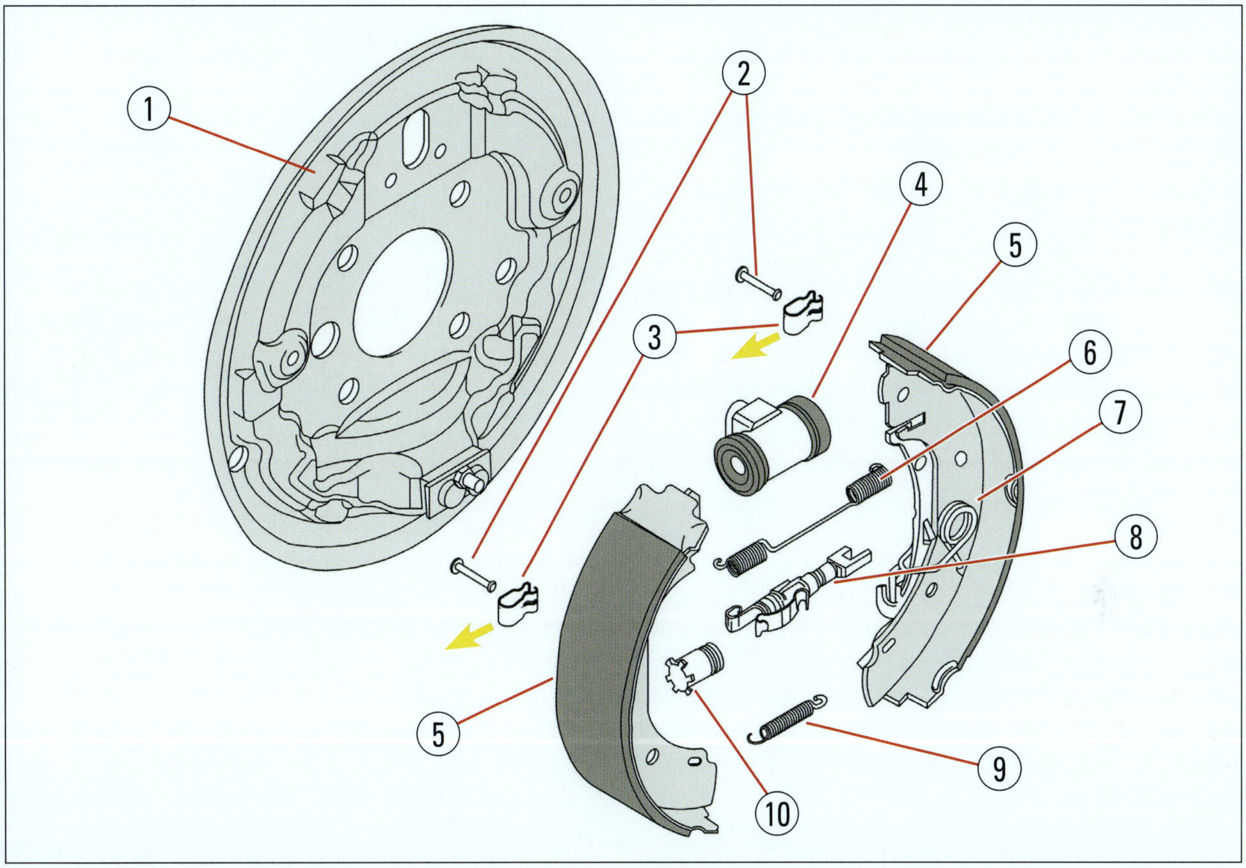

Trommelbremse in der Übersicht: *1 Ankerplatte, 2 Haltestifte, 3 Sicherungsklammern, 4 Radbremszylinder, 5 Bremsbacke, 6 Rückstellfeder oben, 7 Feder, 8 Nachsteller, 9 Haltefeder, 10 Gegenlager, Pfeile Demontagerichtung.*

doch mal vergessen gehen sollte, was wie zusammengebaut war.

■ Die Radschrauben lösen, aber noch nicht herausdrehen.

■ Bocken Sie das Fahrzeug auf der entsprechenden Seite oder besser gleich auf beiden Seiten auf.

■ Legen Sie den Gang ein, um ein Wegrollen zu verhindern, und lösen Sie die Handbremse.

■ Demontieren Sie die Bremstrommel wie schon beschrieben.

■ Schieben Sie die Sicherungsklammer (3 im Bild oben) in Pfeilrichtung vom Haltestift herunter.

■ Demontieren Sie die Haltefeder unten (9) und nehmen Sie sie heraus.

■ Bremskolben des Radbremszylinders (4) zusammendrücken und den Bremsbacken nach oben herausführen. Die Arbeiten mit den Bremsbacken vorsichtig handhaben. Anderenfalls können die Staubmanschetten der Bremskolben des Radbremszylinders (4) beschädigt werden.

■ Nehmen Sie den Nachsteller (8) und den Gegenhalter (10) heraus.

■ Hängen Sie das Handbremsseil (6) aus dem Handbremshebel im Bremsbacken aus.

■ Nehmen Sie die Bremsbacken heraus.

Die Montage erfolgt sinngemäß in der umgekehrten Reihenfolge zur beschriebenen Demontage.

■ Reinigen Sie die Bremsträgerplatte (Ankerplatte)

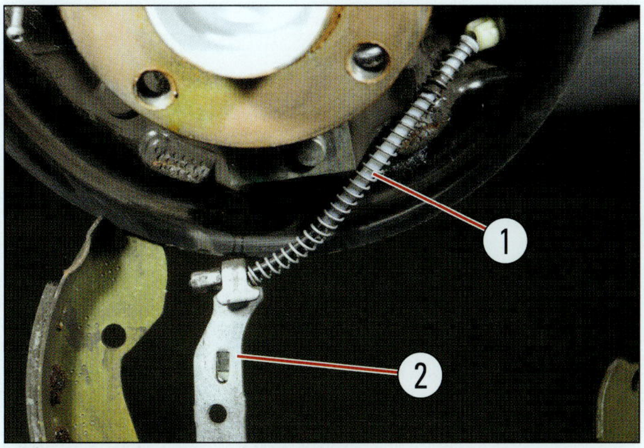

Handbremsseil und Bremsbelag: *1 Handbremsseil mit Feder, 2 Handbremshebel am Bremsbacken.*

(1) gründlich und tragen Sie etwas Kupferpaste auf die Anlagepunkte der Bremsbeläge auf der Ankerplatte auf.

- Prüfen Sie den Zustand und die Leichtgängigkeit des Radbremszylinders (4).
- Prüfen Sie den Sitz der Halteklammern (2) und der Haltestifte (3).

De-und Montage der Radbremszylinder

Prüfungen am Radbremszylinder

- Prüfen Sie den Radbremszylinder (4 im Bild oben) auf Leichtgängigkeit und Dichtigkeit.
- Ist Bremsflüssigkeit unter den Staubmanschetten erkennbar, müssen die Radbremszylinder erneuert werden.

De- und Montage

Die Bremsen sind achssymmetrisch aufgebaut. Entsprechend setzen Sie zuerst eine Seite instand und belassen die andere Seite im zusammengebauten Zustand. So haben Sie ein Muster zum Gucken, wenn doch mal vergessen gehen sollte, was wie zusammengebaut war.

- Radschrauben lösen, noch nicht herausdrehen.
- Bocken Sie das Fahrzeug auf der entsprechenden Seite oder wenn möglich besser gleich auf beiden Seiten auf.
- Legen Sie den Gang ein, um ein Wegrollen zu verhindern, und lösen Sie die Handbremse.
- Demontieren Sie die Bremstrommel wie schon beschrieben.
- Demontieren Sie die Bremsbacken wie bereits beschrieben.
- Ziehen Sie die Staubkappen vom Entlüftungsnippel (1 im Bild 5) ab.
- Lösen Sie den Entlüftungsnippel (2) und drehen Sie ihn wieder leicht an.
- Lösen Sie den Bremsleitungsnippel (1) und drehen Sie ihn leicht wieder an. Verwenden Sie für den Bremsleitungsnippel ausschließlich einen Sechskant-Bremsleitungsschlüssel. Wenn beim Lösen oder Anziehen der Sechskant beschädigt wird, muss der Leitungsnippel oder die Bremsleitung erneuert werden.
- Legen Sie einen saugfähigen Lappen unter den Bereich der Bremsleitung.
- Drehen Sie den Entlüftungsnippel (2) heraus.
- Drehen Sie den Bremsleitungsnippel (1) heraus.
- Schieben Sie den Bremsleitungsnippel (1) etwas zurück und stecken Sie die Staubkappe des Entlüftungsnippels auf die Bremsleitung auf, um das weitere Abtropfen der Bremsflüssigkeit zu verhindern.

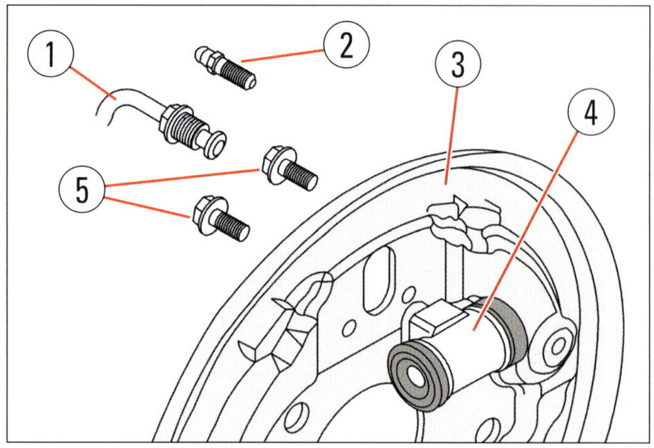

Trommelbremse an der Hinterachse: *1 Bremsleitung, 2 Entlüftungsnippel, 3 Ankerplatte, 4 Radbremszylinder, 5 Schrauben.*

- Drehen Sie die Schrauben (5) heraus.
- Nehmen Sie den Radbremszylinder (4) aus der Ankerplatte (3) heraus.

Die Montage erfolgt sinngemäß in umgekehrter Reihenfolge zur beschriebenen Demontage.

- Reinigen Sie die Bremsträgerplatte (Ankerplatte) (4) gründlich.
- Entlüften Sie die Bremsanlage.

De-und Montage der Handbremsseile

De- und Montage der Handbremsseile

Prüfen Sie die Handbremsseile auf Leichtgängigkeit und auch auf Schäden an der Außenhülle. Korrosionsschäden und daraus folgende schwergängige Seile sind leicht zu erkennen und anschleifende Bremsen, die sich schlecht lösen, sind vorauszusehen.

- Demontieren Sie die Bremstrommel an der Seite, an der das Handbremsseil erneuert werden soll.
- Bauen Sie die Bremsbacken wie bereits beschrieben aus.
- Hängen Sie das Bremsseil am Bremsbacken aus.
- Schalten Sie die Zündung ein und stellen Sie bei Automatik-Getrieben den Wahlhebel auf »D«.
- Schalten Sie die Zündung aus und clipsen Sie die obere Abdeckung der Mittelkonsole aus.
- Clipsen Sie bei Automatik-Getrieben die Ganganzeige von unten aus und ziehen Sie den elektrischen Anschlussstecker ab.
- Clipsen Sie die Abdeckung der Mittelkonsole ab (Schaltsack oder Abdeckung des Wählhebels) und nehmen Sie sie ab.

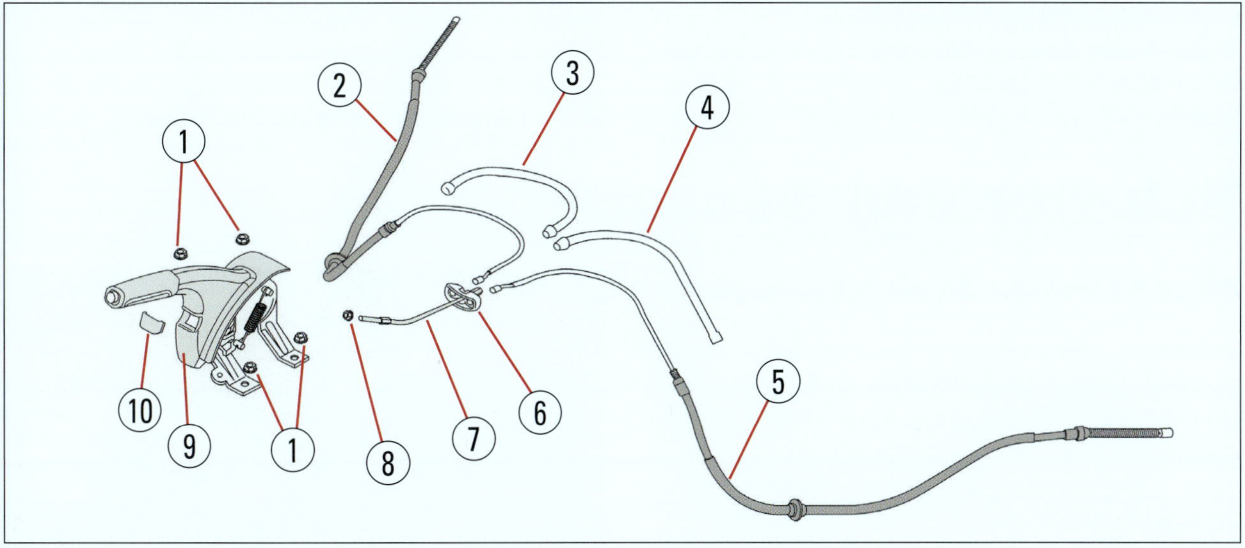

Handbremshebel und Seile: *1 Muttern, 2 Handbremsseil rechts, 3 Führungsrohr rechts, 4 Führungsrohr links, 5 Handbremsseil links, 6 Seilwaage, 7 Seilnachsteller, 8 Mutter, 9 Handbremshebel, 10 Abdeckblende.*

■ Schieben Sie den Fahrersitz nach vorne und stellen Sie die Lehne nach ganz vorne.

■ Drehen Sie Schraube am Cupholder heraus. Die Arbeiten rund um die Verkleidungsteile im Innenraum stellen wir Ihnen im Kapitel »Innenraum« genauer vor.

■ Die Armlehne soweit verbaut ausbauen.
Fahrer und Beifahrersitz ganz nach hinten stellen.

■ Bei Fahrzeugen mit Automatikgetriebe stellen Sie den Wahlhebel auf die Stellung »P«.

■ Ziehen Sie den Handbremshebel bis zur 7. Raste hoch.

■ Clipsen Sie die Seitenverkleidung der Mittelkonsole rechts und links aus.

■ Entriegeln Sie die Raste vorne an der Mittelkonsole und nehmen Sie sie ab.

■ Demontieren Sie die Abdeckkappe (10 im Bild oben) und lösen Sie die Mutter (8).

■ Hängen Sie die beiden Handbremsseile (2 und 5) aus der Seilwaage (6) aus.

■ Ziehen Sie das jeweilige Handbremsseil aus dem Führungsrohr heraus.

■ Lösen Sie die Handbremsseile an der Ankerplatte.

■ Nehmen Sie die Handbremsseile heraus.

Die Montage erfolgt sinngemäß in umgekehrter Reihenfolge zur beschriebenen Demontage.

■ Reinigen Sie die Bremsträgerplatte (Ankerplatte) gründlich.

■ Drehen Sie die Nachsteller (8 im Bild oben auf Seite 105) zurück.

■ Prüfen Sie nach der Montage und mehrfacher Betätigung der Hand- und Fußbremse die Funktion der Nachstellung.

■ Achten Sie darauf, dass die Bremsseile sicher in der Führung sitzen.

■ Verlegen Sie die Bremsseile ausschließlich in der originalen Einbauposition.

■ Achten Sie darauf, dass alle Befestigungspunkte in Ordnung sind.

Handbremse (Seile) einstellen

Eine Nachstellung der Hinterradbremse ist normalerweise nicht erforderlich. Sie muss nur bei Ersatz der Handbremsseile, der Bremsbeläge und Bremstrommeln erfolgen. Bei montierter Bremstrommel dürfen keine manuellen Einstellungen am automatischen

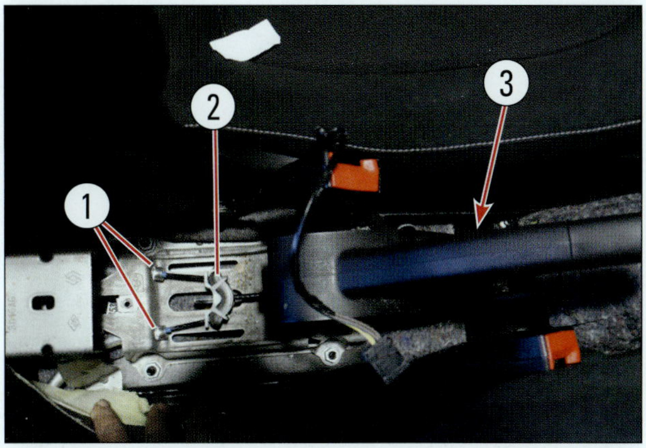

Einstellung der Handbremsseile: *1 Handbremsseile (im Handbremshebel, 2 Seilwaage, 3 Einstellmutter (verdeckt).*

Nachsteller vorgenommen werden.

- Handbremse einmal betätigen und wieder lösen.
- Betriebsbremse betätigen, lösen und ca. 1 Sekunde warten.
- Handbremse bei gedrücktem Knopf anziehen und lösen. Diesen Vorgang wiederholen, bis kein »Betätigungsklicken« mehr in der Bremstrommel hörbar ist.
- Das Freidrehen der Hinterräder prüfen.

Schalter und Sensoren

De-und Montage Bremslichtschalter

Der Bremslichtschalter ist von vorne im Pedalmodul befestigt. Ist die Lenkradhöhenverstellung ganz nach oben gestellt, kann der Bremslichtschalter durch den Spalt zwischen Lenkradverkleidung und Armaturenbrett gut eingesehen werden. Der Zugang erfolgt über den Fahrer-Fußraum.

- Entsichern Sie den Steckkontakt (2 im Bild oben) und ziehen Sie ihn ab.
- Drehen Sie den Bremslichtschalter (1) etwa eine Viertel-Umdrehung gegen den Uhrzeigersinn und nehmen Sie ihn heraus.

Die Montage erfolgt sinngemäß in umgekehrter Reihenfolge der beschriebenen Demontage.

- Lesen Sie den Fehlerspeicher aus und löschen Sie ihn gegebenenfalls.

Einsbauposition Bremslichtschalter im Fußraum: *1 Bremslichtschalter, 2 Steckerraste, 3 Anschlussstecker.*

De-und Montage ABS-Sensoren

Grundsätzlich sollten Sie die Sensoren nur dann ausbauen, wenn Sie durch einen Defekt im Fehlerspeicher des Bremssystems angezeigt werden. Allerdings muss die abgelegte Fehlerursache nicht unbedingt am Sensor zu finden sein. Der ABS-Sensorring ist fest im Radlager verbaut. Er kann leicht beschädigt werden, schon wenn er in Kontakt mit einem Magneten kommt, oder das Radlager (vordere Radlager) falsch herum montiert wurde. Die Magnetspur kann mit einer Kontrollkarte überprüft werden, die die Feldlinien des Magnetrings sichtbar macht (Bild Mitte). Eine Lücke oder Abweichung kann so leicht entdeckt werden (Bild Mitte). Bei einem Fehler kann der Magnetring nicht ersetzt werden.

Kontrollkarte am Radlager: *1 Radlager, 2 Sensorring, 3 Kontrollkarte, 4 Kontrollfeld für Magnetfelder am Sensor.*

Demontage des ABS-Sensors

Die Montagearbeit unterscheidet sich für den vorderen und den hinteren Sensor bis auf den Einbauort nicht wesentlich.

- Fragen Sie den Fehlerspeicher über einen geeigneten Tester ab.

ABS-Sensor vorne: *1 Schraube, 2 ABS-Sensor, 3 Sensorkopf, 4 Sensorring, 5 Anschlussstecker im Radkasten, 6 Deckel.*

■ Unterbauen Sie das Fahrzeug und bauen Sie das entsprechende Rad ab.
■ Lösen Sie die Schraube des ABS-Sensors. Die Schrauben können durchaus etwas festgerostet sein.
■ Mit einigen Hammerschlägen können sie oft leichter gelöst werden.
■ Legen Sie den Anschlussstecker im Radhaus frei und ziehen Sie ihn auseinander.
■ Drehen Sie die Schraube am ABS-Sensor heraus.
■ Ziehen Sie den Sensor mit leichter Drehbewegung gerade heraus.
■ Reinigen Sie die Bohrung und das Gewinde gründlich und fetten Sie es mit etwas Kettenfett ein.

Die Montage erfolgt sinngemäß in umgekehrter Reihenfolge der beschriebenen Demontage.
■ Lesen Sie den Fehlerspeicher aus und löschen Sie ihn gegebenenfalls.

ABS-Sensor hinten: *1 Anschlussstecker (beide) am Rahmen über der Achse links, 2 ABS-Sensor am Radlager, 3 Schraube.*

■ Wird ein gebrauchter Sensor verwendet, reinigen Sie den Sensor gründlich und kontrollieren Sie ihn vor dem Einbau auf Schäden oder Risse.

Bremsflüssigkeit

Bremsflüssigkeit kontrollieren

Viele Arbeiten an der Bremsanlage, vor allem Wartungen, können Sie selbst ausführen. Auch bei einer intakten Bremsanlage kann zum Beispiel der Bremsflüssigkeitspegel sinken. Ursache ist der Verschleiß an den Bremsbelägen. Ein sinkender Pegel kann aber auch mit Defekten am Kupplungssystem zusammenhängen. Regelmäßige Kontrolle des Standes ist auf jeden Fall eine gute Wartungsarbeit.
■ Flüssigkeitsstand von außen am Behälter kontrollieren: Der Pegel muss zwischen den Markierungen »MIN« und »MAX« liegen (roter Pfeil im Bild unten).

Füllstand in Abhängigkeit der Bremsbelagstärke
Wenn die Bremsbeläge schon sehr abgefahren sind (und bald erneuert werden müssen), ist ein Pegelstand leicht über »MIN« noch zulässig. Beim Einbau neuer Beläge werden dann nämlich die Bremskolben wieder zurückgedrückt, wodurch der Stand im Bremsflüssigkeitsbehälter wieder ansteigt. Sind aber die Bremsbeläge noch neuwertig und hat die vorangegangene Prüfung keine Undichtigkeit im Bremssystem ergeben, muss zur Überbrückung bis zum nächsten Wechsel der Bremsflüssigkeit etwas nachgefüllt werden.
■ Nachfüllen nur die schon erwähnte Bremsflüssigkeit nach Norm DOT 4.

■ Die Steckverbindung trennen und den Deckel abschrauben. Deckel mit Schwimmereinsatz herausnehmen, das Sieb bleibt im Behälter. Bremsflüssigkeit nachfüllen. Der Füllstand (roter Pfeil im Bild unten) muss stets ausreichend sein, damit keine Luft ins Bremssystem gelangen kann.

Einbauposition Bremslichtschalter im Fußraum: *1 Bremsflüssigkeitsbehälter, 2 Stecker zum Warnkontakt, 3 Deckel Vorratsbehälter (darunter ein Siebfilter), 4 Füllstandsmarker.*

Bremsanlage

STÖRUNGSBEISTAND

Störung	Was kann das sein?	Was kann ich tun?
A Bremsen quietschen	**1** Hochfrequente Schwingungen	Längskanten der Beläge mit einer Feile anschrägen, dazu Anti-Quietsch-Paste auf Rückseite der Beläge
	2 Verglaste Beläge nach extremer Überhitzung	Die Bremsklötze müssen ersetzt werden; dabei die Scheiben genau prüfen
	3 Beläge verschlissen, der Verschleißanzeiger liegt an	Die Bremsklötze müssen ersetzt werden, dabei die Scheiben genau prüfen
B Schwache Bremswirkung bei zu hartem Bremspedal	**1** Bremskraftverstärker ausgefallen	Bremskraftverstärker und die Unterdruckversorgung prüfen
	2 Unterdruckversorgung ausgefallen	Unterdruckanschluss prüfen, evtl. ein Marderbiss?
C Schwache Bremswirkung bei zu weichem Bremspedal	**1** Bremse überhitzt	Bei langsamer Fahrt abkühlen lassen
	2 Luft im System	Mit speziellem Gerät entlüften lassen und dabei die Bremsflüssigkeit erneuern
D Übermäßiger Verschleiß	**1** An allen Bremsen: Überstrapazieren der Bremse	Lieber etwas stärker und dafür weniger lang bremsen
	2 An einer Bremse: schwergängiger Sattel oder Belag verklemmt	Zerlegen und reinigen, etwas stärkerer Verschleiß an der Kolbenseite ist jedoch normal
	3 An einer Achse: ungünstige Materialpaarung	Scheiben und Beläge ersetzen und dabei Originalteile verwenden
	4 Nur hinten: Luftspiel zu gering	Park- und Feststellbremse überprüfen. Sie sollte erst nach der ersten Tastung greifen
E Park- und Feststellbremse reagiert träge oder gar nicht	**1** Bremsseile oder Bremshebel an den Bremsbacken festgerostet	Bremsseile und Backensatz der Trommelbremse hinten prüfen und gegebenenfalls erneuern
	2 Versteller für den Belagverschleiß festgerostet	Versteller, Rückstellfedern und Backensatz der Trommelbremse überprüfen und gegebenenfalls erneuern
	3 Beläge hinten abgenutzt oder verglast	Bremsbeläge tauschen und dabei die Bremsscheibe genau inspizieren, bei Riefen austauschen

Bremsanlage

Störung	Was kann das sein?	Was kann ich tun?
F Bremsflüssigkeitsstand zu niedrig	**1** Starker Verschleiß an den Bremsbelägen	Alle Bremsen auf Verschleiß prüfen und ggf. ersetzen; beim Zurücksetzen der Kolben steigt der Stand an
	2 Flüssigkeitsverlust	Undichte Stelle lokalisieren (Bremsleitungen?); bei deutlichem Leck: Auto abschleppen lassen
G Warnleuchte geht an	**1** Bremsflüssigkeitsstand prüfen	Unbedingt die Bremsbelagstärke beachten, wenn nötig etwas nachfüllen
	2 Handbremse ist angezogen	Handbremse lösen, wenn das bereits erfolgt ist, den Handbremsschalter prüfen
H Schiefziehen beim Bremsen	**1** Reifenzustand fehlerhaft	Reifenprofil und Luftdruck überprüfen
	2 Eine Bremse oder ein Bremskreis ist defekt	An den Felgen die Temperatur erfühlen. Ist eine heißer als die anderen, hängt der Bremssattel; ist eine zu kalt, kommt hier kein Bremsdruck an
I Hässliche Schleifgeräusche beim Bremsen	**1** Bremsscheiben angerostet	Vor und nach längeren Standphasen die Bremsanlage frei bremsen
	2 Bremsbeläge verschlissen	Prüfen, ob der Verschleißanzeiger bereits an der Bremsscheibe kratzt
	3 Fremdkörper in der Bremsanlage	Fahren Sie ein paarmal rückwärts und bremsen Sie dann
J Vibrationen beim Bremsen	**1** Bremsscheiben verzogen	Scheiben genau anschauen! Blaue Verfärbung deutet auf thermische Überlastung hin, dabei können sich die Scheiben verzogen haben. Auch Korrosion oder Verschmutzungen zwischen Bremsscheibe und Anlagefläche können für einen thermischen Verzug verantwortlich sein. Kontrolle und Reinigung sind hier immer sinnvoll.
	2 Bremsscheiben verschmiert	Auf den Scheiben können Spuren von Fremdmaterial verblieben sein, die für ein Rubbeln sorgen
	3 Spiel in der Radaufhängung	Querlenker und andere Bauteile prüfen
	4 Ungünstige Materialpaarung	Scheiben und Beläge ersetzen und dabei Originalteile verwenden. Falsche Fahrwerk- und Lenkungsteile können zu Bremsflattern führen

Bremsflüssigkeit testen

Nach statistischen Erhebungen muss seit Jahren jedes fünfte Kraftfahrzeug auf deutschen Straßen wegen Mängeln an der Bremsanlage beanstandet werden. Die Sachverständigenorganisation DEKRA verweist immer wieder darauf, dass sehr viele Fahrzeuge mit Bremsflüssigkeit unzulänglicher Qualität unterwegs sind. Bei 20 Prozent der auf Bremsflüssigkeit überprüften Fahrzeuge wird der äußerst kritische Siedepunkt von 150 °C (neuwertige Bremsflüssigkeit: 270 bis 300 °C!) unterschritten. Das kann zum Versagen der Bremsen führen, weshalb der Wechsel alle zwei Jahre dringend zu empfehlen ist. Sie benötigen dazu einen Liter frische Bremsflüssigkeit der Spezifikation FMVSS 116 DOT 4.

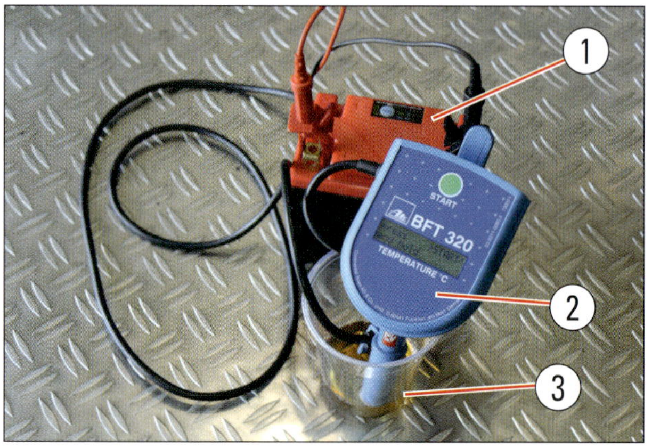

Testgerät für den Siedepunkt der Bremsflüssigkeit: *1 Batterie als Spannungsversorgung, 2 Testgerät, 3 Becher mit Bremsflüssigkeit (lässt sich auch im Ausgleichsbehälter prüfen).*

Bremsflüssigkeit wechseln

Für einen sachgerechten Bremsflüssigkeitswechsel ist ein Bremsenentlüftungsgerät erforderlich. Lassen Sie diese Arbeiten grundsätzlich in einer Werkstatt durchführen.

Die Entlüftung wird mit einem Druckentlüftungsgerät durchgeführt. Über den Schraubverschluss des Vorratsbehälters wird frische Flüssigkeit mit einem Druck bis zu 1,5 bar in den Vorratsbehälter gepresst. Das ist nur dann möglich, wenn alte Bremsflüssigkeit durch einen Entlüftungsnippel ablaufen kann. So kann kein Flüssigkeitsmangel auftreten und keine Überfüllung der Vorratsbehälters erfolgen.

- Reinigen Sie den Bereich um die Entlüftungsnippel der Bremszangen der Vorderräder, der Bremszylinder der Hinterräder und des Kupplungsnehmerzylinders gründlich und ziehen Sie die Abdeckkappen ab.
- Reinigen Sie den Bereich um den Deckel des Vorratsbehälters.
- Schrauben Sie den Deckel des Vorratsbehälters ab und schrauben Sie den Fülladapter auf. Schließen Sie den Druckschlauch am Fülladapter an.
- Schließen Sie die Spannungsversorgung für das Entlüftungsgerät an.
- Überprüfen Sie die Druckeinstellung. Sie sollte bei etwa 1,5 bar liegen.
- Schalten Sie das Entlüftungsgerät ein.
- Schließen Sie einen Auffangbehälter am Entlüftungsnippel 1 im Bild unten an und lassen Sie etwa 0,25 l Bremsflüssigkeit ablaufen. Führen Sie diesen Vorgang für alle Entlüftungspunkte (1 - 5) durch.
- Prüfen Sie nach der Montage den Pedaldruck.

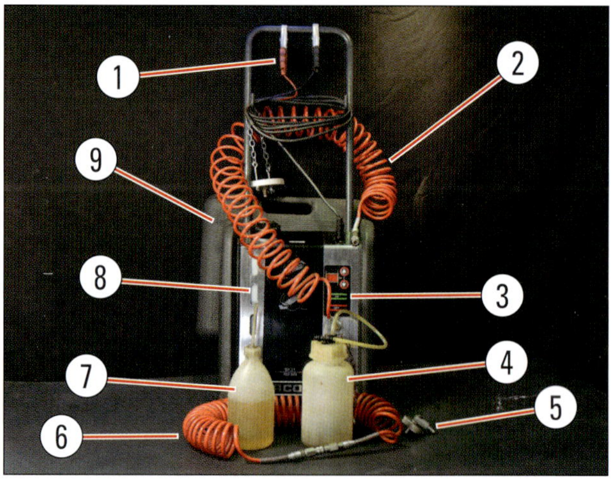

Professionelles Bremsenentlüftungsgerät: *1 Anschlusskabel, 2 Druckleitung, 3 Schaltfeld, 4 Auffangflasche, 5 Adapter Vorratsbehälter, 6 Verlängerung, 7 Füllflasche, 8 Gerätetank, 9 Adapterkoffer.*

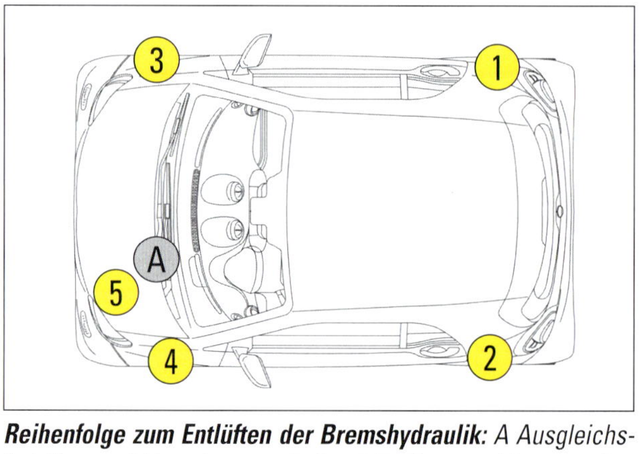

Reihenfolge zum Entlüften der Bremshydraulik: *A Ausgleichsbehälter und Hauptbremszylinder, 1 Radbremse hinten rechts, 2 Radbremse hinten links, 3 Radbremse vorne rechts, 4 Radbremse vorne links, 5 Kupplungszylinder (beim Schaltgetriebe).*

Karosserie

Bestwerte für statische und dynamische Steifigkeit der Karosserie sorgen beim Smart für Qualität, Sicherheit, gute Fahrdynamik und Schwingungskomfort sowie für ausbalancierte Akustik. Was man hieran im Bedarfsfall selbst warten und reparieren kann, zeigen wir in diesem Kapitel. Natürlich werden wir Ihnen die Besonderheiten der Karosserie Ihres Smart auch mit den erforderlichen Abmessungen und Einstellwerten vorstellen.

Fugen- und Spaltmaße

Spalt- und Fugenmaße ermitteln

Die Spaltmaße werden mit einer Fühlerlehre für Karosseriespalte an den Messpunkten (Bild unten) erfasst. Der Luftspalt zwischen den Karosseriekanten (Fugen oder Spalte) darf nicht kegelförmig verlaufen. Die Abweichungen von der Parallelität darf höchstens 1 mm betragen. Bei zu großen Spaltmaßen müssen die beweglichen Karosserieteile entsprechend eingestellt werden. Die in den Tabellen angegebenen Richtwerte wurden für die Instandsetzungsarbeiten an Unfallfahrzeugen ausgegeben.

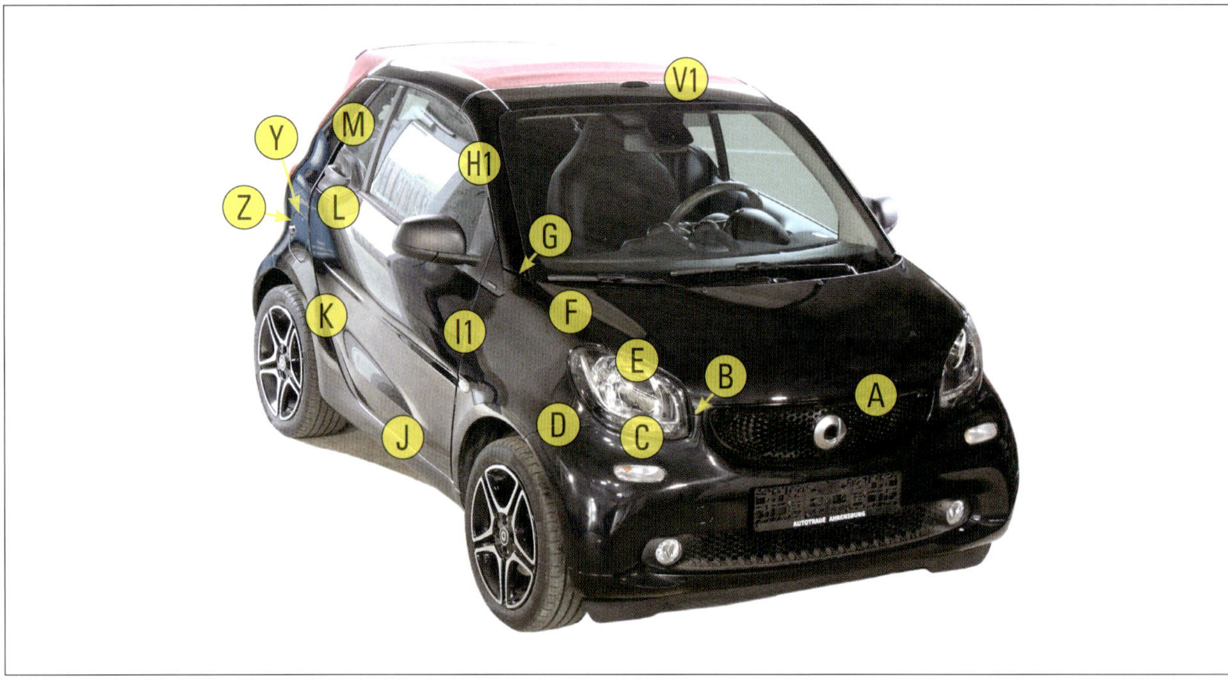

Fugenmaße in der Übersicht

In der Tabelle unten haben wir Ihnen die wichtigsten Spalt- und Fugenmaße zusammengetragen. Die Buchstaben in der Spalte »Kürzel im Bild« finden Sie in den beiden Bildern auf der Seite 114.

Benennung des Fugenmaßes	Kürzel im Bild	Typ 451.3 (Coupé) Maß in mm	Typ 451.4 (Cabrio) Maß in mm
Vorderwagen			
Stoßfänger zur Wartungsklappe	Maß »A«	3 (+/-2)	3 (+/-2)
Stoßfänger zur Wartungsklappe seitlich unten	Maß »B«	3 (+/-2)	3 (+/-2)
Stoßfänger zum Scheinwerfer	Maß »C«	1,5 (+/-1)	1,5 (+/-1)
Stoßfänger zum Kotflügel	Maß »D«	0 (+/-0,5)	0 (+/-0,5)
Scheinwerfer zur Wartungsklappe	Maß »E«	3 (+/-2)	3 (+/-2)
Kotflügel zur Wartungsklappe	Maß »F«	4 (+/-2)	4 (+/-2)
Kotflügel zur A-Säule	Maß »G«	3 (+/-1)	3 (+/-1)
Vordertür zur A-Säule	Maß »H1«	9 (+/-1,5)	9 (+/-1,5)
Frontscheibe zur A-Säule	Maß »H2«	3 (+/-1,5)	3 (+/-1,5)
Fahrzeug Mitte			
Kotflügel zur Vordertür	Maß »I1«	6 (+/-1)	6 (+/-1)
Vordertür zum Schweller	Maß »J1«	6 (+/-1,5)	6 (+/-1,5)
Fahrzeug Heck			
Heckscheibe zur Heckklappe	nicht abgebildet	4,5 (+/-1,5)	-
Blende Schlussleuchte zur Heckklappe	Maß »T«	4,5 (+/-1,5)	4,5 (+/-1,5)
Stoßfänger zur Heckklappe unten	Maß »U«	5 (+/-2)	5 (+/-2)
Stoßfänger zur Seitenwandbeplankung	Maß »W«	1 (+/-0,5)	1 (+/-0,5)
Blende Schlussleuchte zur Schlussleuchte	Maß »X«	1 (+/-1)	1 (+/-1)
Tankklappe oben zur Seitenwandbeplankung	Maß »Y«	2,5 (+/-1)	2,5 (+/-1)
Tankklappe seitlich zur Seitenwandbeplankung	Maß »Z«	2,5 (+/-1)	2,5 (+/-1)
Verdeck			
Verdeck zur Dachbeplankung vorn	Maß »V1«	-	6 (+/-1,5)
Dachholm zur B-Säule	Maß »V2«	-	8 (+/-2)
Verdeck zur B-Säule	Maß »V3«	-	8 (+/-2)
Verdeck zur Heckklappe	Maß »V4«	-	8 (+/-2)

Verglasung

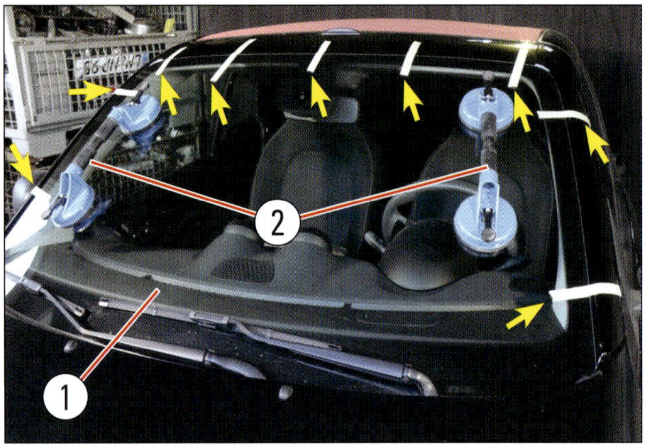

Ausrichten der Frontscheibe: *1 Frontscheibe (Windschutzscheibe), 2 Saughalter, Pfeile Klebeband zum Fixieren.*

Die Fahrzeugverglasung ist nicht nur recht wichtig, sondern beim Cabriolet schon etwas Besonderes. Während die Frontscheibe auch in den geschlossenen Varianten verbaut ist, sind alle anderen Scheiben etwas Besonderes. Sie sind entweder im Verdeck verbaut oder der, nicht mehr vollständig vorhandene, Scheibenrahmen sowie die Abdichtung stellen besondere Anforderungen.

Frontscheibe

Die Frontscheibe im Smart ist eingeklebt. Sicherlich können Sie die Scheibe mit viel Aufwand auch selbst entfernen. Das Risiko für Lack und Kunststoff ist jedoch recht hoch. Die meisten Autoglas-Firmen wie Carglass bieten heute einen »Vor-Ort-Service« an. Die Profis können oftmals auch eine intakte Scheibe ausbauen und später auch wieder einsetzen. Die Kosten dafür erfragen Sie am besten bei einem Autoglaser in Ihrer Nähe. Wir werden Ihnen an dieser Stelle zumindest die Abstandsmaße und die Besonderheiten zur Montage der Frontscheibe vorstellen.

Vorbereitungsarbeiten zur Frontscheibenmontage

Hier bietet sich etwas Einsparpotenzial. Wenn Sie die Demontagearbeiten selbst erledigen, können Sie vielleicht etwas am Arbeitslohn für den Autoglaser einsparen. Fragen Sie ruhig mal nach.

- Öffnen Sie die Motorhaube.
- Demontieren Sie den Rückspiegel. Die Beschreibung hierzu finden Sie im Anschluss.
- Demontieren Sie eventuell die Sonnenblenden und die A-Säulenverkleidungen. Diese Arbeiten beschreiben wir etwas später im Kapitel »Innenraum«.
- Bauen Sie, wie schon im Kapitel »Fit durch den Winter« beschrieben, die Scheibenwischerarme ab.

Ausrichten der Frontscheibe

Mit dieser Arbeit wird die Positionierung der Scheibe fixiert. Das Ausrichten beim Kleben wird so erleichtert.

- Windschutzscheibe (1) auf die Abstandhalter am Karosserieflansch auflegen, Windschutzscheibe (1) oben ausrichten und seitlich ausmitteln.
- Geeignete Streifen Klebeband (Pfeile) aufkleben und an der Oberkante der Windschutzscheibe (1) durchtrennen.
- Windschutzscheibe (1) vom Karosserieflansch abnehmen und Scheibe zum Einkleben vorbereiten (lassen).

De- und Montage Rückspiegel

Der Ausbau des Rückspiegels fällt je nach Ausstattung etwas anders aus. Ist eine Kamera für den Spurhalteassistenten verbaut, muss diese anschließend in einer Fachwerkstatt neu justiert werden.

- Ziehen Sie den Zündschlüssel ab und legen Sie ihn zur Seite.
- Mit einem geeigneten Werkzeug die Verkleidung (1 im Bild unten) hinter dem Innenspiegel abhebeln.
- Ziehen Sie die Steckverbindung (2) ab und nehmen Sie die Verkleidung hinter dem Spiegel heraus.
- Clipsen Sie die Halteklammer (4) des Regen/Lichtsensors an beiden Seiten heraus und ziehen Sie den

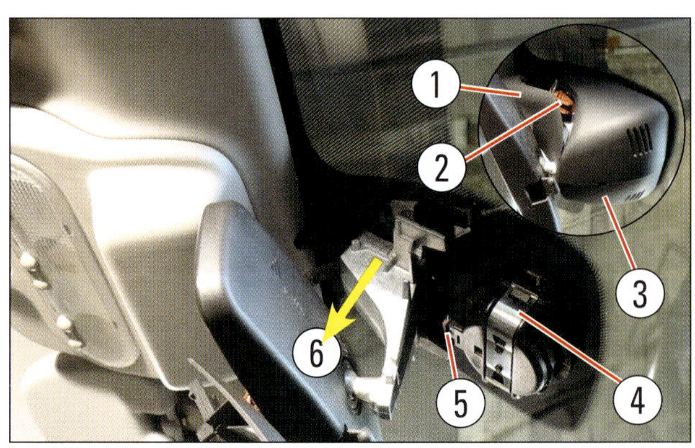

Rückspiegel innen: *1 Verkleidung hinten, 2 Steckverbindung, 3 Verkleidung vorne, 4 Halteklammer Regensensor, 5 Steckverbindung, 6 Demontagerichtung.*

elektrischen Anschluss ab.

■ Nehmen Sie den Sensor heraus und ziehen Sie den elektrischen Anschluss (5) ab.

■ Bei Fahrzeugen mit Kamera für den Spurhalteassistenten wird nun der Steckkontakt abgezogen.

■ Betätigen Sie den Rasthaken und ziehen Sie die Kamera nach rechts ab.

■ Drücken Sie den Rückspiegel vorsichtig nach unten (Pfeil 6) und nehmen Sie ihn ab.

Die Montage erfolgt sinngemäß in umgekehrter Reihenfolge zur beschriebenen Demontage.

■ Soweit eine Kamera für den Spurhalteassistenten verbaut ist, muss diese in einer Fachwerkstatt neu justiert werden.

Die Türscheiben

Die Türverglasung besteht aus einem beweglichen und einem starren Teil, die natürlich beide auch demontiert und eingestellt werden können.

Ausbau der beweglichen Seitenscheibe

Der Ausbau der Seitenscheibe ist nicht ganz einfach. Um an die Seitenscheibe zu gelangen, muss die äußere Türverkleidung demontiert werden. Folgt man der originalen Beschreibung, sollten der jeweilige Kotflügel ausgebaut und der Stoßfänger gelöst werden. Die Demontagearbeiten für die Karosserieteile werden wir etwas später in diesem Kapitel vorstellen.

■ Schalten Sie die Zündung ein und öffnen Sie das Seitenfenster bis zur Hälfte.

■ Schalten Sie die Zündung aus und ziehen Sie den Zündschlüssel ab.

■ Demontieren Sie den Kotflügel wie auf Seite 127 beschrieben.

■ Bauen Sie die Türverkleidung wie auf Seite 129 beschrieben ab.

■ Sichern Sie die Seitenscheibe mit Klebeband gegen Herabfallen.

■ Drehen Sie die beiden Schrauben (2) im Bild oben heraus.

■ Nehmen Sie die Fensterscheibe nach oben heraus.

■ Legen Sie die Türscheibe vorsichtig auf einer weichen Unterlage ab.

Die Montage erfolgt sinngemäß in umgekehrter Reihenfolge zum beschriebenen Ausbau.

■ Prüfen Sie abschließend den Lauf des Fensters nach oben und nach unten.

Befestigung der beweglichen Seitenscheibe: *1 Bewegliche Seitenscheibe, 2 Verschraubungen und Scheibenlagerung.*

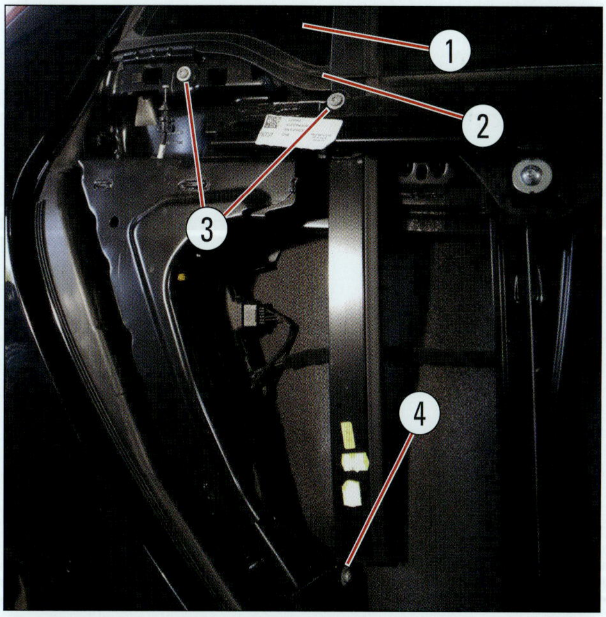

Befestigung der festen Seitenscheibe: *1 feststehende Seitenscheibe, 2 Dichtung, 3 Schrauben Scheibenrahmen, 4 Schraube.*

Ausbau der festen Seitenscheibe

■ Demontieren Sie die bewegliche Seitenscheibe wie bereits beschrieben.

■ Drehen Sie die Schraube (4 im Bild unten) heraus.

■ Drehen Sie die beiden Schrauben (3) heraus.

■ Nehmen Sie die feste Scheibe nach oben heraus.

Die Montage erfolgt sinngemäß in umgekehrter Reihenfolge zum beschriebenen Ausbau.

■ Wird die Scheibendichtung (2) ausgebaut oder die Scheibe erneuert, muss darauf geachtet werden, dass die Dichtung (2) etwa 3 mm überlappt.

■ Prüfen Sie abschließend den Lauf des Fensters nach oben und nach unten.

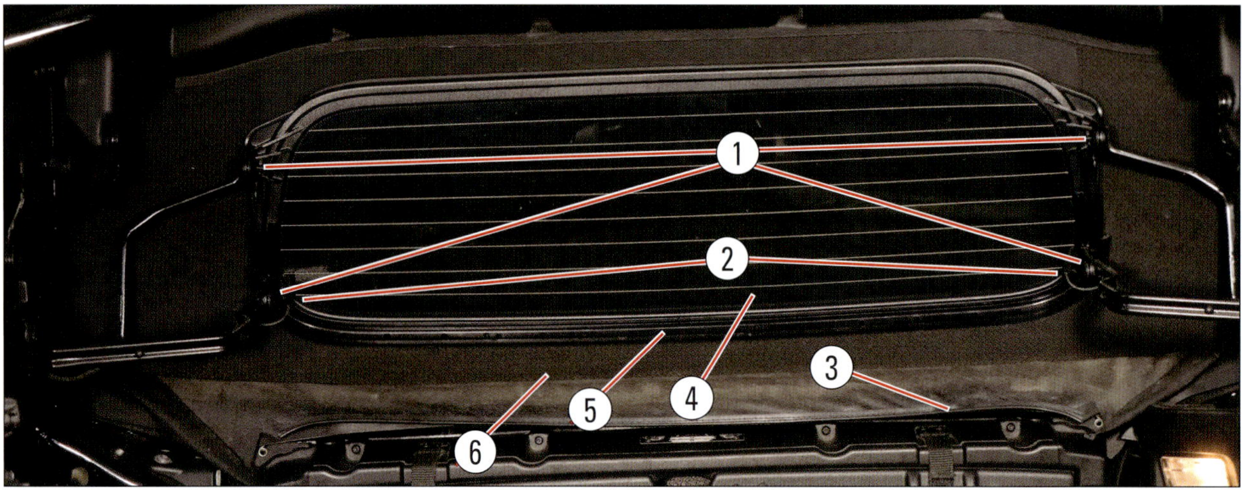

***Verdeckscheibe mit Haltern und Scheibenrahmen von innen:** 1 Schrauben Heckscheibenrahmen, 2 elektrischer Anschluss der Heckscheibenheizung, 3 Halteleisten, 4 Heckscheibe, 5 Scheibenrahmen, 6 Verdeck.*

Heckscheibe beim Coupé

Die Heckscheibe in der oberen Heckklappe des Coupés ist eindeutig ein Fall für den Spezialisten. Die Anbauteile sind auf die Heckscheibe aufgeklebt. In den meisten Fällen dürfte es günstiger werden, eine gebrauchte Klappe in einem Internetportal zu erwerben und auf das eigene Fahrzeug umzubauen. Diesen Arbeitsschritt werden wir in diesem Kapitel noch beschreiben.

Heckscheibe Cabriolet

Beschrieben wird der Ausbau der starren Heckscheibe entsprechend den Werksvorgaben.

Demontage der Heckscheibe

- Öffnen Sie die Heckklappe.
- Stellen Sie die Vordersitze ganz nach vorne und klappen Sie die Rücklehnen nach vorne.
- Ziehen Sie die elektrischen Steckverbindungen (2 im Bild oben) zur Heckscheibenheizung ab.
- Drehen Sie die Schrauben (1) heraus.
- Entriegeln Sie den Spannbügel (Verriegelung über der Heckklappe).
- Ziehen Sie die Halteleisten (3) aus dem Rahmen der Heckscheibe heraus. Beginnen Sie das Herausziehen der Halteleiste auf einer Seite.
- Nehmen Sie die Heckscheibe zusammen mit dem Scheibenrahmen heraus.
- Demontieren Sie eventuell verbliebene Klammern aus dem Scheibenrahmen und montieren Sie sie wieder am Heckverdeck.

Montage der Heckscheibe

- Reinigen Sie die Dichtflächen am Heckscheibenrahmen und am Heckverdeck gründlich.
- Montieren Sie die Halteleisten und Klammern wieder am Scheibenrahmen.
- Rasten Sie den Spannbügel ein.
- Halten Sie die Heckscheibe in Einbauposition an das Verdeckgestell und drehen Sie die Schrauben (1) hinein.
- Drücken Sie die Halteleisten (3) am Scheibenrahmen (5) fest.
- Stecken Sie die elektrischen Steckverbindungen (2) im Bild oben zur Heckscheibenheizung auf.

Die weitere Montage erfolgt sinngemäß in umgekehrter Reihenfolge zum beschriebenen Ausbau.

- Prüfen Sie abschließend den Lauf des Verdecks nach oben und nach unten.

Dachhaut beim Coupé

Welche »Dachbeplankung« auf Ihrem Smart auch immer verbaut ist, die Vorgehensweise zur Demontage unterscheidet sich nicht wesentlich.

Dachbeplankung demontieren

- Erfassen Sie zuerst die Fugenmaße für die Dachhaut in einer Tabelle entsprechend der Abbildung auf Seite 119 oben.
- Hohlnadel an der Dachoberkante durch die Klebenaht drücken (Pfeil D) und Schneidedraht von außen nach innen durch die Hohlnadel führen. Die empfohlene Länge des Schneidedrahtes beträgt 85 cm.

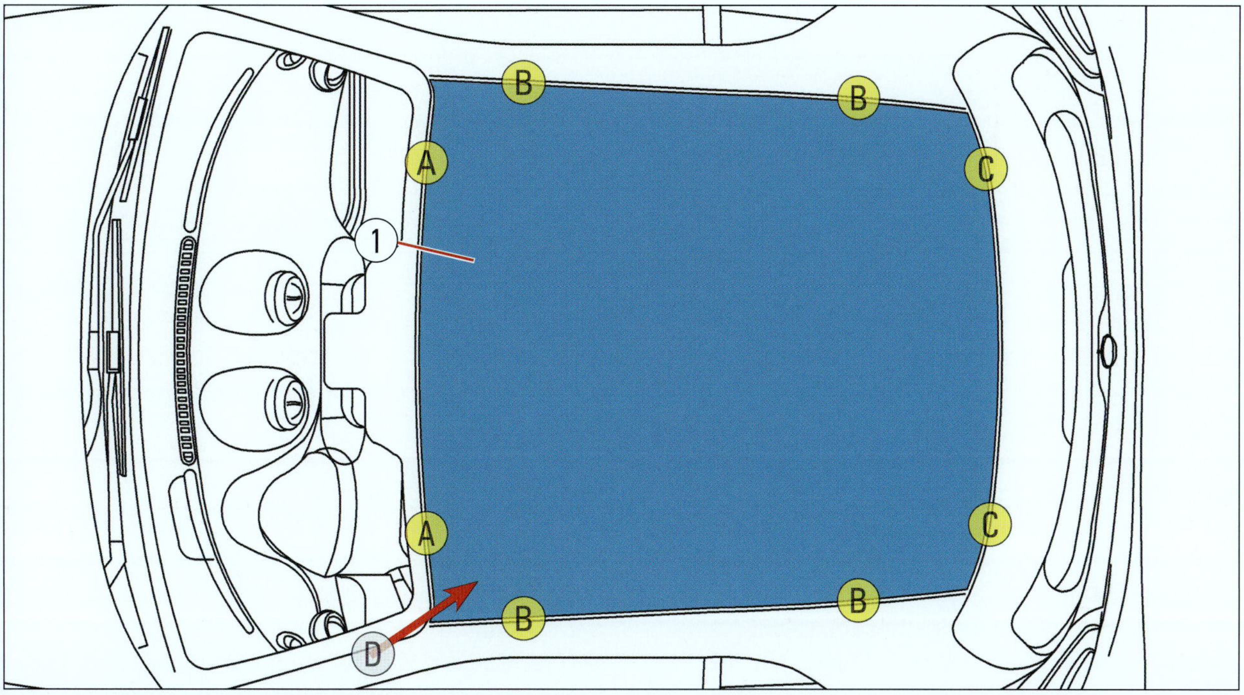

Abstandsmaße Dachhaut zur Karosserie: *A Abstand Scheibenrahmen, B Abstand seitlich, C Abstand Heckklappe, 1 Dachhaut, D Einstichkanal mit der Hohlnadel unter die Dachhaut.*

■ Dachbeplankung mit Schneidedraht herausschneiden.

■ Soll die Dachbeplankung (beim Glasdach) wieder eingebaut werden, dürfen die Angüsse und der Versiegelungslack der Dachbeplankung nicht beschädigt werden, da bei Beschädigung die Dachbeplankung erneuert werden muss.

■ Nehmen Sie die Dachbeplankung ab.

Tabelle zur Erfassung der Abmessungen

Bezeichnung Bemaßung	Abmessung im mm
A Abstand Scheibenrahmen	
B Abstand seitlich	
C Abstand Heckklappe	
Verschleißmaß Dicke	204,4 mm

Dachbeplankung montieren

Für die Montage muss die »Dachbeplankung« dann wieder mit Scheibenkleber verklebt werden. Also eigentlich wieder eine Aufgabe für den Autoglaser. Der Umbau auf ein Panoramadach ist also durchaus möglich. Es sind sogar gebrauchte Dächer in vielen Variationen auf dem Markt. Wir beschreiben Ihnen im Folgenden die Montage eines Panoramadachs.

■ Senken Sie die Seitenscheiben ab und schalten Sie die Zündung aus.

■ Ziehen Sie den Zündschlüssel ab.

■ Dachbeplankung (1) mit einem Helfer über der Karosserieöffnung ausmitteln und deckungsgleich an den Bemaßungspunkten im Bild oben ansetzen.

■ Dachbeplankung (1) auf den Karosserieflansch aufsetzen.

■ Die Dachbeplankung mit der Klebeschablone (beim neuen Dach dabei) und Sandsäcken gleichmäßig beschweren, bis das Klebematerial ausgehärtet ist. Das Gesamtgewicht der Sandsäcke muss ca. 40 kg betragen und muss gleichmäßig auf der Klebeschablone (2) verteilt sein, um Haftstörungen des Klebematerials und das Verrutschen der Klebeschablone (2) zu vermeiden.

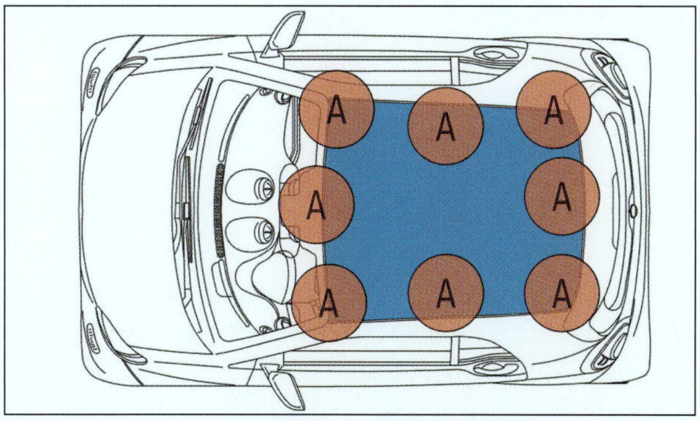

Belastung mit Sandsäcken beim Panoramadacheinbau: *A Sandsack mit etwa 3,5 bis 4,0 kg Füllung.*

Verdeck

Wir werden Ihnen nun in diesem Unterkapitel einige Arbeiten rund um das Verdeck und die Betätigung vorstellen. Zwar sind diese Arbeiten für einen erfahrenen Mechaniker nicht besonders anspruchsvoll, wenn Sie sich jedoch nicht sicher sind, sollten Sie diese Arbeiten mit Hilfe eines Sattlers oder eben eines Mechanikers durchführen, der Erfahrungen mit den Arbeiten rund um das Verdeck hat.

Wartung am Verdeck

Wartung der Führungen

Bei Wartungsarbeiten am Verdeck liegt der Schwerpunkt in der Reinigung und der Schmierung. Natürlich muss darauf geachtet werden, dass das Verdeck leicht, ruckfrei und ohne Klemmstellen auf- und zuläuft. Schwergängige Laufschienen oder ein hakeliger Lauf der Gleitstücke in den Führungsschienen hat recht schnell Schäden mit nicht unerheblichem Reparaturaufwand an der Verdeckmechanik zur Folge.

WISSENSWERTES

Verdeckmontage

Arbeitsplatz

- Zur Vermeidung von Verwindungen bzw. Verspannungen der Karosserie, die zu Einstellungsfehlern bei Reparaturarbeiten am Verdeck bzw. dessen Anbauteilen führen, muss das Fahrzeug waagerecht auf dem Boden stehen.

Befestigungspositionen

- Kabel und Befestigungen von Stoffteilen müssen grundsätzlich immer an den Stellen angebracht werden, an denen sie werkseitig befestigt worden sind.

Setzzeit bei neuem Verdeck

Nach dem Erneuern des Faltdachs bzw. Heckverdecks können erhöhte Schließkräfte am Faltdach und am Spannbügel auftreten.

- Das Verdeck muss mindestens 12 h geschlossen bleiben ohne Öffnungen und Schließungen. Die erhöhten Schließkräfte lassen im Laufe der Betriebszeit (nach den ersten Fahrten in höherer Geschwindigkeit) nach.

- Kontrollieren Sie die Laufschienen auf Ablagerungen.
- Wenn erforderlich, reinigen Sie die Verdeckschienen mit einem Mikrofaserlappen und etwas Silikonentferner.
- Tragen Sie etwas säurefreies Fett oder besser sogar ein spezielles multifunktionales PFPE-Spray auf (oder auch Fluid), das werkseitig verwendet wird. Das Mittel eignet sich auch für die Pflege der Gummidichtungen.

Wartung der Dichtungen

- Die Dichtungen des Verdecks und der Anlageschienen sollten regelmäßig gereinigt und mit einem nicht rückfettenden Profilgummipflegemittel eingerieben werden.
- Überschüssiges Profilgummipflegemittel abreiben.
- Eingerissene oder anderweitig beschädigte Dichtungen müssen ersetzt werden.

Antriebskabel des Faltdachs

- Die Antriebskabel des Faltdachs dürfen weder gefettet noch geölt werden. Die Antriebskabel sind werkseitig mit einem speziellen Öl benetzt.
- Die Antriebskabel, die Verdeckgleiter und die Verdecklager an der A-Säule dürfen nur paarweise gewechselt werden.

Wartung der Seitenholme

- Bei Wartungsarbeiten am Fahrzeug müssen die Seitenholme gereinigt und gefettet werden. Es dürfen nur die von der Daimler AG freigegebenen Reinigungsfilze und Fette verwendet werden.
- Bei Fahrzeugen, die hoher Staubeinwirkung ausgesetzt sind, kann es erforderlich sein, zwischen den Wartungsarbeiten die Seitenholme zu reinigen und zu fetten.

Dachkassettenschlösser

Das Reinigen und Fetten der Dachkassettenschlösser muss ebenfalls bei Wartungsarbeiten vorgenommen werden.

- Die Dachkassettenschlösser sollten nur an den vorgesehenen Stellen, mit den von der Daimler AG freigegebenen Fetten, gefettet werden.
- Die Federn der Mikroschalter dürfen nicht beschädigt bzw. verbogen werden.

Dachkantenspoiler ausbauen

Demontage des Dachkantenspoilers

Die Demontage des Heckspoilers ist von innen möglich. Für die Montage ist es erforderlich, den Spoiler genau durch die Löcher im Verdeck und dem Träger darunter zu positionieren. Durch das geöffnete Dach ist der Zugang von innen nach außen leichter möglich.

- Öffnen Sie das Dach bis zur Dachkante.
- Schalten Sie die Zündung aus und ziehen Sie den Zündschlüssel ab.
- Stellen Sie die Sitze in die vorderste Position und klappen Sie die Rücklehnen auf beiden Seiten vor.
- Bauen Sie die dritte Bremsleuchte aus.
- Entsichern Sie den Steckkontakt (2 im Bild oben) und ziehen Sie ihn ab.
- Lösen Sie die Schrauben (2 im Bild Mitte) und drehen Sie sie heraus.
- Führen Sie das Anschlusskabel der Bremsleuchte heraus und nehmen Sie den Dachspoiler von außen ab.

Die Montage erfolgt sinngemäß in umgekehrter Reihenfolge zur beschriebenen Demontage.

- Reinigen Sie die Anlageflächen von Verdeck und Dachspoiler.
- Kontrollieren Sie, ob die Dichtstreifen (4 im Bild unten) noch intakt sind und vollständig kleben.
- Kontrollieren Sie den Zustand der Steckverbindung.
- Kontrollieren Sie die Funktion der Bremsleuchte vor der weiteren Montagearbeit.
- Achten Sie auf die richtige Lage des Kabels.

Faltverdeck ausbauen

Als Faltverdeck wird der vordere Verdeckteil bezeichnet. Dieser Verdeckteil ist getrennt vom Heckverdeck und kann einzeln demontiert und auch gewechselt werden.
Die Arbeit mit den Bowdenzügen des Verdecks sollte grundsätzlich erfahrenen Sattlern überlassen werden. Im Smart sind seitlich jeweils die Betätigungszüge und die Führungen für das Verdeck verbaut. Grundsätzlich ist es nicht erforderlich, das komplette Verdeck mit allen Führungen, Gleitern und Streben zu erneuern. Erfahrene Sattler und Verdeckbauer können hier im Schadensfall noch einiges retten.

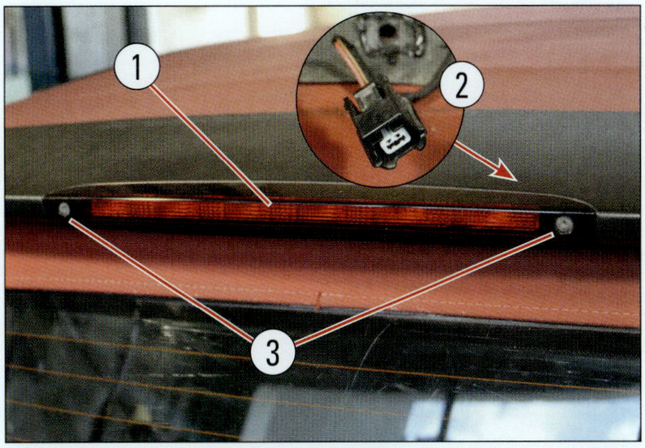

Bremsleuchte im Dachkantenspoiler: *1 LED-Bremsleuchte, 2 Anschlussstecker, 3 Schrauben.*

Schrauben Dachkantenspoiler innen: *1 Verdeckkassette, 2 Schrauben Dachkantenspoiler von der Innenseite.*

Faltverdeckkante hinten (unter dem Dachkantenspoiler: *1 Dachkantenspoiler (demontiert), 2 Faltverdeck, 3 Stecker Bremsleuchte, 4 Dichtband, 5 Abdichtung.*

Zudem sollten Sie nicht immer auf die Lieferfähigkeit der kleinsten Teile vertrauen.

- Bauen Sie den Dachkantenspoiler wie bereits beschrieben aus.

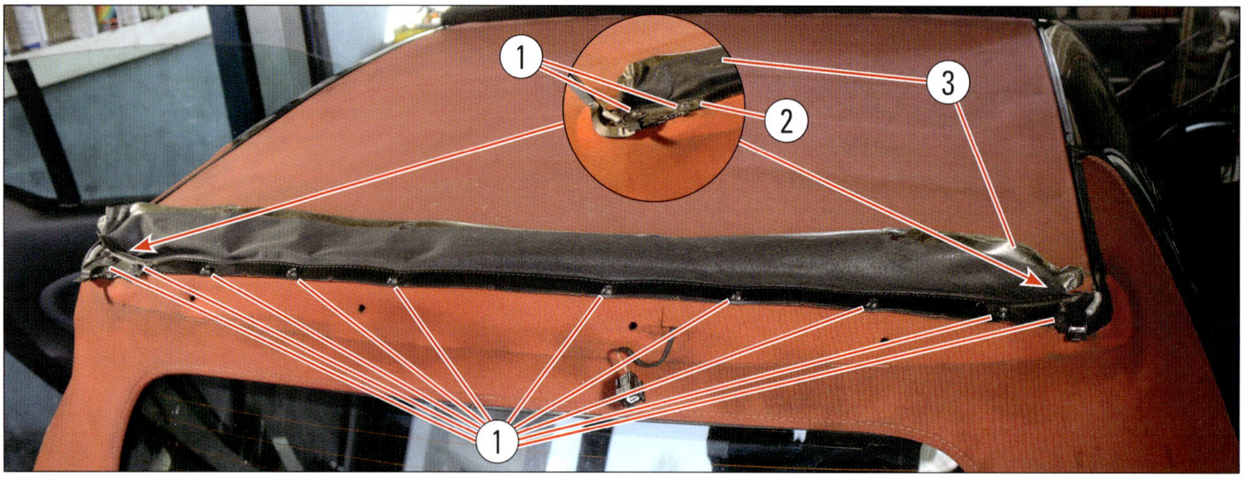

***Frontverdeckverschraubung an der Dachkante hinten:** 1 Schrauben, 2 Halter (rechts und links), 3 Abdichtung.*

Demontage des Innenhimmels:

■ Öffnen Sie das Verdeck so weit, dass Sie den Himmel an der Verdeckkassette und an der Verdeckspitze aushängen können.

■ Lösen Sie die beiden Schrauben des Innenhimmels rechts und links im hinteren Bereich.

■ Ziehen Sie die Halteleisten von der Außenseite zur Mitte hin aus dem Spalt der Dachkante vorne (Verdeckspitze) heraus.

■ Schließen Sie das Verdeck wieder.

■ Lösen Sie die Befestigungsleisten des Himmels außen aus den Verdeckspriegeln und ziehen Sie sie nach innen ab.

■ Lösen Sie verbliebene Halteklammern und nehmen Sie den Innenhimmel heraus.

Demontage des Faltverdecks:

Smart schreibt für die De- und Montagearbeiten das Anlernen des Verdeckmotors vor. Begründet ist das darin, dass nicht mit absoluter Sicherheit die alte angelernte Position der Schubseile erreicht werden kann. Hieraus können sich Probleme oder sogar Schäden am Verdecksystem ergeben.

■ Ziehen Sie die Abdichtung (3 im Bild oben) vom Heckverdeck ab und klappen Sie sie wie gezeigt nach vorne.

■ Markieren Sie die Länge des Spannbandes rechts und links (Bild Mitte) mit einem wasserfesten weißen Stift.

■ Drehen Sie rechts und links die Schrauben (4) heraus.

■ Nehmen Sie die Klemmstücke (3) rechts und links heraus.

■ Ziehen Sie die Spannbänder (1) rechts und links

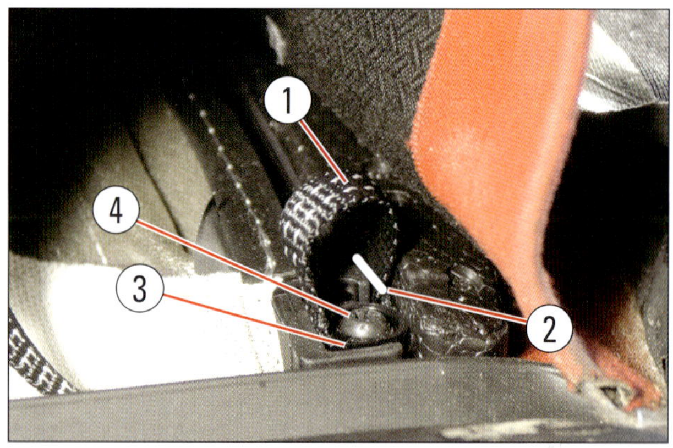

***Spannband am Faltverdeck:** 1 Spannband, 2 Markierung der Bandlänge, 3 Klemmstück, 4 Schraube Klemmstück.*

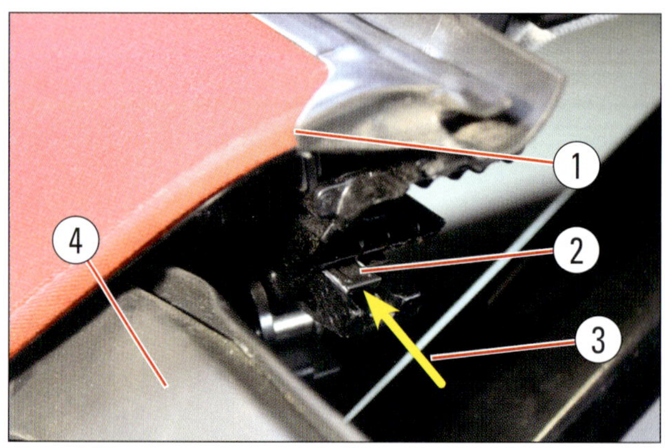

***Seitenholmerkennung:** 1 Heckverdeck (Kassette), 2 Seitenholmerkennung, 3 Bewegungsrichtung bei eingeschobenem Seitenholm, 4 B-Säule.*

aus der Dachkassette heraus.

■ Bauen Sie den rechten und linken Seitenholm aus.

■ Betätigen Sie mit einem Helfer beide Seitenholmerkennungen (Bild unten) gleichzeitig und drücken

Sie zusätzlich den Dachbetätigungsschalter in Richtung »Schließen«.
■ Fahren Sie das Verdeck so weit heraus, dass die Gleiterplatten an der Verdeckspitze freiliegen.
■ Hängen Sie es rechts und links aus dem Gleiter aus und messen Sie die Länge der Überstände der Schubseile. Weichen die Längen der Schubseile um mehr als einen Millimeter ab, muss der Gleichlauf eingestellt werden.
■ Ziehen Sie das Verdeck zusammen mit einem Helfer aus den Führungsschienen heraus.

Montage des Faltverdecks:
Messen Sie die Länge der Überstände der Schubseile. Weichen die Längen der Schubseile um mehr als einen Millimeter ab, muss der Gleichlauf der Schubseile eingestellt werden. Erhebliche Unterschiede weisen auf ein Problem mit dem Schubseil selber oder dem Antriebsmotor in der Verdeckkassette hin.
■ Setzen Sie mit Hilfe des Diagnosesystems die Einstellungen für die Dachelektronik zurück.
■ Schieben Sie das Faltdach mit den Gleitern der Spriegel in die mittlere beziehungsweise die inneren (je nach Spriegelbreite) Bahnen der Führungen ein.
■ Hängen Sie die Schubseile in die Gleitplatten ein.
■ Betätigen Sie mit einem Helfer beide Seitenholmerkennungen gleichzeitig und drücken Sie den Dachbetätigungsschalter in Richtung »Öffnen« vorsichtig.
■ Führen Sie hierbei die Gleiterplatten in die mittlere und die äußere Bahn ein. Achten Sie darauf, die Gleiterplatten gerade zu führen, sodass sie sich nicht verklemmen können.
■ Fädeln Sie die Spannbänder wieder ein. Achten Sie darauf, dass die Spannbänder nicht verdreht sind. Montieren Sie die Spannbänder entsprechend Ihrer Markierung von der Demontage.
■ Bauen Sie die Seitenholme wieder ein.
■ Schließen Sie das Faltdach und prüfen Sie die Verdeckspannung und die Einstellmaße wie bereits beschrieben.

Die weitere Montage erfolgt sinngemäß in umgekehrter Reihenfolge zur beschriebenen Demontage.
■ Lernen Sie das Verdeck mit dem Diagnosetester an.

Demontage der Verdeckmotoren

Das Verdeck wird über insgesamt drei Motoren bewegt. Das obere Verdeck (Faltverdeck) wird über die Schubseile mit einem Motor in der Dachkassette bewegt. Das Heckverdeck wird über die beiden Motoren rechts und links innen an der B-Säule betätigt.
■ Schalten Sie die Zündung aus und ziehen Sie den Zündschlüssel ab.

Antriebsmotor des Faltdaches
■ Demontieren Sie den Dachkantenspoiler wie bereits auf Seite 121 beschrieben.
■ Lösen Sie das Faltverdeck hinten (Bild oben auf Seite 123) und klappen Sie es nach vorne.
■ Drehen Sie die Schrauben (6 im Bild unten) aus dem Deckel heraus und heben Sie ihn ab.
■ Markieren Sie die Einbaulage der beiden Schubseile zueinander und zum Antriebsrad.
■ Drehen Sie die beiden Schrauben (2) heraus.
■ Heben Sie die Zugführungen etwas an und nehmen Sie die Antriebseinheit heraus.

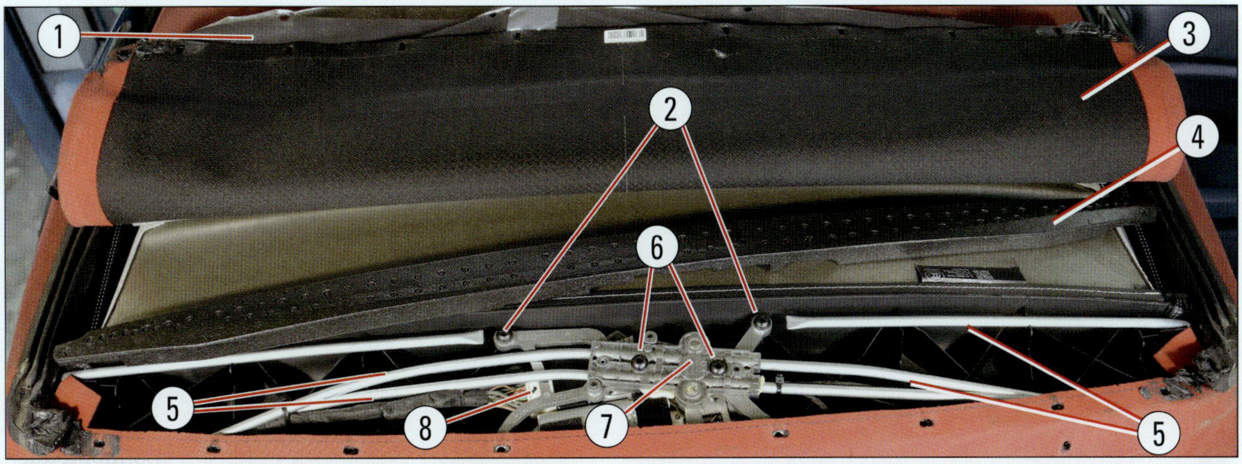

Antriebsmotor für das Faltverdeck in der Dachkassette: *1 Abdichtung, 2 Schrauben, 3 Faltverdeck, 4 Schaumblock, 5 Zugführungsrohr, 6 Schrauben, 7 Deckel, 8 Steckkontakt.*

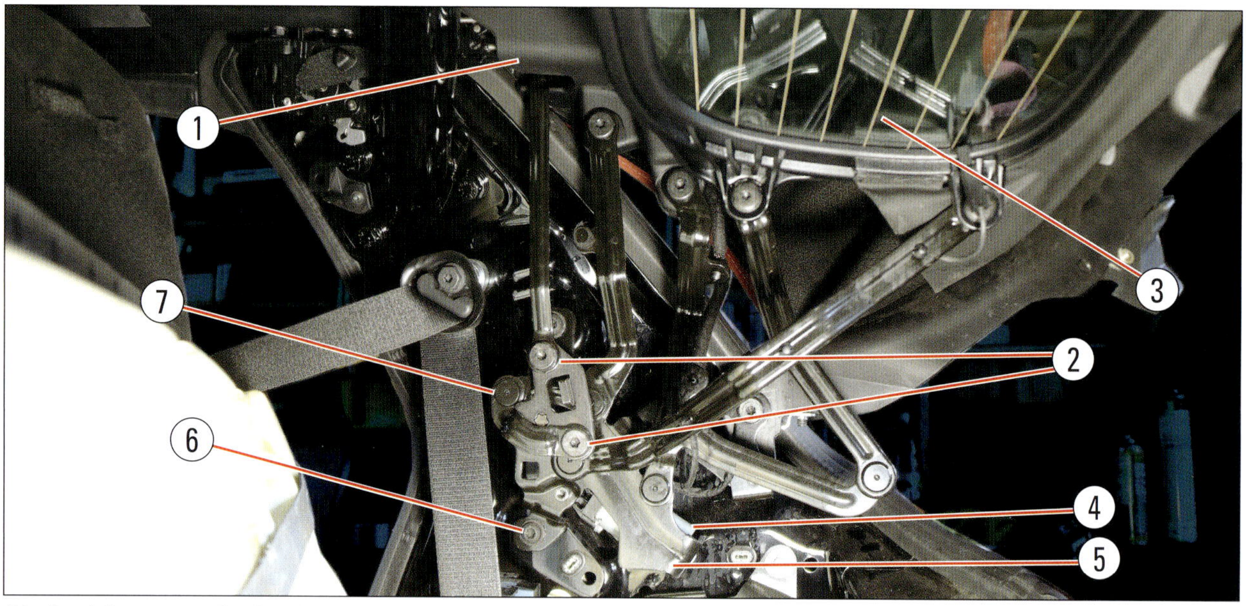

Die Antriebsmotoren für das Heckverdeck sind in der hinteren Dachsäule versteckt: *1 Verdeckkassette, 2 Schrauben, 3 Heckscheibe, 4 Antriebsmotor, 5 Haltelasche, 6 Schraube, 7 Antriebsachse mit Achsenlager.*

- Ziehen Sie die elektrische Steckverbindung (8) ab.

Die Montage erfolgt sinngemäß in umgekehrter Reihenfolge zur beschriebenen Demontage.

- Lernen Sie das Verdeck mit dem Diagnosetester an.
- Prüfen Sie die Funktion des Verdecks.

Antriebsmotoren des Heckverdecks

Die beiden Antriebsmotoren sind rechts und links in der hinteren Dachsäule verbaut. Wir beschreiben Ihnen die Demontage des rechten Motors. Die Demontage des linken Motors erfolgt in ähnlicher Weise.

- Bauen Sie die entsprechende Verkleidung an der B-Säule aus.
- Demontieren Sie das Sicherungsblech auf der Antriebsachse auf der Rückseite des Motors.
- Drehen Sie die beiden Schrauben (2 im Bild oben) heraus.
- Ziehen Sie die Antriebsachse mit dem Achsenlager (7) heraus.
- Legen Sie den elektrischen Leitungssatz des Motors am Verdeckgestänge frei und ziehen Sie den Steckkontakt ab.
- Halten Sie die Mutter auf der Rückseite gegen und drehen Sie die Schraube (6) heraus.
- Nehmen Sie den jeweiligen Antriebsmotor (4) rechts oder links heraus.

Die Montage erfolgt sinngemäß in umgekehrter Reihenfolge zur beschriebenen Demontage.

- Lernen Sie das Verdeck mit dem Diagnosetester an.
- Prüfen Sie die Funktion des Verdecks.

Customized-Bodypanel-System (CBS)

Die Übernahme des Baukonzeptes vom Smart forfour beim Renault Twingo ergibt einen echten Zugewinn für das Großserienfahrzeug. Wie so manche Lösung und Konzeptidee beim Smart. Im Folgenden werden wir uns der Demontage der Bauteile widmen.

CBS-Konzept im 453:

In der Baureihe 453 wird, wie schon im Smart 450 und dem 451 das nun schon bewährte CBS-System (Customized-Bodypanel-System) umgesetzt. Das Konzept setzt sich aus den einzelnen Karosserieaußenhautteilen, den so genannten »Paneelen« zusammen. Sie sind als Außenbauteile rund um das Fahrzeug verbaut und bilden so den größten Teil der Außenhaut. Beim Smart gibt es schon serienmäßig zwei unterschiedliche Baukonzepte der Karosseriebeplankung. Die so genannten Bodypanels werden durchgefärbt oder mit zweischichtigem Metallic-Lack aus-

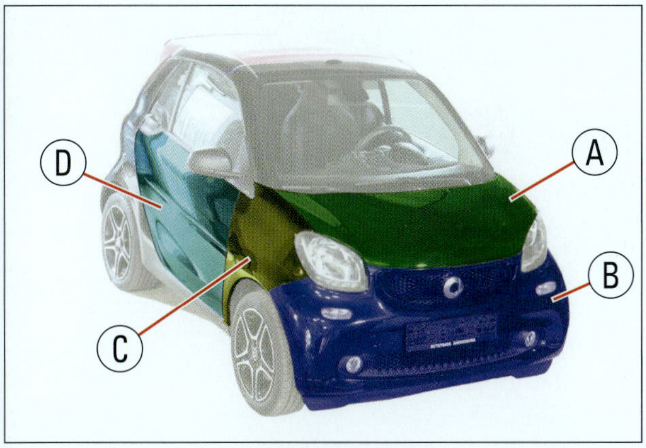

CBS-Komponenten (Ansicht von vorne): *A Serviceklappe vorne, B Stoßfänger vorne, C Kotflügel, D Türverkleidung.*

CBS-Komponenten (Ansicht von hinten): *C Kotflügel, D Türverkleidung, E Stoßfänger hinten, F Heckklappe.*

geliefert. Die leichte Zerlegbarkeit eröffnet sehr gute Voraussetzungen zur Veränderung der Außengestaltung des Smart. Alle Varianten sind zum Schutz vor UV-Licht mit Klarlack überzogen. Die Kunststoffbeplankung verzeiht kleine Rempler im Alltag und hat sich als sehr reparaturfreundlich herausgestellt.

Besonderheit Rückwandtür (Heckklappe):
In der Heckklappe ist ein kleines Staufach integriert, in dem beim Coupé Warndreieck, Verbandskasten, Warnweste und andere Kleinigkeiten verstaut werden können. Beim Cabrio ist das Staufach in der Hauptsache für die passgenaue und sichere Unterbringung der Dachholme vorgesehen. Hier können sie beim offenen Ausflug auch im Falle eines Unfalles nicht unkontrolliert durch das Fahrzeug fliegen.

CBS-Frontendmodul:
Fußgängerschutz sowie einen wichtigen Beitrag zur Statik leistet das Frontendmodul aus Polypropylen und Blechteilverstärkungen, welches am Fahrzeugrahmen vorne verschraubt ist.

Wichtige Montagehinweise

Kunststoffverkleidungen zeigen im Alltag erhebliche Vorteile, da nicht alle kleinen Rempler sichtbar sind. Die recht hohe Flexibilität verhindert auch so manchen Steinschlag. Korrosion ist ein Fremdwort. Im Laufe der Zeit und auch bei kalten Temperaturen nimmt die Flexibilität des Materials aber ab. Grundsätzlich sollten Sie, auch bei recht jungen Fahrzeugen, das Biegen und unnötige Verformen der Anbauteile vermeiden. Bruchstellen bedeuten den Ersatz der betroffenen Bauteile. Gerade im Prallbereich sollten Sie auf Reparaturversuche am Kunststoff wie Kleben und Schweißen verzichten. Auch wenn es oftmals viel einfacher erscheint, ein anliegendes Bauteil etwas »wegzubiegen« kann das schnell mit einem knackenden Geräusch den Reparaturumfang erweitern. Lieber etwas mehr mit Umsicht demontieren. Wir werden Ihnen eine möglichst schonende Demontage der Karosserieteile vorstellen.

Demontage der Wartungsklappe

Die Wartungsklappe (Fronthaube) vorne (A im Bild oben links) ist mit zwei Fangbändern gesichert und liegt geöffnet nur an der Fahrzeugfront an.

■ Öffnen Sie die Wartungsklappe vorne und legen Sie sie an der Fahrzeugfront ab.

■ Ziehen Sie den Waschschlauch am Winkelstück (5 im Bild unten) ab.

■ Nehmen Sie den Waschschlauch aus den Schlauchclips (4) heraus und legen Sie ihn frei.

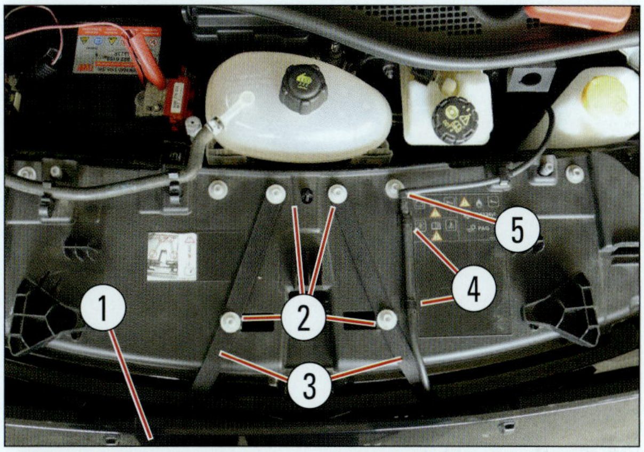

Wartungsklappe vorne: *1 Wartungsklappe, 2 Verschraubungen, 3 Fangbänder, 4 Schlauchclips, 5 Winkelstück.*

Kantenschutz für die Wartungsklappe: *Mit Klebeband umwickelte Ecken sind sehr gut vor Kratzern geschützt.*

■ Kleben Sie die Haubenecken (Serviceklappe) wie im Bild oben gezeigt ab.

■ So weit vorhanden ziehen Sie die elektrischen Anschlüsse für die Heizung der Waschdüsen ab.

■ Drehen Sie die Schrauben (2 im Bild unten auf Seite 125) heraus und halten die Haube hierbei fest.

■ Sichern Sie die Haube mit einem Schraubendreher wie im Bild Mitte gezeigt.

■ Nehmen Sie die Haube ab und stellen sie sicher auf die abgeklebten Spitzen oder legen Sie sie auf Böcken oder einer Werkbank ab.

Die Montage erfolgt sinngemäß in umgekehrter Reihenfolge zur beschriebenen Demontage.

■ Prüfen Sie die Funktion der Waschdüsen.

Demontage des Stoßfängers vorne

Der Stoßfänger vorne (CDS-Front) (B im Bild oben links auf Seite 125) beinhaltet den Kühlergrill.

■ Schalten Sie die Zündung aus und ziehen Sie den Zündschlüssel ab.

■ Bauen Sie die Wartungsklappe vorne (A) wie bereits beschrieben ab.

■ Drehen Sie die Schrauben (4 in den Bildern Mitte) heraus.

■ Betätigen Sie die Rastnase (1 im Bild unten) und demontieren Sie den Wartungsdeckel (2) im Radlauf vorne rechts.

■ Ziehen Sie den Kombistecker (4) aus der Öffnung (3) heraus und trennen Sie ihn.

■ Drehen Sie die Schrauben (1, 2 und 3 im Bild oben auf der Seite 127) heraus.

■ Ziehen Sie den Stoßfänger (1), wie im Bild Mitte auf der Seite 127 dargestellt, seitlich am Kotflügel (2)

Montagehilfe an der Wartungsklappe: *Ein in die Bohrung eingeschobener Schraubendreher als Haltehelfer.*

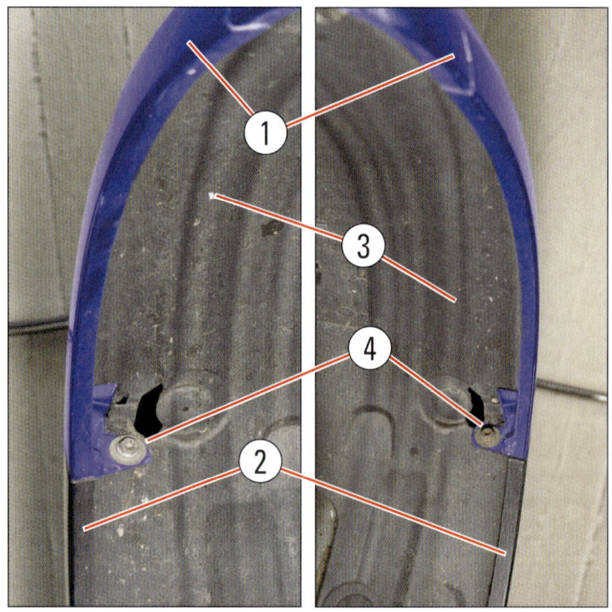

Verschraubungen im Radkasten: *1 Stoßfänger vorne, 2 Kotflügel, 3 Innenradlauf, 4 Maschinenschraube.*

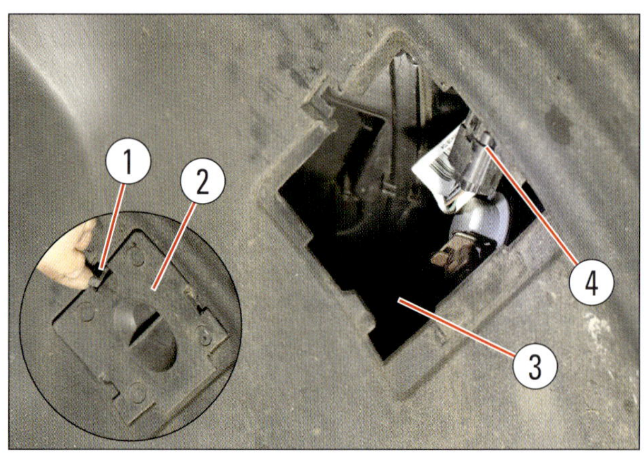

Zentralstecker unter dem Deckel im rechten Radlauf: *1 Rastnase, 2 Deckel, 3 Öffnung, 4 Zentralstecker.*

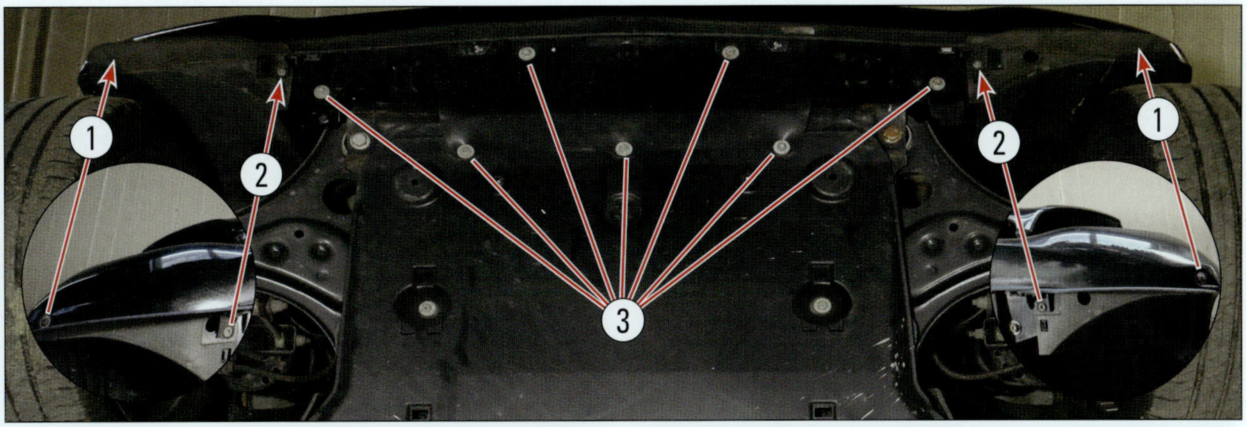

Stoßfänger vorne von unten: *1 Kunststoffschrauben, 2 Kunststoffschrauben, 3 Maschinenschrauben.*

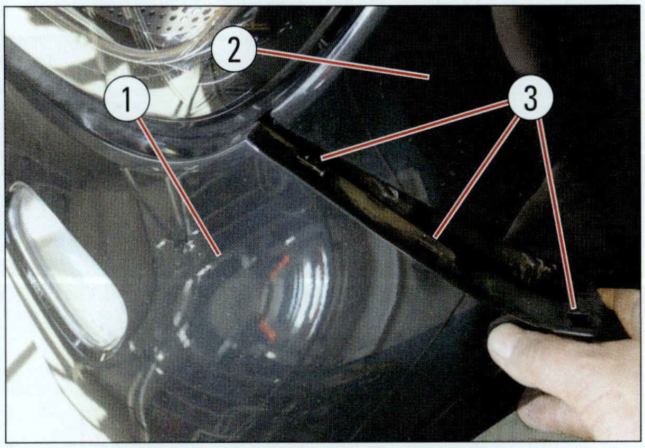

Stoßfänger seitlich rechts und links abziehen: *1 Stoßfänger vorne, 2 Kotflügel, 3 Position der Rastnasen.*

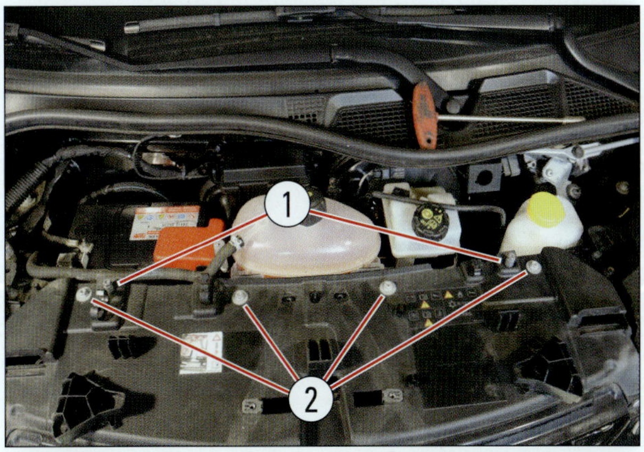

Schrauben oben am Kühlergrill (Stoßfängerbestandteil): *1 Haltebolzen 2 Maschinenschrauben.*

von den Rastnasen (3) ab.

■ Drehen Sie die Schrauben (2 und 3 im Bild unten) heraus.

■ Heben Sie den Stoßfänger über die Haltebolzen rechts und links (1) und nehmen ihn nach vorne ab.

Die Montage erfolgt sinngemäß in umgekehrter Reihenfolge zur beschriebenen Demontage.

■ Prüfen Sie die Funktion und die Einstellung der Beleuchtungsanlage im Stoßfänger vorne.

■ Bei Fahrzeugen mit Abstandswarnfunktion mit aktivem Bremssystem muss abschließend eine Kalibrierfahrt mit dem Diagnosetester (Smart-Tester) durchgeführt werden.

Demontage der Kotflügel

■ Bauen Sie den vorderen Stoßfänger wie bereits beschrieben aus.

■ Demontieren Sie den Innenkotflügel auf der entsprechenden Radseite. Die Arbeitsschritte hierzu beschreiben wir im Anschluss auf Seite 128.

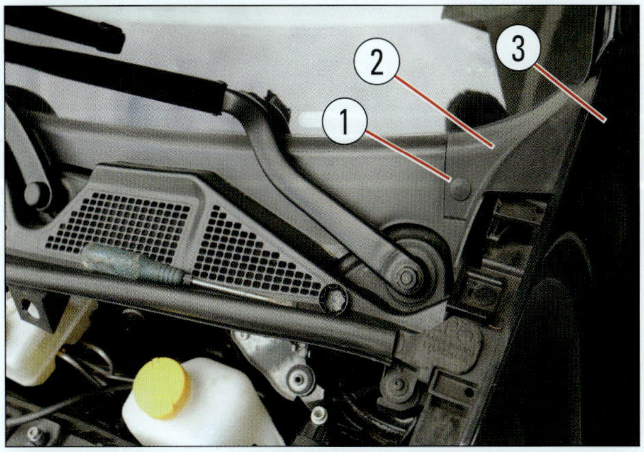

Verkleidungsecke zur Verkleidung vor der Windschutzscheibe: *1 Spreizclip, 2 Verkleidungsecke, 3 Kotflügel.*

■ Ziehen Sie den Halteclip (1 im Bild unten) heraus und nehmen Sie die Verkleidungsecke (2) zum Kotflügel (3) vor der Windschutzscheibe heraus.

■ Clipsen Sie die entsprechende Blinkleuchte aus dem Kotflügel aus und nehmen Sie sie ab. Dieser Ar-

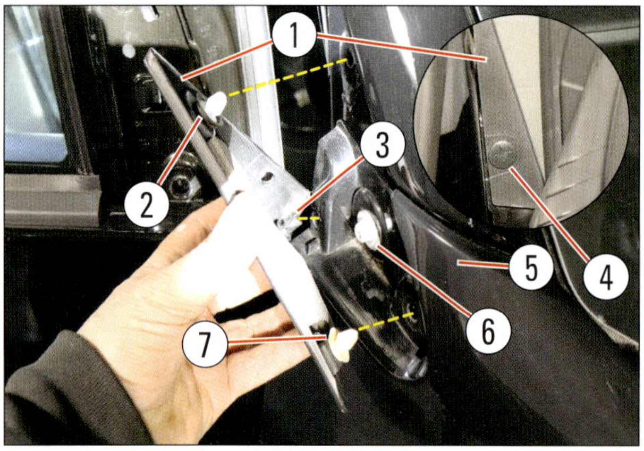

Verkleidung vor den Spiegeln: *1 Verkleidung, 2 Clip mit Dichtung, 3 Führung, 4 Haltclip, 5 Kotflügel, 6 Schraube, 7 Clip.*

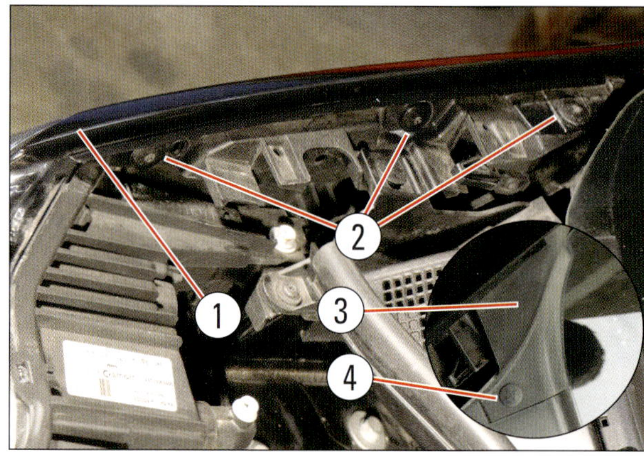

Schrauben im Motorraum oben (Kotflügelkante): *1 Kotflügel, 2 Schraube Kotflügel oben, 3 Verkleidungsecke, 4 Spreizclip.*

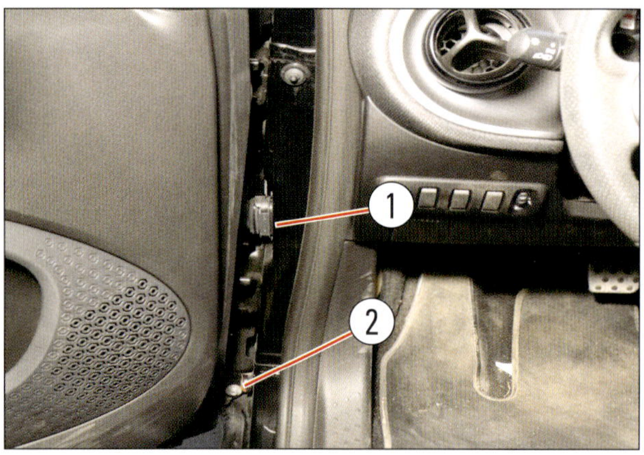

Blick in den Türfalz in Richtung Kotflügel: *1 Elektrischer Anschlussstecker zur Tür, 2 Kotflügelschraube innen unten.*

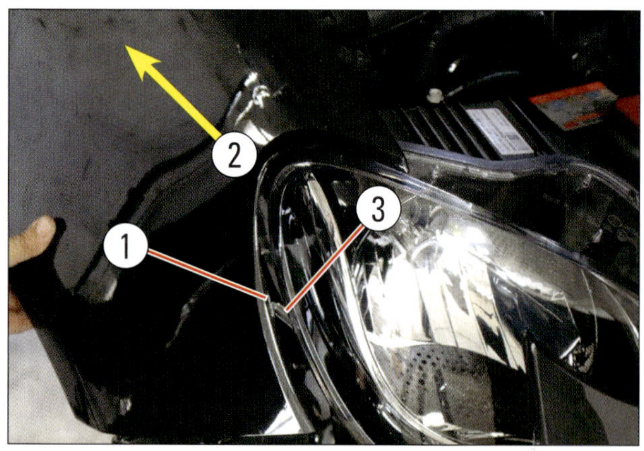

Verschieben des Kotflügels nach hinten: *1 Aussparung im Kotflügel, 2 Bewegungsrichtung, 3 Nase am Scheinwerfer.*

beitsschritt wird im Kapitel »Fahrzeugelektrik« näher betrachtet.

■ Öffnen Sie die entsprechende Tür.

■ Ziehen Sie den Halteclip (4 im Bild oben links) heraus und nehmen Sie die Verkleidungsecke (1) vor dem Rückspiegel heraus.

■ Drehen Sie die Schrauben oben (2 im Bild oben links) im Motorraum heraus.

■ Demontieren Sie die Befestigungsschraube (6) im Bereich vor dem Rückspiegel.

■ Drehen Sie die Schraube unten (2 im Bild unten links) in der Türfalz heraus.

■ Den Kotflügel sehr vorsichtig nach hinten in Richtung Tür verschieben und so aus der Scheinwerferführung (3 im Bild unten rechts) lösen.

■ Nehmen Sie den Kotflügel ab.

Die Montage erfolgt sinngemäß in umgekehrter Reihenfolge zur beschriebenen Demontage.

■ Führen Sie das Anschlusskabel der Seitenblinkerfassung durch den Kotflügel vor der Montage in die Öffnung ein. Das Anschlusskabel ist sonst nur schwer erreichbar.

■ Prüfen Sie die Funktion und die Einstellung der Beleuchtungsanlage im Stoßfänger vorne und der Seitenblinkleuchte.

Demontage der Innenkotflügel

Die Radhausschalen (Innenkotflügel) können sehr gut für ein einzelnes Rad demontiert werden. Wenn Sie mit einem Wagenheber arbeiten, sollten Sie das Fahrzeug auf Abstellböcke abstellen.

Demontage des Innenkotflügels vorne

■ Heben Sie das Fahrzeug an und schrauben Sie das entsprechende Rad ab.

■ Ziehen Sie die Kunststoffstopfen (2 im Bild oben auf Seite 129) heraus.

■ Drehen Sie die Kunststoffmuttern (1) ab.

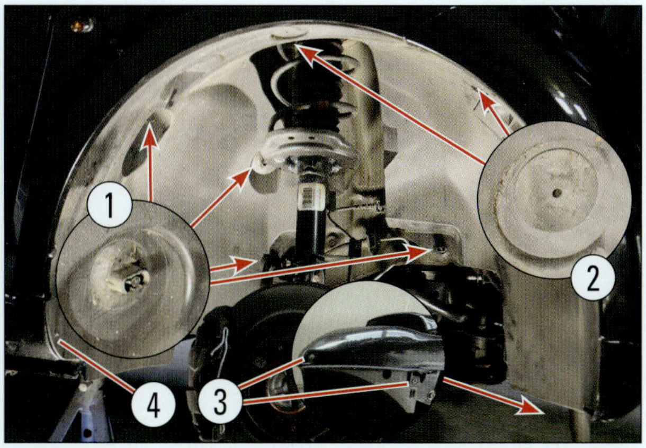

Befestigung Radhausschale vorne: *1 Kunststoffmutter, 2 Kunststoffstopfen, 3 Schrauben Stoßfänger, 4 Schraube.*

Befestigung Radhausschale hinten: *1 Kunststoffmutter, 2 Kunststoff Druckclip, 3 Schrauben im Stoßfänger hinten.*

- Drehen Sie die Schrauben (3 und 4) heraus.
- Den Innenkotflügel von der Radlaufkante abnehmen.
- Nehmen Sie den Innenradlauf von den Bolzen der Muttern (1) ab und nehmen Sie ihn nach unten heraus.

Die Montage erfolgt sinngemäß in umgekehrter Reihenfolge zur beschriebenen Demontage.

Demontage des Innenkotflügels hinten

- Heben Sie das Fahrzeug an und schrauben Sie das entsprechende Rad ab.
- Drehen Sie die Kunststoffmuttern (1 im Bild oben rechts) heraus.
- Drehen Sie die Schrauben (3) heraus.
- Den Innenkotflügel von der Radlaufkante abnehmen.
- Nehmen Sie den Innenradlauf nach unten heraus.

Die Montage erfolgt sinngemäß in umgekehrter Reihenfolge zur beschriebenen Demontage.

Demontage der Türverkleidung

Der Türverkleidung außen (D im Bild oben links auf Seite 125) erlaubt den Zugang zur Türmechanik und den Fensterhebern.

- Bauen Sie den Außenspiegel ab. Die Arbeitsschritte hierzu beschreiben wir am Ende dieses Kapitels.
- Öffnen Sie die entsprechende Tür.
- Drehen Sie die Schraube zum Türgriff innen (1 im Bild Mitte) heraus.
- Auf der Fahrerseite nehmen Sie die Abdeckkappe zum Türschloss (Notverriegelung) ab.

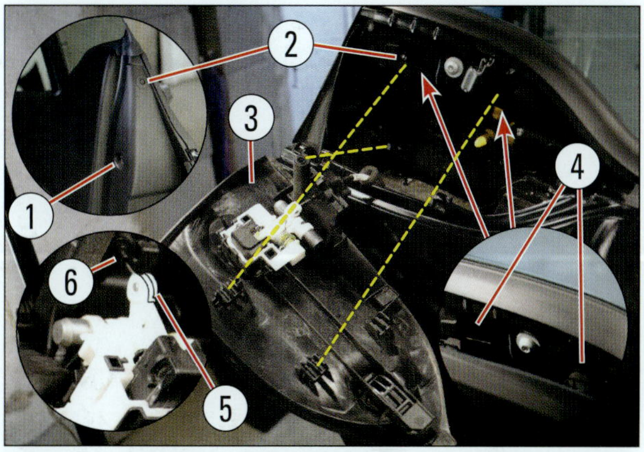

Türgriff aushängen: *1 Halteschraube, 2 Verriegelungsschraube, 3 Türgriff außen, 4 Ausschnitte, 5 Zughalter, 6 Bowdenzug.*

- Drehen Sie die Schraube zum Verriegeln des Türgriffs innen (2) bis zur Anlage des Schraubenkopfes innen an der Verkleidung der Tür los.
- Schieben Sie den Türgriff (3) nach hinten und nehmen Sie ihn so weit ab, dass Sie den Betätigungszug aushängen können.
- Hängen Sie die Betätigungszüge aus und nehmen Sie den Türgriff ab.
- Bauen Sie den Kotflügel vorne, wie bereits ab Seite 127 beschrieben, ab. Gerade bei älteren Fahrzeugen sollten Sie es vermeiden, die Karosserieteile zu biegen. Im Laufe der Zeit kann der Kunststoff verspröden und schnell brechen.
- Drehen Sie die Schraube vorne (4 im Bild oben auf Seite 130) aus der Türverkleidung oben (1) heraus und nehmen Sie sie mit der Distanzhülse (3) heraus.
- Öffnen Sie die entsprechende Tür.
- Schieben Sie die Türverkleidung außen (1) nach hinten und heben Sie die Türverkleidung im hinteren Bereich über die Kante der inneren Türverkleidung.

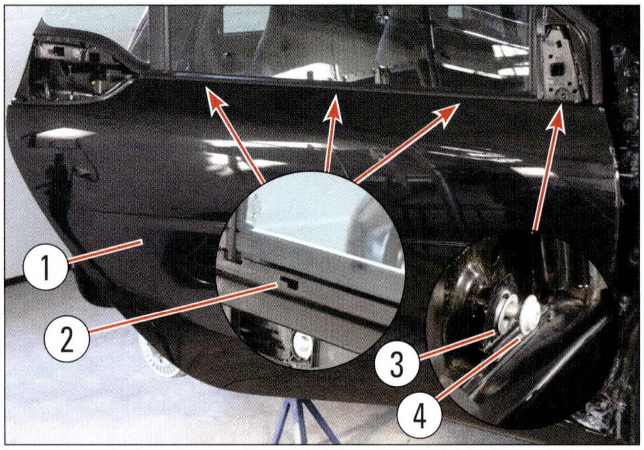

Demontage der Türverkleidung außen: *1 Türverkleidung außen, 2 Verrastungsaussparungen, 3 Distanzhülse, 4 Schraube.*

■ Schieben Sie die Türverkleidung (1) außen etwa 1-1,5 cm nach vorne. Damit wird die Verkleidung im Bereich der Schachtleisten aus ihrer Verriegelung (2) im Türrahmen geschoben.

■ Ziehen Sie die Türverkleidungen im Bereich der Schachtleiste vorsichtig nach außen, um die Verrastungen (2) zu lösen.

■ Schieben Sie die Türverkleidung weiter vorsichtig nach vorne und nehmen Sie sie nach unten ab.

Die Montage erfolgt sinngemäß in umgekehrter Reihenfolge zur beschriebenen Demontage.

■ Reinigen Sie die Anlagepunkte der Türverkleidung und die Verrastungspunkte gründlich, um die Montage zu erleichtern.

Demontage an der Tankklappe

Demontage der Tankklappenabdeckung

■ Öffnen Sie die Tankklappe.

■ Drehen Sie die Schraube (4 im Bild Mitte) heraus.

■ Ziehen Sie die Tankklappenabdeckung (2) in Pfeilrichtung (1) vom Tankklappenmodul (3) ab.

Die Montage erfolgt sinngemäß in umgekehrter Reihenfolge zur beschriebenen Demontage.

Demontage des Tankklappenmoduls

■ Schalten Sie die Zündung aus und ziehen Sie den Zündschlüssel ab.

■ Heben Sie das Fahrzeug mit einer Hebebühne an und sichern Sie das Fahrzeug gegen Abrutschen.

■ Demontieren Sie die Radhausschale hinten rechts wie bereits auf Seite 129 beschrieben.

■ Ziehen Sie den elektrischen Anschluss (1 im Bild unten) zum Stellmotor für die Tankklappenverriegelung (4) ab.

■ Lösen Sie den Halter (2) an der Karosserie.

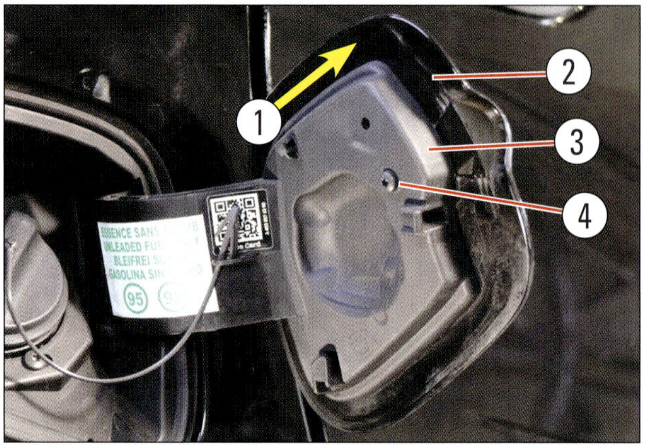

Demontage der Tankklappenabdeckung (Abdeckung): *1 Bewegungsrichtung (zum Abziehen), 2 Tankklappenabdeckung, 3 Tankklappenmodul, 4 Schraube.*

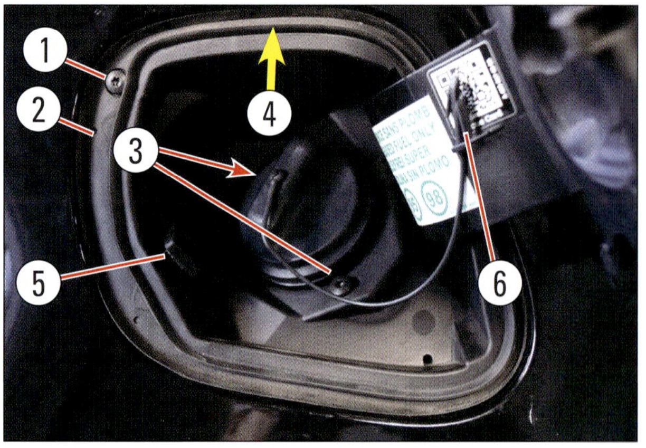

Demontage des Tankklappenmoduls: *1 Schraube, 2 Tankklappenmodul, 3 Schrauben Tankstutzen, 4 Bewegungsrichtung (zum Lösen), 5 Tankklappenverriegelung, 6 Deckelsicherung.*

Tankklappenverriegelung: *1 Schrauben, 2 Bowdenzug, 3 Halter, 4 Tankklappenverriegelung, 5 elektrischer Anschluss.*

■ Drehen Sie die Schrauben (1) am Stellmotor heraus.
■ Fädeln Sie die Deckelsicherung (6 im Bild Mitte auf Seite 130) aus der Öse heraus.
■ Verdrehen Sie die Tankklappenveriegelung um etwa 90° und ziehen Sie so weit nach oben, dass sie mit dem Tankklappenmodul herausgenommen werden kann.
■ Drehen Sie die Schrauben (3) am Tankeinfüllstutzen heraus.
■ Drehen Sie die Schraube (1) heraus.
■ Schieben Sie das Tankdeckelmodul (2) gerade nach oben (4) und heben Sie es unten heraus.
■ Drücken Sie den Tankstutzen leicht nach unten.
■ Schwenken Sie das Tankdeckelmodul nach vorne und nehmen es aus der Öffnung heraus.

Die Montage erfolgt sinngemäß in umgekehrter Reihenfolge zur beschriebenen Demontage.
■ Reinigen Sie das Tankdeckelmodul und die Aussparung in der Karosserie gründlich vor der Montage.

Arbeiten an der Heckklappe

Demontage der Heckklappe oben beim Coupé

■ Bauen Sie den Heckspoiler ab.
■ Drehen Sie die beiden Schrauben der Wischermotorabdeckung heraus.
■ Nehmen Sie die Abdeckung des Wischermotors hinten ab.
■ Ziehen Sie die elektrische Steckverbindung an der Heckklappe ab.
■ Ziehen Sie die Kabeldurchführung an der Heckklappe oben heraus.
■ Legen Sie die elektrischen Leitungen frei und führen Sie sie aus der Heckklappe heraus.
■ Legen Sie die Schlauchleitung zur Waschdüse frei und führen Sie sie aus der Heckklappe heraus.
■ Hängen Sie die Klappendämpfer an der Heckklappe aus.
■ Lassen Sie einen Helfer die Klappe hochhalten.
■ Lösen Sie die Verschraubungen der Scharniere an der Heckklappe. Drehen Sie die Schrauben heraus, wenn Sie die Klappe mit Ihrem Helfer halten können.
■ Nehmen Sie die Heckklappe zusammen mit Ihrem Helfer ab und legen Sie sie auf eine geeignete Unterlage.

Die Montage erfolgt sinngemäß in umgekehrter Reihenfolge zur beschriebenen Demontage.

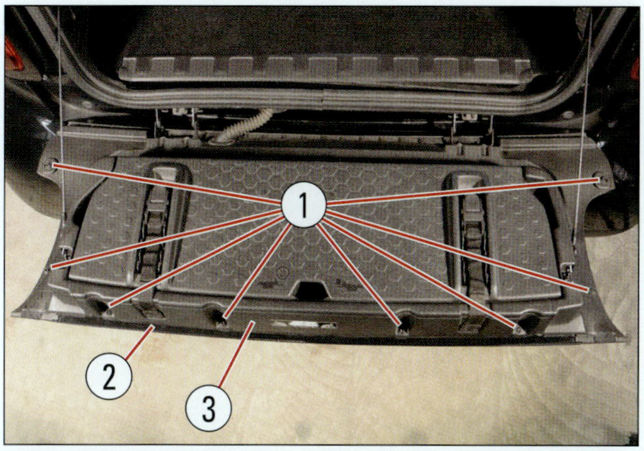

Demontage der Verkleidung außen: *1 Schrauben der Verkleidung außen, 2 Verkleidung außen, 3 Verkleidung innen.*

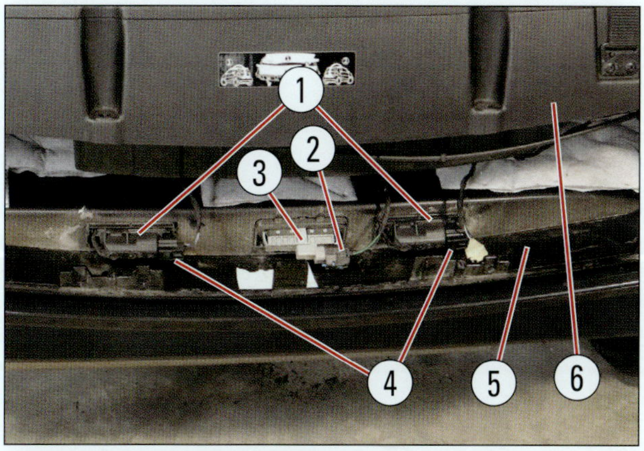

Demontage der Heckklappenverkleidung außen: *1 Kennzeichenleuchten, 2 Steckverbindung Heckklappentaster, 3 Heckklappentaster, 4 Steckverbindung Kennzeichenleuchten, 5 Verkleidung außen, 6 Verkleidung innen.*

Demontage der Verkleidung unten

■ Öffnen Sie die Heckklappe unten.
■ Bauen Sie die Verkleidung des Schlosses der oberen Verkleidung ab (nur beim Coupé).
■ Drehen Sie die Schrauben (1 im Bild oben) heraus.
■ Lassen Sie die äußere Verkleidung (5 im Bild unten) so weit ab, dass Sie die Steckverbindungen in der Heckklappe (2 und 4) erreichen können.
■ Ziehen Sie die Steckverbindungen (2 und 4) ab.
■ Nehmen Sie die Verkleidung außen ab und legen Sie sie auf eine geeignete Unterlage.

Die Montage erfolgt sinngemäß in umgekehrter Reihenfolge zur beschriebenen Demontage.
■ Reinigen Sie die Anlagepunkte der Heckklappenverkleidung gründlich.
■ Prüfen Sie die Funktion der Kennzeichenleuchten und des Heckklappentasters.

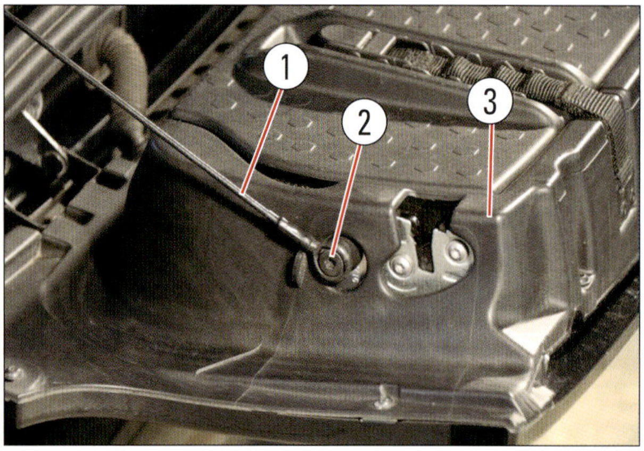

Sicherungsseil (Fangseil) an der Heckklappe: *1 Fangseil, 2 Schraube Fangseil, 3 Heckklappe.*

Demontage der Heckklappe unten

■ Bauen Sie die Heckklappenverkleidung außen wie beschrieben ab.
■ Drehen Sie die Schrauben (2 im Bild oben links) heraus.
■ Klappen Sie die Heckklappe wieder zu.
■ Ziehen Sie den Steckkontakt (3) auseinander.
■ Führen Sie das Anschlusskabel mit der Tülle durch die Öffnung (4) in der Heckklappe.
■ Drehen Sie die Schrauben (5 im Bild oben rechts) heraus.
■ Öffnen Sie die Heckklappenschlösser, indem Sie die Seilwaage (2) nach unten ziehen.
■ Nehmen Sie die Heckklappe heraus und legen Sie sie sicher ab.

Die Montage erfolgt sinngemäß in umgekehrter Reihenfolge zur beschriebenen Demontage.
■ Beachten Sie die Fugeneinstellmaße, die wir auf Seite 114 in diesem Kapitel vorgestellt haben.
■ Prüfen Sie die Funktion des Heckklappentasters.

Demontage des Stoßfängers hinten

■ Bauen Sie die Heckklappe unten wie schon beschrieben aus.
■ Heben Sie das Fahrzeug mit einer Hebebühne an.
■ Sichern Sie das Fahrzeug gegen Abrutschen oder Abkippen.
■ Drehen Sie die Schrauben (1 im Bild Mitte) im Bereich der Heckklappe heraus.
■ Drehen Sie die Schrauben (2 und 3) im unteren Bereich des Stoßfängers heraus.
■ Drehen Sie die Schrauben seitlich (3 im Bild unten) am Innenkotflügel heraus.

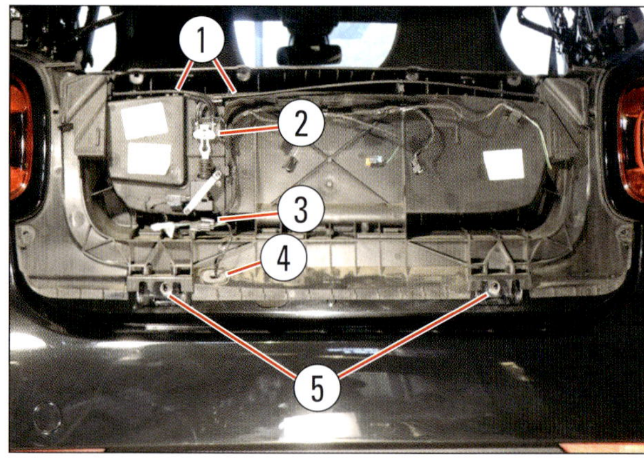

Demontage der Heckklappe: *1 Betätigungsseilzüge, 2 Seilwaage, 3 Steckkontakt, 4 Öffnung, 5 Schrauben Heckklappe.*

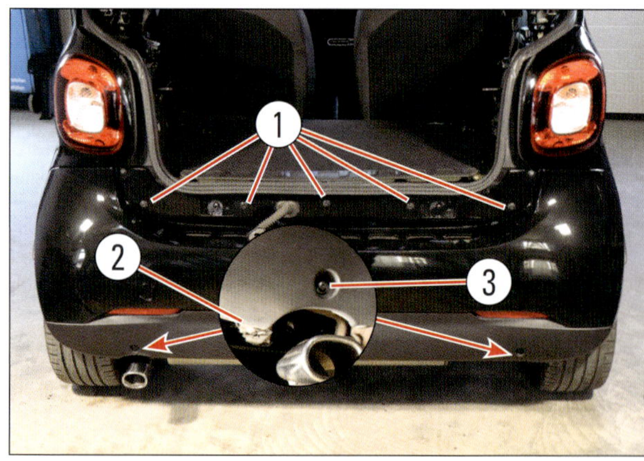

Demontage der Verkleidung außen: *1 Schrauben der Verkleidung außen, 2 Verkleidung außen, 3 Verkleidung innen.*

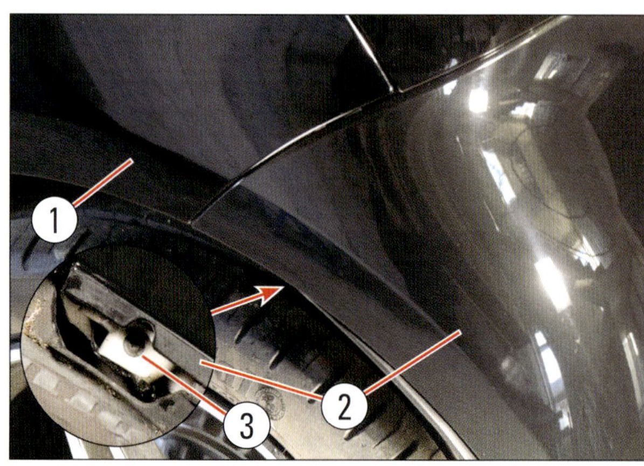

Demontage der Verkleidung außen: *1 Schrauben der Verkleidung außen, 2 Verkleidung außen, 3 Verkleidung innen.*

■ Den Stoßfänger aus den Führungen unter den Rücklichtern vom Radlauf beginnend herausziehen.
■ Nehmen Sie den Stoßfänger nach hinten ab und ziehen Sie (soweit vorhanden) die elektrischen Steckverbindungen zu den Rückfahrwarnern ab.

■ Nehmen Sie den Stoßfänger vom Fahrzeug ab.

Die Montage erfolgt sinngemäß in umgekehrter Reihenfolge zur beschriebenen Demontage.

■ Beachten Sie die Fugeneinstellmaße, die wir auf Seite 114 in diesem Kapitel vorgestellt haben.
■ Prüfen Sie die Funktion des Heckklappentasters und die der Rückfahrsensoren (soweit verbaut).

Crash-Management-System (CMS)

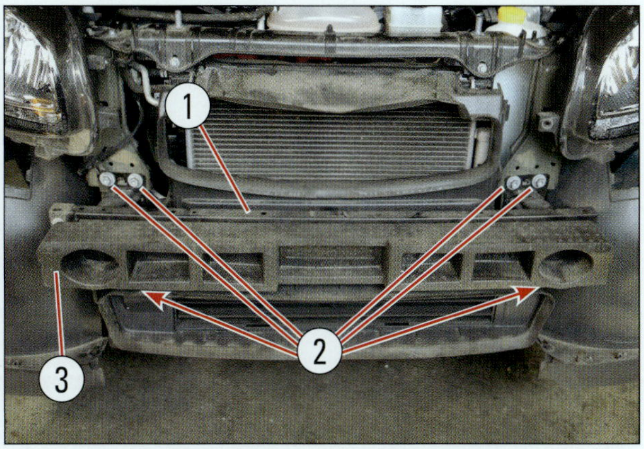

CMS mit den Crashboxen am Frontrahmen: *1 verschraubter Querträger hinten, 2 Schrauben, 3 Schaumstoffauflage.*

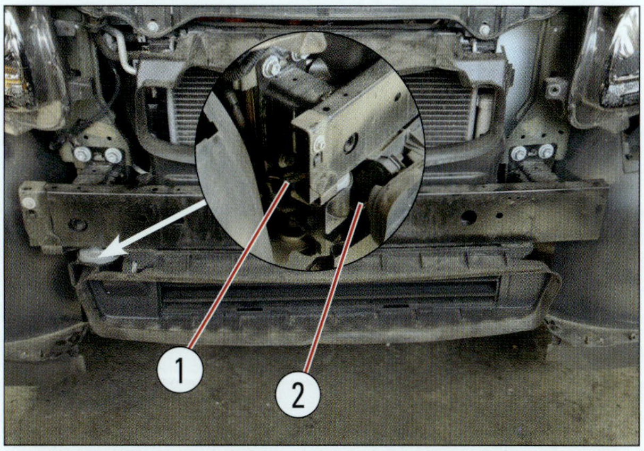

Versteckt unter dem Querträger: *1 elektrischer Anschluss zur Hupe, 2 elektrischer Anschluss zum Klappensteller.*

CMS-System vorne

Schaumpad Front-CMS aus- und einbauen:
■ CBS-Front (Stoßfänger vorne) wie beschrieben ausbauen.
■ Schaumpad Front-CMS (3 im Bild oben) herausnehmen.

Die Montage erfolgt sinngemäß in umgekehrter Reihenfolge zur beschriebenen Demontage.
■ Einbaulage des Schaumpads Front-CMS (3) beachten.

Träger Front-CMS aus- und einbauen:
■ Schaumpad Front-CMS (3) wie beschrieben ausbauen.
■ Klemmen Sie den Anschluss zur Hupe (1 im Bild rechts oben) ab und legen ihn aus dem Arbeitsbereich heraus.
■ Klemmen Sie den Anschluss zum Klappensteller (2) ab und legen ihn aus dem Arbeitsbereich heraus.
■ Die Schrauben (2 im Bild oben links) herausschrauben und CMS-Front mit der Luftführung unten abnehmen.

Die Montage erfolgt sinngemäß in umgekehrter Reihenfolge zur beschriebenen Demontage.

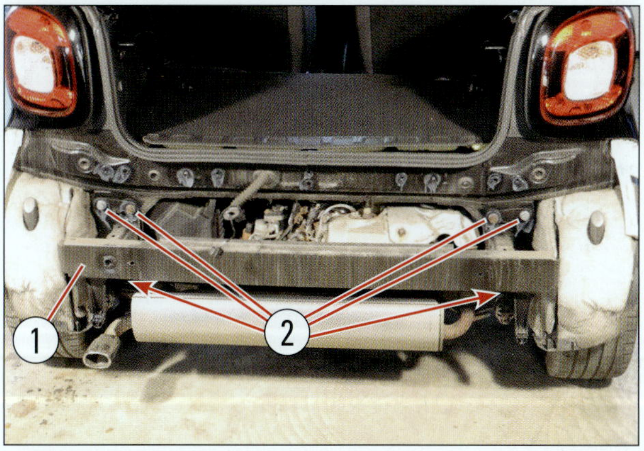

CMS mit den Crashboxen am Heckrahmen: *1 verschraubter Querträger hinten, 2 Schrauben.*

CMS-System vorne

Am Fahrzeugheck ist sein Schaumstoffpolster auf dem Querträger verbaut. Dieser Träger wird beim Anbau einer Anhängekupplung ersetzt.
■ CBS-Heck (Heckstoßfänger) wie bereits beschrieben ausbauen.
■ Schrauben (2 im Bild unten) herausschrauben.
■ Das CMS-Heck (Querträger) (1) abnehmen.

Die Montage erfolgt sinngemäß in umgekehrter Reihenfolge zur beschriebenen Demontage.

■ Reinigen Sie die Gewinde im Heckbereich gründlich und sprühen Sie sie mit Fett oder einem Korrosionsschutzspray ein.

■ Kontrollieren Sie die Anlagebereiche an der Karosserie auf Korrosion und bessern Sie diese wenn erforderlich aus.

Arbeiten am Außenspiegel

Demontage des Außenspiegels

■ Schalten Sie die Zündung aus und ziehen Sie den Zündschlüssel ab.
■ Öffnen Sie die entsprechende Tür.
■ Drehen Sie die Schraube (4 im Bild oben) heraus.
■ Schieben Sie die Spiegelverkleidung (1) nach oben (3) und nehmen Sie sie ab.
■ Clipsen Sie das Anschlusskabel für den optionalen Hochtöner aus der Verkleidung heraus. Wenn der Hochtöner verbaut ist, muss das Kabel vom Lautsprecher abgezogen werden.
■ Ziehen Sie den Anschlussstecker zum Außenspiegel ab.
■ Ziehen Sie die Abdeckung (3 im Bild Mitte) zur Seite und drehen Sie die beiden unteren Schrauben (4) heraus. Die obere Schraube zunächst lediglich lösen.
■ Halten Sie den Spiegel von außen fest und drehen Sie die obere Schraube (4) heraus.
■ Nehmen Sie den Rückspiegel ab und führen Sie das Anschlusskabel durch die Kabeldurchführung (2) nach außen.

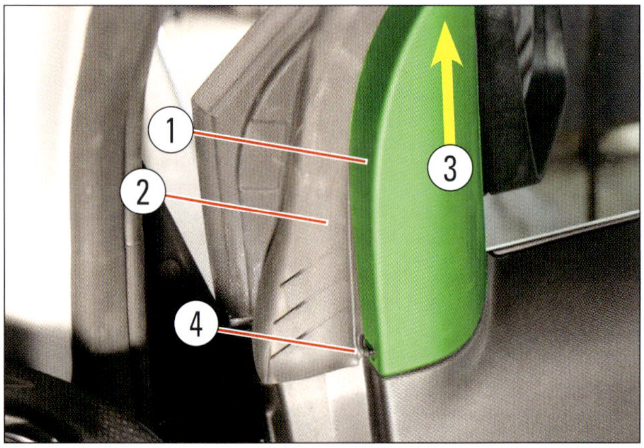

Spiegelverkleidung innen: *1 Spiegelverkleidung, 2 Abdeckung, 3 Bewegungsrichtung Demontage, 4 Sicherungsschraube.*

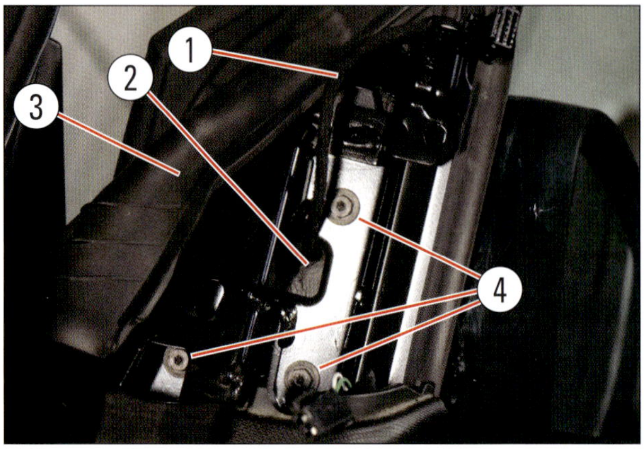

Verschraubungen Rückspiegel: *1 Anschlusskabel, 2 Kabeldurchführung, 3 Abdeckung, 4 Schrauben Spiegelgehäuse.*

Die Montage erfolgt sinngemäß in umgekehrter Reihenfolge zur beschriebenen Demontage.
■ Prüfen Sie die Funktion der Rückspiegelverstellung.

Demontage des Außenspiegelglases

Grundsätzlich sollten Sie bei Arbeiten mit dem Spiegelglas aufgrund des Verletzungsrisikos Schutzhandschuhe und eine Schutzbrille tragen.
■ Schalten Sie die Zündung aus und ziehen Sie den Zündschlüssel ab.
■ Kleben Sie das Spiegelgehäuse ab, um Schäden am Kunststoff oder Lack zu vermeiden.
■ Kleben Sie das Spiegelglas mit Klebeband ab.
■ Schwenken Sie den Außenspiegel so weit wie möglich aus dem Spiegelgehäuse heraus.
■ Hebeln Sie mit einem Kunststoffhebel das Spiegelglas aus dem Halter heraus. Es ist lediglich in den Halter eingeclipst.
■ Nehmen Sie das Spiegelglas soweit ab, dass Sie die Anschlüsse der Spiegelheizung erreichen können.
■ Nehmen Sie das Spiegelglas heraus.

Montage des Außenspiegelglases

Auch für die Montage sollten Sie den Spiegelrahmen und das Spiegelglas abkleben, um Schäden und Verletzungen zu vermeiden.
■ Stellen Sie den Spiegel in die mittlere Stellung.
■ Setzen Sie das Spiegelglas im Halter des Rückspiegels an. Durch leichte Verdrehung wird die richtige Einbauposition fühlbar.

■ Drücken Sie das Spiegelglas an, bis es hörbar und fühlbar einrastet.
■ Prüfen Sie die Funktion der Spiegeleinstellung und ziehen Sie das aufgeklebte Klebeband vom Spiegelglas und dem Spiegelrahmen ab.

Demontage des Außenspiegelgehäuses

Grundsätzlich sollten Sie bei Arbeiten mit dem Spiegelglas aufgrund des Verletzungsrisikos Schutzhandschuhe und eine Schutzbrille tragen.

■ Schalten Sie die Zündung aus und ziehen Sie den Zündschlüssel ab.
■ Demontieren Sie, wie bereits beschrieben, das entsprechende Spiegelglas.
■ Entsichern Sie die fünf Rasten der Spiegelabdeckung vorne und schieben Sie die Spiegelabdeckung vorsichtig nach vorne ab.

Die Montage erfolgt sinngemäß in umgekehrter Reihenfolge zur beschriebenen Demontage.
■ Prüfen Sie die Rückspiegelverstellung.

Heckspoiler auf der Heckklappe

Demontage des Heckspoilers

Die Demontage des Heckspoilers für die Cabrios haben wir bereits auf der Seite 121 in diesem Kapitel beschrieben.

Demontage der Spoilerseitenteile
■ Dachkante oben im Bereich Heckspoiler abkleben, um Beschädigungen am Dach zu vermeiden.
■ Öffnen Sie die Heckklappe oben.
■ Drehen Sie die Schrauben seitlich (3 im Bild oben) (Heckspoilerseitenteil) links und rechts heraus.
■ Nehmen Sie die Heckspoilerseitenteile (4) ab.

Demontage des Heckspoilers oben
■ Demontieren Sie die Heckspoilerseitenteile wie bereits oben beschrieben.
■ Drehen Sie die Schrauben (3 im Bild oben) des Heckspoilers oben (1) heraus und nehmen den Heckspoiler so weit ab, dass die Spritzdüse für die Heckscheibe zugänglich ist.
■ Bauen Sie die Spritzdüse für die Heckscheibe aus.
■ Ziehen Sie die elektrischen Steckverbindungen ab und nehmen Sie den Heckspoiler oben (1) heraus.

Demontage der dritten Bremsleuchte
Die Bremsleuchte ist nicht weiter zerlegbar.
■ Schalten Sie die Zündung aus und ziehen den Zündschlüssel ab.
■ Drehen Sie die Schrauben (1 im Bild unten) heraus.
■ Ziehen Sie die Bremsleuchte (2) etwas heraus und ziehen Sie den Steckkontakt (3) ab.
■ Hebeln Sie die Bremsleuchte mit einem Kunststoffhebel vorsichtig aus dem Heckspoiler oben heraus.

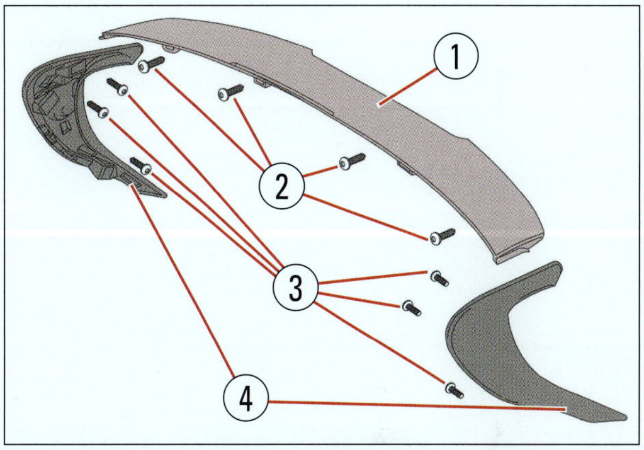

Heckspoiler auf der Heckklappe: *1 Heckspoiler oben, 2 Schrauben, 3 Schrauben, 4 Spoilerseitenteile.*

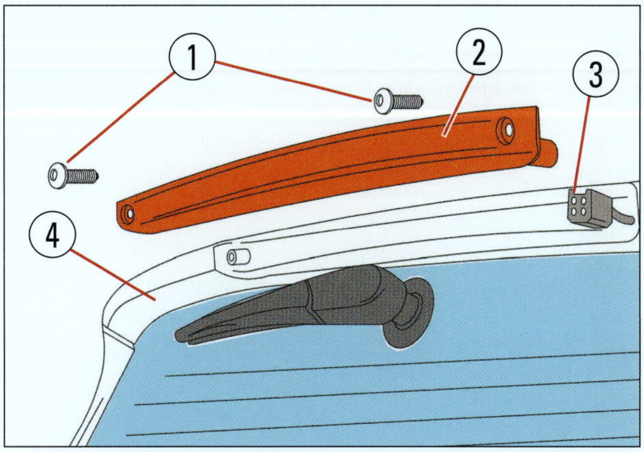

3. Bremsleuchte im Heckspoiler: *1 Schrauben, 2 Bremsleuchteneinheit (nicht zerlegbar), 3 Steckkontakt, 4 Heckspoiler.*

Die Montage erfolgt sinngemäß in umgekehrter Reihenfolge zur beschriebenen Demontage.
■ Prüfen Sie die Funktion der Bremsleuchte nach der Montage.

STÖRUNGSBEISTAND

Karosserie

Störung	Was kann das sein?	Was kann ich tun?
A Klappergeräusch einer Tür	**1** Türschloss schließt nicht richtig	Einstellung des Türschlosses prüfen (lassen)
	2 Türschloss defekt	Türschloss und Funktion prüfen lassen (Tester erforderlich), eventuell Türschloss ersetzen
	3 Fanghaken defekt	Befestigung des Fanghakens prüfen und instand setzen, eventuell Fanghaken ersetzen
	4 Einstellung der Türe falsch	Türeinstellung durchführen (lassen)
	5 Verschraubungen oder Fangbänder lose	Befestigung des Fanghakens prüfen und instand setzen, eventuell Fanghaken ersetzen
	6 Anschlaggummi verschlissen	Anschlaggummis prüfen und gegebenenfalls erneuern
B Tür schließt nicht richtig	**1** Tür steht vorne weiter außen	Einstellung der Tür prüfen und wenn erforderlich einstellen (lassen). Achten Sie auf die richtige Einstellung der vorderen Türen (Grundeinstellung)! Prüfen Sie den Zustand der Türscharniere.
	2 Tür steht hinten weiter außen	
	3 Schließt nicht richtig	Schlosshaken und Einstellung prüfen lassen
	4 Tür sitzt schief	Zustand der Türscharniere prüfen (lassen)
	5 Tür ist schwergängig	Zustand der Türscharniere und der Fangbänder prüfen (lassen)
C Tür lässt sich nicht öffnen oder verriegeln	**1** Türschloss defekt	Türschloss und Funktion prüfen lassen (Tester erforderlich), eventuell Türschloss ersetzen
	2 Defekt am Servo der Zentralverriegelung	Funktion des Servomotors und der Zentralverriegelung prüfen lassen (Tester erforderlich), eventuell Servo ersetzen
	3 Zentralverriegelung defekt	Funktion der Zentralverriegelung prüfen lassen, Diagnose ist wichtig!
D Verdeck schließt nicht richtig	**1** Einstellung des Verdecks stimmt nicht	Einstellung des Verdecks und der Scheiben prüfen
	2 Verdeck hakelt beim Öffnen oder Schließen	Einstellung des Verdecks, der Scheiben und der Seitenholme prüfen, eventuell neu ausrichten
	3 Windgeräusche an der Vorderkante zum Scheibenrahmen	Einstellung des Verdecks und der Scheiben prüfen. Dichtungen prüfen, eventuell zusätzlich abdichten.

Windgeräusche orten

Die Ortung der Windgeräusche während der Fahrt ist nicht ganz einfach. Schließlich muss die Aufmerksamkeit des Fahrers auf dem Straßenverkehr liegen und auch das Herumturnen eines Mitfahrers zur Eingrenzung der Geräuschquelle ist nicht sinnvoll. Dazu kommt noch, dass die Geräusche zumeist erst bei höherer Fahrtgeschwindigkeit auftreten.

- Nehmen Sie eine Rolle Malerkreppklebeband oder Gewebeklebeband mit und gehen Sie auf Probefahrt.
- Kleben Sie den Bereich, den Sie im Verdacht haben, dass er das Geräusch verursachen könnte, probeweise von außen mit Klebeband ab. Es macht keinen Sinn, komplette Kanten vollständig abzukleben. Beschränken Sie sich auf Teilbereiche und achten Sie genau auf mögliche Veränderungen oder sogar Verbesserungen.
- Wenn Sie eine Geräuschquelle geortet haben, untersuchen Sie zuerst die Dichtungen der Karosserieteile, die in diesem Bereich anliegen.
- Ersetzen Sie wenn erforderlich diese Dichtungen.

Geräuschminderung Verdeckkante

Ein klassischer Fehler beim Cabrio ist ein »brüllendes« Verdeck. Verursacht wird es meist durch eine falsche Verdeckeinstellung. Tritt es aber nur Nahe der Endgeschwindigkeit auf, liegt der Fehler meist in der Abdichtung zwischen Scheibenrahmen und vorderer Verdeckkante.

Übersicht der Einstellmaße:

- Lassen Sie die Verdeckeinstellung von einer Fachwerkstatt überprüfen und gegebenenfalls einstellen.

Längenversatz zwischen Seitenholm und Dachkassette	1,5+/-0,5 mm
Höhenversatz zwischen Seitenholm und Dachkassette	≤ 0,5 mm
Seitlicher Versatz zwischen Seitenholm und Dachkassette	≤ 1,0 mm
Eintauchtiefe Verdeck zur Dachspitzendichtung	1,5+/-0,5 mm
Eintauchtiefe Haltebügel Verdeck im Seitenholmlager vorne	≥ 12 mm
Spaltmaß (gleichmäßig) Seitenholm zur B-Säule	5-6 mm
Spaltmaß (gleichmäßig) Verdeck zur B-Säule	5-6 mm

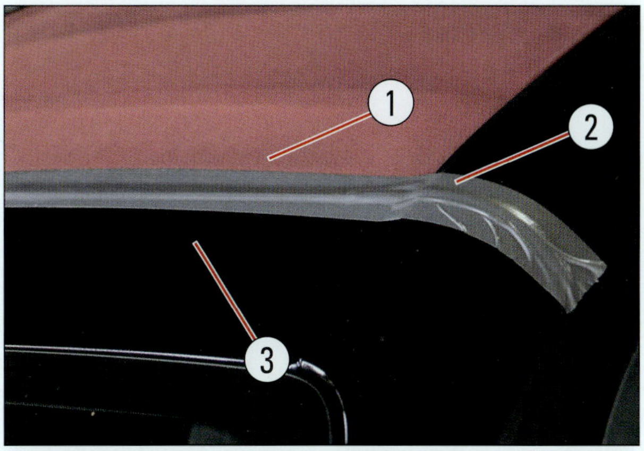

Geräuschortung am Übergang Scheibenrahmen zum Verdeck: *1 Verdeck, 2 Gewebeklebeband, 3 Scheibenrahmen.*

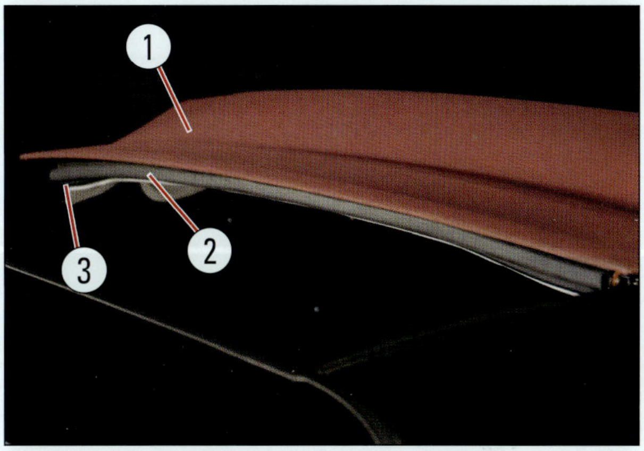

Zusätzliches Dichtgummi am Dachabschluss: *1 Verdeck, 2 Dichtprofil (Bauform »D«), 3 Dachabschlusskante vorne.*

Nachrüsten einer Zusatzdichtung:

- Öffnen Sie das Verdeck etwa 50 cm.
- Reinigen Sie die Abschlusskante (3 im Bild unten) vorne mit Alkohol.
- Schneiden Sie einen Streifen Profilgummi (2) in der Länge so zurecht, dass er wie im Bild unten gezeigt, angebracht werden kann.
- Bringen Sie etwas Profilgummikleber auf die Rückseite des Profilgummis (2) und auf die Abschlusskante (3) auf und lassen Sie den Kleber nach Arbeitsanweisung für den Klebstoff ablüften.
- Drücken Sie nach der Ablüftzeit das Profilgummi (2) wie im Bild unten gezeigt auf und verschließen Sie das Verdeck.
- Öffnen Sie das Verdeck erst nach der angegebenen Trockenzeit des Profilgummiklebers.
- Reinigen Sie die Abschlusskante (3) und das Profilgummi (2) gründlich von Kleberückständen.
- Überprüfen Sie das Ergebnis auf einer Probefahrt wie bereits zuvor beschrieben.

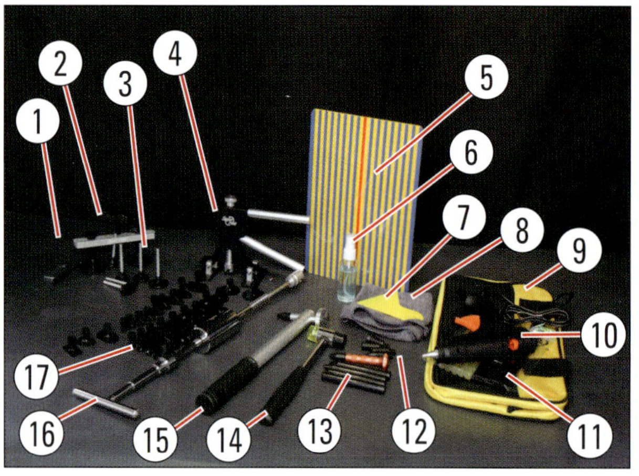

***Smart-Repair Dellenreparatursatz (Ausziehersatz):** 1 Werkzeugsatz, 2 Zugbrücke, 3 Klebeböcke, 4 Handzieher, 5 Kontrastlinienfeld, 6 Sprühflasche mit Alkohol-Reiniger, 7 Kunststoffspachtel, 8 Mikrofasertuch, 9 Tasche, 10 Heißklebepistole, 11 Heißklebestifte, 12 Schlagstifte mit Adaptern, 13 Schlagstifte, 14 Kunststoffhammer, 15 Ausbeulhammer, 16 Zughammer, 17 Klebeaufnahmen.*

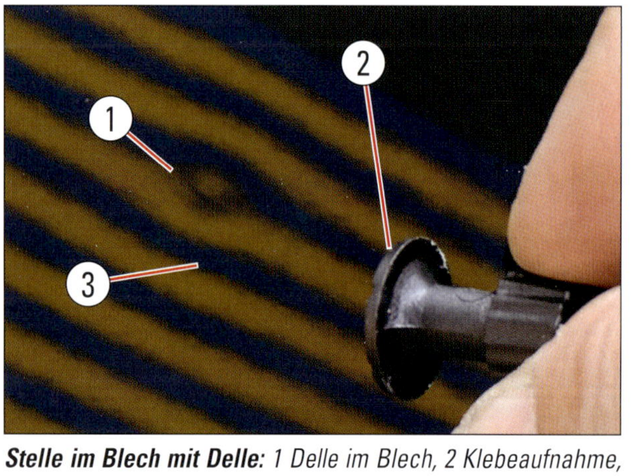

***Stelle im Blech mit Delle:** 1 Delle im Blech, 2 Klebeaufnahme, 3 Spiegelbild des Kontrastlinienfeldes auf dem Blech.*

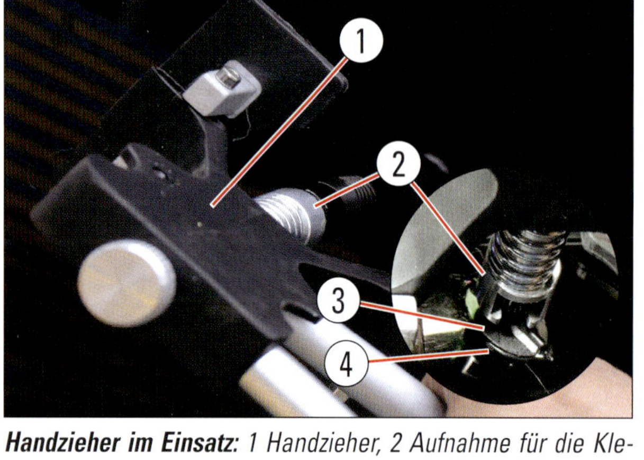

***Handzieher im Einsatz:** 1 Handzieher, 2 Aufnahme für die Klebeaufnahme, 3 Klebeaufnahme, 4 Klebstoff auf dem Blech.*

Dellen ziehen, Beulen drücken

Ganz sicher werden Sie kleine Dellen nicht in der Präzision und so spurlos herausziehen können (zumindest von Anfang an), wie die Profis im Bereich »Dellen und Beulen«. Mit Vorsicht und Geduld werden Sie die ärgerlichen Kleinschäden zumindest mindern können.

- Reinigen Sie den Schadbereich gründlich mit dem Alkohol (6 im Bild oben) und dem Mikrofaserlappen.
- Heizen Sie die Heißklebepistole (10) an und legen Sie einen Klebestift ein. Die Klebestifte unterscheiden sich von den üblichen Heißklebestiften. Sie müssen aber eine etwas höhere Kraft übertragen können und sich mit Alkohol wieder ablösen lassen.
- Stellen Sie das Kontrastlinienfeld so auf, dass Sie die Delle gut zwischen den Linien (Bild Mitte) erkennen können.
- Wählen Sie eine Klebeaufnahme aus, die die Delle gerade so abdeckt.
- Entfetten Sie die Klebeaufnahme mit dem Alkohol und dem Mikrofaserlappen.
- Tragen Sie etwas Heißkleber auf die gewählte Klebeaufnahme auf und drücken Sie sie mittig auf den Bereich der Delle auf.
- Warten Sie, dass die Klebestelle abgekühlt ist.
- Setzen Sie den Handzieher (4 im Bild oben) auf.
- Betätigen Sie vorsichtig den Handzieher, bis die Delle ausgezogen ist oder die Klebeaufnahme abreißt.
- Sprühen Sie die Kleberreste mit Alkohol ein und lösen Sie diese mit Hilfe des Kunststoffspachtels (7).
- Wiederholen Sie den Vorgang vorsichtig, bis die Delle ausgezogen ist.
- Beulen können vorsichtig mit den Schlagstiften (12 und 13) oder den Hämmern (14 und 15) zurückgeschlagen oder gedrückt werden.

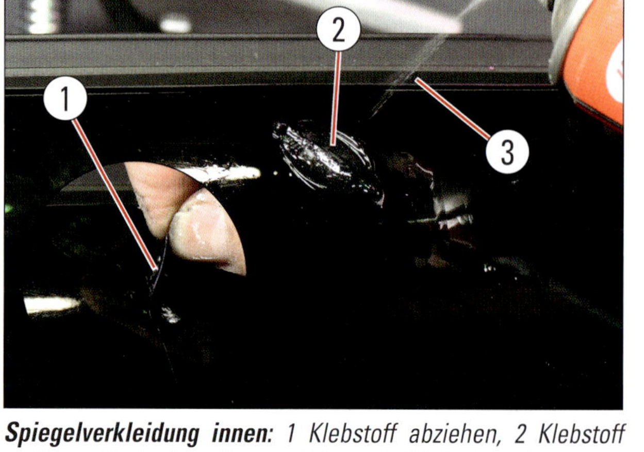

***Spiegelverkleidung innen:** 1 Klebstoff abziehen, 2 Klebstoff auf dem Blech einsprühen und lösen, 3 Alkohol zum Lösen.*

Der Innenraum

Mercedes-typische hohe Wertigkeit kennzeichnet auch den Innenraum des Smart 453. Woran Sie in diesem Bereich edler Oberflächen und Features tätig werden können, wollen wir hier zeigen. Oberstes Gebot: Kratzer und Schäden an Kunststoffoberflächen und Verkleidungen vermeiden!

Wie bereits erwähnt: Vor Arbeiten an Komponenten, die dem Insassenschutz dienen, müssen wir warnen. Wenn es an Kenntnis und Erfahrung mangelt, sollten Sitze und Lenkrad wegen der darin enthaltenen Airbags tabu sein. Denn selbst in den Werkstätten darf nur speziell geschultes Personal an diesen Teilen tätig werden. Das Risiko bei Reparaturversuchen verletzt zu werden, ist ja nur die eine Seite. Ein bei einem Unfall nicht mehr ordnungsgemäß funktionierender Insassenschutz stellt die weitaus schwerer wiegende andere Seite dar. Sogar bei einer Verschrottung des Fahrzeugs, etwa nach einem Unfall, müssen die Airbageinheiten und Gurtstraffer nach bestimmten Vorschriften sicher entsorgt werden. Auf keinen Fall dürfen Sie diese Komponenten wie üblichen Abfall behandeln. Das gilt auch für gezündete Einheiten und technische Ladungen, wozu übrigens auch Gurtstraffereinheiten zählen. Denn es ist nicht mit Sicherheit zu bestimmen, ob wirklich alle im Fahrzeug vorhandene Pyrotechnik sicher gezündet wurde.

Sichtprüfung erforderlich

Zum Thema Sicherheit im Innenraum gehört auch eine regelmäßige Gurtkontrolle. Achten Sie dabei auf Beschädigungen wie Einrisse oder Verfransungen. Solche Verschleißerscheinungen können im Ernstfall zur Achillesferse des Rückhaltesystems werden. Denn sollte der Gurt bei einem Unfall durch die hohe Beanspruchung versagen, dann dort, wo er beschädigt ist. Rollen Sie daher bei der Sichtprüfung bei hellem Tageslicht die gesamte Gurtlänge ab. Fahren Sie mit den Fingern über den gesamten Gurt, und fühlen Sie dabei, ob es Beschädigungen wie oben beschrieben gibt. Nehmen Sie den Gurt auch genauestens in Augenschein. Die Behandlung mit irgendwelchen Mittelchen ist ebenfalls tabu! Denken Sie daran, dass im Falle eines Unfalls mehrere Tonnen am Gurt zerren.

⚠ Arbeiten an Rückhaltesystemen

GEFAHRENHINWEIS

Achtung Lebensgefahr!

■ Grundsätzlich dürfen keine Arbeiten an Systemen der Airbageinheiten von ungeschulten Personen durchgeführt werden. Es handelt sich nicht nur um tatsächliche Sprengsätze, sondern auch um Fahrzeugeinrichtungen, die der Sicherheit des Fahrzeuges dienen. Unsachgemäßer Umgang kann Ihr Leben oder Ihre Gesundheit schon bei der Demontage gefährden.

■ Auch wenn es auf den ersten Blick einfach erscheint, sollten Sie niemals ohne entsprechende Ausbildung an diesen Systemen arbeiten. Für die Arbeit, den Umgang und die Lagerung mit diesen Systemen muss ein »Airbag-Sachkunde-Lehrgang« abgeschlossen und bescheinigt worden sein.

■ Auf die Demontage dieser Systeme wird in diesem Buch absichtlich nicht eingegangen. Das Abklemmen der Batterie reicht nicht aus, um eine sichere Montage an diesen Systemen gewährleisten zu können.

Profitipp: Montagewerkzeug für Verkleidungen

Die teilweise kratzempfindlichen Kunststoffe der Innenraumverkleidung verlangen einen äußerst sensiblen Umgang. Will man nicht gleich beim ersten Demontageversuch hässliche Spuren hinterlassen, empfiehlt sich die Verwendung von Montagewerkzeug für den Innenraum. Das ist aus weichem und elastischem Kunststoff und erlaubt, mit der flachen Seite auch in den meist sehr engen Spalten problemlos zu arbeiten. Unterschiedliche Bauformen erlauben den Zugang und das Hebeln auch an verwinkelten Bereichen der Karosserie. Auch Spreizclips und Stopfen können professionell und meist schadfrei demontiert werden.

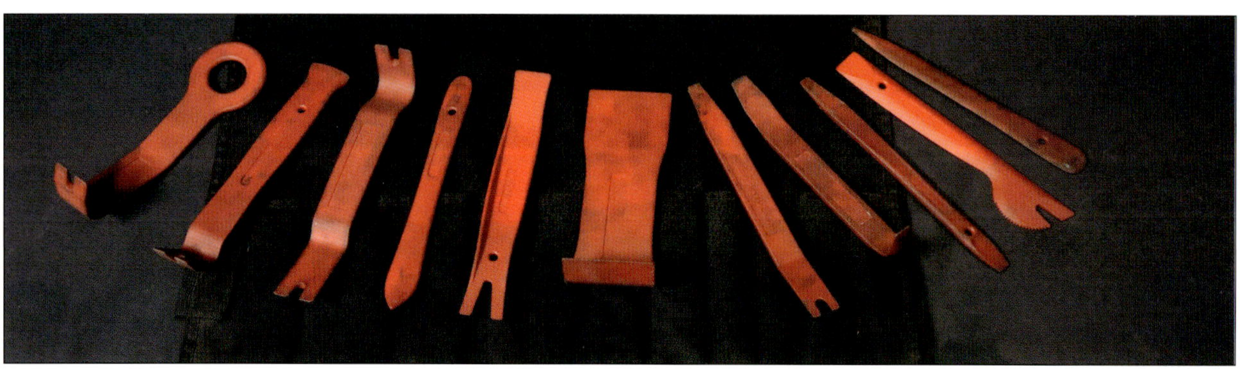

Demontagewerkzeug für Stopfen und Clips: *Unterschiedliche Winkel, Stärken und Profile erleichtern die Demontage erheblich.*

Arbeiten an den Sitzen

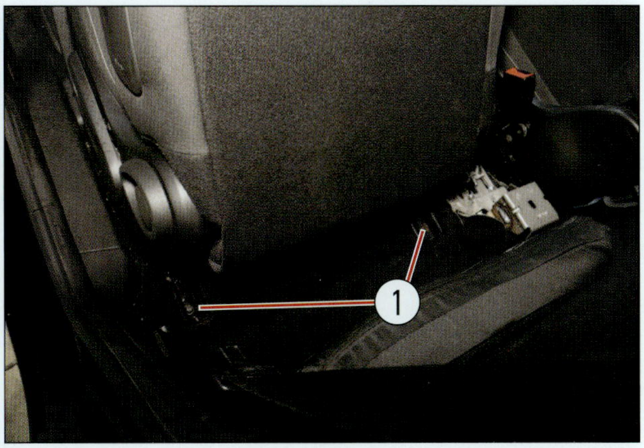

Verschraubung hinter dem Vordersitz: *1 Schrauben in der Sitzschiene (mit und ohne Abdeckungen).*

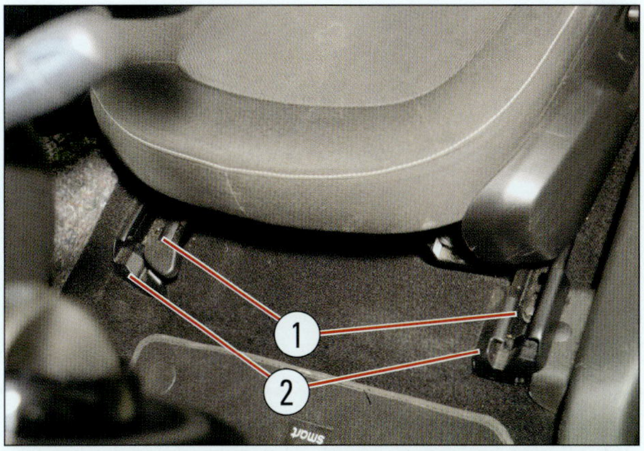

Verschraubung vor dem Vordersitz: *1 Schrauben in der Sitzschiene, 2 Abdeckung der Sitzschienen.*

Vordersitz ausbauen

In den Sitzen ist bereits ein Airbagsystem verbaut. Neben der Sitzbelegungserkennung und den Gutschlössern ist in der Seite ein Airbag verbaut. Auch hier gelten die Vorschriften im Umgang mit Airbagsystemen. Arbeiten Sie nur an diesen Systemen, wenn Sie die entsprechende Sachkunde besitzen.

Vorbereitungsarbeiten

- Schalten Sie die Zündung aus und ziehen Sie den Zündschlüssel ab.
- Klemmen Sie die Batteriemasse ab.
- Wenn Sie den Fahrersitz ausbauen wollen, stellen Sie die Lenksäule nach vorn und ganz nach oben.

Montagearbeiten am Sitz

- Verstellen Sie den Sitz ganz nach vorne.
- Ziehen Sie die Sitzschienenverkleidung hinten (soweit verbaut), nach innen und rasten Sie sie aus.
- Schieben Sie die Verkleidung nach hinten von der Sitzschiene ab.
- Drehen Sie die Schrauben (1 im Bild oben links) heraus.
- Verstellen Sie den Sitz ganz nach hinten.
- Ziehen Sie die Sitzschienenverkleidungen vorne nach vorne ab.
- Drehen Sie die Schrauben vorne am Sitz heraus.
- Kippen Sie den entsprechenden Sitz nach hinten.
- Entladen Sie sich durch Anfassen des Türschlossbügels, um die Übertragung einer Spannung auf die Airbagleitung zu vermeiden.

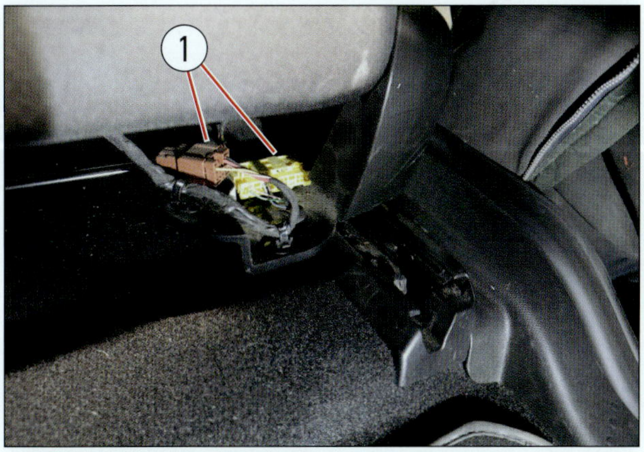

Steckverbindungen für Airbag und Sitzelektrik: *1 Steckkontakte vorne unter dem Sitz.*

- Trennen Sie die elektrischen Anschlüsse und legen Sie sie zur Seite.
- Decken Sie das Lenkrad, die Mittelkonsole und die Einstiegsleisten mit geeigneten Mitteln (Schutzdecken) ab.
- Öffnen Sie die Fahrzeugtür auf der Seite der Sitzdemontage vollständig.
- Nehmen Sie den entsprechenden Sitz mit einem Helfer aus dem Fahrzeug heraus.
- Stellen Sie den Sitz auf einer geeigneten Unterlage (Pappe) ab und sichern Sie ihn gegen Umfallen.

Die Montage erfolgt sinngemäß in umgekehrter Reihenfolge zur beschriebenen Demontage.

- Prüfen Sie den Sitz der Verschraubungen.
- Lassen Sie den Fehlerspeicher auslesen.

Innenverkleidungen

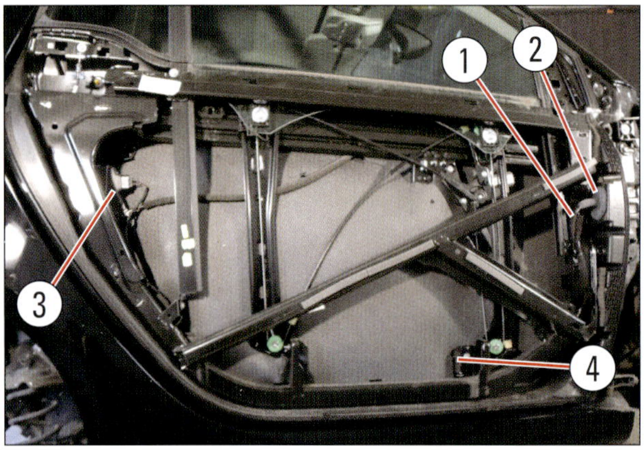

Steckverbindungen hinter der Türverkleidung außen: *1 Kabelstrang, 2 Kabeltülle, 3 Steckverbindung, 4 Steckverbindung.*

Blick in den Türfalz: *1 Zentralstecker als Trennstelle für den Kabelbaum der Tür zur Karosserie.*

Türverkleidung innen

■ Schalten Sie die Zündung aus und ziehen Sie den Zündschlüssel ab.
■ Demontieren Sie die Türverkleidung außen wie bereits auf der Seite 129 beschrieben.
■ Ziehen Sie die elektrische Steckverbindung zur entsprechenden Tür (1 im Bild oben rechts) ab.
■ Ziehen Sie die elektrische Steckverbindung (3) ab.
■ Trennen Sie die elektrische Steckverbindung (4).
■ Schieben Sie die Tülle (2) in die Tür hinein und führen Sie den elektrischen Leitungssatz (1) in die Tür hinein.
■ Abdeckkappe (4 im Bild oben auf Seite 143) im Türgriff (2) mit geeignetem Werkzeug ausclipsen und die dahinter liegende Schraube herausschrauben.
■ Beim Ausbau der Türverkleidung (3) auf der Fahrerseite den Schalter der Außenspiegeleinstellung ausbauen, die elektrische Steckverbindung trennen und die dahinterliegende Schraube (3) herausdrehen.
■ Die Abdeckkappe (1 im Bild unten links) in der Türöffnergriffschale ausclipsen. Die Abdeckung wird mit einem Kunststofffaden gehalten und muss etwas herausgezogen werden.
■ Die Schraube (2) in der Griffschale (3) herausdrehen.
■ Die Schraube oben in der Türverkleidung herausdrehen.
■ Den Spreizniet darunter herausziehen.
■ Türverkleidung (2 im Bild oben auf Seite 143) von unten beginnend mit einem Montagehebel ausclipsen und nach oben abheben, bis die elektrischen Steckverbindungen und der Drahtzug für die Türinnenbetätigung erreicht werden können.

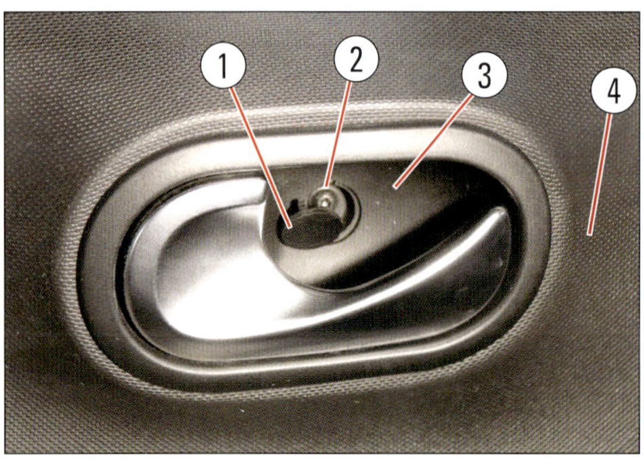

Ansicht Türinnenbetätigung: *1 Abdeckung in der Griffschale, 2 Schraube, 3 Türgriff (innen), 4 Türinnenverkleidung.*

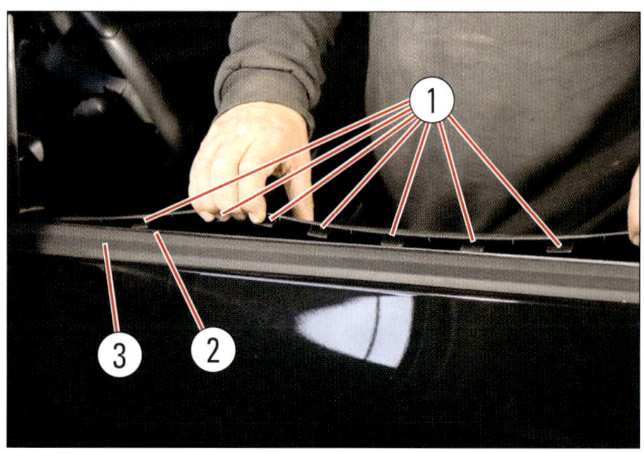

Türseitenverkleidungen: *1 Rastnasen an der Verkleidung, 2 Schachtleiste innen, 3 Schachtleiste außen.*

■ Elektrische Steckverbindungen auseinanderziehen und den Drahtzug der Türinnenbetätigung am Hebel aushängen.
■ Die Türverkleidung (2) abnehmen.

Die Montage erfolgt sinngemäß in umgekehrter Reihenfolge zur beschriebenen Demontage.
■ Achten Sie darauf, dass die Haltelaschen korrekt in der Abdichtschiene innen positioniert sind.
■ Die Halteclips (3 im Bild oben) auf Beschädigung prüfen und wenn erforderlich erneuern.

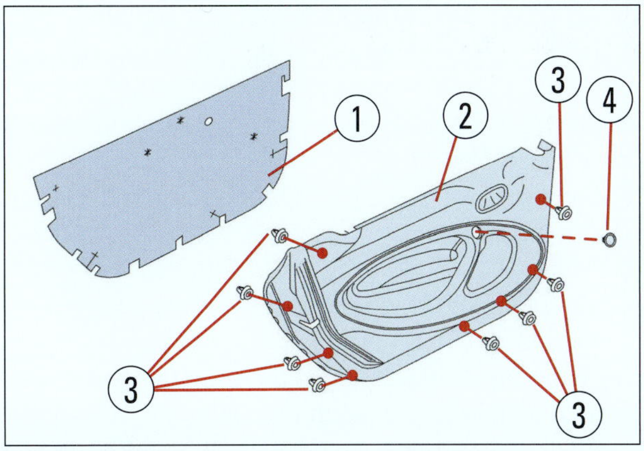

Türverkleidung innen: *1 Türfolie, 2 Innenverkleidung, 3 Clips Türverkleidung, 4 Abdeckstopfen Schraube Türgriff.*

Heckverkleidung

■ Schalten Sie die Zündung aus und ziehen Sie den Zündschlüssel ab.
■ Beim Cabriolet öffnen Sie das Verdeck und demontieren die Verkleidung des Überrollbügels. Die Arbeitsschritte hierzu werden wir im Anschluss genauer vorstellen.

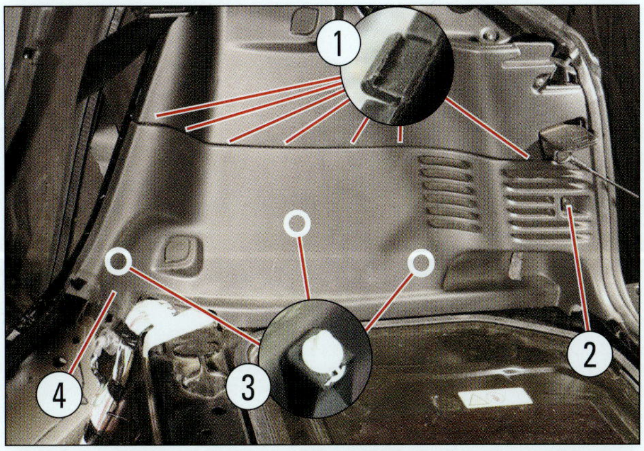

Heckverkleidung unten: *1 Rastnasen zur Heckverkleidung oben, 2 Schraube, 3 Halteclip in der Karosserie, 4 Verkleidung.*

Demontage der unteren Verkleidung

■ Verstellen Sie den entsprechenden Sitz ganz nach vorne.
■ Nehmen Sie, soweit verbaut, die Laderaumabdeckung heraus.
■ Bei Fahrzeugen mit Soundsystem (Bestellcode 810) muss beim Ausbau der Verkleidung auf der Fahrerseite der Tieftöner demontiert werden.
■ Beim Cabriolet öffnen Sie den Spannbügel (Zugang zum Kofferraum) und rasten ihn oben ein.
■ Ziehen Sie den Kantenschutz im Bereich der Verkleidung im Laderaum und am Türeinstieg ab.
■ Drehen Sie die Schraube (2 im Bild Mitte) heraus.
■ Klappen Sie den Bodenbelag des Laderaums nach vorne und nehmen Sie die Verkleidung (4) heraus. Im Bereich der hinteren Verkleidung des Türeinstieges sehr vorsichtig arbeiten, da die Rasthaken oder Ösen der Türeinstiegverkleidung beziehungsweise der unteren Verkleidung beschädigt werden können.

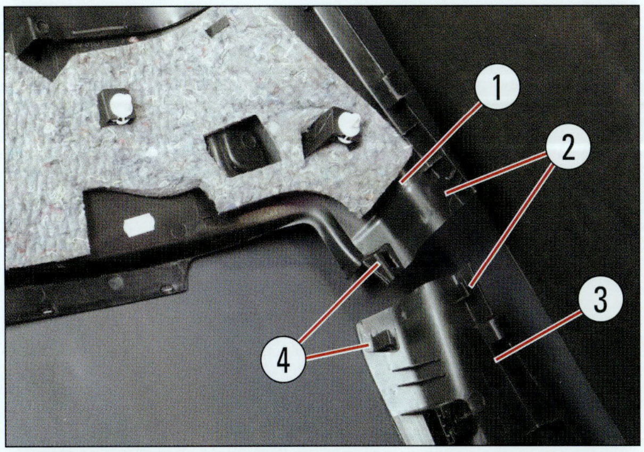

Heckverkleidung: *1 Heckverkleidung unten, 2 Verrastungen oben, 3 Schwellerverkleidung hinten, 4 Verrastungen unten.*

Die Montage erfolgt sinngemäß in umgekehrter Reihenfolge zur beschriebenen Demontage.

Demontage der oberen Verkleidung

■ Beim Cabriolet bringen Sie das Verdeck in die so genannte »Targa-Stellung« wie auf der Seite 22 beschrieben.
■ Öffnen Sie den Spannbügel des Verdecks (Zugang zum Kofferraum) und rasten ihn oben ein.
■ Ziehen Sie den Kantenschutz im Bereich des Türeinstiegs bis zur Oberkante der B-Säule ab.
■ Verstellen Sie den Sitz nach vorne.
■ Bauen Sie die Gurtumlenkung an der B-Säule ab.
■ Drehen Sie die Schraube im Bereich des Betäti-

gungshebels des Verdeckspannbügels heraus.
- Bauen Sie die Schraube (1 im Bild oben) der Abdeckung aus und nehmen Sie die Abdeckung heraus.
- Lösen Sie die Verkleidung an den Haltepunkten (3) der Verkleidung.
- Ziehen Sie die Steckverbindungen der Kofferraumleuchte ab.
- Fädeln Sie den Gurt durch die Öffnung in der oberen Seitenverkleidung und nehmen Sie sie heraus.

Die Montage erfolgt sinngemäß in umgekehrter Reihenfolge zur beschriebenen Demontage.

Schwellerverkleidungen

Die Schwellerverkleidung besteht eigentlich aus drei Teilen. Wir stellen Ihnen die Montagearbeiten in einer möglichen Demontagereihenfolge vor. Der hintere Teil ist die Verbindung zur Heckverkleidung unten. Der mittlere Teil ist der Einstiegsbereich. Für die Demontage muss der hintere Teil zumindest gelöst werden. Die vordere Schwellerverkleidung verkleidet gleichzeitig die A-Säule. Für die Demontage muss zumindest die mittlere Verkleidung ausgebaut werden.

Schwellerverkleidung hinten (6 im Bild Mitte)
- Verstellen Sie den Sitz nach vorne.
- Bauen Sie die Gurtverschraubung unten ab.
- Lösen Sie die untere Heckverkleidung.
- Clipsen Sie die Schwellerverkleidung hinten vorsichtig aus der Schwellerverkleidung Mitte aus.
- Ziehen Sie die Schwellerverkleidung zur Fahrzeugmitte hin ab.

Die Montage erfolgt sinngemäß in umgekehrter Reihenfolge zur beschriebenen Demontage.

Schwellerverkleidung Mitte
- Verstellen Sie den Sitz nach vorne.
- Lösen Sie die Gurtverschraubung unten.
- Verstellen Sie den Sitz nach hinten.
- Nehmen Sie die Abdeckkappe von der Sitzführungsschiene vorne ab.
- Ziehen Sie die Türdichtung im Bereich der Schwellerverkleidung ab.
- Lösen Sie den Halteclip an der Sitzschiene vorne.
- Heben Sie die Schwellerverkleidung an und lösen Sie den Clip in der Mitte.
- Ziehen Sie die Schwellerverkleidung aus der B-Säulenverkleidung heraus.

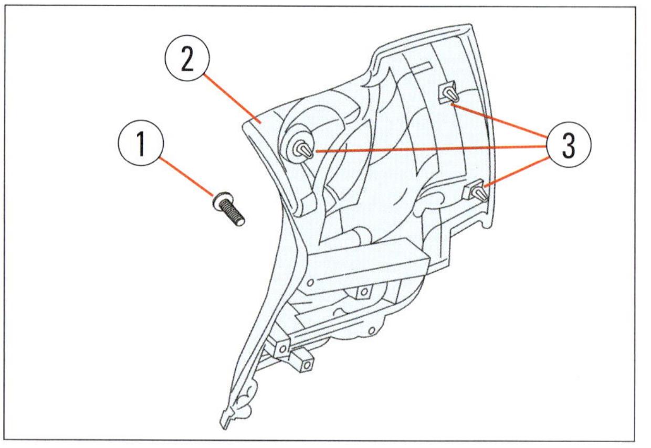

***Haltepunkte der Heckverkleidung oben:** 1 Schraube, 2 Heckverkleidung oben, 3 Halteclips in der Karosserie.*

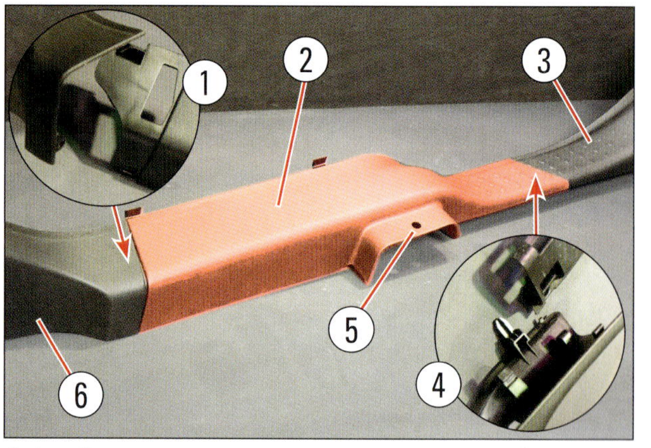

***Schwellerverkleidung Mitte:** 1 Verrastung hinten, 2 Schwellerverkleidung Mitte, 3 Schwellerverkleidung vorne, 4 Verrastungen vorne, 5 Bohrung Clip, 6 Schwellerverkleidung hinten.*

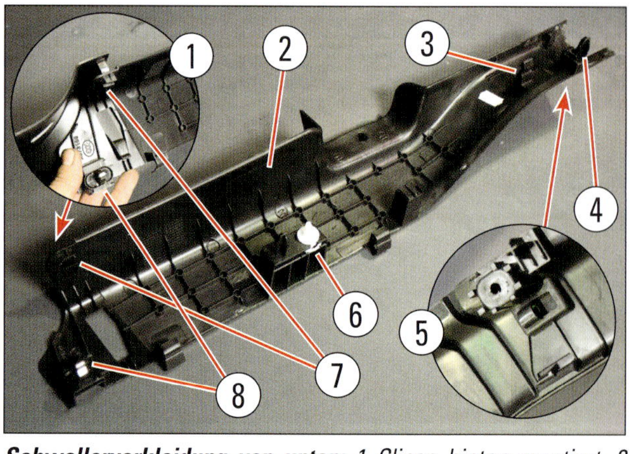

***Schwellerverkleidung von unten:** 1 Clipse hinten montiert, 2 Schwellerverkleidung Mitte, 3 Haltenase, 4 Führungsnase, 5 Klipse vorne montiert, 6 Haltclip, 7 Haltenase, 8 Haltclip.*

- Nehmen Sie die Schwellerverkleidung heraus.

Die Montage erfolgt sinngemäß in umgekehrter Reihenfolge zur beschriebenen Demontage.

■ Prüfen Sie den Halteclip und die Verrastungen.
■ Fädeln Sie die mittlere Schwellerverkleidung vorsichtig in die Schwellerverkleidung hinten ein.
■ Drücken Sie den Halteclip in der Mitte wieder an.

Schwellerverkleidung vorne (Bild oben)
■ Demontieren Sie die Schwellerleiste Mitte wie bereits beschrieben.
■ Für die Beifahrerseite nehmen Sie die Fußstütze (Werkzeugfach) heraus.
■ Für die Fahrerseite clipsen Sie die OBD-Anschlussdose (3) aus.
■ Drehen Sie die Schraube (6) heraus.
■ Clipsen (1) Sie die entsprechende Schwellerverkleidung (5) vorne rechts oder links ab.
■ Nehmen Sie die Schwellerverkleidung heraus.

Die Montage erfolgt sinngemäß in umgekehrter Reihenfolge zur beschriebenen Demontage.
■ Prüfen Sie den Halteclips (1) und die Verrastungen.

A-Säule und Dachverkleidung

Verkleidung A-Säule (Bild Mitte)
■ Ziehen Sie die Türdichtung im Bereich der A-Säulenverkleidung oben ab.
■ Clipsen Sie die Abdeckung (2) oben heraus.
■ Drehen Sie die Schraube (1) darunter heraus.
■ Clipsen (3) Sie die Verkleidung ab.
■ Ziehen Sie sie etwas zur Fahrzeugmitte und nach oben (5) aus der Armaturentafel heraus.

Die Montage erfolgt sinngemäß in umgekehrter Reihenfolge zur beschriebenen Demontage.
■ Prüfen Sie den Halteclip (3) und die Verrastungen.
■ Achten Sie auf den Sitz der Türdichtung zur Verkleidung der A-Säule und zur Türscheibe hin.

Sonnenblende (Bild unten)
■ Klappen Sie die Sonnenblende (2) nach unten und hängen Sie sie aus dem Halter auf der Innenseite aus.
■ Ziehen Sie den Spreizkeil (1) aus dem Halter mit Gelenk heraus.
■ Ziehen Sie die Sonnenblende (2) nach unten ab.
■ Um den Halter auszubauen, ziehen Sie die Abdeckung (3) heraus und ziehen den Halter aus der Dachverkleidung raus.

Die Montage erfolgt sinngemäß in umgekehrter Reihenfolge zur beschriebenen Demontage.

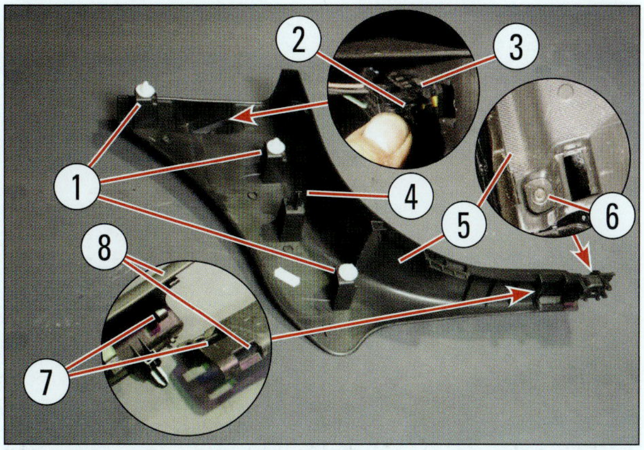

Schwellerverkleidung vorne: *1 Halteclip, 2 Halteclip, 3 OBD-Anschlussdose, 4 Führungsbolzen, 5 Schwellerverkleidung, 6 Schraube, 7 Clip innen, 8 Clip außen.*

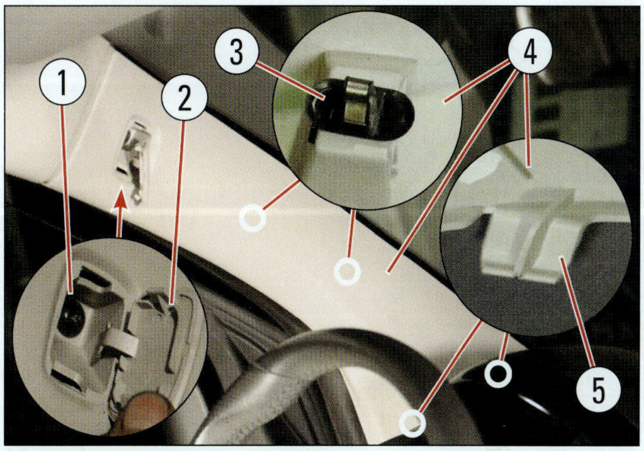

Verkleidung A-Säule: *1 Schraube, 2 Abdeckung, 3 Clip, 4 Verkleidung A-Säule, 5 Haltenase.*

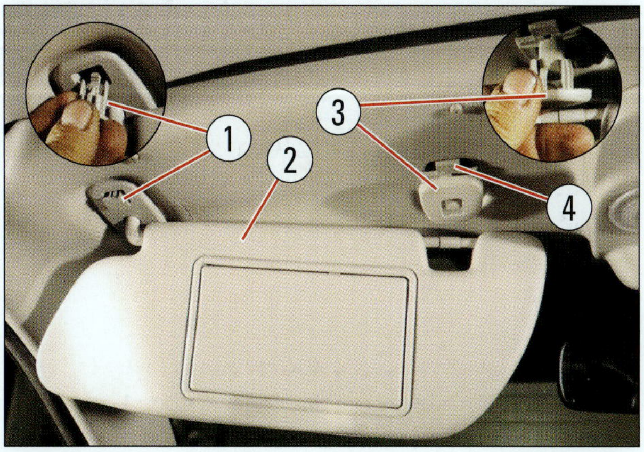

Sonnenblende: *1 Spreizkeil Außenseite, 2 Sonnenblende, 3 Abdeckung mit integriertem Clip, 4 Halter auf der Innenseite.*

Innenleuchten
■ Clipsen Sie die Innenleuchte (2 im Bild oben Seite 146) vorne mit dem Träger aus der Verkleidung raus.

■ Ziehen Sie die elektrischen Steckverbindungen ab.
■ Nehmen Sie die Innenleuchte (Deckenleuchte) ab.

Die Montage erfolgt sinngemäß in umgekehrter Reihenfolge zur beschriebenen Demontage.

Haltegriff oder Brillenschale (über dem Fahrersitz)
Beim Coupé ist im seitlichen Dachholm ein Haltegriff beziehungsweise eine Brillenschale verbaut. Die Befestigung für die Brillenschale oder Haltegriff ist identisch. Die Bauteile können auch untereinander getauscht oder nachgerüstet werden.
■ Klappen Sie den Haltegriff herunter oder öffnen Sie die Brillenschale.
■ Ziehen Sie die beiden Spreizclips heraus.
■ Hebeln Sie den Haltegriff oder die Brillenschale vorsichtig ab.

Die Montage erfolgt sinngemäß in umgekehrter Reihenfolge zur beschriebenen Demontage.

Dachverkleidung am Coupé (Bild unten)
■ Demontieren Sie die A-Säulenverkleidung wie bereits beschrieben.
■ Demontieren Sie die Heckverkleidung oben.
■ Bauen Sie das Brillenfach und den Haltegriff aus.
■ Demontieren Sie die Sonnenblenden wie bereits beschrieben.
■ Ziehen Sie die beiden Halteclips (4) im Heckbereich heraus.
■ Bauen Sie die Innenleuchte aus.
■ Stellen Sie beide Sitze ganz nach hinten und klappen Sie die Lehnen nach vorne.
■ Ziehen Sie die Dachverkleidung vorsichtig nach unten und legen Sie den Leitungssatz frei. Achten Sie auf die Einbauposition der Klebestreifen (2) und die Einbaulage des Kabelstrangs.
■ Lösen Sie die Dachverkleidung (1) vorsichtig. Sie kann am Dach angeklebt sein oder wird mit Klettverschlüssen gehalten (2 im Bild oben).
■ Drehen Sie die Dachverkleidung vorsichtig, sodass Sie sie zur Beifahrerseite mit der Aussparung für die Innenleuchte (3) zuerst aus der Beifahrertür herausnehmen können.

Die Montage erfolgt sinngemäß in umgekehrter Reihenfolge zur beschriebenen Demontage.
■ Entfernen Sie bei eingeklebter Dachverkleidung die alten Klebereste und tragen Sie an gleicher Position neuen Karosseriekleber auf.

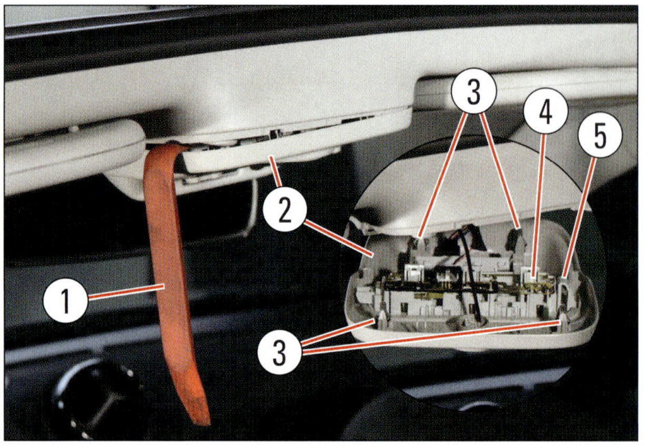

Innenleuchte oben: *1 Montagehebel, 2 Träger Innenleuchte mit Lampen, 3 Clips, 4 Innenleuchte (Lampe), 5 Haltenase.*

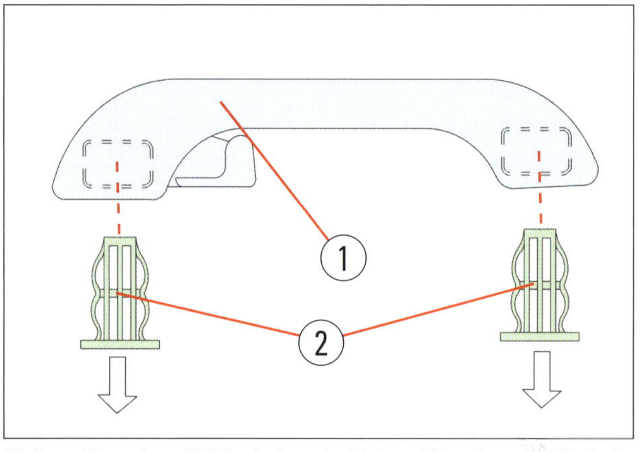

Haltegriff oder Griffschale: *1 Haltegriff oder Griffschale, 2 Spreizclip im Haltegriff oder der Griffschale.*

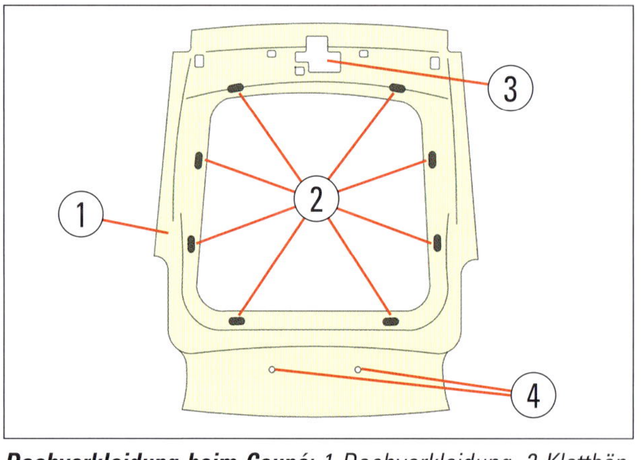

Dachverkleidung beim Coupé: *1 Dachverkleidung, 2 Klettbänder oder Klebestellen, 3 Aussparung Innenleuchte, 4 Clips.*

Dachverkleidung am Cabriolet
■ Demontieren Sie die A-Säulenverkleidung wie bereits beschrieben.
■ Demontieren Sie die Sonnenblenden wie bereits beschrieben.

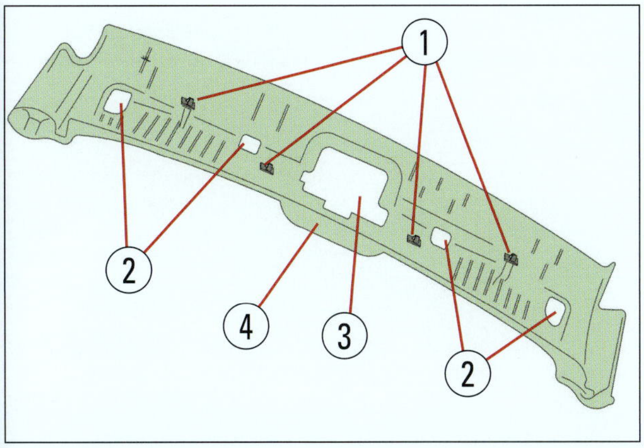

Dachverkleidung Cabriolet: *1 Halteclipse, 2 Aussparungen für die Sonnenblenden, 3 Aussparung Innenleuchte, 4 Verkleidung.*

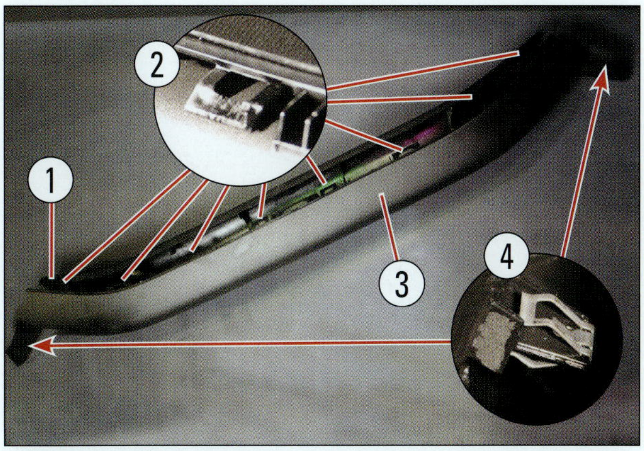

Verkleidung Überrollbügel: *1 Verkleidung innen, 2 Haltenasen, 3 Verkleidung außen, 4 Haltclip seitlich.*

■ Bauen Sie die Innenleuchte aus und ziehen Sie die elektrischen Steckverbindungen ab.
■ Clipsen Sie die Dachverkleidung los und nehmen Sie sie ab.

Die Montage erfolgt sinngemäß in umgekehrter Reihenfolge zur beschriebenen Demontage.
■ Prüfen Sie den Halteclip und die Verrastungen.

Verkleidung des Überrollbügels

■ Öffnen Sie das Verdeck vollständig.
■ Trennen Sie den vorderen und den hinteren Teil der Verkleidung des Überrollbügels.
■ Nehmen Sie die Verkleidungen ab.

Die Montage erfolgt sinngemäß in umgekehrter Reihenfolge zur beschriebenen Demontage.
■ Prüfen Sie den Halteclip und die Verrastungen.

Mittelkonsole

Die Mittelkonsole besteht aus mehreren Teilen. Je nach Ausstattung ist ein Fach mit Becherhalter oder eine Armlehne verbaut. Die Armlehne kann auch als Originalteil nachgerüstet werden. Die Montagearbeiten unterscheiden sich kaum. Wir stellen Ihnen hier eine allgemeingültige Beschreibung zur Verfügung, die für beide Ausführung angewendet werden kann.

Demontage Verkleidung oben (Bild rechts unten)

■ Schalten Sie die Zündung ein.
■ Bei Fahrzeugen mit automatischem Getriebe stellen Sie den Wahlhebel auf die Stellung »D«.
■ Schalten Sie die Zündung aus.
■ Clipsen Sie die Verkleidung oben nach oben aus.

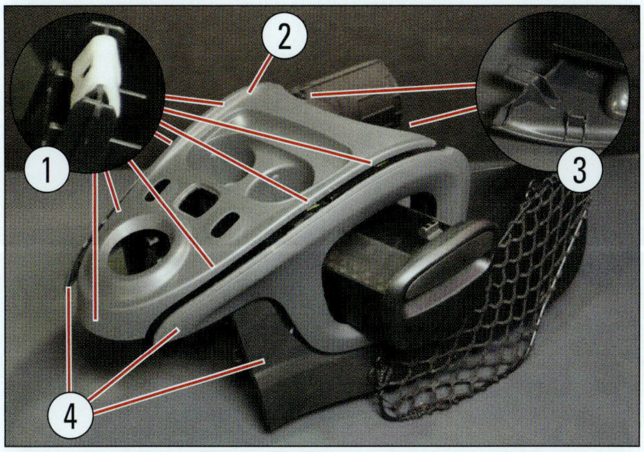

Demontage der Verkleidung oben: *1 Clipse, 2 Verkleidung Mittelkonsole oben, 3 Haltenase, 4 Verkleidung seitlich.*

■ Bei Fahrzeugen mit automatischem Getriebe rasten Sie die Anzeigeleuchte für die Fahrstufenanzeige von unten aus und ziehen dann den elektrischen Anschluss ab.
■ Bei Fahrzeugen mit Schaltgetriebe rasten Sie den Schaltsack aus der Verkleidung oben aus und führen Sie durch die Öffnung in der Verkleidung hindurch.
■ Nehmen Sie die Verkleidungen (4) ab.

Die Montage erfolgt sinngemäß in umgekehrter Reihenfolge zur beschriebenen Demontage.
■ Prüfen Sie den Halteclip und die Verrastungen.

Armlehne Mittelkonsole ausbauen

■ Schalten Sie die Zündung aus und ziehen Sie den Zündschlüssel ab.
■ Stellen Sie die beiden Sitze in die vorderste Stellung und klappen Sie die Rücklehnen nach vorne.
■ Clipsen Sie die beiden unteren Blenden ab.
■ Drehen Sie die Schrauben der Armlehne heraus.

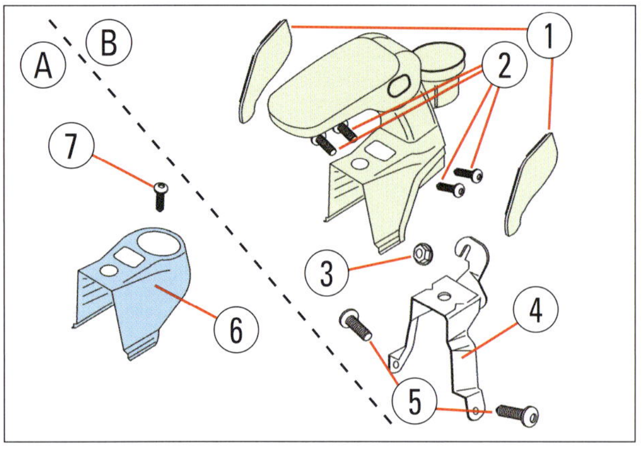

Auswahl am Ende der Mittelkonsole: *A Konsole mit Getränkehalter, B Mittelkonsole mit Armlehne, 1 Blende, 2 Schrauben, 3 Mutter, 4 Halter, 5 Schrauben, 6 Konsole, 7 Schraube.*

■ Nehmen Sie die Armlehne nach oben ab und ziehen Sie die Steckverbindungen zur »Multimedia-Anschlusseinheit« ab (soweit verbaut).
■ Demontieren Sie die 12-V-Steckdose.

Die Montage erfolgt sinngemäß in umgekehrter Reihenfolge zur beschriebenen Demontage.

Demontage der Mittelkonsole
■ Bauen Sie die Verkleidung oben der Mittelkonsole wie bereits beschrieben aus.
■ Bauen Sie die Armlehne wie beschrieben aus.
■ Bei Fahrzeugen ohne Mittelarmlehne bauen Sie den Cupholder aus und trennen die elektrischen Steckverbindungen.
■ Lösen Sie den elektrischen Leitungssatz aus der Mittelkonsole.
■ Drehen Sie die Schraube hinten in der Mittelkonsole heraus.

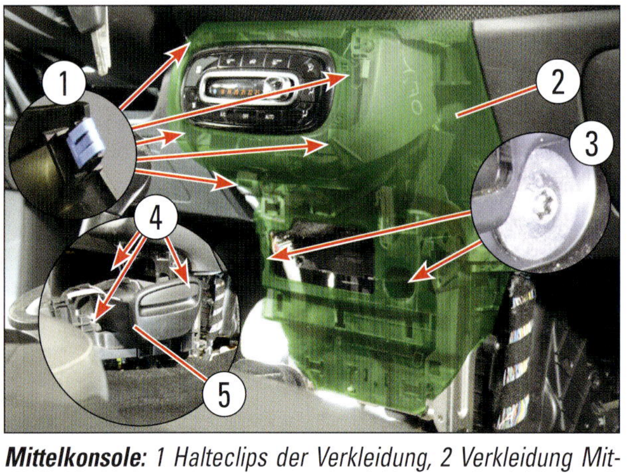

Mittelkonsole: *1 Halteclips der Verkleidung, 2 Verkleidung Mittelkonsole oben, 3 Schrauben, 4 Schrauben, 5 Verstärkung.*

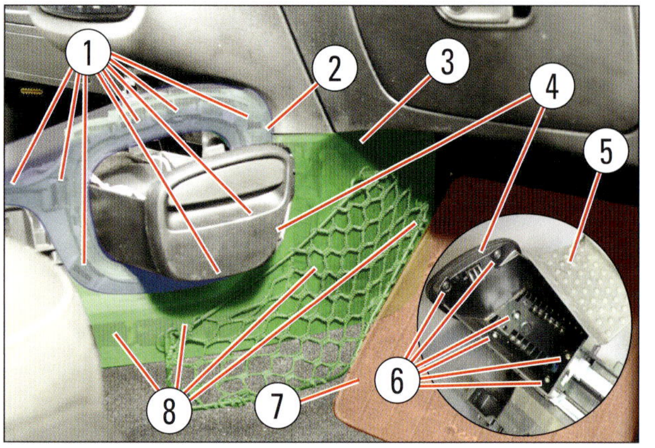

Mittelkonsole in Teilen: *1 Clips Verkleidungsrahmen, 2 Verkleidungsrahmen, 3 Verkleidung seitlich, 4 Schublade, 5 Einlagegummi, 6 Schrauben, 7 Werkzeugfach, 8 Clips Verkleidung.*

■ Stellen Sie die beiden Sitze nach hinten und klappen Sie die Rücklehnen zurück.
■ Bei Fahrzeugen mit automatischem Getriebe stellen Sie den Wahlhebel in die Stellung »D«.
■ Ziehen Sie die Handbremse bis zur siebten Raste an.
■ Clipsen Sie die Seitenverkleidungen rechts und links an der Mittelkonsole aus.
■ Entriegeln Sie die Mittelkonsole vorne und nehmen Sie sie heraus.

Die Montage erfolgt sinngemäß in umgekehrter Reihenfolge zur beschriebenen Demontage.
■ Prüfen Sie den Halteclip und die Verrastungen.

Handschuhfachkasten

■ Stellen Sie den Beifahrersitz ganz nach hinten.
■ Lösen Sie die Türdichtung (5 im Bild unten rechts) und clipsen die Verkleidung des Armaturenbretts (6) ab.

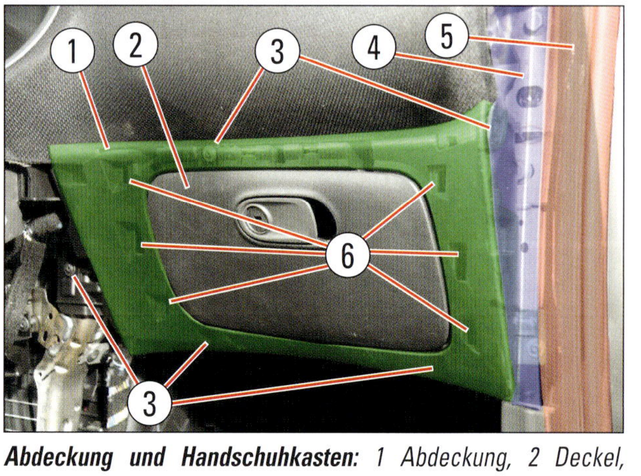

Abdeckung und Handschuhkasten: *1 Abdeckung, 2 Deckel, 3 Schrauben, 4 Abdeckung seitlich, 5 Türdichtung, 6 Verkleidung.*

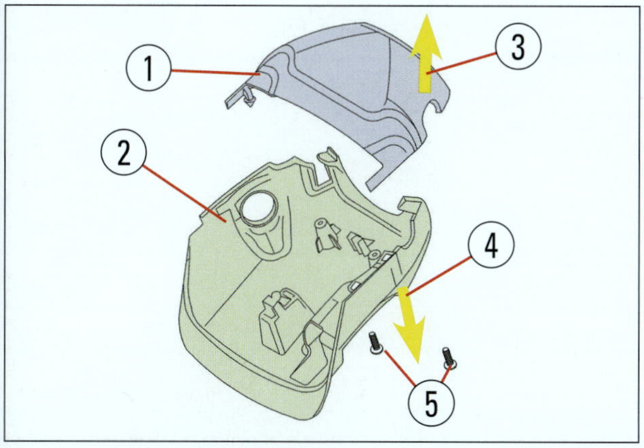

Verkleidung der Lenksäule: *1 Verkleidung oben, 2 Verkleidung unten, 3 und 4 Demontagerichtung Verkleidung, 5 Schraube.*

- Bauen Sie die Mittelkonsole wie bereits beschrieben aus.
- Lösen Sie die Verkleidungen der Mittelkonsole (3 im Bild oben rechts Seite 148) und nehmen Sie sie ab.
- Öffnen Sie die Schublade (4).
- Drehen Sie die Schrauben (3 im Bild links auf Seite 148) heraus und nehmen Sie die Verkleidung (2) ab.
- Lösen Sie die Seitenverkleidungen aus den Clips, ziehen Sie ab und legen Sie sie zur Seite.
- Drehen Sie die Schrauben (4) heraus und nehmen Sie die Verstärkung (5) der Mittelkonsole ab.
- Drehen Sie die Befestigungsschrauben (3 im Bild unten rechts Seite 148) heraus.
- Nehmen Sie die Handschuhfachkasten heraus.
- Ziehen Sie die Anschlusskabel für die Fußraumbeleuchtung ab.
- Ziehen Sie die Anschlusskabel für die Handschuhfachkastenbeleuchtung ab.

Die Montage erfolgt sinngemäß in umgekehrter Reihenfolge zur beschriebenen Demontage.

- Prüfen Sie den Halteclip und die Verrastungen.
- Überprüfen Sie die Funktion der Beleuchtungen vor der endgültigen Montage.

Verkleidung Lenksäule

Die Lenksäulenverkleidung besteht aus zwei Teilen und kann ohne die Demontage des Lenkrades ausgebaut werden.

- Schalten Sie die Zündung aus und ziehen Sie den Zündschlüssel ab.
- Drehen Sie die beiden Schrauben (5 im Bild oben links) heraus.
- Ziehen Sie die obere Lenksäulenverkleidung (1) nach oben (3) ab.
- Klappen Sie den Verstellhebel für die Lenksäule nach unten und stellen Sie die Lenksäulenverkleidung nach oben.
- Ziehen Sie die untere Lenksäulenverkleidung (2) nach unten (4) ab.

Die Montage erfolgt sinngemäß in umgekehrter Reihenfolge zur beschriebenen Demontage.

- Prüfen Sie die Halteclips und Verrastungen.

Innenverkleidung Heckklappe

Die Heckklappenverkleidungen beim Cabriolet und beim Coupé unterscheiden sich. Wir stellen Ihnen die Montagearbeiten für beide Verkleidungen vor.

Demontage beim Coupé

- Demontieren Sie die äußere Verkleidung der Heckklappe wie bereits auf Seite 131 beschrieben.
- Schieben Sie die Scharnierbolzen mit einem geeigneten Werkzeug zur Außenseite heraus.
- Öffnen Sie die Verriegelung des Innendeckels (4 im Bild unten) und nehmen Sie die Verkleidung (3) heraus.

Die Montage erfolgt sinngemäß in umgekehrter Reihenfolge zur beschriebenen Demontage.

Demontage beim Cabriolet

- Öffnen Sie die Heckklappe.
- Öffnen Sie die beiden Spannbänder (2 im Bild unten).
- Drehen Sie die beiden Schrauben (5) im Bild oben auf Seite 150 heraus.

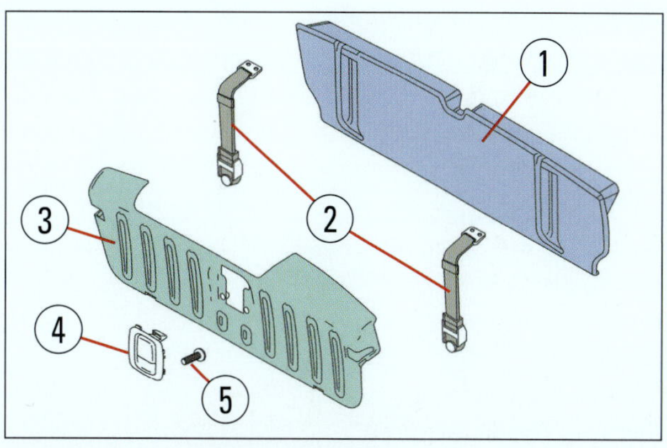

Verkleidung der Heckklappe innen: *1 Innenverkleidung beim Cabriolet, 2 Spanngurte, 3 Innenverkleidung beim Coupé, 4 Griff in der Verkleidung, 5 Schraube.*

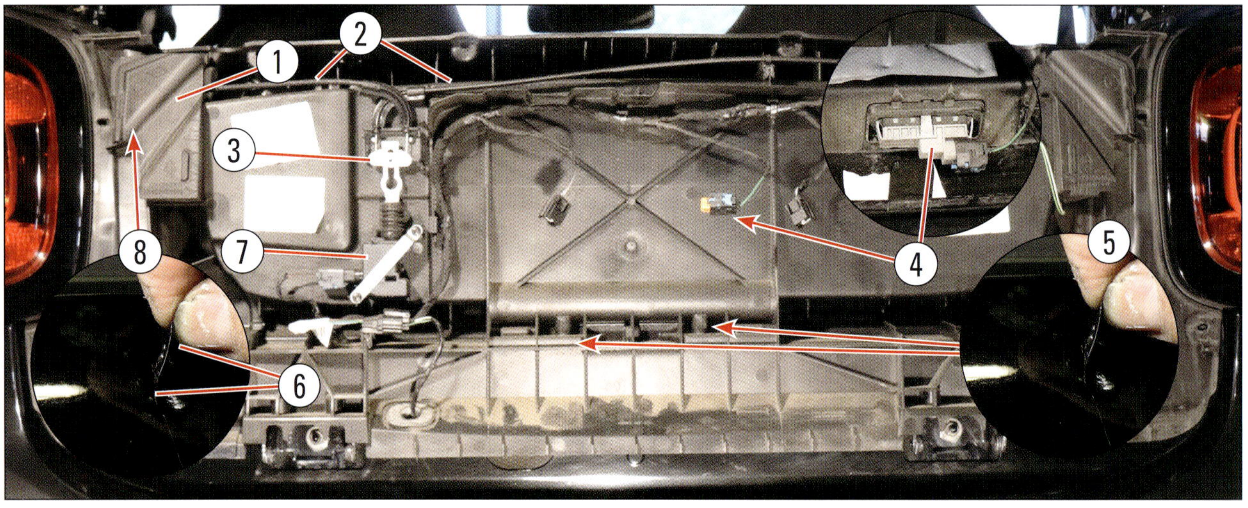

Klappenbetätigung Heckklappe unten: *1 Schaumdämmung, 2 Bowdenzüge, 3 Seilwaage, 4 Steckkontakt zum Betätigungstaster, 5 Schrauben von unten, 6 Schrauben am Klappenschloss, 7 Betätigungsservo, 8 Befestigung des Schlosses in der Heckklappe.*

■ Öffnen Sie den Innendeckel und nehmen Sie ihn nach oben heraus.

Die Montage erfolgt sinngemäß in umgekehrter Reihenfolge zur beschriebenen Demontage.

Klappenbetätigung

Betätigung des Klappenschlosses unten

Die Öffnung der unteren Heckklappe kann über einen Öffnungshebel erfolgen, der die beiden Züge zu den beiden Schlössern betätigt. Sie kann auch über einen Taster, der über das Bordnetzsteuergerät den elektromagnetischen Öffner (Servo) betätigt. Dieser betätigt dann die zwei Seilzüge, die wiederum die beiden Schlösser der Heckklappe öffnen.

Vorbereitung zur Prüfung

Für eine Fehlfunktion beim Öffnen und Verriegeln können die Schlösser, die Bowdenzüge oder der Öffnungsmechanismus, ob nun elektromechanisch oder über den Hebel rein mechanisch betätigt, verantwortlich sein.

■ Um die Funktion der Betätigung und der Schlösser besser beurteilen zu können, bauen Sie die Verkleidung außen der Heckklappe, wie bereits auf Site 133 beschrieben, ab.

Prüfung der Betätigung

■ Bauen Sie den Taster (4 im Bild oben) in der äußeren Verkleidung der Heckklappe aus und stecken Sie ihn wieder auf den Steckkontakt auf.

■ Betätigen Sie den Taster (4) und kontrollieren Sie, ob der Servomotor (7) angesteuert wird und die Bowdenzüge (2) zu den beiden Schlössern bewegt.

Ausbau des Heckklappenschlosses oben

■ Bauen Sie die Verkleidung über dem Schloss ab.
■ Drehen Sie die beiden Schrauben zur Heckklappe los und nehmen Sie das Schloss ab.
■ Ziehen Sie die elektrische Steckverbindung ab.

Die Montage erfolgt sinngemäß in umgekehrter Reihenfolge zur beschriebenen Demontage.

Ausbau des Heckklappenschlosses unten

■ Bauen Sie die Verkleidung außen der Heckklappe ab.
■ Nehmen Sie die Schaumdämmung (1 im Bild oben) auf der entsprechenden Seite ab.
■ Beim Ausbau des rechten Heckklappenschlosses ziehen Sie die elektrische Steckverbindung ab.
■ Bauen Sie das Fangband auf der entsprechenden Seite ab.
■ Öffnen Sie den Innendeckel der Heckklappe.
■ Markieren Sie die Einbauposition des Heckklappenschlosses.
■ Drehen Sie die Schrauben (6) des Heckklappenschlosses heraus.
■ Hängen Sie den Seilzug (2) aus und nehmen Sie das Heckklappenschloss heraus.

Die Montage erfolgt sinngemäß in umgekehrter Reihenfolge zur beschriebenen Demontage.

Innenraum

Störung	Was kann das sein?	Was kann ich tun?
A Fensterscheibe wird nur in eine Richtung verstellt	**1** Schalter defekt	Schalter auswechseln
	2 Fensterscheibe in den Führungen schwergängig. Die Überlastsicherung wird ausgelöst und der Motor abgeschaltet.	Fensterführung und Mechanik prüfen, reinigen und wenn erforderlich erneuern
B Fensterscheibe wird in keine Richtung verstellt	**1** Fensterheber wird nicht angesteuert	Fehlerspeicher abfragen (lassen), Fensterhebermotor und Fensterführungen prüfen
	2 Fensterheber oder Fensterhebermotor defekt	
C Fensterscheibe wird an der oberen Grenze des Verstellbereichs zu langsam verstellt	**1** Fensterscheibe in den Führungen verklemmt	Spiel der Scheibe prüfen ggf. korrigieren
	2 Dichtung defekt	Zustand und Sitz der Dichtung überprüfen, gegebenenfalls erneuern
	3 Einstellung der Scheiben fehlerhaft	Einstellung der Scheiben prüfen
D Schlösser werden entriegelt, aber nicht verriegelt	**1** Mehrfachstecker an Servomotor und Türkasten locker oder aber nicht verriegelt oxidiert	Auf festen Sitz kontrollieren ggf. reinigen
	2 Kabelbruch im Bereich des Türfalzes	Kabelübergang freilegen und Kabel überprüfen
	3 Servomotor defekt	Fehlerspeicher abfragen (lassen), Servomotor im Türschloss überprüfen
E Heckklappe entriegelt auf einer Seite nicht	**1** Schloss in der Heckklappe defekt oder verdreckt	Funktion der Schlösser überprüfen, reinigen und neu mit Sprühfett schmieren, gegebenenfalls Schloss erneuern
	2 Bowdenzug gerissen oder ausgehängt	Bowdenzüge und Seilwaage überprüfen und gegebenenfalls erneuern
F Heckklappe entriegelt auf beiden Seiten nicht	**1** Taster in der Heckklappe defekt	Taster in der Heckklappe überprüfen und gegebenenfalls erneuern
	2 Servo defekt	Servomotor in der Heckklappe überprüfen und gegebenenfalls erneuern
	3 Kabelbruch im Übergang	Kabelübergang freilegen und Kabel überprüfen

Armlehne nachrüsten

Die Mittelarmlehne für die Vordersitze lässt sich auch nachträglich nachrüsten. Wir zeigen Ihnen die Arbeitsschritte am Beispiel der Original-Armlehne.

■ Schalten Sie die Zündung aus und ziehen Sie den Zündschlüssel ab.

■ Schieben Sie den Fahrer- und den Beifahrersitz ganz nach vorne und klappen Sie die Sitzlehne vor.

■ Nehmen Sie den Aschenbecher aus der Abdeckung der Mittelkonsole heraus.

■ Demontieren Sie den Multimediaanschluss aus der Abdeckung der Mittelkonsole hinten.

■ Bauen Sie die 12-V-Steckdose oder den Zigarettenanzünder aus der Mittelkonsole aus.

■ Nehmen Sie die Verbandstasche, das Warndreieck und die Bedienungsanleitung, soweit diese hinter dem Sitz mit Klettverschlüssen am Teppich befestigt wurden, ab.

■ Demontieren Sie die Druckclips am Kofferraumboden und lösen Sie den Bodenbelag am Fahrzeugboden sowie seitlich und hinter den Sitzen.

■ Klappen Sie den Kofferraumboden hoch und setzen Sie die beiden Käfigmuttern (Smart A 415 990 04 56) im hinteren Bereich der Mittelkonsole seitlich in das Fahrzeugblech ein.

■ Verdrehen Sie die Käfigmutter um 90° zum Sichern.

■ Setzen Sie den Halter (Smart A 453 683 03 00) auf und drehen Sie die Schrauben unten (6 im Bild oben) und die Mutter (5) oben zunächst handfest an.

■ Richten Sie den Halter (4) genau aus und ziehen Sie die Schrauben (6) und die Mutter (5) an.

■ Führen Sie die elektrischen Anschlüsse von innen durch die Aussparungen in der Mittelkonsole.

■ Schließen Sie die 12-V-Steckdose und den USB-Anschluss so weit verbaut an.

■ Setzen Sie die Mittelkonsole auf dem Halter auf. Die seitlichen Bohrungen in der Mittelkonsole müssen mit den Bohrungen übereinstimmen.

■ Richten Sie die Armlehne aus und ziehen Sie die selbstschneidenden Schrauben rechts und links an. Die Armlehne muss zur Mittelkonsole abschließen.

■ Montieren Sie die rechte und linke Blende (1) im hinteren Bereich der Armlehne zum Teppichboden.

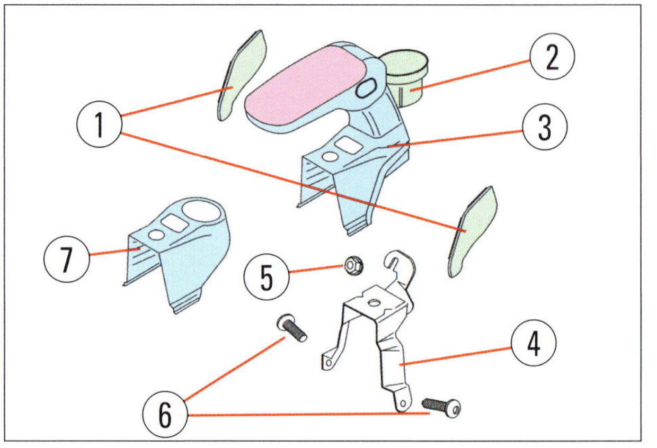

Mittelkonsole in Teilen: *1 Blende 2 Getränkehalter, 3 Mittelkonsole, 4 Halter, 5 Mutter, 6 Schrauben, 7 Getränkehalter.*

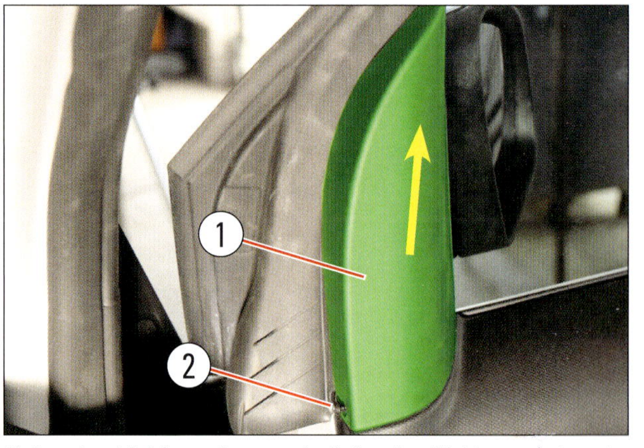

Spiegelverkleidung innen: *1 Spiegelverkleidung (mit oder ohne Hochtöner), 2 Schraube, Pfeil Demontagerichtung.*

Hochtöner im Spiegeldreieck

Eine deutliche Verbesserung des Klangerlebnisses des Smart-Soundsystems bringt die Nachrüstung der Hochtöner im Spiegeldreieck. Die Verkabelung ist bereits verlegt, die Nachrüstung nach dem Motto »plug & play« schnell erledigt. Die Spiegelverkleidung innen wird durch eine Spiegelverkleidung mit integriertem Hochtöner ersetzt.

■ Schalten Sie die Zündung aus und ziehen Sie den Zündschlüssel ab.

■ Öffnen Sie die Tür.

■ Drehen Sie die Schraube (4 im Bild oben) heraus.

■ Schieben Sie die Spiegelverkleidung (1) nach oben (3) und nehmen Sie sie ab.

■ Clipsen Sie das Anschlusskabel für den Hochtöner aus der Verkleidung heraus.

Stecken Sie das Kabel auf den Anschluss des Hochtöners auf.

■ Schieben Sie die Spiegelverkleidung (1) nach unten (3) und drehen Sie die Schraube der Spiegelverkleidung (2) wieder an.

■ Schalten Sie das Radio ein und prüfen Sie die Funktion des Hochtöners.

Die Elektrik

Während der Kraftstoff als ausgesprochen wertvoll gilt, wird die Stromversorgung sträflich vernachlässigt. Früher oder später rächt sich das: Mysteriöse Fehlfunktionen oder sogar der Totalausfall des Bordnetzes sind die Folge. Wir verraten Ihnen, wie sich das mit wenig Aufwand vermeiden lässt und wie Sie zusätzlich Geräte anschließen können.

Ein Auto braucht im Wesentlichen drei Dinge, um zu fahren: Kraftstoff, Luft und Zündung. Alle diese Dinge werden durch elektrische Bauteile gesteuert, geregelt und durch Elektronik beeinflusst.
Während der Kraftstoff als ausgesprochen wertvoll gilt, wird die Stromversorgung sträflich vernachlässigt. Früher oder später rächt sich das: Mysteriöse Fehlfunktionen oder sogar der Totalausfall des Bordnetzes sind die Folge.
»Na klar, früher war alles einfacher!«, denkt man. Stimmt aber nicht. Es ist neu, das Datenbussystem im Auto, ist aber real leichter zu prüfen. »Früher ...«, ruft mir der Altgeselle zu,»... hamwa alles noch mit der Prüflampe ...!!!«. Das Argument, dass man manchmal das halbe Auto zerlegt hat, lässt er kaum gelten. Die Prüflampe gehört nun endgültig, schön in Kupfer, Stahl und Hausmüll getrennt, auf den Recyclingweg. Und einfacher war es auch nicht! Die guten Mechaniker haben die meisten Standardschaltpläne im Kopf und müssen meist nur wegen der Kabelfarben oder dem Einbauort im Schaltplan schauen.
Und genau das ist jetzt zwar anders, aber nicht schwerer. Die OBD ermöglicht Messungen und Funktionsprüfungen an Bauteilen, ohne die entsprechenden Bauteile überhaupt zu Gesicht zu bekommen. Dazu aber etwas später.

Sprit, Luft und Zündung: *Die Basis für jeden Motorlauf. Ob Diesel oder Benziner: immer etwas anders, die Wirkung bleibt gleich.*

Was ist eigentlich der Unterschied zwischen Elektrik und Elektronik?

■ Von der Elektrik spricht man bei Bauteilen, die nach einem einfachen physikalischen Prinzip funktionieren. Kabel: »Stromleitung durch freie Elektronen«, Elektromotor: »Drehbewegung durch Einwirken elektrischer Feder auf Festmagneten«.
■ Die Elektronik beschreibt alle Bauteile, die durch andere elektrische Bauteile oder Größen beeinflusst steuern oder regeln können. Eine klare Grenze gibt es aber nicht. Betrachtet man beispielsweise die Lichtmaschine (Generator), würde man sie sicherlich der »Elektrik« zuordnen. Die Ladespannung wird aber »elektronisch« geregelt. Der Übergang zwischen diesen beiden Begriffen ist also eher fließend.

Vernetzung

Seit ungefähr 1980 ist zur Datenübertragung im Fahrzeug der CAN-Daten-Bus Industriestandard. Über eine, zwei Leitungen oder sogar über Glasfaserkabel werden elektrische Signale mit einer Übertragungsrate von bis zu 500 kBit/s zwischen den einzelnen Steuergeräten ausgetauscht. Der Code enthält neben den Daten auch Informationen, für welches Steuergerät seine Daten relevant sind. Die Dateninformationen werden in einer bestimmten »Sprache« übermittelt. Schließlich müssen die Informationen auch hinsichtlich Dringlichkeit sortiert werden. Die Motortemperatur ändert sich beispielsweise deutlich langsamer als der zeitliche Abstand der Zündung oder die erforderliche Kraftstoffmenge. Neben dem ursprünglichen Netz sind mittlerweile mehrere Datennetze mit unterschiedlichen Geschwindigkeiten, Aufgaben und Ausführungen im Fahrzeug verbaut, die den möglichst reibungslosen Betrieb gewährleisten sollen. Es gibt eigentlich zwei Argumente für die Datenbusvernetzung. Zum einen die Sparsamkeit und zum anderen die Flexibilität des Systems. Die Anbindung an ein Datennetz ermöglicht es tatsächlich, etliche Meter Kabel an einem Fahrzeug einzusparen. Zwischen Motorsteuergerät und ABS wird ein CAN-Datenbus eingesetzt. Heutzutage werden alle Steuergeräte in durchaus auch unterschiedlichen Datennetzen übermittelt. So können einzelne Sensoren für unterschiedliche Aufgaben ausgewertet werden und natürlich auch die unterschiedlichsten Funktionen auch unterschiedlicher Systeme zusammengeführt werden. Ein typisches Beispiel hierfür an modernen Fahrzeugen sind die ABS-Sensoren. Beim Ihrem Smart erfassen sie die Raddrehzahl für das ABS-System. Es wird mit den Signalen die ESP-Regelung, natürlich das ABS, der Tachometer und, um beim Cabrio zu bleiben, auch die Verdeckbewegung bis zu einer gewissen Geschwindigkeit zugelassen.

Fehlersuche und Diagnose

Bei einem Fehler in der Elektronik ist guter Rat teuer. Denn das Ermitteln der Fehlerquelle, die so genannte Diagnose, ist heutzutage ohne ein entsprechendes Diagnosetool, wie im Bild zu sehen, nicht möglich. Diagnosegeräte können dabei aber weitaus mehr als nur den Fehlerspeicher auslesen. Das moderne Fahrzeugsystem verbindet gleich mehrere Funktionen miteinander. Eine geführte Fehlersuche erläutert dem Servicetechniker ein schrittweises Vorgehen zum Beheben des aufgetretenen Fehlers. Niemals sollte die Erste Hilfe nach gutem nachbarschaftlichem Rat erfolgen. Setzen Sie das Steuergerät beispielsweise durch mehrstündiges Abklemmen der Batterie zurück, wird der Fehlerspeicher nicht zwingend gelöscht, aber neben dem Radiocode (der sich wieder eingeben lässt) gehen alle Feinabstimmungsdaten (so genannte Adaptionswerte), die das Steuergerät selbst ermittelt hat, verloren. Im schlimmsten Fall wird durch das mehrstündige Abklemmen auch die Software beschädigt und das Auto läuft nicht mehr. Mit etwas Glück kann der freundliche Hersteller-Partner diese wieder aufspielen. Gelingt das nicht, wird die Neuanschaffung eines Steuergerätes (könnten auch mehrere werden ...) und die Anpassung an das System unumgänglich. Bei jeder Art von Messungen sollte immer ein Dauerladegerät angeschlossen werden, um die Bordnetzspannung aufrecht zuhalten. Gar nicht so wenige Störungen an der Elektrik lassen sich mit einfachen Mitteln beheben. Man muss sich natürlich etwas auskennen, weswegen wir Ihnen Grundbegriffe erläutern und Hilfen bieten wollen. Wie bei anderen Baugruppen auch, gehören dennoch viele Störungen in die Fachwerkstatt oder zu einem versierten Mechaniker. Hilfen hierzu werden auch im Buch »Reparaturanleitung« unseres Verlages genauer beschrieben.

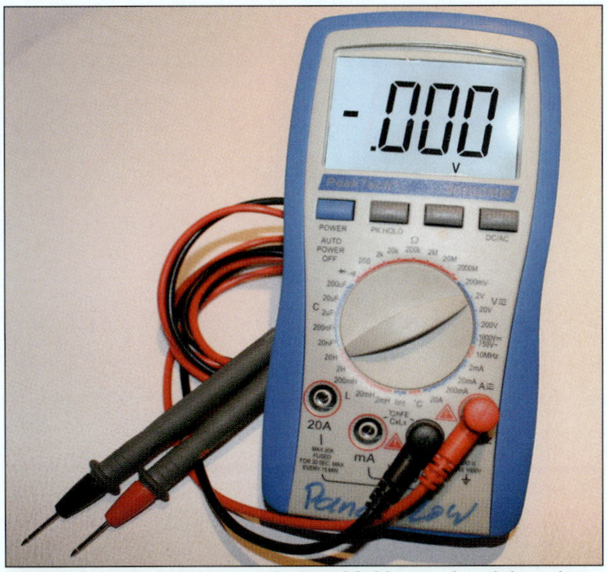

Multitalent: *Der Umgang mit dem Multimeter ist nicht schwer und doch sehr hilfreich. Spannung, Stromstärke oder der Widerstand eines Verbrauchers können leicht ermittelt werden.*

Diagnosesystem von Bosch: *Fehlerspeicherauslese, Werkstattinformationssystem und Messsystem in Kombination für den professionellen Einsatz in der Werkstatt.*

On-Bord-Diagnose

Seit den 1990er-Jahren sind alle Automobilhersteller gesetzlich dazu verpflichtet, die abgasbeeinflussenden Systeme während des Fahrbetriebs permanent zu überwachen und auftretende Fehler zu speichern. Die »On-Bord-Diagnose« in Ihrem Smart erfüllt genau diese Aufgabe. Das System ist ebenso in der Lage, Fehler zu erkennen, wie auch abzuspeichern. Es informiert ggf. auch den Fahrer über eine Anzeige im Cockpit, um ihn so dazu zu veranlassen, die Werkstatt aufzusuchen.

OBD-Anschlussdose: *Die Verbindung zwischen den Steuergeräten im Auto und dem Diagnose-Tester.*

Die im Smart eingesetzte OBD-II ist in der Lage, bei der Eigendiagnose die Fehlerart (Unterbrechung, Kurzschluss, unplausibles Signal), den Fehlerstatus (sporadisch, resistent) und die Fehlerquelle zumindest im System zu erkennen. Dies erleichtert der Werkstatt die Fehlersuche (das Auftrennen verschiedener Steckverbindungen mit anschließenden und aufwendigen Funktions- und Bauteileprüfungen wird oftmals unnötig). Zur Informationsübertragung wurde eine Diagnoseschnittstelle geschaffen, die eine Kommunikation zwischen den eingesetzten Steuergeräten und einem angeschlossenen Diagnosetester ermöglichen.
Der Informationsfluss ist in beide Richtungen möglich, das heißt zusammen mit dem Werkstattreparaturleitfaden hilft dieses System der Werkstatt das Einkreisen des Fehlers zu beschleunigen, die Reparatursicherheit zu erhöhen und damit auch Reparaturkosten zu senken. Die Diagnosegeräte haben sich mittlerweile vom einfachen Fehlerauslesegerät zu richtigen Hightechrechnern mit Eingriffsmöglichkeiten in die Steuergeräteumgebung entwickelt. Damit ein solches System funktionieren kann, müssen alle Systeme miteinander vernetzt sein und untereinander kommunizieren können. Dies ermöglicht der so genannte CAN-Daten-Bus.

WISSENSWERTES

Grundbegriffe der Elektrik

Die wichtigsten Einheiten und ihre Bedeutungen wollen wir Ihnen an dieser Stelle vorstellen:

Spannung (Volt): Vergleichbar mit dem Druck in einer Wasserleitung. Je größer der Druck, umso schärfer der Strahl. Autos benutzen derzeit ein 12-Volt-Bordnetz, in naher Zukunft wird die Voltzahl wohl deutlich erhöht. Besonders hohe Spannungen werden in Zündanlagen bereitgestellt. Bis zu 40.000 Volt sorgen dafür, dass der Strom auch größere Distanzen überspringen kann. Im Grunde soll er das aber nur an der Zündkerze, weshalb alle spannungsführenden Teile gut isoliert sind.

Stromstärke (Ampere): Vergleichbar mit der Durchflussmenge am Wasserhahn. Neben der Spannung, die zu Stromüberschlägen führen kann, ist die Stromstärke das eigentlich Gefährliche am Strom. Wird dicht an der Stromquelle ein Kurzschluss verursacht, fließt maximaler Strom. Vergleichbar einem Wasserrohrbruch, der eine ganze Straße unter Wasser setzen kann.

Leistung (Watt): Das Produkt aus Spannung und Strom gibt an, welche elektrische Arbeit ein Verbraucher abgibt beziehungsweise aufnimmt. Das hängt wiederum von dessen Widerstand ab. Bildlich gesprochen: Der wenig geöffnete Wasserhahn kann bei hohem Druck die gleiche Menge abgeben wie ein voll geöffneter Hahn bei geringem Druck. Wie viel entnommen werden soll, bestimmt allein der Verbraucher und dessen Aufnahmefähigkeit.

Widerstand (Ohm): Fließt der Strom ungehindert, ist der Widerstand = 0. Bei einer Unterbrechung des Stromkreises dagegen unendlich. Jeder Verbraucher bietet normalerweise einen gewissen Widerstand, wenn auch zum Teil einen sehr geringen. Wenn Sie z. B. mit einem Schraubenschlüssel beide Batteriepole verbinden, kann durch den massiven Stahl fast unendlich Strom fließen (Kurzschluss). Das schweißt sogar den Schlüssel an den Polen fest! Vor Kurzschlüssen im Bordnetz schützen Schmelzsicherungen mit ihrer dünnen Drahtbrücke. Dieser Draht ist das genau definierte schwächste Glied im Stromkreis und brennt bei Überlastung durch. Der Stromfluss wird somit unterbrochen und weiterer Schaden vermieden.

Das Bordnetz im Smart

Ihr Smart ist in allen Versionen vom Start an auf elektrische Energie angewiesen. Alle für den Fahrbetrieb, die Sicherheit und die Bequemlichkeit eingebauten Systeme und die gesamte Lichtanlage sind ohne sie arbeitsunfähig.

Batterie

Startenergie bereitzustellen, ist die wichtigste Aufgabe der Batterie auf der linken Fahrzeugseite Ihres Smart 453. Defekte Verbraucher, Selbstentladung durch lange Standzeiten oder eine Tiefentladung durch einen nicht abgeschalteten Verbraucher können Ausfälle verursachen. Diese Fehler zu finden, kann durchaus eine kniffelige Sache sein. Eine ausgebaute Batterie oder den Akku in einem vorübergehend stillgelegten Fahrzeug aufzuladen, ist hingegen leicht zu schaffen. Die Funktionen des Dauerladers werden wir etwas später noch vorstellen. Soweit Sie kein Dauerladegerät benutzen, sollten Sie die Batterie einmal im Monat laden. Denn zum Anlassen sind bei einem kleinen warmen Motor schon durchaus 400 W erforderlich. Bis zu 2000 W können bei Kaltstart abgefragt werden.

Generator

Der Drehstromgenerator (im Volksmund »Lichtmaschine «) versorgt vom Motor angetrieben schon bei Leerlauf alle elektrischen Aggregate mit Strom und lädt ständig die Batterie auf.

Generator im Schnitt: *1 Wicklungen mit drei Phasen, 2 Antriebswelle, 3 Gehäuse, 4 Regler mit Kohlen, 5 Kollektor, 6 Diodensatz.*

Batteriezelle in Scheiben: *1 Zellbrücke, 2 Plusplatte, 3 Minusplatte mit Trägergitter, 4 Separator, 5 Batteriegehäuse, 6 Batteriepol.*

Dauerladegerät im Einsatz: *Ob nun aufgeladen oder nur die Ladung (wie während der Diagnose mit dem Tester) erhalten werden soll, gute Geräte arbeiten selbsttätig.*

Er bringt es auf mehr als 2 kW Elektroenergie. Leistungsdioden besorgen die Gleichrichtung dieses Wechselstroms. Der Generator im Smart ist wartungsfrei, die Schleifkohlen sind für 100.000 km gut. Je schneller die Lichtmaschine dreht, umso höher die Spannung. Ein Regler schützt vor Überspannungen und verhindert Überladen der Batterie. An die Lichtmaschine angeschraubt, reguliert er die Betriebsspannung je nach Temperatur auf Werte zwischen 13,8 und 14,5 Volt im »14-Volt-Toleranzfeld«.

Anlasser

Der Smart ist mit dem üblichen Schub-Schraubtrieb-Anlasser ausgestattet, der sich vorn am Motor befindet. Sein Magnetschalter (1) trägt die Anschlüsse Klemme 30 (Pluskabel der Batterie) und Klemme 50 (Startfreigabe vom Bordnetzsteuergerät). Tut sich mal beim Starten gar nichts und könnte es der Anlasser sein: Kontakte überprüfen, durchmessen, vielleicht ausbauen und auswechseln. Magnetschalter, Schleifkohlen oder ein Lager-Verschleiß sind mögliche Ursachen.

Fehler an der Elektrik

Nötige Arbeiten sind nicht immer von der komplizierten Elektronik verursacht. Pflege und Wartung der Batterie, Ersetzen von Lampen im ausgedehnten Beleuchtungssystem oder Austausch von Sicherungen können Sie durchaus bewältigen. Dazu geben wir Ihnen in diesem Kapitel später zu den einzelnen Bauteilen einige Tipps.

Schub-Schraubtrieb-Anlasser: *Das Bosch-Gerät zeigt die auch im Smart zu findende Bauform, (1) Magnetschalter.*

Die Beleuchtung

Die Fahrzeugbeleuchtung ist ein zentrales aktives Sicherheitselement. Auch das Fahren mit Licht am Tag ist inzwischen aktuell. Serienmäßig ist kein Tagfahrlicht verbaut. Diese Ausrüstung gab es zum Produktionszeitpunkt noch nicht.

Für Sicherheit auf der Straße

Tagfahrlicht soll nach einschlägigen Untersuchungen die Sichtbarkeit eines Fahrzeuges erhöhen. Das mag zwar stimmen, verschlechtert aber die besondere Aufmerksamkeit für Motorradfahrer, die eigentlich schon immer mit Licht am Tag unterwegs sind. Wenn Sie mit Ihrem Smart mit Licht am Tag fahren möchten, bleibt Ihnen das Einschalten des Abblendlichtes oder die Nachrüstung von Tagfahrlicht im Bereich des vorderen Stoßfängers. Der Einbau ist je nach Ausführung Ihres vorderen Stoßfängers etwas schwieriger. Flache LED-Leuchten können allerdings Platz in den unteren Kühlluftschlitzen des Stoßfängers finden. Achten Sie bei einer geplanten Montage darauf, einen Steckkontakt gut zugänglich im Bereich des Frontträgers zu platzieren. Der Steckkontakt sollte idealerweise nicht im Spritzwasserbereich liegen. Die Leuchten müssen ein »E-Prüfzeichen« aufweisen.

Unterschiedliche Ausführungen: *Hier ist ein Freiflächenformreflektor mit LED für Tagfahrlicht und Standlicht verbaut.*

Die Scheibenwischanlage

Viel Neues im System

Auch die Scheibenwischer und die Scheibenwaschanlage ähneln der konventionellen Anlage nur auf den ersten Blick. Nicht nur die Lage der Wischer und das Ineinanderkämmen der Wischerarme ist etwas besonders. Das Ergebnis der Wischerblattführung ist ein vergrößertes Sichtfeld zu beiden Seiten. Auf der elektrischen Seite hat sich viel verändert. Der Scheibenwischerhebel schaltet nicht mehr, wie vor Jahren üblich, den Arbeitsstrom des Scheibenwischermotors. Er ist lediglich eine Eingabeinformation für das Bordnetzsteuergerät. Sensoren wie beispielsweise der Regensensor können die Funktion des Wischerhebels sinnvoll automatisieren. Hebel und/oder Elektronik formulieren den Bedarf. Der Motor wird durch das Bordnetzsteuergerät geschaltet.

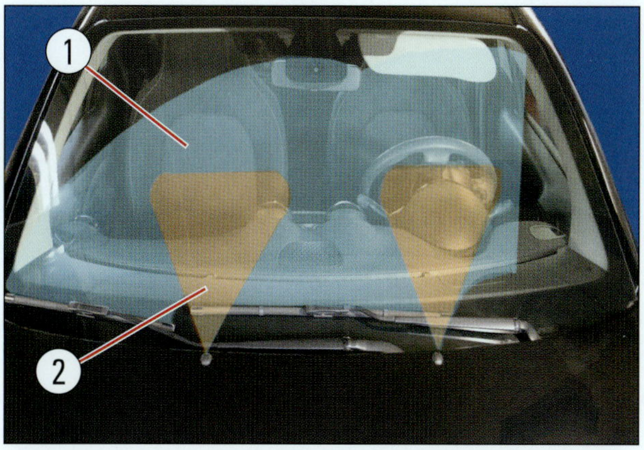

Sehr groß: *1 Wischbereich der Scheibenwischer beim Smart Fortwo, 2 Auftreffbereich des Wischwassers.*

Lasterkennung mit Sonderfunktionen

Die Ansteuerung über das Bordnetzsteuergerät »SAM« ermöglicht viele Funktionen, die über die normale Schalterbetätigung nur sehr aufwendig realisiert hätten werden können. Ein typisches Beispiel ist die automatische Wischfunktion. Über den Wischerschalter wird durch die Schalterstellung die Funktion aufgerufen. Der Licht- und Regensensor auf der Windschutzscheibe erkennt die Tropfenbildung auf der Scheibe und schaltet den Wischer nun so lange und so schnell wie erforderlich, zu bis die Tropfen nicht mehr erkennbar sind. Auch kann die Stromaufnahme durch das Bordnetzsteuergerät erfasst werden. So kann auf Softwarebasis ein Überlastungsschutz für den Wischermotor umgesetzt werden.

Relais und Sicherungen

Damit Sie die Elektrik Ihres Autos einfach, zuverlässig und sicher nutzen können, gibt es Schaltstellen, Leitungsstränge und Sicherheitsvorkehrungen. Die zahlreichen Schalter und Taster können auch schon mal Ursache für Störungen sein. Mit Multimeter kontrollieren, defekte Schalter auswechseln: Zündung und Verbraucher ausschalten, Zündschlüssel abziehen.

Schutz der Systeme

Verbraucher, die einen hohen Strom aufnehmen, werden durch Schaltrelais in Betrieb genommen. Erst über das Schließen des Schaltstromkreises wird von ihnen der Arbeitsstromkreis hergestellt. Für den Schutz der elektrischen Systeme sorgen Schmelzsicherungen. Wo sich Relaisträger und Sicherungshalter befinden, zeigen wir weiter hinten. Für Sie am wichtigsten: Sicherungen im Halter links unten in der Schalttafel (Bild unten).

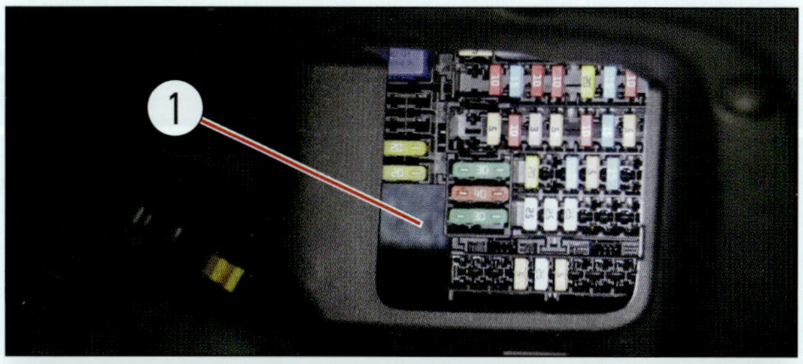

Schutz der Elektrik: *1 Sicherungshalter im Handschuhfachkasten, 2 Sicherungshalter unter der Serviceklappe vorne.*

Batterie - laden, pflegen und warten

Sichtprüfung und richtige Behandlung

Sichtprüfung:

■ Zündung ausschalten, Zündschlüssel abziehen, Motorhaube öffnen. Die Batterie links im Motorraum hat eine flexible Hülle oder steckt in einem verriegelbaren Kunststoffkasten. Auf Schäden am Gehäuse untersuchen. Wenn Säure ausgelaufen ist: Stellen mit Säurewandler oder Seifenlauge reinigen, undichte Batterien auswechseln!

■ Sind die Batteriepole (1 im Bild oben, Minuspol mit Klemme) beschädigt? Der nötige Kontakt der Klemmen muss unbedingt gewährleistet sein. Oxidkristalle an Batterieklemmen mit warmem Sodawasser abwaschen oder mit Säurewandler Neutralon behandeln.

■ Die Batteriepolklemmen (1 und 3) müssen korrekt aufgesteckt und festgezogen sein, weil es sonst zu Leitungsbränden und Störungen kommen kann. Der Funktionszustand des Fahrzeugs ist dann in erheblichem Maße nicht mehr gewährleistet. Polklemmen gewaltfrei von Hand aufstecken, um das Gehäuse nicht zu beschädigen. Die Muttern (3) werden mit 6 Nm festgeschraubt.

■ Die Batterie muss fest in ihrer Halterung (Bild 2) sitzen. Schraube (3) mit 20 Nm anziehen. Lockerer Sitz verkürzt durch Erschütterungen die Batterielebensdauer, kann zu Schäden an den Batterieplatten führen und stellt eine Gefährdung durch die Möglichkeit einer Explosion dar.

Batterie richtig behandeln:

■ Um lange Gebrauchstüchtigkeit zu gewährleisten, muss die Batterie sachgemäß geprüft, gewartet und gepflegt werden. Hinweise (Piktogramme) auf der Oberseite und in der Betriebsanleitung beachten!

■ Reihenfolge beim Ab- und Anklemmen: Zuerst Minuspol, dann Pluspol abklemmen. Beim Anklemmen erst Plus-, dann Minusklemme (»Masseband«) aufstecken. Verpolung und Kurzschlüsse vermeiden!

■ Wenn die Batterie längere Zeit im abgestellten Fahrzeug verbleibt, kann der Minuspol abgeklemmt werden. Sinnvoller ist es aber ein geeignetes Dauerladegerät anzuschließen.

■ Für die neue Batteriegeneration weisen einige Hersteller an: »Keine Etiketten entfernen und kein

WISSENSWERTES – AGM-Batterien

Mit »**AGM**« gekennzeichnete Blei-Säure-Akkus sind Vliesbatterien, wartungsfrei mit festem Elektrolyt.

Dieser ist in einem Mikroglasvlies (»**A**bsorbent **G**las **M**aterial – AGM«) festgelegt.

Die Batterie ist verschlossen und hat Ventile. Vliesbatterien stets durch Vliesbatterien ersetzen! Die Ladecharakteristik und die Eigenschaft, keine Säuredämpfe freizusetzen, macht neben der geringeren Ladehöchstspannung auch das Verlegen des Entlüftungsschlauches erforderlich.

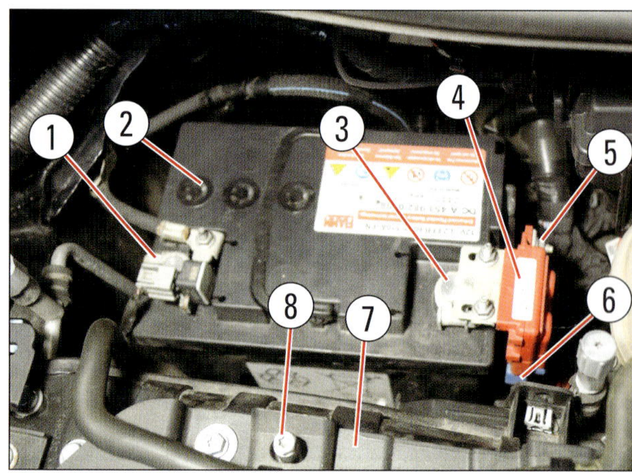

An der Batterie: *1 Batteriesensor, 2 Batterie, 3 Plusanschluss, 4 Anschlussplatte, 5 Plus-Anschlussklemme, 6 Plus-Anschlussstecker. 7 Halter Batterie, 8 Schraube.*

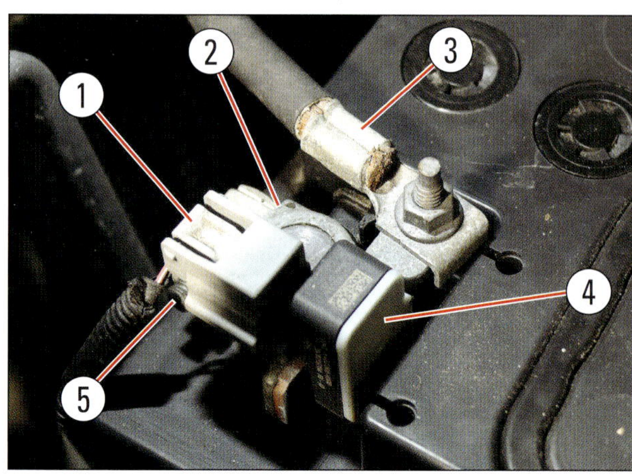

Batteriesensor: *1 Anschlussstecker, 2 Minusanschlusspol, 3 Massekabel zum Rahmen, 4 Batteriesensor, 5 Verschraubung.*

destilliertes Wasser auffüllen. Nur Sichtprüfungen vornehmen!«

Batterie warten und prüfen

Sie führt ein unbeachtetes Dasein in einer möglichst versteckten Ecke und wird schon nach wenigen Einsatzjahren oft schon wieder in den Recyclingkreislauf zurückgeführt. Die Batterie kann aber, vorausgesetzt sie ist von guter Qualität, wird regelmäßig gewartet und nachgeladen, einige Jahre halten. Auch der plötzliche Batterietod kann gut vorausgesehen werden.

Prüfung des Säurestandes:
Diese Prüfung ist natürlich nur bei Nassbatterien möglich, an denen Sie die Zellenverschlussdeckel noch öffnen können. Der Säurestand ist sehr wichtig für die Leistungsfähigkeit einer Batterie. Im Laufe der Zeit verdunstet etwas vom Wasseranteil der Batteriesäurefüllung und der Elektrolytstand nimmt in den Zellen ab. Wird eine Zelle nicht mehr vom Elektrolyt komplett abgedeckt, steht auch nur noch der kleinere noch im Elektrolyt stehende Plattenanteil als Kapazität zur Verfügung.

- Öffnen Sie die Zellenverschlussdeckel der Batterie.
- Kontrollieren Sie, ob der Säurestand die Markierungsnase über den Platten erreicht.
- Wenn erforderlich, füllen Sie den Säurestand mit destilliertem Wasser auf.

Prüfung der Säuredichte:
Der Ladezustand einer Batterie spiegelt sich in der Säuredichte am deutlichsten wieder.

- Öffnen Sie die Zellenverschlussdeckel der Batterie.
- Drücken Sie den Gummiball des Säurehebers (3) zusammen und saugen Sie das Elektrolyt aus einer Batteriezelle an. Der Schwimmer mit Skala des Säurehebers (4) muss aufschwimmen.
- Lesen Sie die Dichte an der Flüssigkeitslinie (5) am Schwimmer ab. Werten Sie die Säuredichte entsprechend des Informationskastens oben rechts aus.

Prüfung der Batteriespannung:
Die Prüfung der Batteriespannung ist zwar die am häufigsten eingesetzte Methode, liefert aber wie der Test mit den Batterietestern nur dann ein zuverlässiges Ergebnis, wenn die Batterie nach der Volladung mindestens 3 Stunden weder ge- noch entladen wurde. Hier finden Sie die meisten Messfehler auch bei der Einschätzung durch die Werkstätten und Händler. Die Ruhezeit ist von entscheidender Wichtigkeit. Das trifft natürlich auch auf die Prüfung der Batterie über einen Batterietester zu.

WISSENSWERTES – Die Säuredichte

Dichte	Ladezustand (etwa)
1,28 g/cm³	Voll geladen
1,22 g/cm³	Normal geladen
1,18 g/cm³	Schwach geladen
1,12 g/cm³	Normal entladen
1,06 g/cm³	Tief entladen

Magisches Auge (integrierter Säureheber): *1 Magisches Auge, 2 Verschlussschraube mit Säureheber und Sichtkugel, 3 Sichtkugel mit definiertem Gewicht (etwa 1,20 g/cm³).*

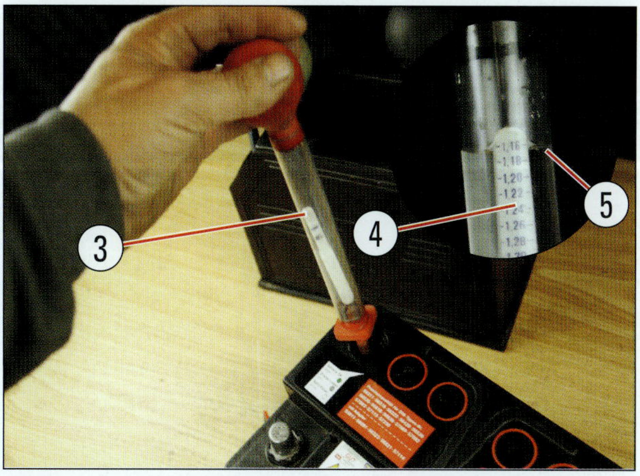

Säureheber als Werkzeug: *3 Säureheber, 4 Skala auf dem Schwimmer, 5 Säurestand.*

Die Ladespannung

WISSENSWERTES

Dichte	Ladezustand (etwa)
> 12,8 V	Voll geladen
ca. 12,4 V	Normal geladen
ca. 12,2 V	Schwach geladen
ca. 11,9 V	Normal entladen
< 10,7 V	Tief entladen

Spannungsmessung an der Batterie: *Das Messergebnis zeigt, dass die Batterie nur schwach geladen ist oder aber, nach der Ladung und der Ruhezeit, einen Defekt aufweist.*

Batterietester einsetzen:
Auch für die Prüfung mit dem Batterietester muss die Batterie geladen werden und wie schon beschrieben ruhen. Anschließend wird nach der Dateneingabe und dem Anschluss an die Batterie ein kleiner Belastungsstrom (2) für eine kurze Zeit aufgeschaltet.
Die Auswertung des Spannungsabfalls (4) erfolgt durch den Batterietester:

- Je stärker der Spannungsabfall ausfällt und je schlechter sich die Batterie nach der Belastung (4 bis 5) erholt, umso geringer fällt die Kapazität aus.
- Sobald diese Werte den im Tester abgelegten Messwerten deutlich widersprechen, wird der Test als »nicht bestanden« und die Batterie als »defekt« ausgewiesen.

Batteriehandtester: *Ein zuverlässiges Ergebnis ist nur bei sachgerechter Handhabung zu erwarten. Der Ausdruck weist einen korrekten oder fehlerhaften Prüfablauf aber nicht aus.*

Prüfen und Reinigen der Polanschlüsse und Kabel:
Korrosion und Verschmutzungen an den Batteriepolen verursachen Übergangswiderstände, die zum einen die Stromabnahme verhindern, aber auch die Batterieladung verschlechtern. Beides sind Faktoren, die die Leistung einschränken und aufgrund der schlechteren Ladebilanz die Batterie auch nachhaltig schädigen können. Zur Batteriewartung gehören also die gewissenhafte Gehäusereinigung und die Reinigung von Polen und Polklemmen auch dazu. Korrosionsspuren müssen entfernt werden.

- Klemmen Sie den Minuspol der Batterie ab.
- Klemmen Sie den Pluspol der Batterie ab.

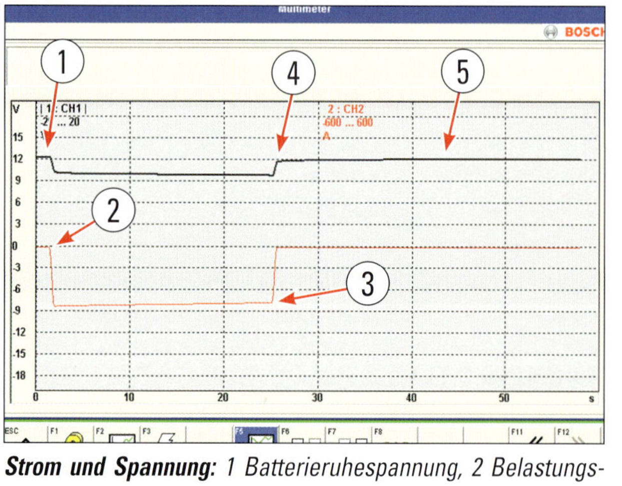

Strom und Spannung: *1 Batterieruhespannung, 2 Belastungsstrom setzt ein, 3 Ende Belastungstest, 4 Spannung nach Belastung, 5 Spannung nach Erholung, 4 bis 5 Zeit der Erholung.*

Reinigung des Batteriegehäuses:

- Reinigen Sie mit einem Lappen das Batteriegehäuse, um die Zellverschlussdeckel und die Batteriepole gründlich.
- Verwenden Sie eventuell eine Seifenlauge und keinen brennbaren Reiniger.

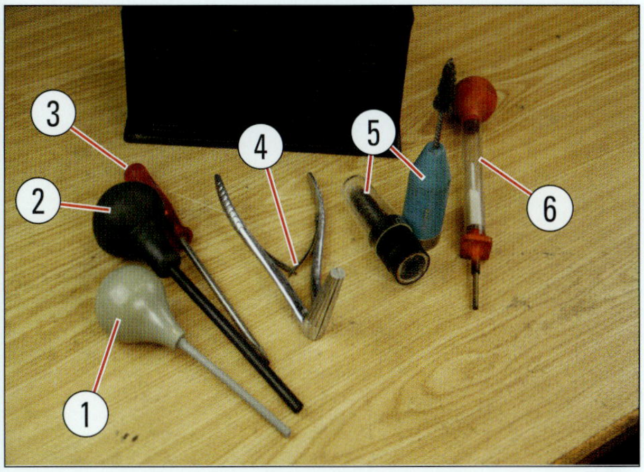

Batteriewartungsset: *1 Flüssigkeitsheber klein, 2 Flüssigkeitsheber groß, 3 Schraubendreher, 4 Polzange, 5 Polbürsten, 6 Säureheber.*

Polbürste im Einsatz: *7 Bürste für die Polanschlussklemmen, 8 Bürste für die Batteriepole.*

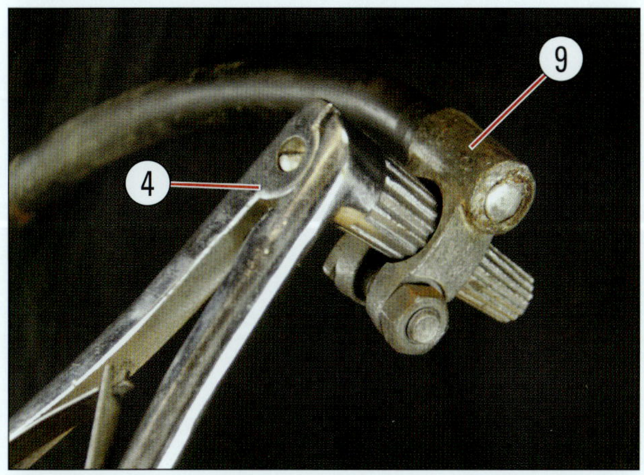

Polzange im Einsatz beim Aufweiten: *4 Polzange, 9 Polanschlussklemme.*

Reinigung der Batteriepole:

■ Drücken Sie die Polbürste auf den Batteriepol auf.

■ Drehen Sie die Bürste einige Male in die Bürstenstrichrichtung und kontrollieren Sie, ob der Pol wieder metallisch blank ist.

Reinigung der Polklemmen:

■ Stecken Sie die Polbürste in die Batteriepolklemme ein.

■ Drehen Sie die Bürste einige Male in die Bürstenstrichrichtung und kontrollieren Sie, ob die Polanschlussklemme wieder metallisch blank ist.

Einsatz von Polfett am Batteriepol:

Das Batteriepolfett sollte ausschließlich auf den Bereich des Batteriepols aufgetragen werden, wo der Übergang zwischen Batteriepol und Gehäuse ist. Auf den Kontaktflächen verursacht das Polfett im ungünstigsten Fall einen Übergangswiderstand.

■ Klemmen Sie die Batterie ab.

■ Reinigen Sie die Batteriepole wie bereits beschrieben.

■ Reinigen Sie die Batteriepolklemmen wie bereits beschrieben.

■ Tragen Sie im Übergangsbereich zwischen Batteriepol und Gehäuse etwas Batteriepolfett auf.

■ Klemmen Sie die Batterie wieder an.

Ladegeräte und die Batterie

Ladegerät ist nicht gleich Ladegerät. Der Unterschied liegt meist nicht nur im Preis. Prozessorgesteuerte Ladegeräte erlauben ein intelligentes Laden, die Ladungserhaltung und auch die Wiederaufbereitung der Batterie. Betrachten wir das Thema Batterie und das passende Ladegerät mal unter unterschiedlichen Aspekten.

Säure- oder AGM-Batterie?

Der erste Unterschied fällt tatsächlich ins Auge, nicht nur im Preis. Es sind keine Zellenverschlussdeckel verbaut und die Batterie ist gasdicht. Der wesentliche Unterschied zwischen AGM- und Nassbatterie liegt darin, dass der Elektrolyt in ein Glasfaservlies eingebunden ist. AGM bedeutet »Absorbent Glass Mat«. Die Ladeschlussspannung für offene Batterien und den geschlossenen AGM kann sehr unterschiedlich sein. In der Regel wird für die AGM-Batterien sogar eine etwas höhere Spannung angefordert. Die Ladespannung wird oft von Ladegeräten aber auch vom Bordnetzsystem des Fahrzeugs über-

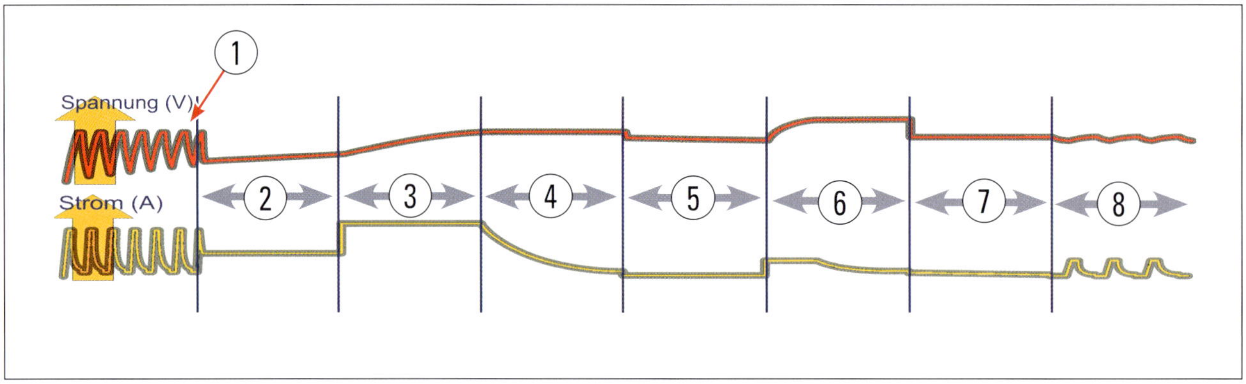

Ladezyklen eines Prozessorladegerätes: *1 Entsulfatierung, 2 Ladeprüfung, 3 Vorladephase, 4 Vollladen, 5 Batterietest, 6 Durchmischung (Sonderprogramm), 7 Ladungserhaltung (Sonderprogramm), 8 Ladungsüberwachung (Sonderprogramm).*

schritten. Eine zu hohe Spannung bringt die Batterien zum Ausgasen (Gasungsspannung) und eine zu geringe Ladespannung verursacht dann eine nicht vollständig geladene Batterie.

Einfache Ladesysteme:
Natürlich gibt es schon sehr günstige Ladegeräte, die aber leider in der Regel lediglich spannungsbezogen arbeiten. In der Anfangsphase wird wegen der hohen Stromaufnahme der Spannungswert gerade so erreicht. Die Weiterladung erfolgt mit zu hoher Spannung. Das fördert die Gasbildung und kann gerade die geschlossenen Batteriesysteme wie die »AGM« schädigen. Auch die Vollladung erfolgt mit zu hoher Spannung, um überhaupt einen Ladestrom erzeugen.

Prozessor-geführte Ladesysteme:
Die Erhaltungsladung wird im Volksmund auch Batteriejogging genannt. Diese Funktion kann die Lebensdauer deutlich erhöhen und sogar einen Teil der Sulfatierung wieder regenerieren.

Programmschritte bei prozessorgeführten Ladesystemen

Entsulfatierung der Batterie (1 im Bild oben):
Das Ladegerät erkennt eine sulfatierte Batterie über die Batterieprüfung. Strom und Spannung pulsieren prozessorgesteuert und entfernen auf diese Weise Sulfat von den Bleiplatten der Batterie, wodurch die Batteriekapazität weitgehend wiederhergestellt wird.

Ladeprüfung (2 im Bild oben):
Das Ladegerät prüft, ob die Batterie Ladung aufnehmen kann. Mit diesem Schritt wird das Laden einer defekten Batterie verhindert.

Vorladephase (3 im Bild oben):
Hier findet das Laden mit Maximalstrom bis zum Erreichen von ca. 80% der Batteriekapazität statt.

Vollladen (4 im Bild oben):
Das Laden wird mit schwächer werdendem Strom bis zum Erreichen von bis zu 100% der Batteriekapazität fortgeführt.

Batterietest (5 im Bild oben):
Das Ladegerät prüft, ob die Batterie eine Ladung halten kann. Batterien, die ihre Ladung nicht halten können, müssen ersetzt werden.

Durchmischen (6 im Bild oben):
Mit dem Programm »Recond« wird der Rekonditionierungsschritt in den Ladevorgang angefügt. Während des Rekonditionierungsschritts wird die Spannung erhöht, um eine kontrollierte Gasbildung in der Batterie zu erzeugen. Das macht natürlich nur bei Nassbatterien Sinn. Durch die Gasbildung wird die Batteriesäure vermischt, um die Schichtung von unterschiedlichen Säuredichten in einer Zelle aufzuheben.

Ladungserhaltung (7)
Die Batteriespannung wird auf ihrem Maximalwert gehalten, indem sie mit konstanter Spannung weiter geladen wird.

Ladungsüberwachung (8)
Die Batteriekapazität wird bei 95 - 100% gehalten. Das Ladegerät überwacht die Batteriespannung.

Starter (Anlasser) und Generator

Arbeiten am Starter (Anlasser)

Nicht alle Fahrzeuge verwenden den gleichen Starter. Für viele Motorentypen werden spezielle Bauweisen verwendet. Wenn Sie sich beim Zubehörhändler einen Anlassermotor besorgen, achten Sie darauf, dass er dem Original entspricht. Weiterhin können Sie Ihren alten Starter in den meisten Fällen als Altteil zurückgeben. Heben Sie sich die Quittung auf, um das Altteilepfand bei der Rückgabe Ihres alten Starters auslösen zu können.

Korrosionskontrolle:
Wenn Sie Korrosionsspuren erkennen können, reinigen Sie die Anschlüsse gründlich, und wenn erforderlich erneuern Sie die Anschlussklemmen. Ein Übergangswiderstand durch Korrosion bedeutet immer einen Leistungsverlust des Starters und somit auch eine geringere Starterdrehzahl.

Demontage des Starters:
- Das Fahrzeug zwischen den Hebebühnensäulen ausrichten und die vier Aufnahmeteller an den vom Fahrzeughersteller vorgeschriebenen Hebebühnenaufnahmepunkten platzieren.
- Das Fahrzeug mit der Hebebühne anheben.
- Die Masseleitung an der Batterie abklemmen.
- Demontieren Sie das Luftführungsrohr zum Ansaugkrümmer.
- Bauen Sie den Ansaugkrümmer aus.
- Ziehen Sie die Abdeckkappe am Pluskabel des Starters ab.
- Demontieren Sie das Anschlusskabel (KL30 von der Batterie) an der Ausrückspule.
- Drehen Sie die Anschlussmutter an und demontieren Sie das Ansteuerkabel des Starters (KL50) an der Ausrückspule.
- Drehen Sie die Schraube heraus und nehmen Sie den Halter ab.
- Drehen Sie die Schraube am Kabelhalter unten los und legen Sie den Kabelsatz frei.
- Drehen Sie die beiden Schrauben am Getriebe heraus.
- Nehmen Sie den Starter heraus.

Die Montage erfolgt sinngemäß in umgekehrter Reihenfolge zur Demontage.
- Prüfen Sie die Funktion des Starters.

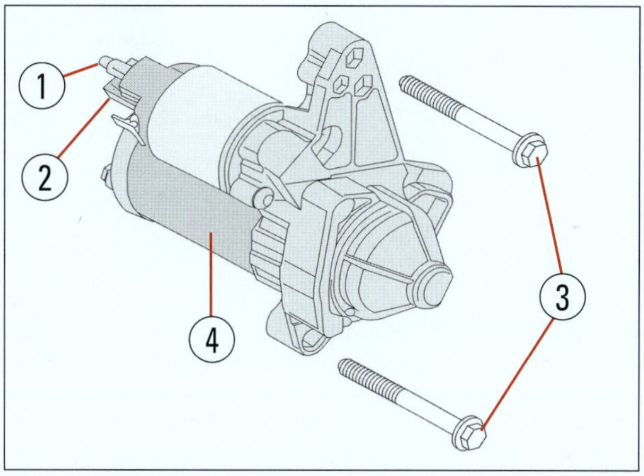

Starter (Anlasser) im Smart 453: *1 Anschluss Klemme 30, 2 Anschluss Klemme 50, 3 Schrauben, 4 Starter.*

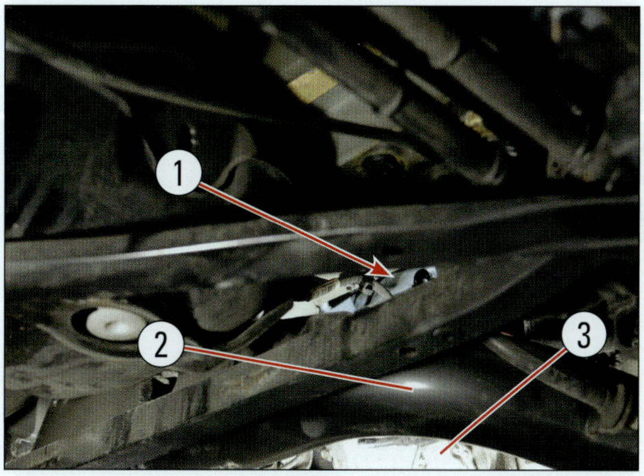

Starter (Anlasser) im Smart 453: *1 Starter unter dem Ansaugkrümmer, 2 Achsrohr, 3 Getriebe von unten.*

Spannungsverlustmessung Masseleitung:
- Öffnen Sie die Serviceklappe vorne und die Abdeckung über dem Motor hinten.
- Stellen Sie das Multimeter auf 20V DC ein.
- Schließen Sie am Masseanschluss der Batterie ein Messkabel mit einer Krokodilklemme an.
- Schließen Sie das Messkabel am »COM-Anschluss« des Multimeters an.
- Schließen Sie das Messkabels des Multimeters an der Motormasse (blanke Stelle am Motorblock, Zylinderkopf oder auch am Getriebe) an.
- Lassen Sie einen Helfer den Motor starten und lesen Sie die Spannung am Multimeter ab. Der Spannungsverlust darf höchstens 0,5 V betragen. Ist der Wert höher, muss der Masseanschluss geprüft werden.

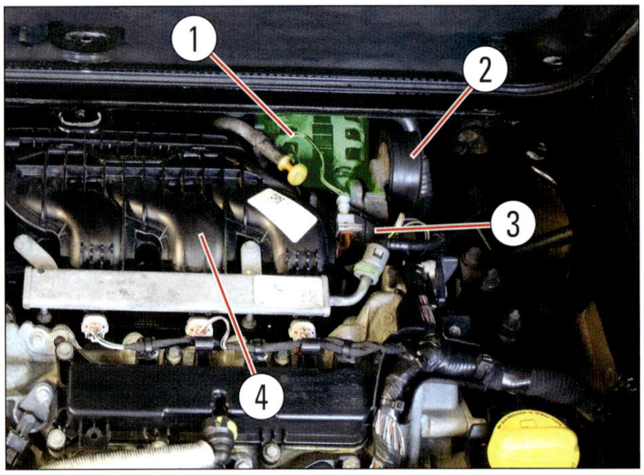

Versteckt im Motorraum: *1 Generator, 2 Keilrippenriemen, 3 Riemenspanner, 4 Ansaugkrümmer.*

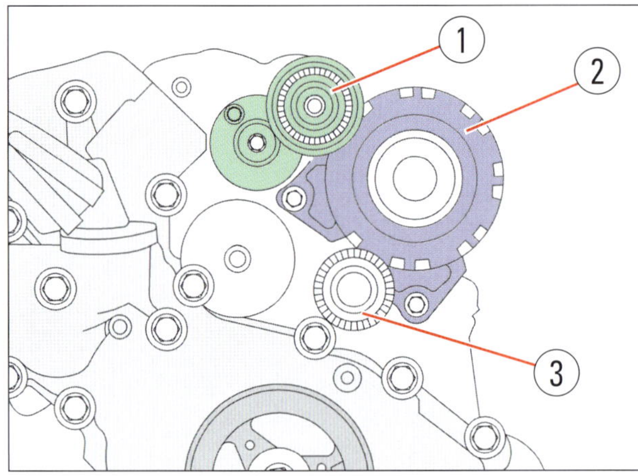

Ansicht der Motorseite von links: *1 Riemenspanner, 2 Generator, 3 Umlenkrolle.*

Arbeiten am Generator (Lichtmaschine)

Im Smart 453 sind unterschiedliche Generatoren (1 im Bild oben) verbaut. Die Vorgehensweise unterscheidet sich aber hinsichtlich der Montage kaum voneinander. Wir stellen Ihnen die Vorgehensweise in einer allgemeingültigen Beschreibung für alle Motoren vor.

Demontage des Generators:

- Das Fahrzeug zwischen den Hebebühnensäulen ausrichten und die vier Aufnahmeteller an den vom Fahrzeughersteller vorgeschriebenen Hebebühnenaufnahmepunkten platzieren.
- Das Fahrzeug mit der Hebebühne anheben.
- Die Masseleitung an der Batterie abklemmen.
- Bauen Sie den Keilrippenriemen, wie wir im Kapitel »Der Antrieb« beschreiben, aus.
- Senken Sie die Antriebseinheit wie in im Kapitel »Der Antrieb« beschrieben ab.
- Ziehen Sie die elektrischen Anschlüsse am Generator ab.
- Klemmen Sie den Plusanschluss am Generator ab.
- Drehen Sie die beiden Schrauben (3 im Bild unten) heraus.
- Nehmen Sie den Generator (1) ab.

Die Montage erfolgt sinngemäß in umgekehrter Reihenfolge zur Demontage.

- Fragen Sie abschließend die Fehlerspeicher des Systems ab.
- Prüfen Sie die Funktion des Generators und der demontierten Teile.

Prüfen der Batterieladespannung:

- Öffnen Sie die Serviceklappe vorne und die Abdeckung über dem Motor hinten.
- Stellen Sie das Multimeter auf 20V DC ein.
- Schließen Sie den »COM-Anschluss« des Multimeters am Masseanschluss der Batterie an.
- Schließen Sie das Messkabel des Multimeters an den Plusanschluss der Batterie an.
- Lesen Sie die Spannung der Batterie ab. Anhand der Tabelle auf Seite 162 oben können Sie den Ladezustand der Batterie bewerten. Dieser Messwert stellt die Ruhespannung dar.
- Lassen einen Helfer den Motor starten und lesen Sie die Spannung am Multimeter ab. Der Messwert sollte zwischen 13 V und 14,5 V liegen. Ist das Ergebnis nicht höher als die Ruhespannung, müssen der Generatorfreilauf und der Generator selbst geprüft werden.

Prüfen des Generatorfreilaufs:

Betrachtet man sich die Riemenscheibe des Generators genauer, sieht man zuerst einen Kunststoffdeckel an der Seite, wo die Verschraubung sein müsste. Zieht man diesen ab, findet man keine Mutter, sondern einen Vielzahneinsatz. Steckt man einen Inbusschlüssel in die Aufnahme in der Generatorwelle, stellt man fest, dass der Generator in Drehrichtung frei drehbar ist. Gegen die Drehrichtung hingegen wird der Riementrieb mit bewegt. Die Antriebsscheibe beinhaltet einen Freilauf.

Um den technischen Grund für diesen Aufwand zu verstehen, muss man sich die Funktion eines Verbrennungsmotors vorstellen. Gerade im Leerlauf läuft kein Motor richtig rund. Die Zündung verursacht bei jedem Arbeitstakt eine kurze, aber kräftige Beschleunigung der Kurbelwelle und damit auch der durch sie angetriebenen Aggregate. Alle anderen Takte verzögern die Drehgeschwindigkeit des Motors. Hieraus ergeben sich Schwingungen, die durch Flattern des Flachriemens quittiert werden. Um diesem Effekt entgegenzuwirken, wird der Generator als das Gerät mit der größten Masse entkoppelt. Das vermindert die Schwingungen des Flachriemens sehr deutlich. Ein beschädigter Freilauf ist zumeist sichtbar und hörbar. Der Antriebsriemen flattert und gelegentlich ist auch ein leichtes Schlagen hörbar.

Demontage des Generatorfreilaufs:

Nicht alle Generatoren sind mit einem Freilauf ausgerüstet. Die Demontage des Freilaufs wird nur dann notwendig, wenn er defekt (dreht durch oder klemmt fest) ist.

- Entspannen Sie den automatischen Flachriemenspanner.
- Ziehen Sie den Kunststoffdeckel von der Antriebsscheibe des Generators ab.
- Stecken Sie den Freilaufvielzahn in den Freilauf ein.
- Führen Sie einen guten und genau gearbeiteten Inbusschlüssel in die Generatorwelle ein.
- Lösen Sie die Verschraubung, indem Sie die Generatorwelle gegen die Drehrichtung des Generators drehen, und halten den Freilauf mit dem Freilaufvielzahn fest.
- Schrauben Sie den Freilauf von der Generatorwelle ab.
- Montieren Sie den neuen Freilauf auf die Generatorwelle.

PRAXISTIPP

Generatorfreilauf

Für die Demontage des Generatorfreilaufs gibt es unterschiedliche Vielzahngrößen. Im Zubehör sind recht günstige Schlüsselsets im Kasten erhältlich. So gehört die Suche nach dem passenden Werkzeug der Vergangenheit an. Der Inbusschlüssel für die Generatorwelle muss genau gearbeitet und in gutem Zustand sein. Ein rundgedrehter Innensechskant in der Generatorwelle verursacht unnötig viel Mehrarbeit und gelegentlich auch die Neuanschaffung des kompletten Generators.

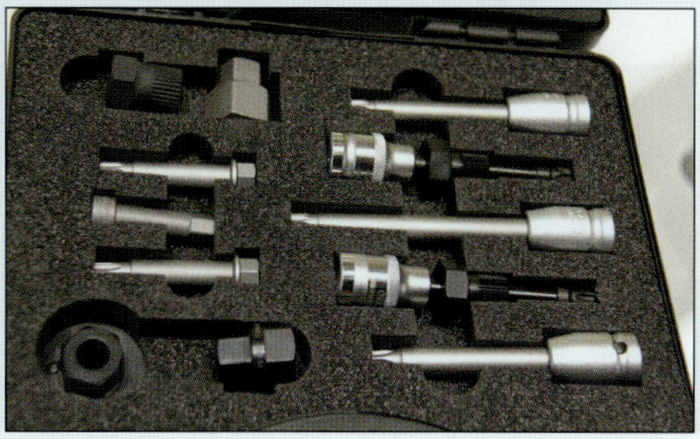

- Prüfen Sie den automatischen Riemenspanner. Sollten Sie Schäden an der Rolle oder an der Lagerung feststellen oder die Lagerung Geräusche von sich geben, tauschen Sie diese besser gleich mit aus.

Die Montage erfolgt sinngemäß in umgekehrter Reihenfolge zur Demontage.

- Prüfen Sie die Funktion des Generators und der demontierten Teile.
- Prüfen Sie die Ladespannung des Generators wie bereits beschrieben.

Zur Kontrolle drehen: *in Laufrichtung frei drehend, gegen die Laufrichtung wird der Antriebsriemen mit angetrieben.*

Freilauf demontieren: *1 Schlüssel zum Gegenhalten auf dem Außenvielzahn, 2 Ratsche zum Lösen in der Generatorwelle.*

Arbeiten am Generator

Generell ist es möglich, den Generator zu reparieren. Wie man schon an dem Schaubild gut sehen kann, besteht der Generator aus nicht allzu vielen Teilen. Die Zerlegbarkeit scheitert meist an unzureichendem Werkzeug. Beispielsweise muss bei einigen Generatoren die Diodenplatte (der Gleichrichter) demontiert werden. Da er angelötet ist und zudem recht dicke Drähte am Generator verbaut wurden, wird ein Lötgerät mit einer hohen Leistung notwendig. Für die Demontage der Lager müssen passende Abzieher vorhanden sein, um den Anker und seine Welle nicht zu beschädigen. In den meisten Fällen sind die Kohlen des Reglers verschlissen. Bei einigen Generatoren sind diese einzeln beziehungsweise mit dem Bürstenhalter lieferbar. Entscheidend für einen sinnvollen Austausch der Kohlen ist der Zustand der Schleifringe des Ankers. Sind diese durch den langen Betrieb eingelaufen, werden die neuen Kohlen sehr schnell wieder verschleißen. Hier sollte dann auf einen Austauschgenerator zurückgegriffen werden.

Bei allen Arbeiten am Generator gelten die folgenden Hinweise, die Sie beachten sollten:

- Nach Abklemmen des Massekabels den Minuspol der Batterie am besten mit Isolierband abkleben.
- Den Generator nicht bei angeschlossener Batterie ausbauen.
- Beim Ausbau die Radio-Codierung beachten.
- Nach dem Wiedereinbau den Fehlerspeicher auslesen.
- Fahrzeuggeneratoren und Anlasser sind Austauschteile: Ein Defekter wird beim Kauf eines überholten oder neuen Teils in Zahlung genommen. Er muss aber noch vollständig, einigermaßen sauber und zusammengebaut sein.

Austausch des Generatorreglers:

Der Spannungsregler (2 im Bild oben) mit Kontakt-Schleifkohlen (Kohlebürsten) ist an die Generatorrückseite geschraubt. Die Abdeckung (4) sieht bei den im Smart verwendeten Spannungsregler-Typen etwas unterschiedlich aus. Das Prinzip ist auf die unterschiedlichen Regler und Befestigungen übertragbar.

Eingebauter Regler im Generator: *1 Generator, 2 Multifunktions- (Bordnetz)Regler, 3 Verschraubungen, 4 Abdeckung.*

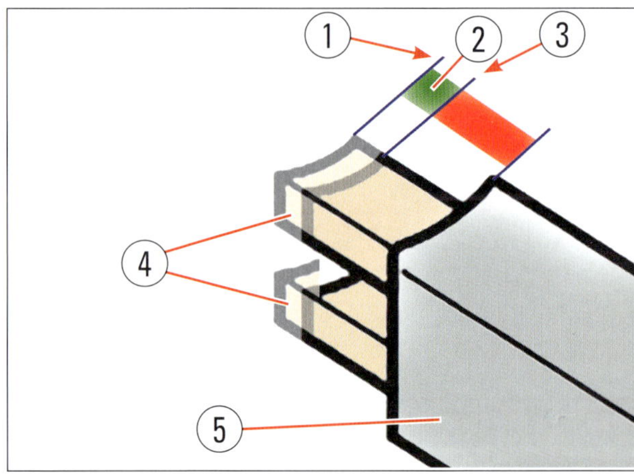

Verschleiß der Kohlebürsten: *1 Neumaß 12 mm, 2 Verschleißbereich, 3 Verschleißgrenze 5 mm, 4 Kohlebürsten, 5 Regler.*

Ausbau:

- Die Batterie abklemmen.
- Die Motorabdeckung, soweit verbaut, oben demontieren.
- Zeichnen Sie die Laufrichtung des Riemens an, falls er weiter verwendet werden soll.
- Generator wie schon beschrieben ausbauen und die B+-Leitung abschrauben.
- Die Schraube (3) abschrauben, Abdeckung (4) und den Regler (2) abnehmen.
- Die Montage erfolgt in umgekehrter Reihenfolge zur Demontage.

Prüfen der Reglerkohlen:

- Bei Fehlfunktionen des Generators, wie bei Aussetzern, können die Schleifkohlen (Kohlebürsten) des Spannungsreglers verschlissen sein und müssen überprüft werden. Sie dür-

fen die Verschleißgrenze nicht unterschreiten.
■ Gemessen wird vom Reglergehäuse bis zum Ende der herausstehenden Kohlebürsten im ausgebauten Zustand des Reglers. Dieses Verschleißmaß (3 im Bild unten auf Seite 168) beträgt etwa 5 mm zwischen beiden Kohlebürsten. Bei neuen Spannungsreglern sind die Bürsten 12 mm lang.

■ Im Bedarfsfall müssen die Kohlen erneuert oder der Regler ausgetauscht werden.

Der Einbau erfolgt sinngemäß in umgekehrter Reihenfolge zur Demontage.
■ Die Kohlebürsten müssen korrekt auf den Schleifbahnen liegen. Die Schleifbahnen im Generator dürfen nicht eingelaufen.

Der Keilrippenriemen

Unterschiede bei Start-Stopp-Automatik:
Es gibt für die Montagearbeiten am Generator keinen Unterschied für Fahrzeuge mit Start-Stopp-Funktion oder Fahrzeugen ohne dieses Ausstattungsmerkmal. Es wurde in der Modellreihe kein Startgenerator wie im Vorgängermodell mit dem Kürzel »MHD« verbaut.
Das Anlassen erfolgt über den normalen Starter. Es wurde lediglich ein Generator mit höherer Leistung verbaut. Für den Antriebsriemen beziehungsweise für die Arbeiten am Antriebsriemen ist das aber nicht relevant.

Einbaulage des Keilrippenriemens

■ Achten Sie vor dem Einbau des Keilrippenriemens darauf, dass alle Aggregate (Generator, Klimakompressor) festmontiert sind.
■ Beim Einbauen des Keilrippenriemens achten Sie bitte auf die Laufrichtung soweit diese angegeben ist oder ein gebrauchter Antriebsriemen verbaut wird, sowie auf einen korrekten Sitz des Riemens in den Riemenscheiben.
■ Nach fertiggestellter Arbeit grundsätzlich Motor starten und Riemenlauf kontrollieren.

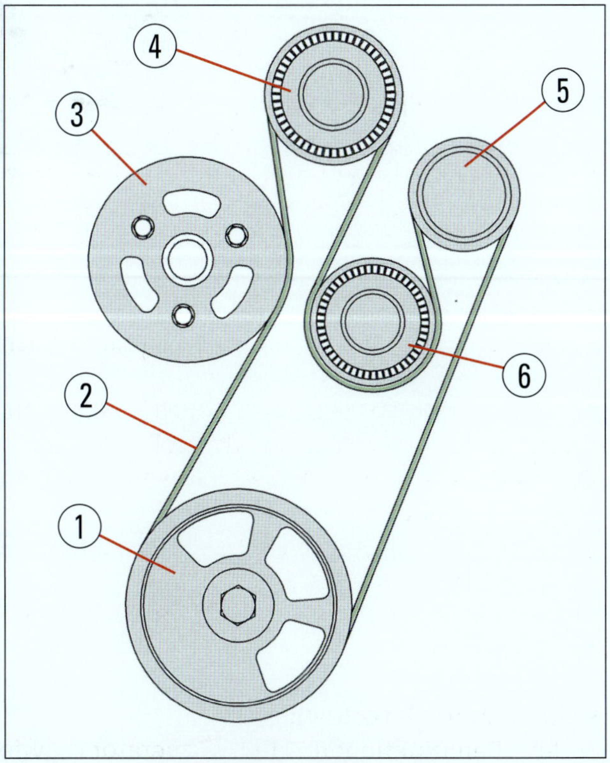

Keilrippenriemen ohne Klimaanlage: *1 Kurbelwellenriemenscheibe, 2 Keilrippenriemen, 3 Wasserpumpe, 4 Spannrolle, 5 Generator, 6 Umlenkrolle.*

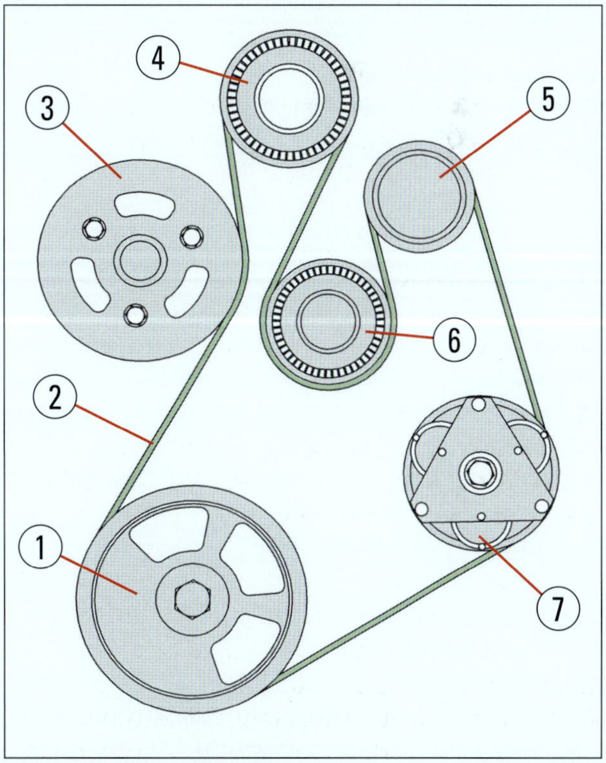

Keilrippenriemen ohne Klimaanlage: *1 Kurbelwellenriemenscheibe, 2 Keilrippenriemen, 3 Wasserpumpe, 4 Spannrolle, 5 Generator, 6 Umlenkrolle, 7 Klimakompressor.*

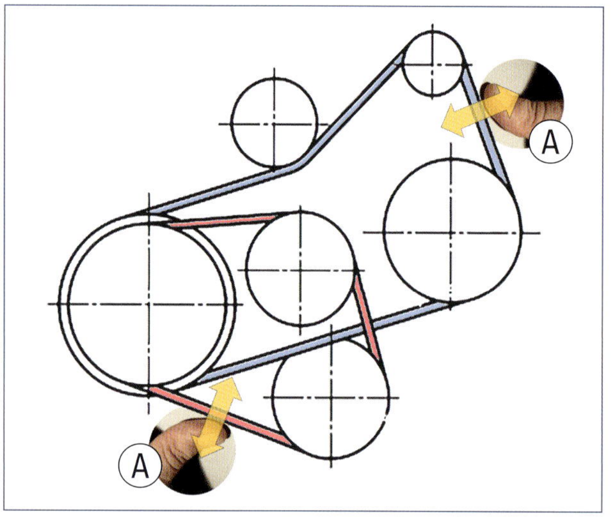

Riemenspannung prüfen: *Grundsätzlich an Stellen, an denen der Riemen frei hängt (A).*

Keilrippenriemen prüfen

Der Keilrippenriemen oder auch Flachriemen ist für den Antrieb vieler Nebenaggregate wie der Klimaanlage zuständig. Aber auch Generator und Wasserpumpe werden durch ihn angetrieben. Die unterschiedlichen Einbaulagen des Keilrippenriemens Ihres Smarts stellen wir Ihnen auch für die Montagearbeiten am Generator-Aus- und Einbau an diese Stelle vor. In diesem Kapitel werden wir uns neben der Einbaulage auch mit den unterschiedlichen Spannvorrichtungen befassen und den Umgang mit ihnen darstellen.

Zustand prüfen:
Kontrollieren Sie den Keil- und Keilrippenriemen nach folgenden Gesichtspunkten an mehreren Stellen:
- Unterbaurisse (Anrisse, Kernbrüche, Querschnittsbrüche),
- Lagentrennung (Deckschicht, Zugstränge),
- Ausbruch am Unterbau,
- Ausfransen der Zugstränge,
- Flankenverschleiß (Materialabtrag, Ausfransungen, Flankenverhärtung, Oberflächenrisse),
- Öl- und Fettspuren.

Spannung für Keilrippenriemen prüfen (mit automatischer Spannvorrichtung)
Die Spannrollen müssen nun ruckfrei und ohne zu hakeln nachgeben. Wenn Sie den Druck wegnehmen, muss sich die Spannrolle ohne Verzögerung und ruckfrei zurückbewegen und den Antriebsriemen wieder spannen.
- Drücken Sie den Keilrippenriemen in einem Bereich, wo er frei hängt (siehe auch Bild oben) mit einem kräftigen Daumendruck nach unten.
- Verdrehen Sie den Keilrippenriemen in einem Bereich, wo er frei hängt (siehe auch Bild unten).
- Der Antriebsriemen muss sich etwa 90° leicht verdrehen lassen. So ist die optimale Vorspannung erreicht.

Keilrippenriemen aus- und einbauen

Riementrieb mit und ohne Klimaanlage und Spannrolle (Bilder unten auf Seite 169)
Soll der gebrauchte Keilrippenriemen wieder verwendet werden, muss die Laufrichtung auf dem Keilrippenriemen markiert werden.
- Das Fahrzeug mit der Hebebühne anheben. Fahrzeug zwischen den Hebebühnensäulen ausrichten und die vier Aufnahmeteller an den vom Fahrzeughersteller vorgeschriebenen Hebebühnenaufnahmepunkten platzieren.
- Demontieren Sie das rechte Vorderrad.
- Bauen Sie den Innenradkasten vorne rechts aus.
- Bauen Sie, wie bereits beschrieben, die Motorabdeckung oben ab.
- Stecken Sie eine Zwölfkantnuss SW13 auf den Zwölfkant (4, im Bild 21 und 22) auf.
- Verdrehen Sie den Spanner im Uhrzeigersinn, um den Keilrippenriemen zu entspannen.
- Sichern Sie den Riemenspanner mit einem 4-mm-Bohrer, wie im Bild oben gezeigt.

Prüfender Griff mit zwei Fingern: *Der Keilrippenriemen sollte sich bei korrekter Vorspannung etwa 90° verdrehen lassen.*

Einbauposition des Keilrippenriemenspanners: *1 Automatischer Spanner, 2 Bohrer (4 mm), 3 Schraube, 4 Verdrehhilfe.*

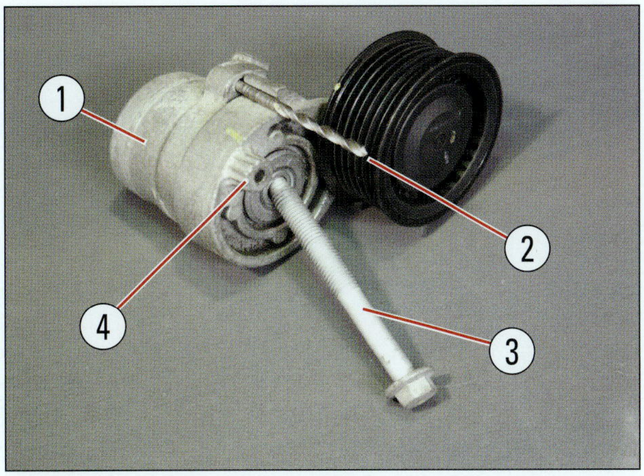

Keilrippenriemenspanner ausgebaut: *1 Automatischer Spanner, 2 Bohrer (4 mm), 3 Schraube, 4 Verdrehhilfe.*

■ Nehmen Sie den Keilrippenriemen ab.

Die Montage erfolgt sinngemäß in umgekehrter Reihenfolge zur Demontage.

Keilrippenriemenspanner ausbauen

■ Bauen Sie wie bereits beschrieben die Motorabdeckung oben ab.
■ Stecken Sie eine Zwölfkantnuss SW13 auf den Zwölfkant (4, im Bildern oben) auf.
■ Verdrehen Sie den Spanner im Uhrzeigersinn, um den Keilrippenriemen zu entspannen.
■ Sichern Sie den Riemenspanner mit einem 4-mm-Bohrer, wie in den Bildern oben gezeigt.
■ Nehmen Sie den Keilrippenriemen ab.
■ Verdrehen Sie die Riemenspanner etwas und nehmen Sie den 4-mm-Bohrer (2) heraus.
■ Entspannen Sie den Riemenspanner vollständig.
■ Drehen Sie die Zentralschraube (3) heraus und nehmen Sie den Riemenspanner ab.

Die Montage erfolgt sinngemäß in umgekehrter Reihenfolge zur Demontage.
■ Prüfen Sie den Lauf des Keilrippenriemens.

Die Schaltereinheiten

Die Schaltereinheiten des Smart arbeiten lastfrei. Sie sind also nicht für die Schaltung von Licht, Blinker oder Wischer zuständig, sondern teilen dem Steuergerät »SAM-Fahrer« lediglich über die Schaltkontakte den Funktionswunsch des Fahrers mit. Eigenartige Funktionen können schon durch Übergangswiderstände erreicht werden. Bekannt sind Fehlfunktionen an den Schaltern, die durch erhöhten Fetteintrag verursacht worden sind. Die werkseitige Fettfüllung hat durch ihre Leitfähigkeit verursacht, dass das Steuergerät die Funktion gesperrt hat und zum Teil eine Notfunktion wie das Abblendlicht einschaltet. Geschickte Schrauber im Smart 453-Forum stellen sogar das Zerlegen der Schalteinheit vor, mit der offensichtlich der Fehler mit Erfolg beseitigt wurde. Wir möchten Ihnen im Folgenden den Ausbau der Schaltereinheiten vorstellen.

Blinker/Lichtschalter links ausbauen

Die Schalteinheit (das heißt, der Kombischalter mit dem Hebel links) kann ohne die Demontage des Lenkrades und des Airbags demontiert werden. Das Lenkrad wird lediglich nach links um 90° verdreht.
■ Bauen Sie wie bereits auf Seite 149 beschrieben die Lenksäulenverkleidung ab.
■ Stecken Sie den Zündschlüssel ins Zündschloss ein und rasten Sie das Lenkradschloss aus. Das Lenkrad muss in den folgenden Arbeitsschritten verdreht werden.
■ Schalten Sie die Zündung aus und lassen Sie den Schlüssel im Zündschloss stecken.
■ Verdrehen Sie das Lenkrad um 90° nach links.
■ Drehen Sie die beiden Schrauben (5 im Bild oben links auf Seite 172) des Schalters heraus.

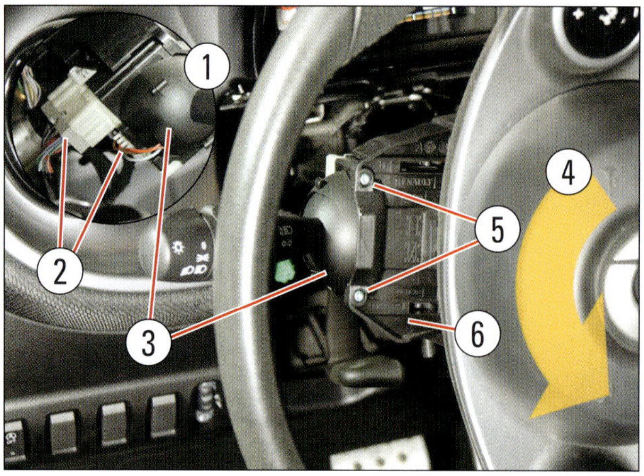

Lichtschalter links: *1 Rückseite, 2 Steckkontakte, 3 Lichtschalter, 4 Drehrichtung, 5 Schrauben, 6 Mantelrohrmodul.*

■ Betätigen Sie die jeweilige Rastnase und ziehen Sie die Stecker (2) unterhalb und auf der Rückseite des Lichtschalters heraus.

■ Nehmen Sie den Schalter (3) vom »Mantelrohrmodul« (6), wie der Träger auf der Lenksäule bei Smart heißt, ab.

Die Montage erfolgt sinngemäß in umgekehrter Reihenfolge zur Demontage.

■ Prüfen Sie vor der Montage der Lenksäulenverkleidung die Funktion der Schaltereinheiten.

■ Fragen Sie die Fehlerspeicher ab und löschen Sie eventuell noch vorhandene Einträge.

Wischerschalter rechts ausbauen

Die Schalteinheit (das heißt, der Hebel rechts) kann ohne die Demontage des Lenkrades und des Airbags demontiert werden. Das Lenkrad wird lediglich nach rechts um 90° verdreht.

■ Bauen Sie wie bereits auf Seite 149 beschrieben die Lenksäulenverkleidung ab.

■ Stecken Sie den Zündschlüssel ins Zündschloss ein und rasten Sie das Lenkradschloss aus. Das Lenkrad muss in den folgenden Arbeitsschritten verdreht werden.

■ Schalten Sie die Zündung aus und lassen Sie den Schlüssel im Zündschloss stecken.

■ Verdrehen Sie das Lenkrad um 90° nach rechts.

■ Drehen Sie die beiden Schrauben (2 im Bild oben rechts) des Wischerschalters (5) heraus.

■ Betätigen Sie die Rastnase und ziehen Sie den großen Stecker (4) auf der Rückseite des Wischerschalters (5) heraus.

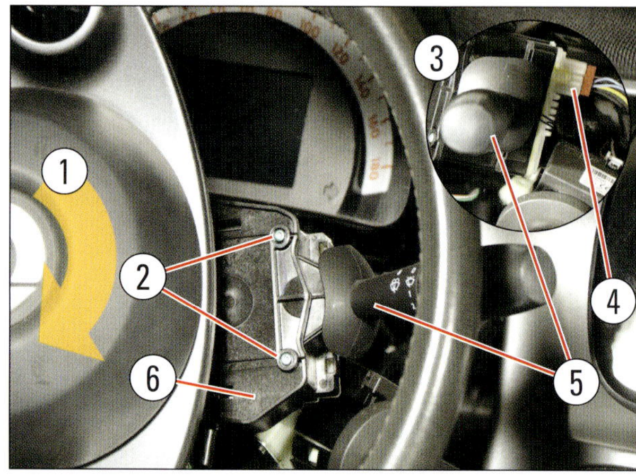

Wischerschalter rechts: *1 Drehrichtung, 2 Schrauben, 3 Rückseite, 4 Steckkontakt, 5 Wischerschalter, 6 Mantelrohrmodul.*

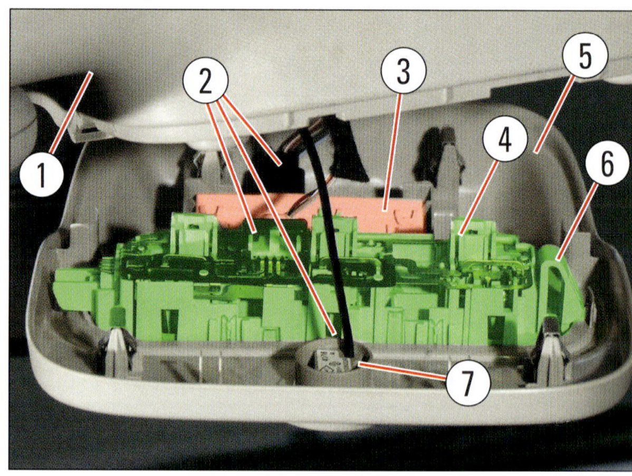

Dachkonsole: *1 Dachverkleidung, 2 Steckkontakte, 3 Warnleuchte Beifahrer-Airbag, 4 Innenleuchte am Dach, 5 Lampenrahmen, 6 Rastnase, 7 Mikrofon Freisprechanlage.*

■ Nehmen Sie den Wischerschalter (5) vom »Mantelrohrmodul« (6), wie der Träger auf der Lenksäule bei Smart heißt, ab.

Die Montage erfolgt sinngemäß in umgekehrter Reihenfolge zur Demontage.

■ Prüfen Sie vor der Montage der Lenksäulenverkleidung die Funktion der Schaltereinheiten.

■ Fragen Sie die Fehlerspeicher ab und löschen Sie eventuell noch vorhandene Einträge.

Bauteile in der Dachkonsole

Die Schalteinheit, die Warnleuchten für den Beifahrerairbag und auch das Mikrofon im Lampenrahmen (5 im Bild unten rechts) sind am einfachsten und gleichzeitig am sichersten nach der Montage des Lampenrahmens zu erreichen. So besteht die kleinste Gefahr, Rastnasen oder einen Lampenträger zu beschädigen.

■ Bauen Sie, wie bereits auf Seite 145 beschrieben, die Innenleuchten mit dem Lampenrahmen ab.

■ Schalten Sie die Zündung aus und ziehen Sie den Schlüssel ab.

■ Ziehen Sie den entsprechenden Stecker (2) ab. Die Montage wird deutlich einfacher, wenn Sie zuerst alle Steckkontakte abziehen und die Dachkonsole abnehmen.

■ Clipsen Sie das entsprechende Bauteil aus dem Lampenrahmen aus und nehmen Sie es ab.

Die Montage erfolgt sinngemäß in umgekehrter Reihenfolge zur Demontage.

■ Prüfen Sie vor der Montage des Lampenrahmens die Funktion der Schaltereinheiten und Leuchten.

■ Fragen Sie die Fehlerspeicher ab und löschen Sie eventuell noch vorhandene Einträge.

Schalter in der Mittelkonsole

■ Schalten Sie die Zündung aus und ziehen Sie den Schlüssel ab.

■ Bauen Sie, wie bereits auf Seite 147 beschrieben, die obere Verkleidung der Mittelkonsole ab. Ziehen Sie hierbei die Stecker zu den Schaltern ab.

■ Nehmen Sie die obere Verkleidung ab und clipsen Sie von unten die Schalter aus.

Die Montage erfolgt sinngemäß in umgekehrter Reihenfolge zur Demontage.

■ Prüfen Sie vor der Montage der oberen Verkleidung die Funktion der Schaltereinheiten.

■ Prüfen Sie den Sitz der Schalter und der Verkleidungen nach der Montage.

Schalter in der Armaturentafel

Die Schalter sind von der Rückseite der Verkleidung aus sehr schwer einzusehen und zugänglich.

■ Schalten Sie die Zündung aus und ziehen Sie den Schlüssel ab.

■ Ziehen Sie die Verkleidung in Richtung Fußraum ab.

■ Ziehen Sie den Steckkontakt (3 im Bild oben) des Schalters ab, den Sie demontieren wollen.

■ Rasten Sie den entsprechenden Schalter aus dem Schalterrahmen (6) aus.

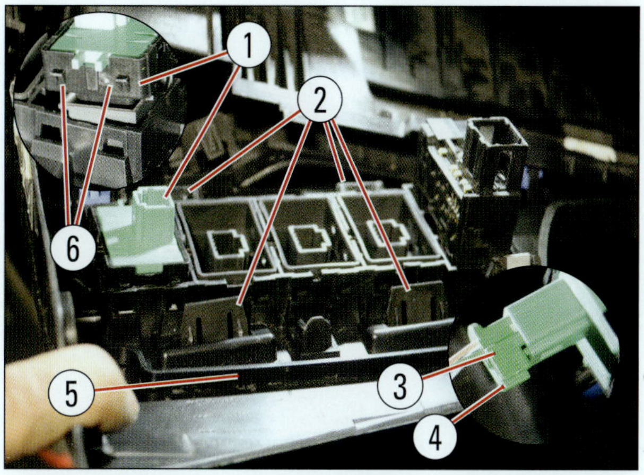

Schalter versteckt in der Armaturentafel: *1 Schalter, 2 Rastnasen, 3 Steckkontakt, 4 Raste, 5 Schalterrahmen, 6 Verkleidung.*

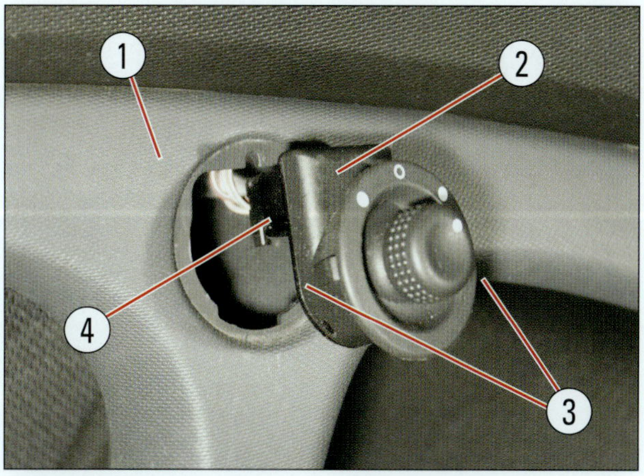

Schalter Spiegelverstellung: *1 Griffverkleidung in der Seitenverkleidung, 2 Spiegelschalter, 3 Rastnasen, 4 Steckkontakt.*

■ Nehmen Sie den Schalter (1)heraus.

Die Montage erfolgt sinngemäß in umgekehrter Reihenfolge zur Demontage.

■ Prüfen Sie vor der Montage der Verkleidung die Funktion der Schaltereinheiten.

Schalter in der Türverkleidung

Je nach Ausstattungsvariante sind nicht alle Schalter verbaut. Die Montagearbeiten unterscheiden sich aber nicht wesentlich.

Schalter zur Spiegelverstellung

■ Hebeln Sie, von unten beginnend, den Schalter (2 im Bild links unten) abwechselnd rechts und links aus der Türverkleidung (1) heraus.

■ Entsichern Sie die Rastnase und ziehen Sie den

Steckkontakt (4) vom Schalter (2) ab.
- Nehmen Sie den Schalter ab.

Die Montage erfolgt sinngemäß in umgekehrter Reihenfolge zur Demontage.
- Prüfen Sie vor der Montage der Verkleidung die Funktion der Schaltereinheiten.

Schalter Fensterheber (Bild rechts oben)
- Schalten Sie die Zündung aus und ziehen Sie den Schlüssel ab.
- Hebeln Sie den Schalterträger (4) im vorderen Bereich beginnend so weit an, dass die Rastenasen (1) ausrasten.
- Ziehen Sie den Schalterträger (4) leicht nach vorne (2) und nehmen ihn aus der Türverkleidung heraus.
- Entsichern Sie die Rastnase und ziehen Sie den Steckkontakt (6) von der Schaltereinheit (5) ab.
- Betätigen Sie die Rasten für die Schaltereinheit (5) im Schalterträger (4) und nehmen Sie die Schaltereinheit heraus.

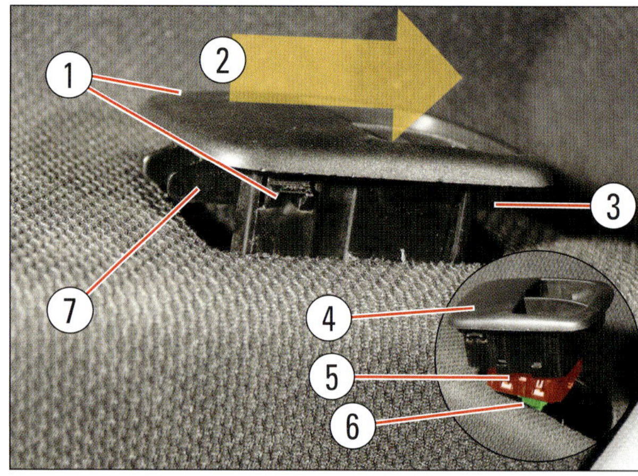

Schalter in der Armaturentafel: *1 Rastnasen, 2 Bewegungsrichtung zur Demontage, 3 Führungsnase, 4 Schalterträger, 5 Schaltereinheit, 6 Steckkontakt, 7 Haltenase.*

Die Montage erfolgt sinngemäß in umgekehrter Reihenfolge zur Demontage.
- Prüfen Sie vor der Montage des Schalterträgers die Funktion der Schaltereinheiten.

Scheinwerfer vorne

Scheinwerfer De- und Montage

Die folgende Beschreibung kann auf den rechten und den linken Scheinwerfer angewendet werden. Der Aufbau der Befestigungsstellen ist symmetrisch.
- Schalten Sie die Zündung und alle elektrischen Verbraucher aus.
- Ziehen Sie den Zündschlüssel ab.
- Unterbauen Sie das Fahrzeug.
- Demontieren Sie die beiden Vorderräder.

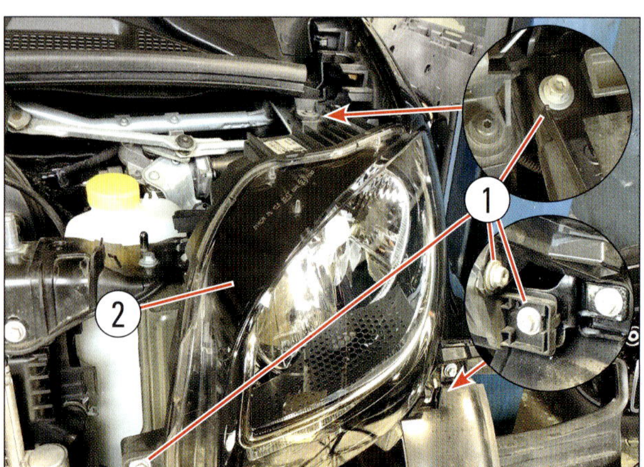

Befestigung Scheinwerfer vorne: *1 Schrauben, 2 Scheinwerfer.*

- Bauen Sie die Wartungsklappe (Fronthaube), wie bereits auf Seite 125 beschrieben, ab.

Demontieren Sie, wie bereits auf Seite 126 beschrieben, den Stoßfänger vorne.

- Drehen Sie die Schrauben (1 im Bild unten links) heraus und nehmen Sie den Scheinwerfer (2) ab.
- Ziehen Sie den elektrischen Anschluss der Frontscheinwerfer ab.
- Nehmen Sie den Scheinwerfer (2) ab.

Die Montage erfolgt sinngemäß in umgekehrter Reihenfolge zur beschriebenen Demontage.
- Abschließend die Scheinwerfereinstellung prüfen, und wenn erforderlich richtigstellen.

Scheinwerfer einstellen

Voraussetzungen:
- Der Reifendruck muss in Ordnung sein. Die Scheinwerferscheiben dürfen weder beschädigt noch verschmutzt sein.
- Reflektoren und Glühlampen sind intakt.
- Die Fahrzeugbelastung muss hergestellt sein.
- Das Fahrzeug muss einige Meter gerollt bzw.

vorn und hinten mehrmals durchgefedert werden, damit sich die Federn setzen. Das Fahrzeug und Scheinwerfer-Einstellgerät müssen auf einer ebenen Fläche stehen, eingestellt und ausgerichtet sein.

■ Scheinwerferhöhenverstellung prüfen, indem die maximale Stufe eingestellt und dabei das Licht der Scheinwerfer beobachtet wird.

■ Anschließend das Rändelrad für die Leuchtweitenregelung, falls vorhanden, in Position »0« stellen.

Einstellung Scheinwerfer (Abblendlicht):

Das Fahrzeug muss sich im fahrbereiten Zustand befinden (Leermasse, Kraftstoffbehälter voll oder entsprechendes Zusatzgewicht).

■ Die Vorderräder müssen in Geradeausstellung stehen.

■ Reifendruck prüfen und richtigstellen.

■ Fahrersitz mit 75 kg oder einer Person belasten und Leuchtweitenregulierung auf »0« stellen (manuelle Einstellung innen).

■ Motorhaube öffnen.

■ Scheinwerfer-Einstellgerät zum Fahrzeug ausrichten und Höheneinstellung nach Mitte der Scheinwerfer vornehmen.

■ Fernlicht und Abblendlicht einschalten, dann die Lichteinstellung der beiden Leuchten prüfen und soweit erforderlich die Einstellung korrigieren.

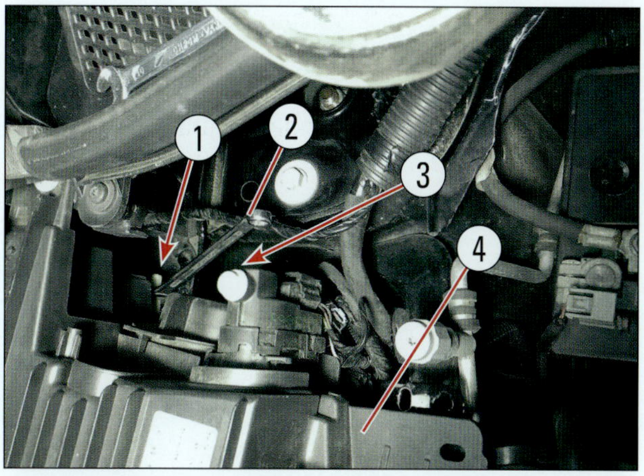

Scheinwerfereinstellung: *1 Einsteller seitlich, 2 Schlüssel SW 9, 3 Einsteller Höhenlage, 4 Scheinwerfergehäuse.*

Lampen im Scheinwerfer

Tagfahrlicht/Standlicht im Scheinwerfer:

Das Tagfahrlicht ist als LED für Standlicht und Tagfahrlicht im Scheinwerfer integriert. Eine Instandsetzung der LED-Leiste oder der Wechsel einzelner LED ist nicht vorgesehen. Bei Ausfall muss der Scheinwerfer ersetzt werden.

Glühlampe für Abblendlicht und Fernlicht (H4 12V 55/60W):

Der Zugang zur Lampe für den Wechsel erfolgt über den Raum unter der Serviceklappe (Fronthaube) auf der entsprechenden Seite.

■ Schalten Sie die Beleuchtung des Fahrzeuges und die Zündung aus.

■ Öffnen Sie die Wartungsklappe (Haube) vorne.

■ Ziehen Sie den Deckel auf der Rückseite des Scheinwerfergehäuses (3 im Bild unten) ab. Zur vereinfachten Darstellung haben wir den Scheinwerfer ausgebaut.

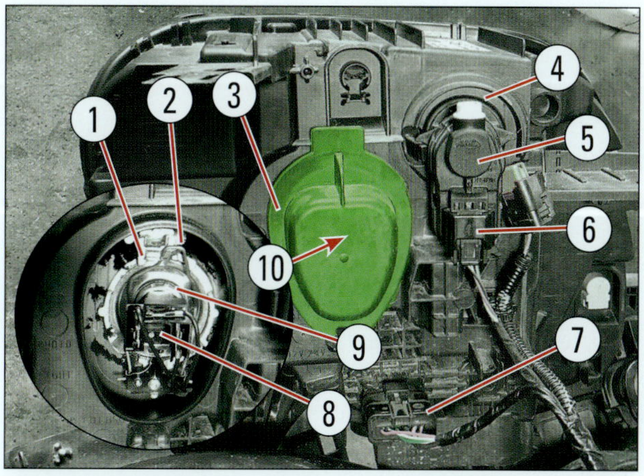

Scheinwerferrückseite: *1 Rastnase, 2 Federbügel, 3 Deckel, 4 Höheneinstellung, 5 Leuchtweiteneinsteller, 6 Anschlussstecker Leuchtweitensteller, 7 Anschlussstecker Licht, 8 Anschlussstecker Glühlampe, 9 Glühlampe, 10 Blick unter den Deckel.*

■ Ziehen Sie den Steckkontakt zur Glühlampe (8) gerade von der Glühlampe (9) ab.

■ Rasten Sie den Federbügel (2) aus und nehmen Sie die Glühlampe heraus. Beim Einbau einer Lampe nicht den Glaskolben berühren. Die Finger hinterlassen Fettspuren auf dem Glaskolben, die beim Einschalten der Lampe verdampfen und den Glaskolben trüben.

■ Setzen Sie die Glühlampe in die Aussparungen in der Fassung ein.

Die Montage erfolgt sinngemäß in umgekehrter Reihenfolge zur beschriebenen Demontage.

■ Prüfen Sie die Funktion der Lampe nach der Montage.

■ Kontrollieren Sie den Sitz des Gummischutzes.

Nebelscheinwerfer

Die Nebelscheinwerfer sind im Stoßfänger eingebaut und auch im eingebauten Zustand von hinten zugänglich. Mit etwas Geschick lässt sich auch der Scheinwerfer komplett von hinten demontieren.

Nebelscheinwerfer Aus- und Einbau

- Schalten Sie die Zündung und alle elektrischen Verbraucher aus.
- Ziehen Sie den Zündschlüssel ab.
- Lösen Sie die Verschraubungen der Radhausverkleidung an der vorderen Stoßfängerverkleidung und ziehen Sie sie wie im Bild links oben links gezeigt etwas zurück.
- Entsichern Sie den Steckkontakt der Lampenfassung (3 im Bild oben rechts) und ziehen Sie ihn ab.
- Drehen Sie die Schrauben (1) heraus.
- Nehmen Sie den Nebelscheinwerfer (2) komplett nach unten heraus.

Die Montage erfolgt sinngemäß in umgekehrter Reihenfolge zur beschriebenen Demontage.

- Prüfen Sie die Funktion der beiden Lampe nach der Montage.
- Prüfen Sie die Höheneinstellung der beiden Lampen und korrigieren Sie sie wenn nötig.

Nebelscheinwerfer einstellen

Der Zugang zu der Einstellschraube ist über eine Bohrung (5 im Bild unten) in der Radhausverkleidung möglich. Für die Verstellung ist meistens ein 5-mm-Innensechskantschlüssel erforderlich. Das Neigungsmaß für die Einstellung der Nebelscheinwerfer beträgt 2,0%.

- Drehen Sie zum Verstellen der Leuchtweite die Einstellschraube (1).
- Eine Seitenverstellung ist nicht vorgesehen.

Leuchtmittel wechseln (H7)

- Schalten Sie die Beleuchtung des Fahrzeuges und die Zündung aus.
- Lösen Sie die Verschraubungen der Radhausverkleidung an der vorderen Stoßfängerverkleidung und ziehen Sie sie wie im

Zugang zum Nebelscheinwerfer im Stoßfänger vorne: *Er wird auch durch das Lösen der Radhausschale unten möglich.*

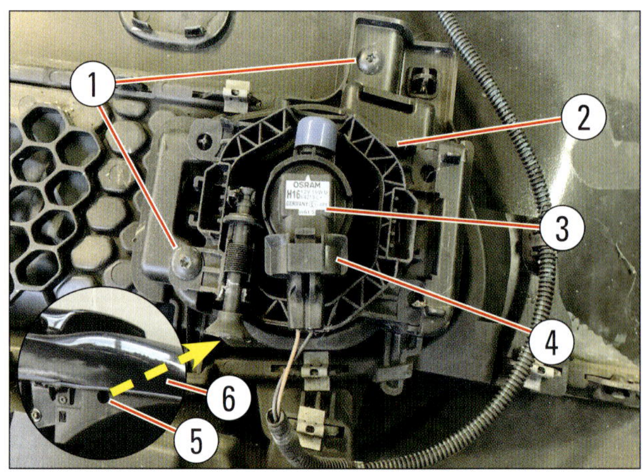

Nebelscheinwerfer im Stoßfänger vorne: *1 Schrauben, 2 Nebelscheinwerfer, 3 Fassung mit Glühlampe, 4 Steckkontakt, 5 Bohrung von unten im Radlauf, 6 Stoßfänger vorne.*

Bild oben gezeigt etwas zurück.

- Reinigen Sie den Bereich um die Lampenfassung gründlich.
- Entsichern Sie den Steckkontakt der Lampenfassung (4) und ziehen Sie ihn ab.
- Drehen Sie die Lampenfassung (3) etwa eine Viertel-Umdrehung gegen den Uhrzeigersinn.
- Ziehen Sie die Lampe zusammen mit dem Lampenhalter heraus.
- Ziehen Sie die Glühlampe aus dem Lampenhalter heraus.
- Beim Einbau einer Lampe dürfen Sie nicht den Glaskolben berühren. Die Finger hinterlassen Fettspuren auf dem Glaskolben, die beim

Einschalten der Lampe verdampfen und den Glaskolben trüben können.

Die Montage erfolgt sinngemäß in umgekehrter Reihenfolge zur beschriebenen Demontage.

- Achten Sie auf den richtigen Sitz der Lampe in der Fassung.
- Prüfen Sie die Funktion der Lampe nach der Montage.
- Prüfen Sie die Höheneinstellung der Lampe.

Blinkleuchten vorne

Blinkleuchte im Stoßfänger

Blinkleuchte im Stoßfänger vorne ausbauen:

- Demontieren Sie den Stoßfänger vorne, wie bereits für die Scheinwerfermontage auf Seite 175 bereits beschrieben.
- Entsichern Sie den Steckkontakt (3 im Bild unten links) und ziehen Sie ihn ab.
- Drehen Sie die beiden Schrauben (1) heraus.
- Nehmen Sie die Blinkleuchte ab.

Die Montage erfolgt sinngemäß in umgekehrter Reihenfolge zur beschriebenen Demontage.

- Prüfen Sie die Funktion der Lampe nach der Montage.

Blinker(glüh)lampe im Stoßfänger vorne wechseln (PY21W):

Der Zugang zur Lampe erfolgt über den Deckel im Innenkotflügel des Radhauses auf der entsprechenden Seite.

- Öffnen Sie die Abdeckung im Radhaus auf der entsprechenden Seite (Bild unten rechts).
- Drehen Sie die Lampenfassung etwa eine Viertel-Umdrehung gegen den Uhrzeigersinn.
- Nehmen Sie die Lampe zusammen mit dem Lampenhalter heraus.
- Drehen Sie die Glühlampe etwa eine Viertel-Umdrehung gegen den Uhrzeigersinn.
- Nehmen Sie die Glühlampe aus dem Lampenhalter heraus.

Die Montage erfolgt sinngemäß in umgekehrter Reihenfolge.

- Prüfen Sie die Funktion der Lampe nach der Montage.

Seitenblinkleuchte

Seitenblinkleuchte ausbauen:

- Schalten Sie die Zündung und alle elektrischen Verbraucher aus.
- Ziehen Sie den Zündschlüssel ab.
- Hebeln Sie die Seitenblinkleuchte (5 im Bild oben auf Seite 178) mit einem Schraubendreher (3) aus dem Kotflügel heraus.

- Nehmen Sie das Blinkleuchtengehäuse (4) aus dem Kotflügel (6) so weit heraus, bis die Fassung (1) zugänglich ist.

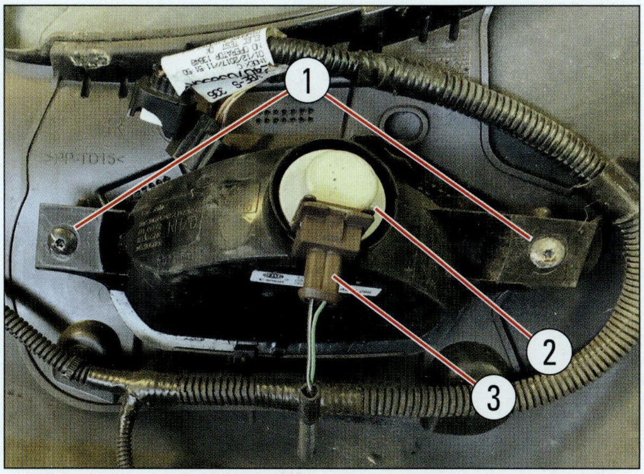

Blinkleuchte im Stoßfänger vorne (Ansicht von hinten): *1 Schrauben, 2 Fassung mit Glühlampe, 3 Steckkontakt.*

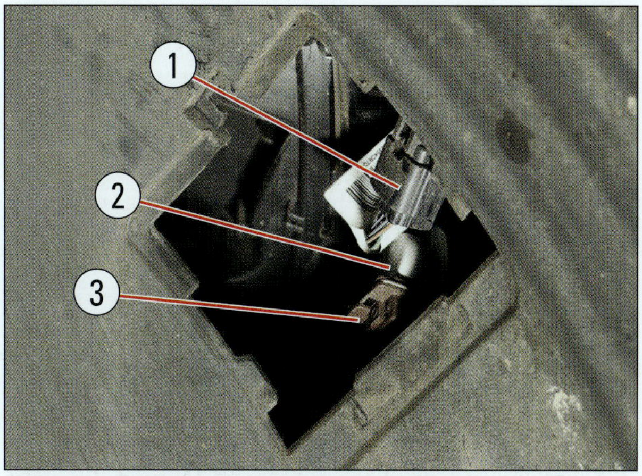

Zugang zum Nebelscheinwerfer im Stoßfänger vorne: *1 Zentralstecker, 2 Steckkontakt, 3 Lampenfassung Blinkleuchte.*

■ Fassung (1) um 90° gegen den Uhrzeigersinn drehen und aus der Seitenblinkleuchte (5) herausnehmen.
■ Nehmen Sie die Seitenblinkleuchte (5) ab.

Die Montage erfolgt sinngemäß in umgekehrter Reihenfolge zur Demontage.
■ Die Einbaurichtung können Sie an einem Pfeil am Blinkerglas erkennen.
■ Achten Sie darauf, dass die Blinkleuchte sicher einrastet.
■ Prüfen Sie die Funktion der Lampe nach der Montage.

Glühlampe ausbauen (Bild oben rechts)
■ Bauen Sie die Blinkleuchte wie beschrieben aus dem Kotflügel aus.
■ Drehen Sie die Fassung (1) etwa 45° gegen den Uhrzeigersinn und nehmen Sie sie heraus.
■ Lampe gerade aus der Fassung herausziehen.

Die Montage erfolgt sinngemäß in umgekehrter Reihenfolge zur beschriebenen Demontage.

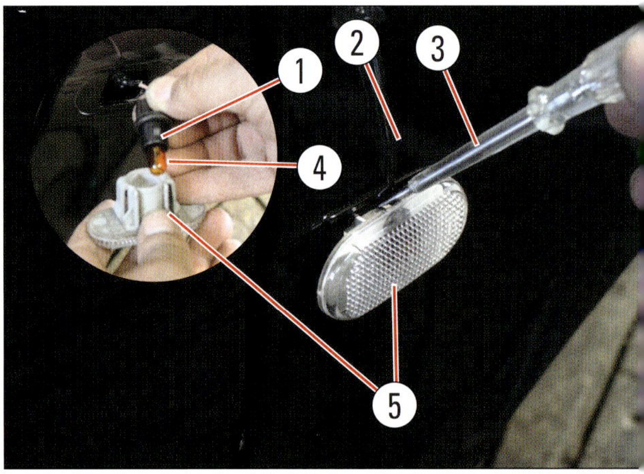

Seitenblinkleuchte: *1 Fassung, 2 Kotflügel, 3 Schraubendreher, 4 Glühlampe (WY5W), 5 Blinkleuchte.*

■ Prüfen Sie die Funktion der Lampe nach der Montage.
■ Vermeiden Sie beim Einbau einer Lampe die Berührung des Glaskolbens. Ihre Finger hinterlassen Fettspuren auf dem Glaskolben, die beim Einschalten der Lampe verdampfen und den Glaskolben trüben können.

Leuchten und Lampen hinten

Montage an den Rückleuchte

Die Rückleuchte besteht aus der Rückleuchte, dem Lampenrahmen und dem Lampenträger. Es sind unterschiedliche optische Ausführungen und auch als LED-System Rückleuchten lieferbar. Die Montagearbeiten unterscheiden sich für die unterschiedliche Bautypen der Rückleuchten nicht wesentlich.

Demontage der Rückleuchte:
■ Schalten Sie die Zündung und alle elektrischen Verbraucher aus.
■ Ziehen Sie den Zündschlüssel ab.
■ Öffnen Sie den Kofferraumdeckel.
■ Drehen Sie die beiden Schrauben seitlich im Rücklicht heraus.
■ Ziehen Sie die Heckleuchte aus ihren Haltepunkten (4 im Bild rechts unten) außen an der Karosserie und nehmen Sie sie ab.
■ Nehmen Sie die Rückleuchte aus der Karosserie heraus.
■ Entsichern Sie den Stecker und ziehen Sie den elektrischen Anschluss auf der Rückseite der Rückleuchte ab.

Die Montage erfolgt sinngemäß in umgekehrter Reihenfolge.
■ Prüfen Sie die Funktion der Glühlampen oder den LEDs.

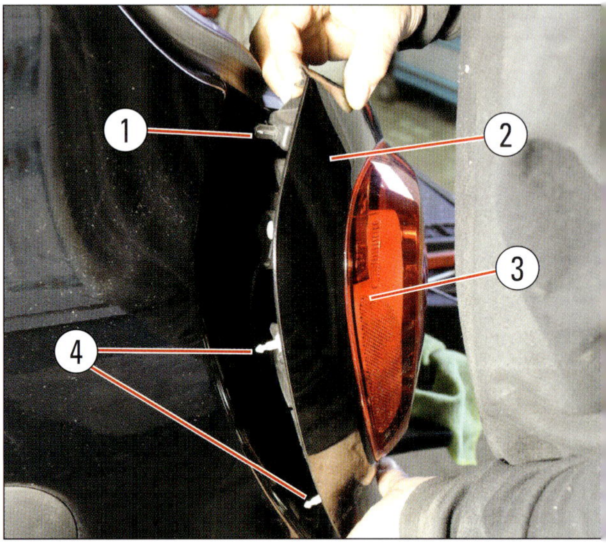

Rückleuchte im Seitenteil: *1 Führungsstift, 2 Leuchtenrahmen 3 Rückleuchte, 4 Rasten außen.*

Umgang mit Glühlampen

PRAXISTIPP

■ Berühren Sie beim Einbau einer Lampe nicht den Glaskolben. Ihre Finger hinterlassen Fettspuren auf dem Glaskolben, die beim Einschalten der Lampe verdampfen und den Glaskolben trüben.

■ Bei farbbeschichteten Lampen, wie beispielsweise die Blinklampen, achten Sie darauf, dass die Beschichtung nicht gerissen und noch vorhanden ist.

■ Lassen Sie Glühlampen nicht fallen. Der Wolframfaden (die Glühwendel) wird frühzeitig geschädigt und die Lampe fällt schneller aus.

Lampen der Rückleuchten ausbauen

■ Bauen Sie die entsprechende Rückleuchteneinheit wie beschrieben aus.

■ Drücken Sie gegen die Halteklammern (3 im Bild 22) und rasten Sie den Lampenträger von der Rückleuchte aus.

■ Drücken Sie leicht auf die entsprechende Glühlampe und drehen Sie sie im Lampenträger gegen den Uhrzeigersinn etwa eine Viertel-Umdrehung.

■ Nehmen Sie die Glühlampe heraus.

Funktion	Glühlampe
Bremslicht/Fahrlicht	P21/5W
Blinklampe	PY21W
Nebellampe	P21W
Rückfahrleuchte	W16W

Die Montage erfolgt sinngemäß in umgekehrter Reihenfolge.

■ Prüfen Sie die Funktion der Lampe nach der Montage.

■ Achten Sie darauf, dass der Lampenträger richtig in der Rückleuchte einrastet.

■ Achten Sie darauf, dass die Rücklampe richtig in der Karosserie einrastet.

Lampenrahmen der Rückleuchten ausbauen:

Die Demontage kann für Lackierarbeiten am Lampenrahmen oder zum Wechsel der Rückleuchte erforderlich sein.

■ Bauen Sie die Rückleuchte wie bereits beschrieben aus.

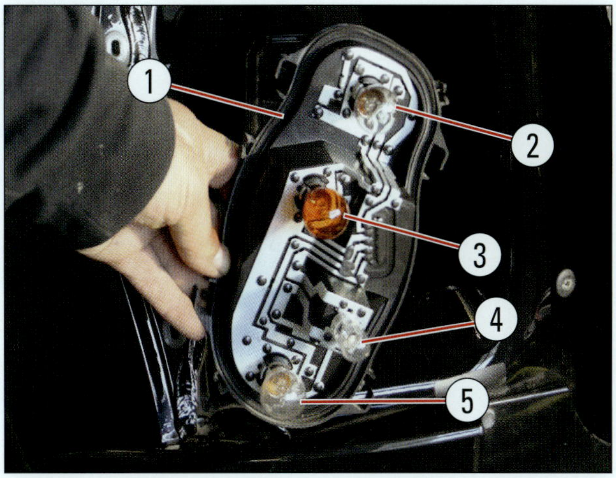

Lampen in der Rückleuchte: *1 Lampenträger, 2 Brems- und Fahrlicht (P21/5W), 3 Blinker (PY21W), 4 Rückfahrlampe (W16W), 5 Nebellampe (P21W).*

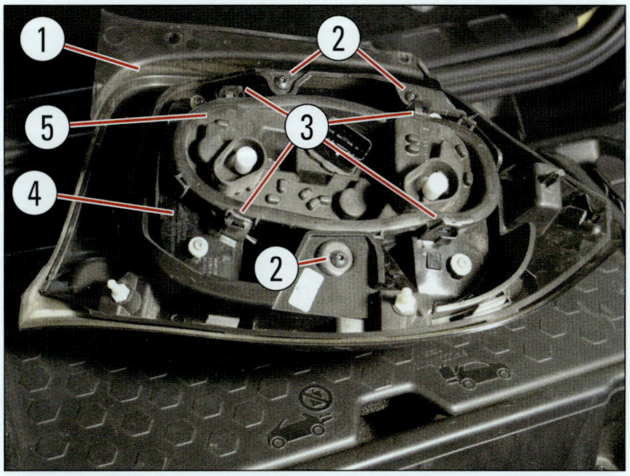

Rückleuchte: *1 Lampenrahmen, 2 Schrauben, 3 Schrauben, 4 Rückleuchte, 5 Lampenträger.*

LED-Rückleuchten

WISSENSWERTES

Im Rahmen eines Facelifts wurden auch Rückleuchten mit LED-Technik verbaut. Eine Instandsetzung oder der Wechsel einzelner LED in der Rückleuchte ist nicht vorgesehen. Bei Ausfall muss die komplette Rückleuchte ersetzt werden.

Werden LED-Rückleuchten nachgerüstet, müssen Vorwiderstände verbaut werden. LED haben einen zu geringen Eigenwiderstand. Das Bordnetzsteuergerät erkennt die LED nicht und setzt einen Fehler. Über die nachgerüsteten Widerstände erfasst das Bordnetzsteuergerät die LED-Leuchten wie eine Glühlampe.

■ Drehen Sie die Schrauben (3 im Bild 23) auf der Rückseite heraus.
■ Nehmen Sie den Lampenrahmen von der Rückleuchte ab.

Die Montage erfolgt sinngemäß in umgekehrter Reihenfolge zur beschriebenen Demontage.
■ Prüfen Sie die Funktion der Lampe nach der Montage.

Kennzeichenleuchten

Lampenträger ausbauen:
Der Lampenträger der Kennzeichenleuchte ist in einen Rahmen eingeclipst, der wiederum in die Heckklappe eingeclipst ist.
■ Schalten Sie die Zündung und alle elektrischen Verbraucher aus.
■ Ziehen Sie den Zündschlüssel ab.
■ Hebeln Sie mit einem Schraubendreher im Bereich (2 im Bild oben) den Lampenträger (4) aus dem Halterahmen heraus.
■ Entsichern Sie den Steckkontakt und ziehen Sie den Stecker ab.

Die Montage erfolgt sinngemäß in umgekehrter Reihenfolge.
■ Prüfen Sie die Funktion der Lampe nach der Montage.
■ Achten Sie darauf, dass die Leuchte richtig in der Heckklappe einrastet.
■ Entsichern Sie die Raste für das Lampenglas (3) und hebeln Sie es vorsichtig heraus.

Lampe Kennzeichenleuchte ausbauen:
Lampenträger und Heckklappengriff sind aus Kunststoff (ABS) gefertigt. Die thermische Belastung und die Verformung kann bis Heckklappe und Kennzeichenleuchte beschädigen. Verwenden Sie niemals leistungsstärkere Leuchtmittel. Achten Sie bei der Verwendung von LED-Leuchten auf die abgegebene Wärme.
■ Schalten Sie die Beleuchtung des Fahrzeuges und die Zündung aus.
■ Bauen Sie den Lampenträger der Kennzeichenleuchte wie beschrieben aus.
■ Entsichern Sie die Raste für das Lampenglas und hebeln Sie es vorsichtig heraus.
■ Ziehen Sie die Glühlampe gerade aus dem Lampenträger heraus.

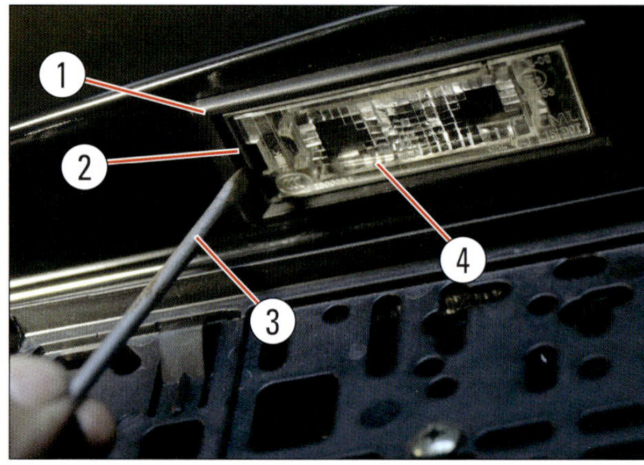

Kennzeichenleuchte: *1 Halterahmen, 2 Position der Raste des Lampenträgers im Rahmen, 3 Schraubendreher, 4 Lampenträger.*

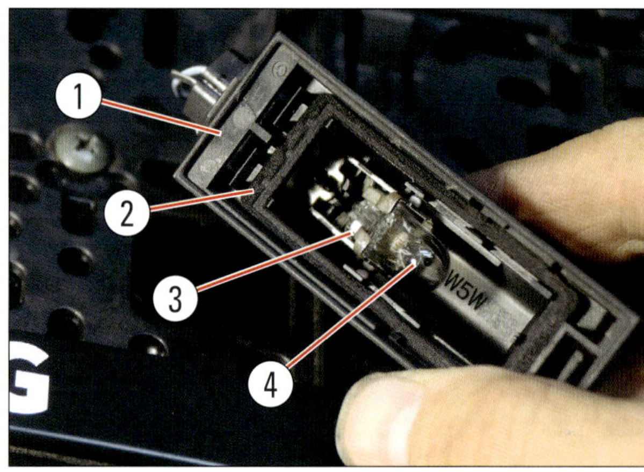

Lampe in der Kennzeichenleuchte: *1 Halterahmen, 2 Dichtung, 3 Lampenfassung, 4 Lampe (W5W).*

Licht, Wärme und Leistung

WISSENSWERTES

Der Lampenträger und die Heckklappe sind aus Kunststoff gefertigt. Die thermische Belastung bei Lampen mit größerer Wärmeabgabe nehmen zu und die Verformung kann sogar noch die Heckklappe und die Kennzeichenleuchte beschädigen.

■ Verwenden Sie niemals leistungsstärkere Leuchtmittel. Achten Sie bei der Verwendung von LED-Leuchten auf die abgegebene Wärme. Im Zweifel vorsichtig prüfen!

■ Achten Sie darauf, LED-Kennzeichenleuchten mit EG-Prüfzeichen zu verbauen. Es muss ein Messwiderstand verbaut werden. Nur so kann das Bordnetzsteuergerät erkennen, dass eine Lampe verbaut ist und setzt keine Fehlermeldung ab.

Die Montage erfolgt sinngemäß in umgekehrter Reihenfolge.

■ Prüfen Sie die Funktion der Lampe nach der Montage.

■ Achten Sie darauf, dass die Leuchte hörbar einrastet.

LED-Kennzeichenleuchte umbauen:

■ Bauen Sie, wie bereits beschrieben, die Lampen der Kennzeichenleuchte aus. Die Lampengläser werden meist zusammen mit den (Glüh-)Lampen ersetzt.

■ Kontrollieren Sie den Zustand der Kontakte für die Lampen.

Die Montage erfolgt sinngemäß in umgekehrter Reihenfolge zur beschriebenen Demontage.

■ Setzen Sie die LED-Lampe zusammen mit der Streu-Scheibe (wenn diese nicht Bestandteil der Kennzeichenleuchte ist) ein.

■ Achten Sie darauf, dass die Streuscheibe richtig einrastet.

■ Prüfen Sie die Funktion der Lampe nach der Montage.

Dritte Bremsleuchte

Die Montagearbeiten unterscheiden sich für beide Karosserievarianten kaum. Wir stellen Ihnen die Montagearbeiten am Dachspoiler des Cabrios vor.

Dritte Bremsleuchte Heckklappe/Dachkante

Die Bremsleuchte ist eine LED-Leuchteneinheit. Es sind keine Reparaturen an der Leuchte vorgesehen (siehe auch Kasten oben rechts).

LED-Bremsleuchten

WISSENSWERTES

Sonderfall LED-Lampen:

■ Die Einzel-LEDs (Licht emittierende Dioden) in der hochgesetzten Bremsleuchte sind in Gruppen zu 3 LEDs zusammengefasst und werden gruppenweise mit Strom versorgt.

■ Durch den Ausfall einzelner LEDs werden die intakten LEDs dieser Gruppe höher belastet, weshalb mit einem baldigen Ausfall weiterer LEDs zu rechnen ist.

■ Ist eine LED-Gruppe (3 Einzel-LEDs) ausgefallen, werden die gesetzlichen Lichtwerte der ECE-Regelung (Economic Commission for Europe) weiterhin erfüllt.

■ Sind mehr als 3 Einzel-LEDs ausgefallen, werden die gesetzlichen Lichtwerte nicht mehr erfüllt und die Lampe für hochgesetztes Bremslicht muss ersetzt werden.

■ Drehen Sie die Schrauben (2 im Bild unten) heraus und nehmen Sie die Bremsleuchte (3) aus dem Spoiler (1) heraus.

■ Entsichern Sie die Steckerraste und ziehen Sie den Steckkontakt ab.

■ Nehmen Sie die Bremsleuchte ab.

Die Montage erfolgt sinngemäß in umgekehrter Reihenfolge zur beschriebenen Demontage.

■ Achten Sie auf den richtigen Sitz der Leuchte im Spoiler.

■ Achten Sie darauf, dass das Anschlusskabel nicht eingeklemmt wird.

■ Prüfen Sie die Funktion der Lampe nach der Montage.

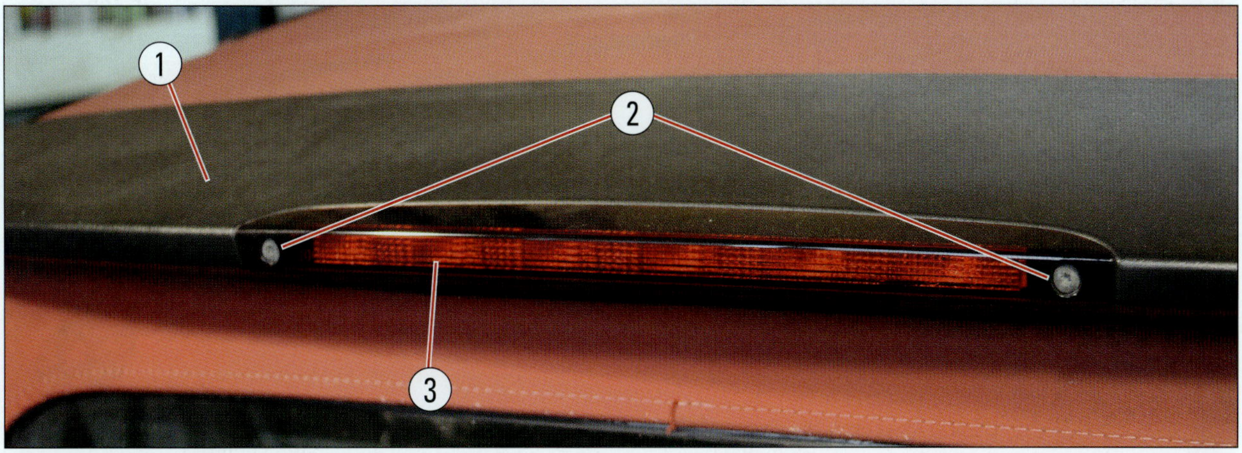

Einbaulage der 3. Bremsleuchte: *1 Dachkantenspoiler, 2 Schrauben, 3 Bremsleuchte.*

Batterie und Generator

STÖRUNGSBEISTAND

Störung	Was kann das sein?	Was kann ich tun?
A Rote Ladekontrolle brennt nicht beim Einschalten der Zündung	**1** Batterie leer	Mit Starthilfekabel starten oder Wagen anschleppen
	2 Batteriekabel gebrochen. Kabelklemmen lose oder oxidiert	Batteriekabel und -klemmen kontrollieren
	3 Kontrollleuchte defekt	Kontrollleuchte ersetzen
	4 Kabelweg zwischen Zündschloss, Kontrolllampe und Bordnetzsteuergerät unterbrochen	Stromweg mit Multimeter kontrollieren
B Ladekontrolle brennt oder glimmt bei laufendem Motor	**1** Keilrippenriemen lose bzw. ohne Spannung	Keilrippenriemenspannung kontrollieren
	2 Mangelnder Kontakt an Kabelanschlüssen der Lichtmaschine oder unterbrochene Kabel	Kabelanschlüsse und Kabel prüfen
C Batterieoberfläche feucht	**1** Zu viel eingefülltes destilliertes Wasser	Ausgasen lassen, keine Säure absaugen
	2 Batterieverschlüsse verstopft	Entlüftungslöcher säubern
	3 Spannungsregler defekt	Spannungsregler austauschen
D Batterie gast stark	**1** Batterie Zellenschluss	Batterie ersetzen
	2 Ladespannung zu hoch	Lastmanagement prüfen, Fehlerspeicher auslesen (lassen)
E Batterie ist nach einigen Tagen Standzeit entladen	**1** Stiller Verbraucher	Ruhestrommessung in der Masseleitung durchführen lassen
	2 Innenraumleuchte geht nicht aus	Schlossschalter defekt, Schalter an der Innenleuchte defekt
	3 Steuergeräte werden unkontrolliert angesprochen	Türschlossschalter prüfen
	4 Batterie defekt oder Zellschluss	Batterie laden, prüfen und wenn erforderlich erneuern
	5 Batterie nicht ausreichen geladen	

Starter (Anlasser)

Störung	Was kann das sein?	Was kann ich tun?
A Kontrolllampen brennen beim Startvorgang schwach oder verlöschen	**1** Batterie entladen	Mit Starthilfekabel starten, Auto anschieben/anschleppen, Kabel befestigen, Anschlüsse säubern, Anlasser überholen lassen oder austauschen
	2 Kabelanschlüsse lose oder oxidiert	Anschlusskabel und Masseanschluss prüfen
	3 Batterie defekt	Batterie laden und prüfen
	4 Starter defekt: Ankerwicklungen defekt	Anlasser überholen lassen oder austauschen
B Beim Drehen des Zündschlüssels in Startstellung dreht der Anlasser zu lange oder gar nicht	**1** Starter defekt: Kohlebürsten bzw. deren Anschlüsse im Anlasser gelöst, die Kontakte im Magnetschalter verschmort, Anlasserwicklung schadhaft	Anlasser überholen lassen oder austauschen
	2 Mechanik ist schwergängig oder defekt	
C Der Anlasser dreht, aber der Motor dreht nicht	**1** Ritzel verschmutzt	Starter ausbauen und Ritzel reinigen
	2 Einrückvorrichtung klemmt	Anlasser überholen lassen oder austauschen
	3 Verzahnung des Ritzels oder der Motorschwungscheibe beschädigt	Wagen bei eingelegtem Gang durch Helfer ein Stück vorschieben lassen. Erneut starten. Beschädigte Teile ersetzen
D Magnetschalter schaltet schnell ein und aus. Anlasser läuft nicht an	**1** Batterie stark entladen, beim Einschalten des Magnetschalters fällt die Spannung ab und er schaltet wieder ab.	Batterie laden und prüfen
	2 Einrückvorrichtung klemmt	Anlasser überholen lassen oder austauschen
E Anlasser läuft weiter, obwohl der Zündschlüssel losgelassen wurde	**1** Magnetschalter hängt oder schaltet nicht ab (festbegrannt)	Zündung sofort abschalten, notfalls Batterie abklemmen, Magnetschalter reparieren oder Anlasser austauschen
	2 Zünd-/Anlassschalter defekt	Schalter ersetzen
F Ritzel spurt nach Anspringen des Motors nicht aus.	**1** Rückstellfeder des Einrückhebels lahm oder gebrochen	Motor abstellen, Anlasser austauschen

STÖRUNGSBEISTAND

Hupe

Störung	Was kann das sein?	Was kann ich tun?
A Hupe tönt nicht	**1** Sicherung defekt	Ersetzen
	2 Kabel vom Lenkrad zum Lenksäulensteuergerät unterbrochen	Kabelverlauf kontrollieren, Steckkontakte der Hupe reinigen
	3 Hupe defekt	Prüfen ggf. ersetzen
B Hupe tönt dauernd	**1** Kabel vom Hupenkontakt zum Steuergerät hat Masseschluss	Kabelverlauf kontrollieren

STÖRUNGSBEISTAND

Bremslicht

Störung	Was kann das sein?	Was kann ich tun?
A Eine Bremsleuchte brennt nicht	**1** Glühlampe durchgebrannt	Ersetzen
	2 Masseverbindung unterbrochen. Brennen alle übrigen Lampen in derselben Heckleuchte?	Kabel kontrollieren, Steckkontakte reinigen
	3 Unterbrechung in der Zuleitung	Kabel kontrollieren
B Alle Bremsleuchten brennen nicht	**1** Sicherung defekt	Ersetzen
	2 Bremslichtschalter defekt	Kabel und Bremslichtschalter kontrollieren und soweit erforderlich ersetzen
	3 Alle Bremsleuchten defekt	Lampen und Leuchten prüfen, wenn erforderlich ersetzen
	4 LED-Bremsleuchte defekt	Auch wenn nur einige LED-Leuchten nicht funktionieren, muss die gesamte Lampe ersetzt werden. Eine Reparatur einzelner LED ist nicht möglich
C Bremslicht brennt dauernd	**1** Bremslichtschalter nicht richtig im Träger eingerastet	Einbau des Bremslichtschalters kontrollieren
	2 Bremslichtschalter defekt	Ersetzen
	3 Kabel zum Bremslichtschalter haben direkten Kontakt	Kabel kontrollieren
	4 Anschluss der Anhängerdose oder die Verkabelung zum Radträger defekt	Anschlüsse, Verdrahtung und auch die angebauten Teile kontrollieren

Warnblink- und Blinkanlage

Störung	Was kann das sein?	Was kann ich tun?
A Kontrolllampe für Richtungsblinker leuchtet in ganz kurzen Intervallen auf. Normaler Blinkrhythmus beim Warnblinken	**1** Eine Glühlampe defekt oder ohne Kontakt	Prüfen und wenn erforderlich auswechseln
	2 Glühlampe am Anhänger oder Fahrradträger defekt oder ohne Kontakt	
B Kontrolllampe für Richtungsblinker gehen nicht	**1** Lampen im Tachometer defekt	Prüfen und wenn erforderlich auswechseln
	2 Fehler in der Datenübertragung zwischen den Steuergeräten	Fehlerspeicher aller Steuergeräte abfragen
C Richtungsblinken funktioniert, aber kein Warnblinken	**1** Sicherung defekt	Prüfen und wenn erforderlich auswechseln
	2 Warnblinkschalter defekt	Prüfen und wenn erforderlich auswechseln
	3 Steckkontakt Warnblinkschalter defekt	Prüfen und instand setzen
	4 Bordnetzsteuergerät defekt	Fehlerspeicher abfragen, Steuergerät prüfen und instand setzen
D Warnblinken funktioniert, aber kein Richtungsblinken	**1** Sicherung defekt	Prüfen und wenn erforderlich auswechseln
	2 Blinkerschalter defekt	Prüfen und wenn erforderlich auswechseln
	3 Steckkontakt Blinkerschalter defekt	Prüfen und instand setzen
	4 Bordnetzsteuergerät oder Steuergerät am Rohrmantelmodul (Lenksäule) defekt	Fehlerspeicher abfragen, Steuergeräte prüfen und instand setzen
E Kein Richtungs- und kein Warnblinken	**1** Sicherung defekt	Prüfen und wenn erforderlich auswechseln
	2 CAN-Bus-Fehler	Fehlerspeicher auslesen (lassen), Pegel und Signalbild auf der Datenleitung prüfen
	3 Bordnetzsteuergerät oder Steuergerät am Rohrmantelmodul (Lenksäule) defekt	Fehlerspeicher abfragen, Steuergeräte prüfen und instand setzen
F Kein Schalter an der Lenksäule funktioniert mehr	**1** Bordnetzsteuergerät oder Steuergerät am Rohrmantelmodul (Lenksäule) defekt	Fehlerspeicher auslesen (lassen), Pegel und Signalbild auf der Datenleitung prüfen

Licht- und Schallzeichen prüfen

Prüfablauf

Kontrollieren Sie mit einem Helfer regelmäßig die Funktion der Lampen und Leuchten. Kontrollieren Sie auch den Zustand hinsichtlich Beschädigungen und Verschmutzung.

Optische/akustische Kontrolle:

- Schalten Sie die Zündung ein.
- Betätigen Sie die Hupe.
- Schalten Sie das Licht ein.
- Kontrollieren Sie Blinker, Standlicht, Tagfahrlicht, Nebelscheinwerfer, Aufblendlicht und Abblendlicht vorne.
- Kontrollieren Sie das Fahrlicht, die Kennzeichenleuchten, die drei Bremsleuchten, das Rückfahrlicht, die Blinker und die Nebelschlussleuchte hinten.
- Ersetzen Sie defekte Leuchtmittel sofort. Verwenden Sie ausschließlich die vorgesehenen Leuchtmittel.

Kontrolle der Lichteinstellung (Bild oben):

Die Kontrolle der Einstellung kann auch an einer gerade gegenüberstehenden Wand durchgeführt werden. Hier gilt dann, dass für jeden Meter Abstand vom Scheinwerfer zur Wand der Abblendwert in Zentimetern tiefer auf der Wand auftreffen muss. Gemessen wird an der so genannten Hell-Dunkel-Grenze, also der sehr scharfen Linie, die durch die Lichtoptik des Scheinwerfers an die Wand projiziert wird. Die Nebelscheinwerfer müssen grundsätzlicher tiefer eingestellt werden als das Abblendlicht.

Scheinwerfer	Abblendung in %	Abblendung in cm / m
Abblendlicht	1%	1 cm / 1 m
Nebelscheinwerfer	2%	2 cm / 1 m

- Schalten Sie die Zündung ein.
- Schalten Sie das Abblendlicht ein.
- Kontrollieren Sie die Höheneinstellung (4) und die Seiteneinstellung des Scheinwerfers (3).
- Schalten Sie das Fernlicht ein.
- Kontrollieren Sie, dass der Lichtkegel in der Mitte des Messfeldes (6) aufkommt.

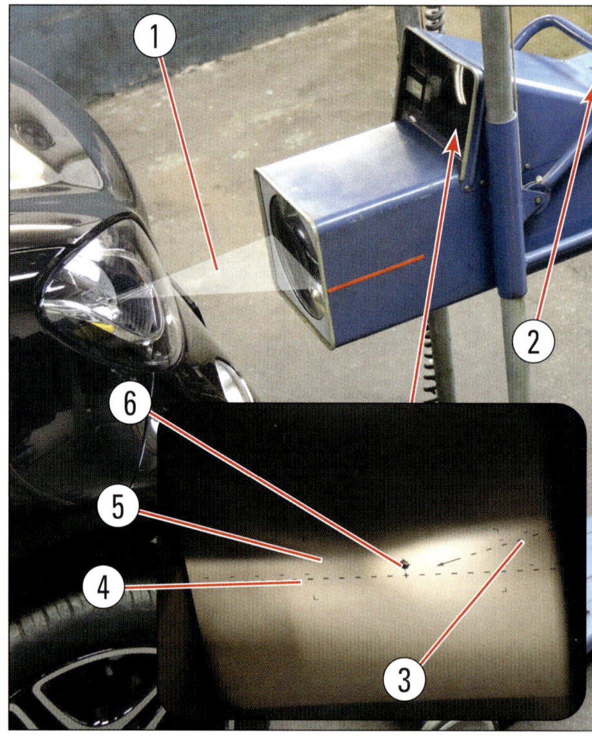

Lichteinstellgerät: *1 Auftreffender Lichtkegel, 2 Einstellrad Abblendung, 3 Asymmetrielinie, 4 Soll-Linie Einstellhöhe, 5 Hell-Dunkel-Grenze (etwas zu hoch eingestellt), 6 Schnittpunkt zwischen der Sollinie der Höhe (4) und Asymmetrielinie (5) als Bildmitte.*

Prüfprotokoll

Lampen hinten:

Funktion	Glühlampe	n. OK	OK
Bremslicht/Fahrlicht	P21/5W		
Blinklampe	PY21W		
Nebellampe	P21W		
Rückfahrleuchte	W16W		
Kennzeichenleuchte	W5W		

Lampen vorne:

Funktion	Glühlampe	n. OK	OK
Fern- und Abblendlicht	H4		
Blinklampe	PY21W		
Nebelscheinwerfer	H7		
Standlicht/Tagfahrlicht	W16W oder LED		

Der Antrieb

Der Smart hat kleine, leistungsstarke und sparsame Motoren. Die Wartung der Triebwerke am Schmier- und Kühlsystem sowie die Anbindung der Motoren ans Fahrwerk über das Getriebe sind Gegenstand dieses Kapitels.

Die Motoren des Smart

In diesem Kapitel werden wir uns mit dem Otto (Benzin-Motor) des Smart 453 beschäftigen. Aufgrund der geringen Verbreitung werden wir nicht speziell auf die Brabus-Varianten eingehen. Die fortschrittlichen Triebwerke der Smart fortwo sind durchweg Einspritzer mit und ohne Abgasturbolader.

Im Smart 453 wurden ausschließlich Dreizylinder-Ottomotoren verbaut. Die Palette stammt nun ausschließlich aus der Großserien-Baureihe von Renault. Das ist allerdings kein Nachteil. Renault verfügt über eine sehr ausgereifte Motorentechnik mit hoher Funktionssicherheit, die sich bei den unterschiedlichsten Herstellern und Fahrzeugmodellen zumeist recht unauffällig angesiedelt hat. So ist die Ersatzteilversorgung recht einfach und die Teile werden auch im Zubehörmarkt deutlich größere Verbreitung erreichen.

0,9-l-Turbo-Benzinmotor:
Der kleine Motor mit der Smart/Mercedes-Bezeichnung M 281.910 ist aus Sicht der Leistungsangaben die stärkste Motorvariante in diesem Modell. Seitens Brabus gab es weitere Motorvarianten für den kleinen Turbomotor bis zu 92 kW (125 PS). Die Brabus-Varianten sind recht selten und deshalb werden wir sie in diesem Band nicht berücksichtigen.

Das Viertaktprinzip

WISSENSWERTES

Bei den Smart-Motoren handelt es sich um 3-Zylinder-Viertaktmotoren. Das Viertaktprinzip beschreibt einen Arbeitszyklus des Kolbens im Zylinder in vier Takten.

- Ansaugen: Der Kolben gleitet zum unteren Totpunkt UT. Die Einlassventile öffnen, das Einspritzventil arbeitet, Luft und Kraftstoff strömen in den Zylinder.

- Verdichten: Der Kolben bewegt sich vom UT zum oberen Totpunkt OT. Die Einlassventile schließen. Der Kolben verdichtet das eingeströmte Gemisch.

- Arbeiten: Kurz vor dem OT wird das Gemisch gezündet. Es verbrennt und drückt den Kolben zum UT. Sein Pleuel dreht die Kurbelwelle.

- Ausstoßen: Der Kolben geht nach oben. Die Auslassventile öffnen, die verbrannten Gase werden ins Abgassystem (und in den Turbolader) geschoben.

1,0-l-Benzinmotoren:
Die großen Motoren mit der Smart/Mercedes-Bezeichnung M281E10 und M281.920 sind trotz des etwas größeren Hubraums aus Sicht der Leistung die schwächeren Motorvarianten in dieser Smart-Modellreihe. Diese Motoren sind Saugmotoren und wurden nicht mit Turboladern ausgerüstet.

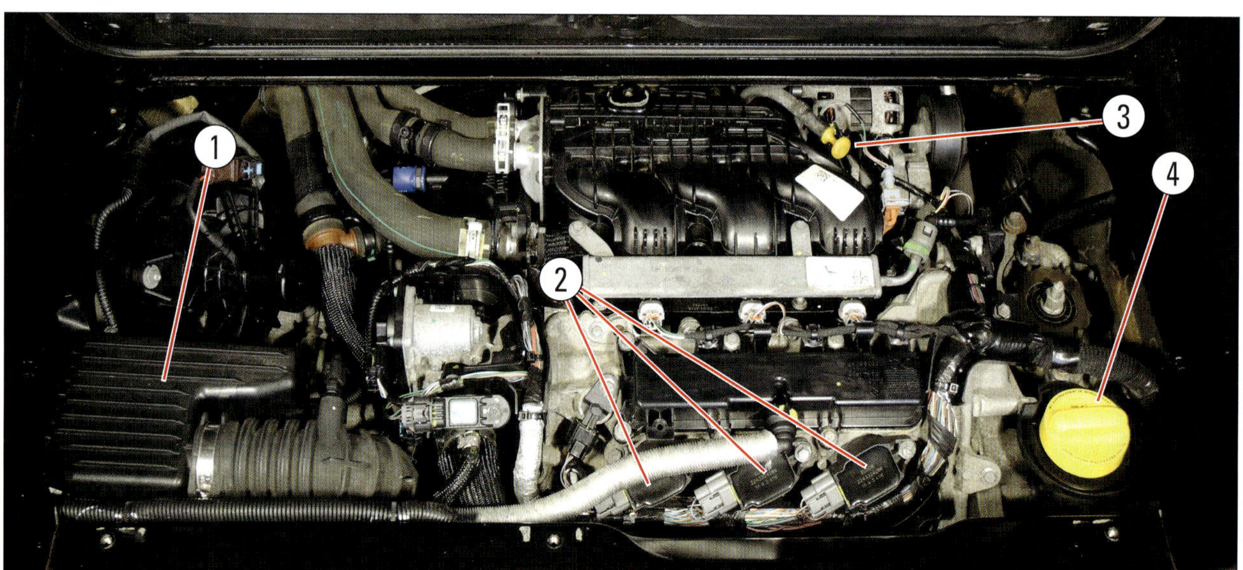

Motorraumübersicht beim Smart mit 0,9-l-Turbo: *1 Luftfiltergehäuse, 2 Zündkerzen, 3 Ölpeilstab, 4 Öleinfüllstutzen.*

Das Schmiersystem

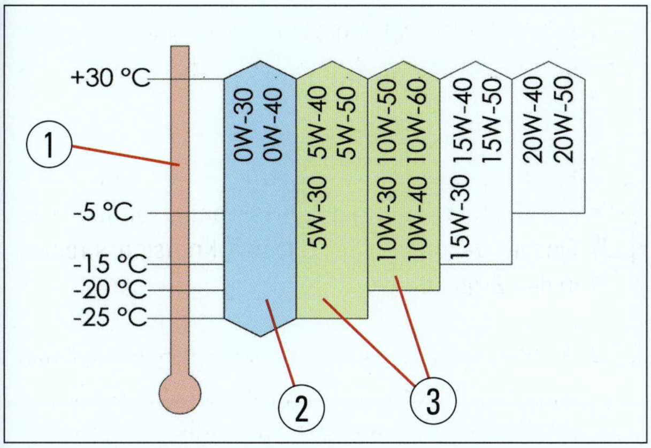

Anwendung nach Temperatur: *1 Temperaturbereich, 2 optimale Abdeckung, 3 ausreichende Abdeckung in Mitteleuropa.*

Alle Stellen im Motor, an denen Metalle aufeinander gleiten, müssen ständig mit Öl versorgt werden: Kolben, Zylinderlaufbahnen, die Lager von Kurbelwelle und Nockenwelle. Kein Triebwerk hält mehr als einige Minuten ohne passende Schmierung durch. Ein Teil des Schmieröls wird vom Kreislauf abgezweigt und zur Kühlung u. a. des Kolbens direkt in dessen Inneres gespritzt.

Das Motoröl

Öl vermindert Reibung und Verschleiß und dichtet die engen Räume zwischen Kolben, Kolbenringen und Zylinderwand so fein ab, dass der hohe Druck bei der Verbrennung fast ohne Verluste auf die Kurbelwelle übertragen wird. Öl kühlt auch den Motor, zum Beispiel die Kolben in den Zylindern und die Lager von Kurbelwelle und Nockenwelle. Außerdem schützt es vor Rost, bindet Schmutzpartikel und einen Teil der Verbrennungsrückstände. Wichtige Kenngröße für Motoröl ist seine Viskosität. Sie ist das Maß für die Fließfähigkeit des Schmieröls. Im Winter muss ein Motoröl so dünnflüssig sein, dass es nach dem Kaltstart sofort alle Schmierstellen versorgt. Bei höheren Temperaturen ist dickflüssiges Öl gefragt, das den Schmierfilm nicht abreißen lässt. Im Smart fließt ganzjährig fahrbares »Mehrbereichsöl«. Die meisten Motoröle sind solche Öle aus Mineralöl und bis zu 20% Additiven. Diese Zusätze bewirken, dass sich das Öl den Temperaturen im Motor anpasst, dass der Viskositätsindex steigt (»VI-Verbesserer«). Sie schützen das Öl vor Oxidation und verhindern das Aufschäumen bei hohen Drehzahlen. Die Additive verschleißen aber bei hohen Temperaturen und verlieren ihre Wirkung. Wasser, Kraftstoff und Verbrennungsrückstände setzen der Lebensdauer des Motoröls ebenfalls Grenzen. Rechtzeitiger Ölwechsel, natürlich mit Filter, ist daher kein Luxus, sondern reine Notwendigkeit, wenn Ihr Motor reibungslos funktionieren soll. Die zulässigen Öle werden mit der Mercedes Zulassungskennzeichnung »229.3« gekennzeichnet.

Der Ölkreislauf

Im Motorblock strömt das Öl durch ein System von Leitungen und feinen Bohrungen an die richtige Adresse. Dieses System bildet von der Ölwanne unten am Motor über die verschiedenen Stationen bis in die

Ölnormen

WISSENSWERTES

Normen in der Übersicht

■ SAE-Klasse: Einstufung durch die Society of Automotive Engineers. Bezeichnet die Klasse der Viskosität, zum Beispiel SAE 5W-30 (unser Bild). Je kleiner die erste Zahl, umso dünner und bei Kälte besser fließend ist das Öl (W = Winter). Ein Öl mit 0W schmiert noch bei minus 30 Grad, bei 5W ist es gut bis minus 25 Grad, bei 15W bis minus 15 Grad. Je höher die zweite Zahl, umso besser widersteht das Öl hohen Temperaturen. Das von Smart empfohlene Öl entspricht der SAE 5W-30.

■ ACEA-Norm: Von der Association des Constructeurs Européen d'Automobiles im Jahre 1996 eingeführte europäische Ölnorm. Nach ACEA gibt es für Benziner die Gruppen A1 (Sprit sparendes Öl), A2 (gering belastetes Öl), Smart (Hochleistungs-Öl). Für Diesel gilt eine Einteilung von B1 bis B4.

■ API-Norm: Vorschrift des American Petroleum Institute. Diese Spezifikation besteht aus den Buchstaben S bzw. G (Benziner) und C bzw. PD (Diesel) sowie einem weiteren Buchstaben bzw. einer Zahl. Je höher im Alphabet oder je größer die Zahl, umso besser ist die Qualität des Öls.

Einbauposition des Ölfilters: *1 Ölfilterdeckel, 2 Ölwanne.*

Wanne zurück einen Kreislauf mit der Ölpumpe im Zentrum. Die Pumpe holt über die Saugleitung das Öl aus der Wanne. Im Hauptstrom sitzt der Ölfilter (Bild unten), der Verunreinigungen wie Ruß, Metallabrieb und Staub zurückhält. Vom Filter gelangt das Motoröl über Bohrungen im Zylinderblock zu den Schmierstellen der Kurbelwelle und zu den Pleueln. Von den Gleitlagern der Kurbelwelle wird das Öl in den Zylinderkopf, zu den Nockenwellenlagern und an andere sensible Stellen gedrückt. Rücklaufkanäle führen wieder in die Ölwanne.

Der Ölfilter

Bauform und Montage des Ölfilters unterscheiden sich je nach Motortyp, aber das Prinzip ist immer ähnlich dem im Bild oben gezeigten. Der Filter arbeitet nur so lange, bis er vom Schmutz zugesetzt ist. Deshalb Filterpatrone (4) beim Ölwechsel tauschen! Wenn er nicht rechtzeitig gewechselt wurde, tritt ein Überdruckventil in Aktion. Es öffnet, und das Motoröl umgeht den Filter. Damit ist zwar die Ölversorgung sichergestellt, doch ungefiltertes Motoröl bewirkt einen höheren Verschleiß an den Lagerstellen. Durch die Mittelachse der Filterpatrone gelangt das gereinigte Öl direkt in den Hauptölkanal. Der Öldruckschalter dort signalisiert über die Kontrollleuchte im Schalttafeleinsatz und einen Warnton zu niedrigen Öldruck.

Ölstand prüfen

■ Das Fahrzeug zum Messen des Ölstandes waagerecht abstellen. Motor abstellen und mindestens drei Minuten warten, damit das Öl in die Wanne zurückfließen kann.

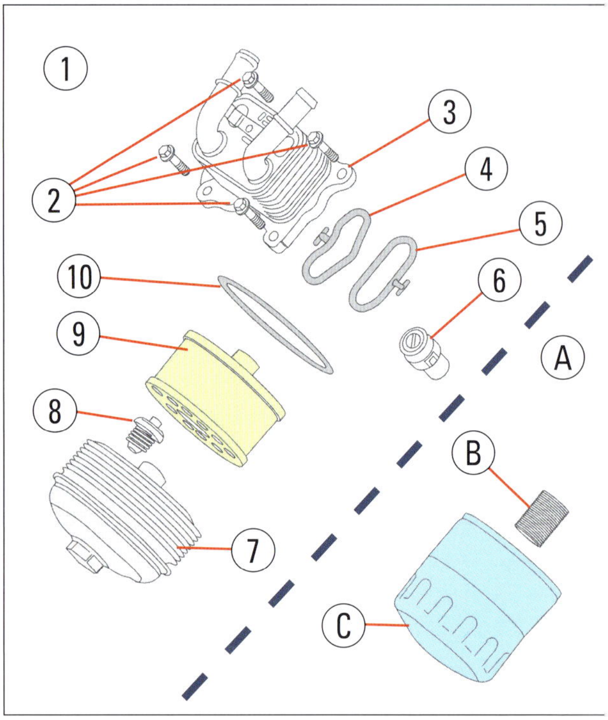

Beide Systeme in der Übersicht: *1 System mit Filtereinsatz, 2 Schraube, 3 Ölkühler, 4 Dichtring, 5 Dichtring, 6 Überdruckventil, 7 Filterdeckel, 8 Überdruckventil, 9 Filtereinsatz, 10 Dichtring, A System mit Filterpatrone, B Gewindehülse, C Ölfilterpatrone.*

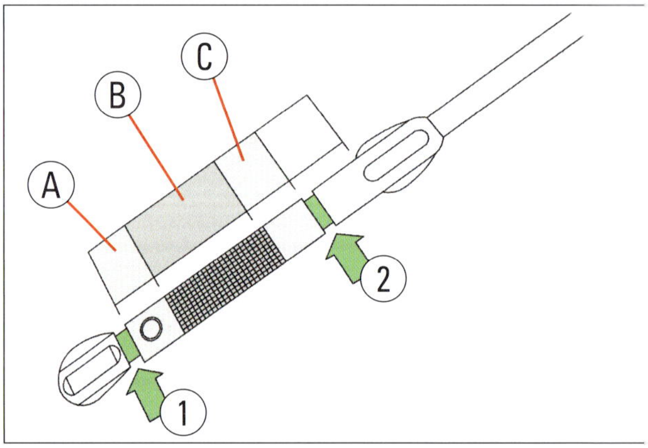

Markierungen am Ölmessstab. *A Öl muss unbedingt nachgefüllt werden, B in diesem geriffelten Feld kann Öl nachgefüllt werden, C kein Öl nachfüllen, Pfeile: Markierungen für minimalen (1) und maximalen (2) Füllstand.*

■ Ölmessstab herausziehen, mit einem sauberen Putzlappen abwischen und den Messstab wieder bis zum Anschlag hineinschieben.

■ Messstab anschließend wieder herausziehen und Ölstand ablesen (Bild unten). Das Bild zeigt die hauptsächlich eingesetzte Variante des Messstabs, es gibt aber noch andere Ausführungen.

Das in den Bildern gezeigte Prinzip gilt jedoch generell.

Die Markierungen besagen:

- Bei Ölstand oberhalb der Markierung »C im Bild unten auf Seite 190« (Max-Marke Pfeil 2) besteht die Gefahr von Katalysatorschäden.
- Bei Nachfüllen im Bereich »B« kann es vorkommen, dass der Ölstand danach im Bereich »C« steht.
- Beim unbedingt nötigen Nachfüllen von Öl im Bereich »B« genügt es, dass danach der Ölstand im Messfeld »B« (geriffeltes Feld) steht. Bei Ölstand unterhalb der A-Markierung (Min-Marke Pfeil 1) etwa 0,5 Liter Öl (bis zur B-Markierung) auffüllen.

Ölwechsel

Ölwechsel mit Altölauffang- und Absauggerät

Der Motorölwechsel mit einem Altölauffang- und Absauggerät sollte nach Möglichkeit bei betriebswarmem Motor durchgeführt werden.

- Öleinfüllverschlussdeckel abnehmen und Motoröl mit Altölauffang- und Absauggerät absaugen.

Öl über Schraube ablassen:

- Fahrzeug anheben, Ölablassschraube unten in der Ölwanne herausdrehen und das austretende Öl auffangen.
- Neue Ölablassschraube mit Dichtring handfest einschrauben und mit 22 Nm anziehen. Das Drehmoment darf nicht überschritten werden. Ein zu hohes Drehmoment könnte zu Undichtigkeiten oder sogar zu Beschädigungen im Bereich der Ölablassschraube führen.
- Ölfilter ersetzen (im Anschluss).

Motoröl einfüllen:

Werkseitig ist ein Qualitätsmehrbereichsöl eingefüllt, das außer in extrem kalten Klimazonen als Ganzjahresöl gefahren werden kann. Die Benzinmotoren benötigen die in nachfolgender Tabelle angegebenen Ölfüllmengen mit Ölfilterwechsel, der immer zum Ölwechsel gehört.

Wird der Filter nicht ausgebaut und gewechselt, werden rund 0,5 Liter weniger Öl benötigt. Beim Nachfüllen und beim Ölwechsel muss unbedingt die Hersteller-Spezifikation beachtet werden.

- Einfüllöffnung aufschrauben, Öl gemäß Spezifikation (Smart-Freigabe) möglichst mit Trichter auffüllen.
- Öleinfüllverschlussdeckel wieder aufschrauben.
- Motor anlassen und auf Undichtigkeiten prüfen.
- Motorölstand erneut prüfen und ggf. Öl nachfüllen.
- Nachdem Öl erneut nachgefüllt worden ist, mindestens drei Minuten warten und dann erneut Ölstand prüfen.
- Soweit verbaut, die Geräuschdämpfung einbauen und Fahrzeug ablassen.

Filterwechsel

Zum Einsatz kommen hier im Wesentlichen zwei Bauarten für die unterschiedlichen Motortypen. Der Übersicht halber werden wir die Motoren anhand des Filteraufbaus darstellen. Ein Montageschlüssel wie im Bild unten abgebildet, kann hier sehr hilfreich sein.

Ölfiltereinsatz (9 Bild oben rechts Seite 190):

- Lassen Sie das Motoröl ablaufen.
- Drehen Sie den Deckel (6) los und lassen Sie das darin enthaltene Restöl ablaufen.
- Nehmen Sie den Deckel (7) zusammen mit dem Ölfiltereinsatz (8) heraus.
- Nehmen Sie den Dichtring (9) aus dem Deckel (6) heraus.
- Reinigen Sie Deckel und Ölfiltergehäuse.
- Setzen Sie den neuen Ölfilter ein und ziehen Sie den Deckel handfest an.
- Ziehen Sie den Deckel mit etwa 20 Nm nach. Eine passende Nuss sowie ein Gelenkschlüssel können hier hilfreich sein.

Sinnvolle Anschaffung: *Adapter für Ölfilter und Deckeldemontage für die Ratsche.*

Filterpatrone (C Bild oben rechts Seite 190):

- Lassen Sie das Motoröl ablaufen.
- Drehen Sie den Ölfilter (C) los und lassen Sie das darin enthaltene Restöl ablaufen.
- Nehmen Sie den Ölfilter zusammen mit dem Dichtring (ist am Ölfilter fest) ab.
- Reinigen Sie Dichtfläche des Ölfilterflansches.
- Tragen Sie etwas Öl auf den Dichtring des neuen Ölfilters auf.
- Setzen Sie den neuen Ölfilter an und ziehen Sie ihn handfest an.
- Ziehen Sie den Ölfilter mit etwa 25 Nm nach.

Motorbauart/ Füllmenge	Füllmenge mit Ölfilter	Wiederbefüllung
0,9-l-Motoren	3,2 l	0W30 0W40, 5 W50 (MB 229.5)
1,0-l-Motoren		

Öldruckprüfung

Gleich zwei Besonderheiten warten auf den Mechaniker, wenn beim Smart 453 der Öldruck geprüft werden soll. Die Prüfung des Öldrucks fällt aufgrund der Einbauposition des Öldruckschalters recht aufwendig aus. Die Antriebseinheit (Motor und Getriebe) muss abgesenkt werden. Die Öldruckregelung erfolgt bei diesem Fahrzeug auch nicht mehr so, wie Sie das von den meisten anderen Fahrzeugen gewohnt sind. Der Öldruck wird durch ein elektromechanisches Druckregelventil vom Motorsteuergerät geregelt.

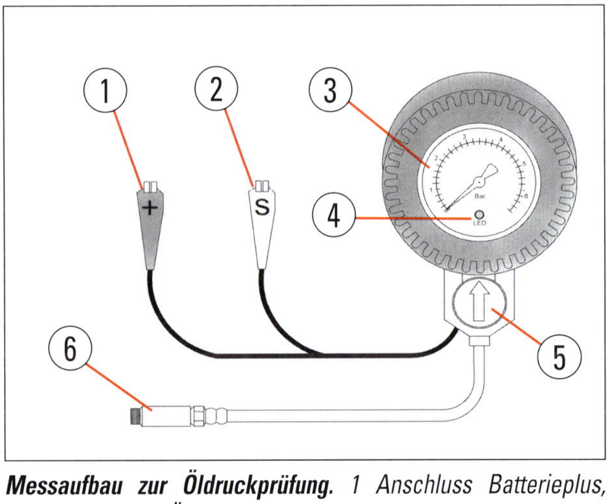

Messaufbau zur Öldruckprüfung. *1 Anschluss Batterieplus, 2 Anschluss am Öldruckschalter, 3 Druckmessuhr, 4 LED (Kontrolllampe), 5 Ventilsteller, 6 Anschluss am T-Stück für den Öldruckschalter oder am Anschlussgewinde.*

- Bauen Sie den Öldruckschalter wie bereits beschrieben aus.
- Prüfgerät anstelle des Öldruckschalters in die Bohrung des Öldruckschalters einschrauben.
- Montieren Sie ein Adapterstück für den Anschluss des Öldruckschalters und einer Druckmessuhr bis 8 bar.
- Montieren Sie den Motor wieder in der normalen Einbauposition.
- Kontrollieren Sie den Ölstand des Motors.

Kontrolllampe prüfen:

- Nach Einschalten der Zündung und stehendem Motor muss die Öldruckkontrolllampe im Schalttafeleinsatz leuchten.
- Sie geht aus, wenn der Motor läuft und Öldruck ansteht.

Prüfablauf:

Es werden ein üblicher Öldruckprüfer sowie ein Spannungsprüfer mit Leuchtdiode und den Messhilfsmitteln (Anschlusskabel) benötigt. Der Öldruckschalter ist bei den einzelnen Motortypen an unterschiedlichen Stellen eingebaut.

- Die braune Leitung des Prüfgerätes an Masse (-) legen. Spannungsprüfer mit Hilfsleitungen (Kabelset) an Batterieplus (+) und Öldruckschalter anschließen (Prüfanordnung nach Bild unten). Die Leuchtdiode darf nicht aufleuchten. Wenn die Leuchtdiode aufleuchtet, ersetzen Sie den Öldruckschalter.
- Lassen Sie den Motor an und erhöhen Sie langsam die Drehzahl. Bei 0,3- bis 0,7-bar-Überdruck muss die Leuchtdiode aufleuchten, andernfalls Öldruckschalter ersetzen.
- Drehzahl weiter erhöhen. Bei etwa 2000/min und 80 °C Öltemperatur soll der Öl-Überdruck mindestens 2,0 bar betragen. Bei höherer Drehzahl darf der Öl-Überdruck 7,0 bar nicht überschreiten.

Werden die Sollwerte nicht erreicht:

- Mechanische Schäden, z. B. Lagerschäden beseitigen.
- Ölpumpe mit Überdruckventil ersetzen.
- Ölkühler prüfen und ggf. ersetzen.

Wird der Sollwert überschritten:

- Ölkanäle prüfen.
- Wenn erforderlich Ölpumpe mit Überdruckventil ersetzen.

Das Kühlsystem

Für die richtige Betriebstemperatur des Motors sorgt das Kühlsystem. Im Kreislauf zirkuliert die in den Ausgleichsbehälter eingefüllte Flüssigkeit aus Wasser und Kühlmittelzusatz. Das System besteht aus Kühler, Temperaturregler (Thermostat), Wasserleitungen und einem Netz kleiner Kanäle in Motorblock und Zylinder. Dieser Wassermantel führt die Verbrennungswärme über die Schläuche des Kühlsystems an den Kühler ab.

Der Kurzschlusskreislauf

Nach dem Kaltstart zirkuliert das Kühlmittel im kleinen Kühlkreislauf, der sich auf Motor und Heizung beschränkt. In diesem »Kurzschlusskreislauf« hält das Thermostat den Durchfluss zum Kühler geschlossen. Das Kühlmittel gelangt auf direktem Weg zurück in den Motor. So erhitzt sich die Kühlflüssigkeit schneller und der Motor wird schneller warm. Der Kühler tritt erst in Aktion, wenn die Kühlflüssigkeit eine bestimmte Temperatur erreicht hat. Wenn dann der Thermostat öffnet, wird kaltes Wasser aus dem Kühler mit erwärmtem Wasser aus dem kleinen Kühlkreislauf vorgemischt.

Kühlung bei Betriebstemperatur

Solange die Wassertemperatur steigt, öffnet der mit dem Anschlussstutzen in den Zylinderblock geschraubte Thermostat den Kaltwasserzufluss aus dem Kühler immer weiter und schließt den Kurzschlusskreislauf. Bei Betriebstemperatur zirkuliert die Kühlflüssigkeit vom unteren Kühlwasserschlauch zur Wasserpumpe (Kühlmittelpumpe), die sie in Motorblock und Zylinderkopf drückt. Der größte Teil der Flüssigkeit läuft über den geöffneten Thermostat zum Kühler, der Rest zum Wärmetauscher der Heizung. Das im Kühler unten abfließende kalte Wasser zieht heißes Kühlmittel oben in den Kühler nach. Dort wird es durch die Kühlerlamellen abgekühlt. Sinkt während der Fahrt die Wassertemperatur unter die Soll-Betriebstemperatur, sperrt der Thermostat den Kühlerdurchfluss erneut, bis das Kühlmittel warm genug ist. Das Kühlsystem steht unter einem Überdruck von etwa 1,2 bis 1,5 bar bei Betriebstemperatur. Dadurch und durch den Einsatz von Kühlmittelzusätzen erhöht sich der Siedepunkt der Kühlflüssigkeit von 100 °C auf rund 135 °C. Die höhere Temperatur ermöglicht einen wirtschaftlicheren, Kraftstoff sparenden Motorbetrieb.

Der Kühlerventilator

Es kann bei langsamer Fahrt vorkommen, dass das Kühlmittel im System überhitzt wird. Dann muss der Kühlerventilator den Kühler zusätzlich kühlen. Bei 92 bis 97 °C Kühlmitteltemperatur wird die erste Stufe (halbe Drehzahl), bei 99 bis 105 °C die zweite Stufe mit voller Drehzahl geschaltet.

Das Kühlmittel

Kühlflüssigkeit besteht aus Wasser und Kühlmittelzusatz. Neben der Kühlung übernimmt die Flüssigkeit Nebenaufgaben wie den Korrosionsschutz im System, die Schmierung der Dichtringe, die Geräuschdämmung und natürlich auch den Frostschutz. Das Mischungsverhältnis zwischen Frostschutz-Konzentrat und Wasser ist sehr wichtig, um ein gutes Verhältnis zwischen den

PRAXISTIPP – Arbeiten am Kühlsystem

Wartung:
Der Kühlmittelzusatz verliert seine Wirksamkeit nach etwa vier Jahren und sollte dann erneuert werden. Die Autohersteller schreiben einen turnusmäßigen Wechsel nicht vor, aber Auffüllen von Zusatz nach Ablassen einer Differenzmenge kann nötig werden.

Vorsicht:
Beim Öffnen des Ausgleichsbehälters kann heißer Dampf entweichen. Den Verschlussdeckel vor dem Aufdrehen mit Lappen abdecken und erst dann vorsichtig öffnen! Zischen zeigt Druckabbau.

Wichtig:
Bei Arbeiten am Kühlsystem ist die richtige Befestigung der Kühlmittelschläuche. Es sollten immer die originalen Klemmschellen des Herstellers verwendet werden. Das geeignetste Werkzeug bei Entfernung und Befestigung ist eine Schlauchklemmenzange.

Nebenaufgaben und der Wärmeableitung in der Hauptaufgabe herzustellen.

Frostschutz prüfen

Zur Frostschutzprüfung wird ein handelsüblicher Ansaugprüfer oder für genauere Prüfung ein so genanntes Refraktometer benötigt. Beim Ansaugprüfer wird der jeweilige Frostschutz in °C angezeigt. Smart schreibt den Werkstätten aber vor, die Konzentration des Kühlmittelzusatzes bei der jüngsten Motorengeneration mit dem Refraktometer entsprechend Bedienungsanleitung zu prüfen (Bild unten). Die Skala »1« des Refraktometers bezieht sich auf die Kühlmittelzusätze G12, G12 plus, G12 Plusplus und G30, die für die Smart-Kühlsysteme empfohlen werden. Die Skala »2« bezieht sich nur auf zu verwendenden Kühlmittelzusatz G13.

■ Prüfen Sie bei kaltem Motor den Kühlmittelstand im Ausgleichsbehälter.

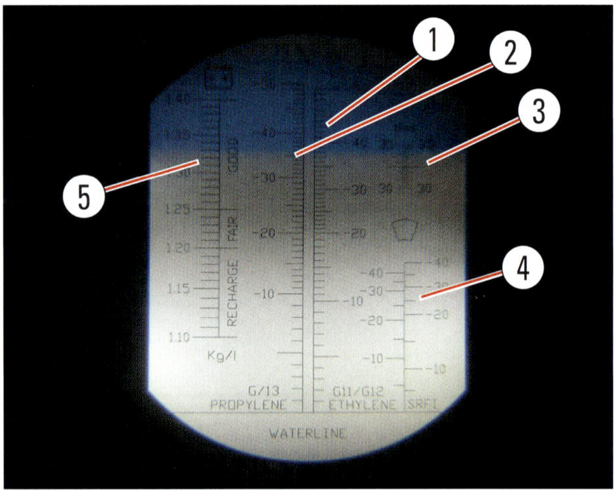

***Sichtfeld des Refraktometers:** 1 G12 u. G12 Plus, G12 Plusplus, G11 und auch G30, 2 G13, 3 Ad Blue, 4 Scheibenfrostschutz, 5 Säuredichte der Batterie.*

***Unterschiede sind nicht nur die Färbung:** Kühlmittel sind durchaus unterschiedlich ausgelegt und auch erkennbar.*

Kühlmittelvarianten

WISSENSWERTES

Kühlerfrostschutz ist nicht grundsätzlich gleich. Zwar übernehmen sie die gleiche Aufgabe, aber die Systemkomponenten im Kühlsystem stellen unterschiedliche Ansprüche an die chemische Zusammensetzung des Kühlmittelkonzentrats.

Gekennzeichnet werden die unterschiedlichen Kühlmittel schon durch unterschiedliche Farbgebung. Grundsätzlich sollten Sie sich an die Empfehlungen der Fahrzeughersteller oder der Kühlmittelhersteller halten.

G05 (Gelbe Färbung):
Wird überwiegend bei Fahrzeugen im amerikanischen Markt, Landmaschinen und Baufahrzeugen eingesetzt. Info: Hybridtechnologie mit Nitrit.

G30 (Pinke Färbung):
Eine der meistverbreiteten Kühlmittelkonzentrate. Organic-Acid-Technologie (OAT), Silikatfrei.

G40 (Auch pinke Färbung):
Ein Kühlmittel, das recht häufig in der VW-Gruppe eingesetzt wird. Info: hybride OAT-Technologie mit Silikaten (Si-OAT) kombiniert die Vorteile von organischen Inhibitoren und Silikat zu einem exzellenten Korrosionsschutz.

G48 (Blau-Grüne Färbung):
Info: Silikathaltige Hybridtechnologie. Schützt durch verschiedene anorganische und organische Korrosionsinhibitoren.

G64 (Grüne Färbung):
Das Kühlmittel wird bei BMW und Volvo eingesetzt. Info: OAT-Technologie mit Silikaten und Phosphaten (PSi-OAT).

G65 (Auch pinke Färbung):
Das Kühlmittel wird bei modernen Motoren der VW-Gruppe eingesetzt. Info: Organic Acid Technology mit Silikaten und Phosphaten (PSi-OAT).

■ Geben Sie mit der Pipette ein Tropfen Wasser auf das Probenglas und klappen Sie das Streuglas zu.
■ Blicken Sie durch die Optik des Refraktometers und lesen Sie den Frostschutzgrad an der Hell-Dunkel-Grenze ab. Die Hell-Dunkel-Grenze ist dann deutlich an der »Waterline« zu erkennen (Bild oben). Der Frostschutz muss bis etwa -25 °C gewährleistet sein.
■ Bei zu geringem Frostschutz Kühlflüssigkeit ablassen und durch Kühlmittelzusatz G30 (violett) ergänzen.
■ Probefahrt durchführen und Frostschutz des Kühlmittels erneut prüfen.

Thermostat prüfen

Der Thermostat regelt die Temperatur des Kühlsystems, indem er den Zugang zum »großen Kühlkreislauf« freigibt oder langsam abregelt. Hier wird bestimmt, welche Wassermenge den Durchfluss zum Kühler schafft. Im Thermostat der alten Bauweise ist ein Wachselement verbaut, welches sich mit Zunahme der Temperatur ausgedehnt hat und dann das Ventil des Thermostaten entsprechend aufdrückte. Heute werden diese Regelfunktionen teilweise schon von angesteuerten Regelventilen übernommen. Diese Funktion ist deutlich schneller abzufragen und es kann leicht eine Systemüberwachung mit Kennfeldabgleich und auch entsprechende Fehlerspeicherablage realisiert werden.
■ Bauen Sie den Thermostaten aus.
■ Biegen Sie sich zwei Schweißdrähte so, dass Sie den Thermostat im Kochtopf zur Beobachtung aufhängen können.
■ Füllen Sie den Kochtopf mit Wasser. Der Thermostat muss vollständig bedeckt sein.
■ Positionieren Sie den Messsensor des Multimeters (5) so, dass Sie die Temperatur am Thermostat erfassen können.
■ Schalten Sie die Kochplatte (3) ein und beobachten Sie den Temperaturanstieg.
■ Notieren Sie sich die Temperatur, an dem der Thermostat mit der Öffnung begonnen hat.
■ Achten Sie darauf, dass sich der Thermostat ruckfrei öffnet. Ist das nicht der Fall, muss er sofort ersetzt werden. Der Öffnungsringspalt muss auch gleichmäßig ausfallen. Eine ungleichmäßige Öffnung ist ein Hinweis auf Schäden am Thermostat.

Ablesen am Schwimmer: *Frostschutzspindel zur Bestimmung des Frostschutzgrades in Grad Celsius auf der Skala.*

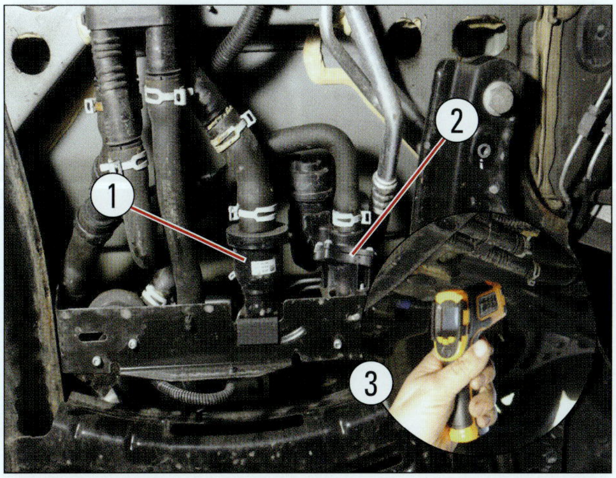

Am Unterboden: *1 Thermostatgehäuse, 2 Heizungsregelventil, 3 Messung mit einem Infrarotthermometer.*

Thermostat im Kochtopf prüfen: *1 Topf mit Wasser, 2 Thermostat mit Schweißdraht aufgehängt, 3 Kochplatte, 4 Schalter, 5 Multimeter mit Temperaturmessung.*

- Die maximale Öffnung sollte bei etwa 95 °C erreicht sein.
- Nachdem der Thermostat seine maximale Öffnung erreicht hat, lassen Sie ihn abkühlen und beobachten hierbei das ruckfreie Schließen.
- Arbeitet der Thermostat fehlerfrei, können Sie ihn wieder einbauen. Andernfalls muss es ersetzt werden.

Das Motormanagement-System

Kraftstoffzufuhr und Kraftstoffdosierung, die Herstellung des optimalen Kraftstoff-Luftgemischs, die Arbeit des Turboladers und Abgaskontrolle werden von der Motorsteuerung bewerkstelligt. Das Motormanagement ist mit Kennfeldern für Gemischaufbereitung und Kraftstoffeinspritzung vorprogrammiert. Gesteuert werden Einspritzmenge und Einspritzbeginn, Leerlaufdrehzahl, Abgasrückführung, Turbolader, Aufladung, Ladeluftkühlung und Ladedruck.

Bordcomputer und Diagnose

Im Smart sind auch bei der Topausstattung noch eine überschaubare Anzahl von Steuergeräten verbaut. Zur Funktionsdiagnose und Fehlerabfrage von Steuergeräten gibt es im Fahrzeug den nach internationaler Vorschrift unter der Schalttafel Fahrerseite angeordneten Steckanschluss, der über Kabel mit dem mobilen Diagnosegerät verbunden wird. Relevante Fehler müssen schnell behoben werden. Freie typbezogene Tester erreichen, bis auf den Onlinesupport der Herstellers, die gleiche Diagnosetiefen wie die originalen Werkstatttester. Hilfestellungen zur Fehlersuche werden gut sortiert in entsprechenden Foren ausgearbeitet. Einige Hersteller bieten Diagnosegeräte für den typenoffenen Einsatz an. Dass das nicht unbedingt teuer sein muss, beweisen Tester mit Dongel für das eigene Laptop, die durchaus schon für etwas über 100 Euro erhältlich sind. Der vorgestellte Tester ist einer der wenigen im günstigen Segment, die eine gute Abdeckung für den Smart aufweisen.

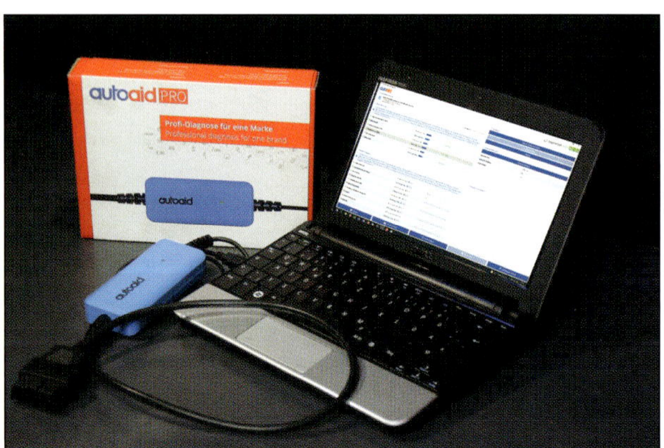

***Typenoffen zum leistbaren Preis:** Der »autoaid« ist ein Beispiel für Testerhersteller aus Berlin mit stetig wachsendem Umfang.*

Effiziente Systeme

Die elektronischen Systeme für das Motormanagement errechnen die bestmöglichen Werte für Kraftstoffaufbereitung und Verbrennung. Motorsteuergerät, Kraftstoff-Hochdruckpumpe beim Diesel und die nötigen Sensoren bilden das Einspritzsystem, das den Einspritzvorgang optimiert und maßgeblich zu hoher Wirtschaftlichkeit und niedrigen Emissionen der Motoren beiträgt. Die Elektronik wertet in Echtzeit alle Sensordaten über die Kühlmittel-, Kraftstoff- und Ansauglufttemperatur sowie über die momentane Motordrehzahl, die Gaspedalstellung und über die angesaugte Luftmasse aus. Das ist Voraussetzung für Systeme wie elektronisches Gaspedal (E-Gas), automatische Geschwindigkeitsregelung (AGR) und Leerlaufregelung. Schließlich ermöglicht die Elektronik die On-Board-Diagnose sowie den Datenaustausch mit dem Steuergerät des Automatikgetriebes. Dies stellt sicher, dass der Motor im verbrauchsgünstigsten Bereich arbeitet, und gestattet ruckfreie Gangwechsel mit hoher Dynamik.

Steuergerät, Datenbus und Sensoren

Das Motorsteuergerät mit Funktions- und Überwachungsrechner ist gegen äußere Einflüsse in einem Metallgehäuse gekapselt. Es enthält vor Kurzschlüssen und Überlastung geschützte Endstufen, die genügend Leistung für direkten Anschluss der Stellglieder liefern. Zum Datenaustausch zwischen den elektronischen Komponenten dienen Daten-Bus-Systeme, bei denen sehr viele Daten parallel in einen einzigen Kabelstrang eingespeist werden. Für Kraftfahrzeuge wurde das Bussystem »CAN« konzipiert und international genormt. Die elektronischen Steuergeräte brauchen eine serielle Schnittstelle »CAN«, dann sind sie über diese Datensammelschiene miteinander und auch mit dem Diagnoseanschluss verbunden. Das Motorsteuergerät ist auch ein Bestandteil des Bordnetzsystems des Smart. Die erfassten Daten können über den Datenbus auch anderen Systemen zur Verfügung stehen. So ist eine Drehzahlanhebung beim Einschalten der Klimaanlage möglich oder die Nutzung des Motorbremsmomentes zur Bremskraftverstärkung.

EVA (Eingabe Verarbeitung Ausgabe)

Das Motorsteuergerät stellt die Rechnereinheit dar, die für den Betrieb des Gemischaufbereitungssystems Informationen von Sensoren und Eingangssignalen (grüne Pfeile im Bild rechts) verarbeitet und dann über die Aktoren (orange Pfeile) Einspritzung, Zündung, die Drehzahlregelung und die Lastanforderung für den Motor realisiert. Anhand der Eingangssignale und sehr detaillierten Kennfelder wird der entsprechende Aktor angesteuert. Die Kennfelder, auf die ein Steuergerät zurückgreift, erlauben dem Steuergerät die Plausibilität eines Sensorsignals zu prüfen und auszuwerten. Bei unplausiblen Daten können einige Sensoren ersetzt werden. Der Ausfall wird dann in der Regel im Fehlerspeicher dokumentiert. Natürlich gibt es Eingangssignale, die nicht ersetzt werden können. Das sind die so genannten Haupteingangswerte. Die Störgrößen sind die Eingangswerte, die die Information verbessern oder verfeinern. Sie sind zwar genauso wichtig, erlauben aber einen Weiterbetrieb des Motors. Notfalls im »Notlauf«.

Eingabe – die Hauptgrößen

Die wichtigsten Haupteingangsgrößen sind Drehzahl, Lastwunsch und die angesaugte Luftmasse. Diese haben wir im Bild rechts »rot» markiert und stellen Ihnen diese im Detail vor. Sie werden schnell feststellen, dass die Fehlersuche an der Gemischaufbereitung ohne Tester, Messgeräte und Fachwissen nicht zu bewerkstelligen ist. Betrachten wir zunächst die Hauptgrößen genauer mit Beispielbildern, Signalbildern auf einem Oszilloskop und den Istwerten auf einem Tester. Anhand der

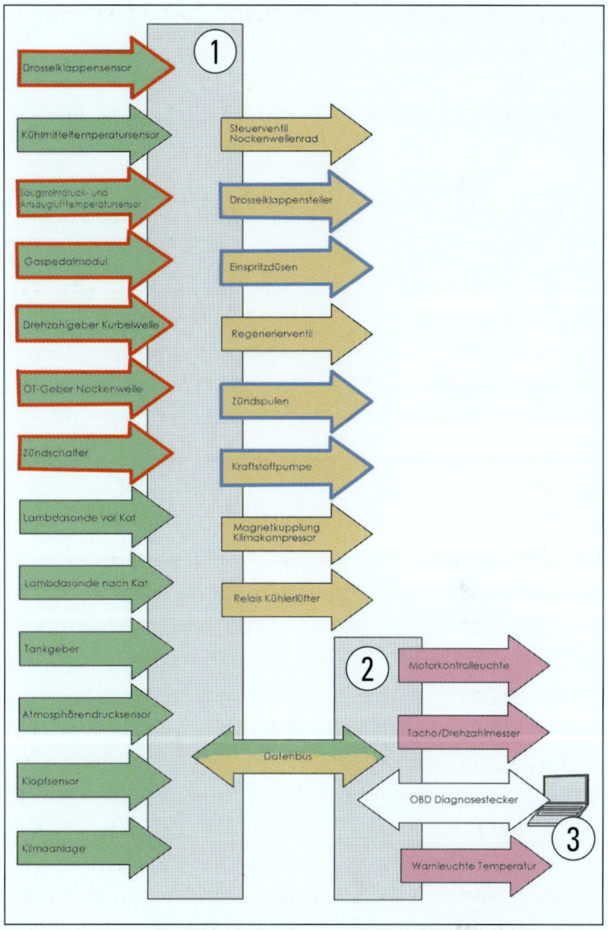

EVA – der Informationsfluss für die Gemischaufbereitung: *Pfeile »ins« Steuergerät stellen die Eingangsgröße dar, Pfeile aus dem Steuergerät stellen Ansteuerbefehle dar, Pfeile in beide Richtungen stellen einen Informationsfluss oder einen Signalfluss in beide Richtungen dar. 1 Motorsteuergerät, 2 Bordnetzsteuergerät, 3 Diagnosetester.*

Beispielbilder werden Sie das entsprechende Bauteil wahrscheinlich an Ihrem Fahrzeug identifizieren können. Das Signalbild zeigt Ihnen den Spannungsverlauf auf dem Bildschirm eines Oszilloskops. Hier werden wir Ihnen das Signalbild genauer auch in der Bildunterschrift vorstellen. Mit der Darstellung auf der Testeroberfläche können Sie das Bauteil betrachten, wie es das Motorsteuergerät als Messwert wahrnimmt. So können Sie einen Einblick in die Diagnosearbeit der Werkstatt bekommen.

E-Gas-Modul (Drosselklappensensor):
Wie bei den meisten Fahrzeugen in der heutigen Zeit wird auch beim Smart kein Gaszug mehr eingesetzt, um die Drosselklappe nach dem Wunsch des Fahrers zu öffnen oder zu

MAP-Sensor (Saugrohrdruck-Sensor) vor der Drosselklappe: *1 Drosselklappenmodul, 2 Anschlussstecker, 3 Ansaugrohr.*

Fahrpedal- oder E-Gas-Sensor: *Information an das Steuergerät über den Fahrerlastwunsch (oder auch die Gaspedalstellung).*

schließen. Die Bezeichnung »E-Gas« beschreibt das Zusammenspiel eines Fahrpedalgebers (Drehwiderstand am Gaspedal) und einer elektrisch angetrieben Drosselklappe. Der Fahrerlastwunsch wird über den Pedalwertgeber erfasst, die Pedalstellung und das Motorsteuergerät setzt diesen »Fahrerlastwunsch« über einen Stellmotor in einen Öffnungswinkel der Drosselklappe um. Nach dieser Information wird die Einspritzmenge in Abhängigkeit vom Betriebszustand reguliert. Beim Beschleunigen kann die Drosselklappe und die Einspritzmenge schon stark Richtung Volllast angestellt werden, obgleich das Gaspedal erst halb durchgetreten ist. Auch die Einflussnahme auf die Systeme des Fahrwerks (ABS, ESP) ist möglich. Falls z. B. der Fahrer zu viel Gas gibt, kann das Steuergerät so weit drosseln, bis kein Rad mehr durchdreht. Das Drosselklappenpotenziometer, das auch in der Drosselklappeneinheit verbaut ist, meldet die Stellung der Drosselklappe über diesen Sensor an die Motorsteuerung weiter. Der Wert gibt an, wie weit die Drosselklappe tatsächlich

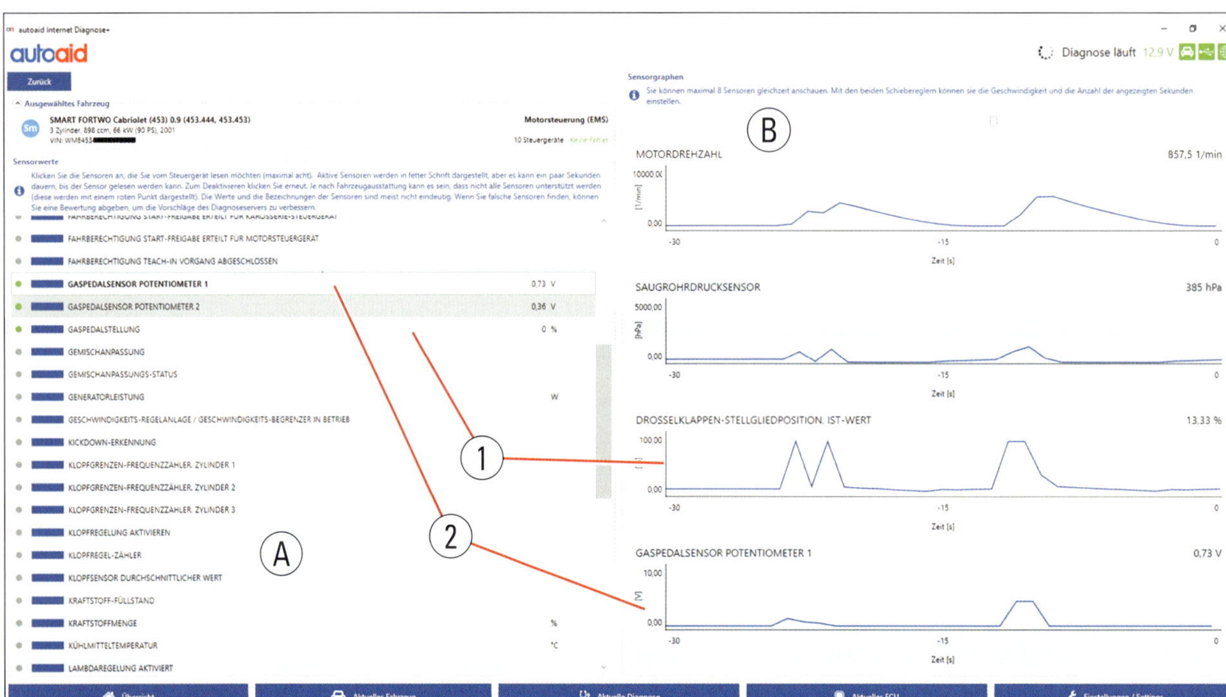

Sensorendarstellung über den Tester: *A Liste zum Anwählen der Sensoren, B Spannungsverlauf den das Steuergerät wahrnimmt, 1 Öffnungswinkel der Drosselklappe im Drosselklappenmodul in %, 2 Spannungswert des Gaspedalmoduls (1. Potenziometer).*

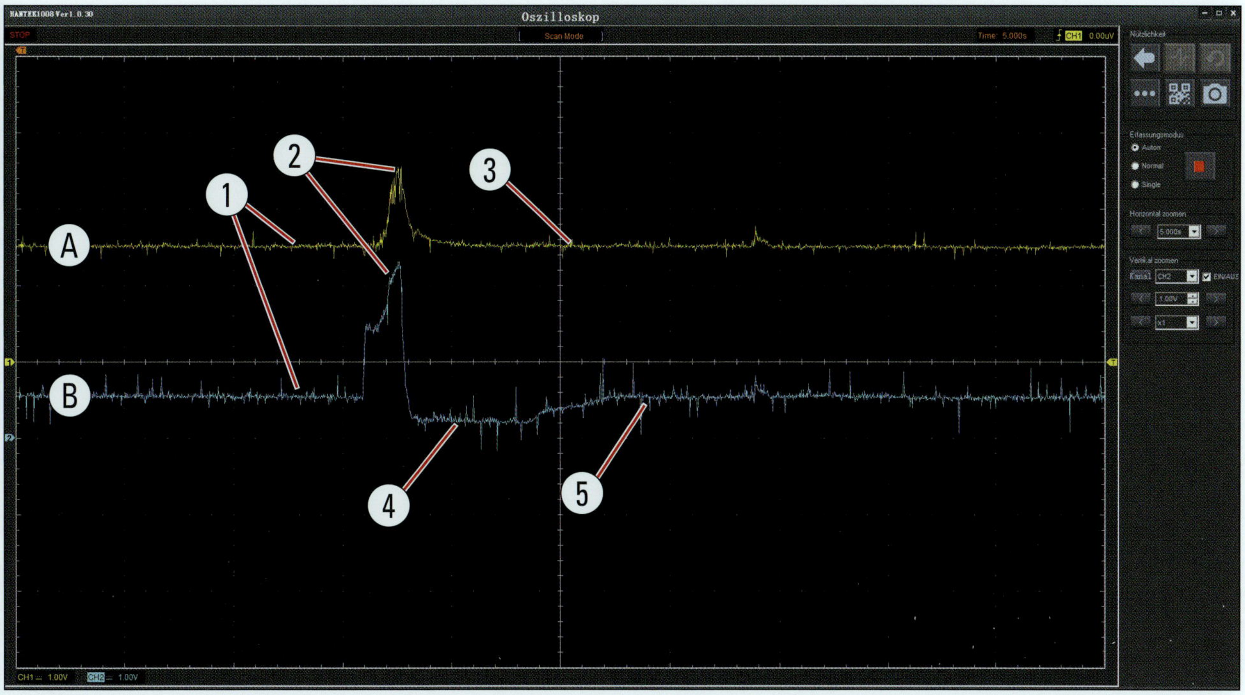

***Signalbilder der beiden MAP-Sensoren (Manifold-Absolute-Pressure Sensor):** A MAP-Sensor vor der Drosselklappe, B MAP-Sensor im Saugrohr, 1 Signal bei Leerlaufdrehzahl, 2 Signal bei kurzem Gasstoß, 3 Signal bei Leerlauf, 4 Signalbild bei geschlossener Drosselklappe und erhöhter Motordrehzahl nach dem Gasstoß, 5 Signal wieder bei Leerlaufdrehzahl.*

angesteuert ist. Betrachtet man das Bild unten auf Seite 198 im Bereich B genauer, lässt sich die unabhängige Ansteuerung der Drosselklappe gut erkennen. Obwohl das Gaspedal nur etwas betätigt wurde, ist die Drosselklappe ganz kurz zu 100% geöffnet worden.

Luftdruck, Volumen und Temperatur:

Der Luftmassenmesser, der Geber für die Ansauglufttemperatur, der Höhenmesser und der Ladedrucksensor bestimmen üblicherweise präzise die Dichte der Umgebungsluft und den Druck für den Turbolader. Von der Luftdichte hängt der Anteil der für die Verbrennung entscheidenden Sauerstoffteilchen ab. Die Luftfüllung ist zusammen mit der Motortemperatur ein Berechnungsfaktor für Einspritzmenge und jeweiliges Motor-Drehmoment. Der Luftmassenmesser befindet sich im Ansaugrohr zwischen Luftfilter und Drosselklappe und bestimmt die Menge der angesaugten Luft. Bei der Einspritzanlage im Smart 453 wird die Luftmasse über die beiden MAP-Sensoren (im Bild unten links und 2 Bild unten rechts) und die Ansauglufttemperatur (3) errechnet.

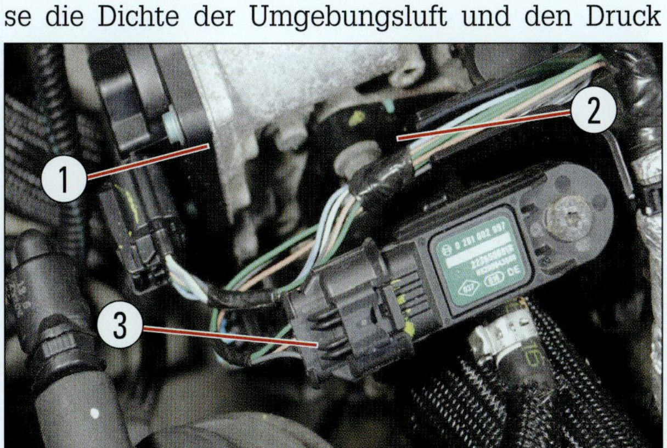

***MAP-Sensor beim 0,9-l-Turbo vor der Drosselklappe:** 1 Drosselklappenmodul, 2 Anschlussstecker, 3 Ansaugrohr.*

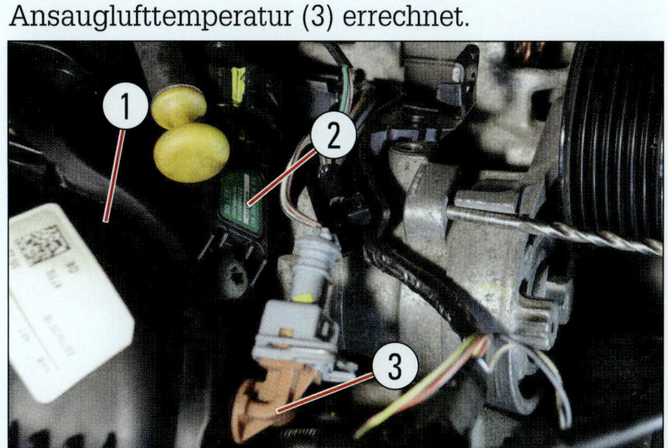

***Im (An-)Saugrohr:** 1 Ansaugkrümmer (Saugrohr), 2 MAP-Sensor (Saugrohrdruckfühler) im Saugrohr, 3 Lufttemperaturfühler.*

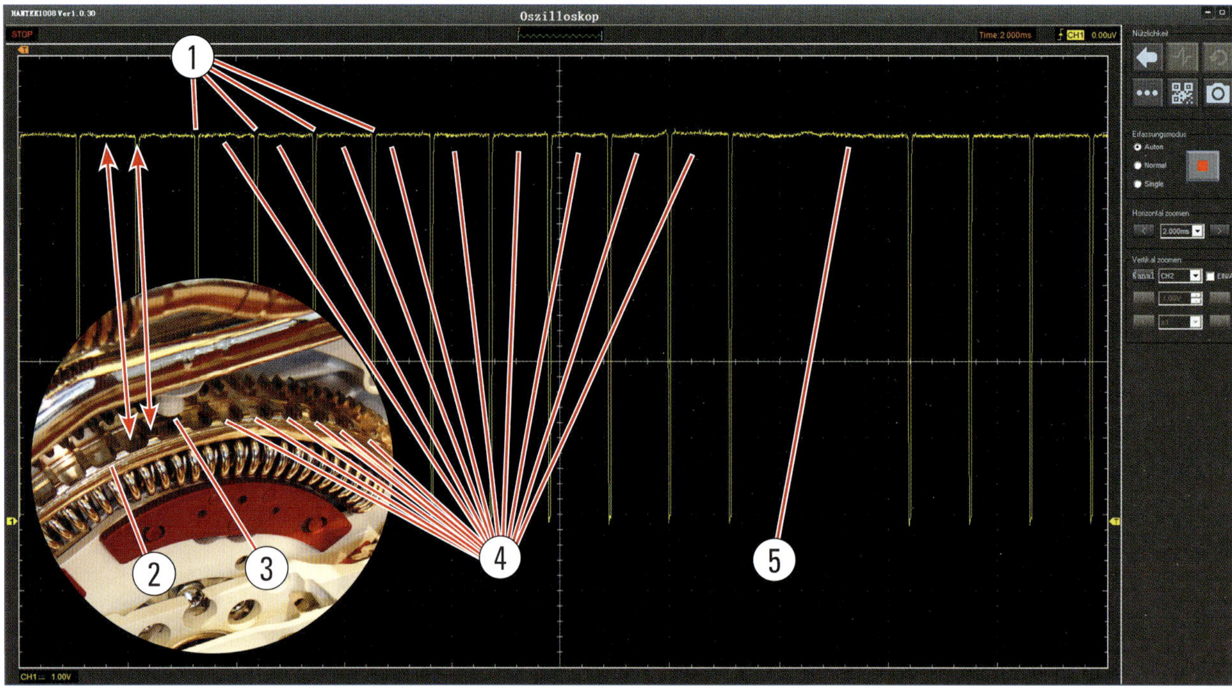

Signalbild des Motordrehzahlgebers auf der Kurbelwelle: *1 Zahn auf dem Geberrad der Kurbelwelle, 2 Geberrad, 3 Motordrehzahlgeber, 4 Zahnlücke und Auswirkung im Signalbild, 5 vergrößerte Lücke auf dem Geberrad als Bezugsmarke.*

Motordrehzahl:
Der Drehzahlgeber an der Kurbelwelle erfasst über ein Geberrad die genaue Stellung der Kurbelwelle. Dazu werden per Magnetfeld Impulse im Motordrehzahlsensor (3 im Bild oben) erzeugt, deren Anzahl pro Zeit ein Maß für die Drehzahl des Schwungrades ist. Eine längere Lücke (5) im Geberrad als Bezugsmarke ermöglicht die Bestimmung der Position der Kurbelwelle und so die Stellung des Kolbens jedes einzelnen Zylinders zu berechnen.

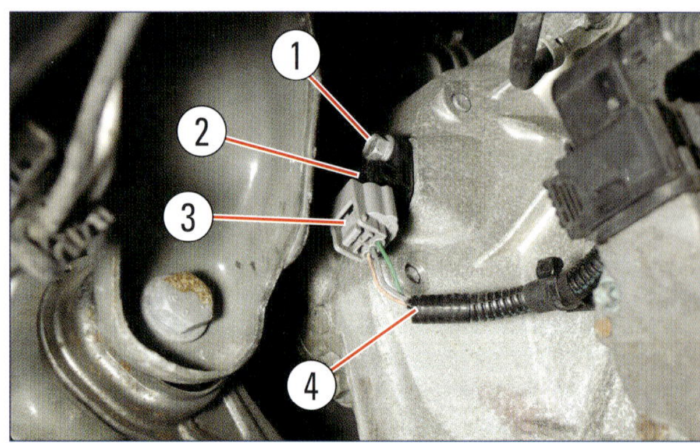

Einbauposition des Motordrehzahlgeber: *1 Schraube, 2 Hallsensor (Motordrehzahlgeber), 3 Steckkontakt, 4 Anschlusskabel.*

Nockenwellenstellung (Phasengeber):
Der Nockenwellenpositionssensor ist im Zylinderkopf verbaut und gibt die Stellung der Nockenwelle an. Zusammen mit dem Motordrehzahlgeber wird es möglich, die genaue Position der Kolben im Arbeitsspiel (Ansaugen-Verdichten-Arbeiten-Ausstoßen) zu bestimmen. Die Kurbelwelle dreht doppelt so schnell wie die Nockenwelle. Daraus ergeben sich zwei unterschiedliche Funktionen bei der OT-Stellung des Kolbens. Im »Überschneidungs-OT« sind beide Ventile ein wenig geöffnet und der Gaswechsel zwischen Ausstoßtakt und Ansaugtakt findet statt. Im »Zünd-OT« wird das angesaugte Benzin-Luftgemisch gezündet. So kann die Einspritzung

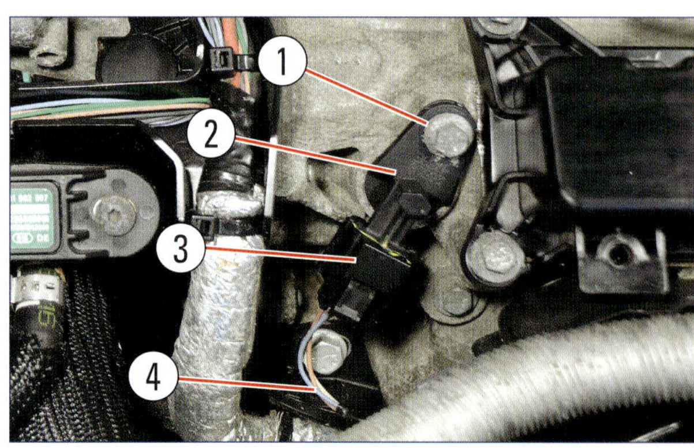

Einbauposition des Phasengebers: *1 Schraube, 2 Hallsensor (Motordrehzahlgeber), 3 Steckkontakt, 4 Anschlusskabel.*

und Zündung jedes Zylinders gezielt und für jeden Umdrehung neu bestimmt und durchgeführt werden.

Eingabe – die Korrekturgrößen

Als Korrekturgrößen werden Sensoren bezeichnet, die die Ansteuerung der Aktoren (Ausgabegeräte wie Zündspulen, Einspritzdüsen usw.) an die Fahr- und Umgebungssituationen anpassen. Ein kalter Motor beispielsweise benötigt etwas mehr Kraftstoff. Um diese Bedingungen erfassen zu können, werden weitere Sensoren benötigt.

Motortemperaturfühler (Bild oben)

Der Motortemperatursensor sitzt im Kühlmittel-Kreislauf und gibt die Temperatur des Kühlmittels an das Steuergerät weiter. An den kalten Bauteilen eines Motors kondensiert der Kraftstoffnebel und steht der Verbrennung nicht mehr direkt zur Verfügung. Zum Ausgleich wird etwas mehr Kraftstoff eingespritzt. Eine Kontrolle erfolgt über die Auswertung des Restsauerstoffgehalts im Abgas durch die Lambdasonden.

Die Lambdasonden (Bild Mitte)

Es sind zwei Lambdasonden, die das Gemischaufbereitungssystem überwachen. Die erste Sonde vor dem Katalysator überwacht den Restsauerstoff im Abgas. Anhand ihrer Messwerte wird zum Beispiel die Einspritzmenge nachgeregelt. Die zweite Sonde nach dem Katalysator wird auch »Monitorsonde« genannt und übernimmt die Funktionsüberwachung des Katalysators. Das optimale Mischungsverhältnis der Luftmenge zu Kraftstoff, bei dem eine maximale Umsetzung der Schadstoffe im Katalysator erreicht wird, liegt bei Lambda=1. Es entspricht einem Anteil von Luft zu Kraftstoff im Verhältnis von etwa 14,5 : 1 (auch »stöchiometrisches Mittel« genannt). Änderungen dieser Zusammensetzung werden von der Lambdasonde, die im Abgasrohr sitzt, registriert und dienen dem Motormanagement zur Steuerung zahlreicher Funktionen. Übermäßige Abweichungen werden ebenfalls erkannt und gelten als erster Hinweis für mögliche Fehler. Das Funktionsprinzip der Lambdasonde beruht auf der Umwandlung des gemessenen Luft-Kraftstoffverhältnisses in elektrische Spannung. Dies ermöglicht ein gasundurchlässiger

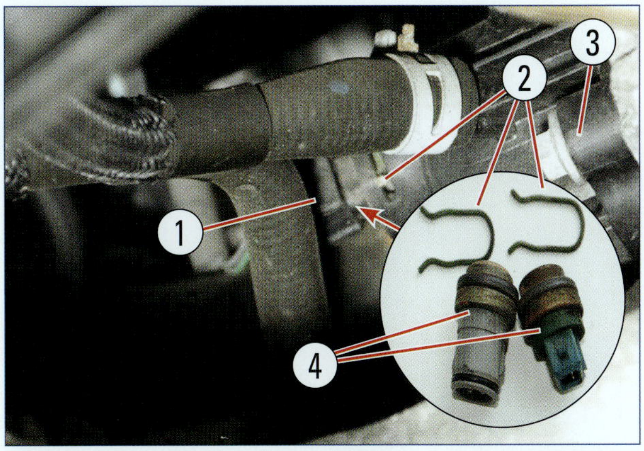

Motortemperaturfühler: *1 Steckkontakt, 2 Sicherungsklammer, 3 Anschlussgehäuse links am Zylinderkopf, 4 Temperaturfühler.*

Lambdasonden: *1 Schraube, 2 Hallsensor (Motordrehzahlgeber), 3 Steckkontakt, 4 Anschlusskabel.*

Keramikkörper, der von einer dünnen, mikroporösen Platinschicht ummantelt ist. Die Keramik erlaubt ab einer Temperatur von ca. 300 °C die Leitung von Sauerstoffionen. Der Unterschied an Sauerstoffanteilen im Abgasstrom zwischen Abgas- und Luftseite bewirkt dabei die Entstehung einer elektrischen Spannung. Der Regelwert nimmt bei Lambda=1 sprunghaft einen bestimmten Wert (z. B. 500 mV) an. Bei Abweichungen dieser Größe (z. B. zwischen 100 mV = mageres Gemisch und 800 mV = fettes Gemisch), leitet das Motorsteuergerät entsprechende Korrekturmaßnahmen ein.

Der Klopfsensor (Bild Seite 202 oben)

Ein Piezokeramik-Bauteil, eingebaut in den Zylinderblock, registriert die bei klopfender Verbrennung entstehende Schwingung und wandelt sie in elektrische Signale um.

Die Motorsteuerung reguliert danach den Zündzeitpunkt.

Ausgabe – die Aktoren

Die Ausgabe des Steuergerätes beschränkt sich nicht nur auf die Ansteuerung der Einspritz- und der Zündanlage. Informationen wie das Drehzahlsignal, die Lastanforderung werden anderen Steuergeräten und auch dem Fahrer als Information zur Verfügung gestellt. Selbstverständlich ist der Zugriff auch über den OBD-Tester als so genannte »Istwerte« möglich. Unser Autoaid-Diagnosetester stellt diese Daten dann unter dem Button »Sensordaten« im Motorsteuergerät zur Verfügung. Die Ansteuerung der so genannten Aktoren erfolgt dann über das Steuergerät. Natürlich mit dem Einfluss der im Steuergerät abgelegten Kennfelder und den Sensordaten der Haupt- und Störgrößen. Wir werden Ihnen hier die wichtigsten Aktoren vorstellen.

Das Drosselklappenmodul

Neben der Drosselklappe befindet sich der Servomotor zum Verstellen der Drosselklappe und die Rückmeldeeinheit aus zwei Hallgebern, um die genaue Position der Drosselklappe an das Motorsteuergerät zu melden. Soll die Drosselklappe geöffnet werden, wird sie vom Motorsteuergerät über ein PWM-Signal (Puls-Weiten-Modeliertes-Signal) angesteuert. Das Signal wird in einem bestimmten Zeitverhältnis ein- und ausgeschaltet. Ist die Ein- und Ausschaltzeit gleich groß, also zur Hälfte ein- und ausgeschaltet, spricht man von einem Tastverhältnis von 50%. Für den Servomotor wirkt sich das Verhältnis genauso aus, als wenn die anliegende Spannung nur etwa halb so groß wäre. Der Servomotor im Drosselklappenmodul arbeitet gegen eine Feder. Das Tastverhältnis bewirkt nun eine Teilöffnung. Je nach gewünschtem Öffnungswinkel wird das Tastverhältnis durch das Steuergerät verändert.

Die Zündspulen

Die Bauweise nennt man Einzelfunkenspule. Jeder Zylinder hat seine eigene Zündspule, die auf der Zündkerze montiert ist. Verbrannte Verteilerkappen und Finger gehören bei diesen Zündanlagen endlich der Vergangenheit an. Die Ansteuerung erfolgt direkt durch das Motorsteuergerät. Das ermöglicht die Veränderung des Zündzeitpunktes für jeden einzelnen Zylinder. Neben einer größeren Funktionssicherheit und besseren Diagnosemöglichkeiten ist sogar eine Laufruheregelung für jeden einzelnen Takt des Motors möglich.

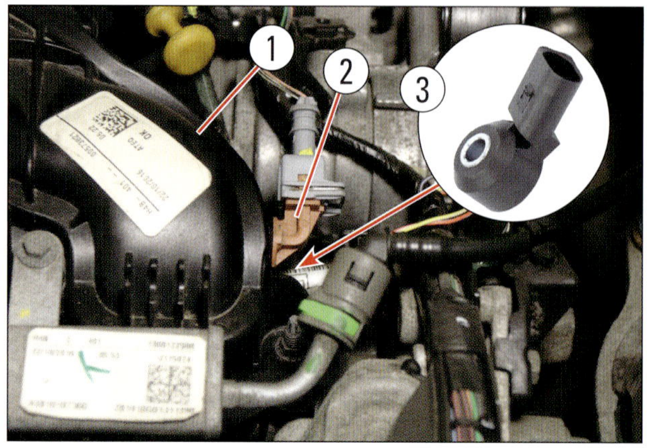

***Klopfsensor gut versteckt:** 1 Ansaugkrümmer, 2 Saugrohrdruckfühler, 3 Klopfsensor am Zylinderkopf unter dem Ansaugkrümmer.*

***Drosselklappenmodul:** 1 Servomotor, 2 Gehäusedeckel mit Auswertelektronik, 3 Anschlussstecker, 4 Drosselklappenmodul.*

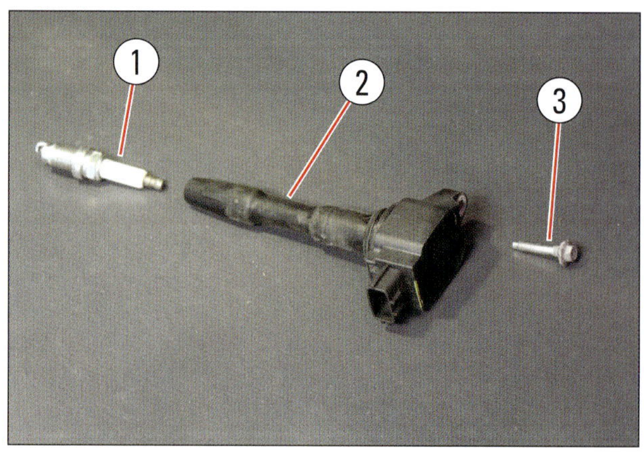

***Zündkerze und Zündspule:** 1 Zündkerze, 2 Einzelfunkenspule (Zündspule), 3 Schraube.*

Die Einspritzdüsen (Bild oben)

Im Ansaugkanal für jeden einzelnen Zylinder sitzt eine Einspritzdüse. Über ein Sammelrohr wird die Einspritzdüse von der Kraftstoffpumpe mit Kraftstoff versorgt. Der Druck an den Einspritzdüsen liegt bei etwa 3,5 bis 4,5 bar. Die Druckregelung erfolgt von dem im Tank eingebauten Kraftstofffördermodul. Die Spannungsversorgung plusseitig erfolgt über ein Relais. Das Steuergerät sorgt mit Hilfe eines elektrischen Impulses masseseitig für das Öffnen der Einspritzdüsen. Die Öffnungsdauer und der anliegende Kraftstoffdruck entscheiden dann über die jeweils eingespritzte Kraftstoffmenge. In jedem Fall wird der Kraftstoff fein zerstäubt, um sich mit der Luft zu mischen.

Einspritzdüsen: *Die Einspritzdüsen, hier mit der Schutzverpackung um den Anschluss oben und den Bohrungen unten.*

Das Kraftstoffödermodul (Bild Mitte)

Im Kraftstofftank ist das Kraftstoffödermodul verbaut. Es meldet den Kraftstoffstand im Tank, fördert den Kraftstoff zum Sammelrohr der Einspritzventile und übernimmt die Druckregelung für den Kraftstoff im Kraftstoffsystem. Das Modul steht in einem Behälter (5), um auch bei schwappendem Kraftstoff im Tank zu gewährleisten, dass die Kraftstoffpumpe (3) keine Luft ansaugt. Der Kraftstoffdruck wird gegen einen Druckregler gefördert, der über etwa 3,5 - 4,5 bar öffnet und so den Kraftstoffdruck beschränkt. Je nach Kraftstoffstand wird der Schwimmer (4) angehoben und verändert den Spannungsausgang des Geberpotentiometers (6).

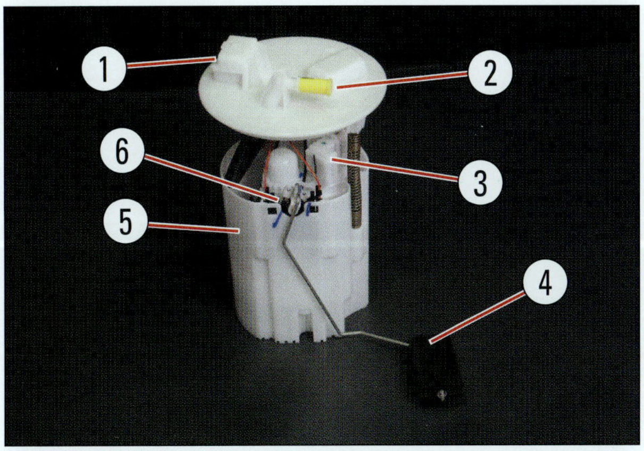

Kraftstofffördermodul: *1 Anschlussstecker, 2 Kraftstoffleitung, 3 Kraftstoffpumpe, 4 Schwimmer, 5 Catch-Tank, 6 Geberpoti.*

Arbeiten an Kraftstoffversorgung und Einspritzung

Wechsel der Zündkerzen

Zündspulen aus- und einbauen (Bild unten)

- Zündung abschalten und Zündschlüssel abziehen.
- Entsichern Sie die Schlauchkupplung durch das Drücken der Raste und ziehen Sie die Motorentlüftung ab.
- Elektrische Steckverbindung (1) an der jeweiligen Zündspule (3) entriegeln und trennen.
- Schraube (2) an der jeweiligen Zündspule herausschrauben.
- Zündspulen (3) gerade nach oben herausziehen und in der Einbaureihenfolge ablegen.

Die Montage erfolgt sinngemäß in umgekehrter Reihenfolge.

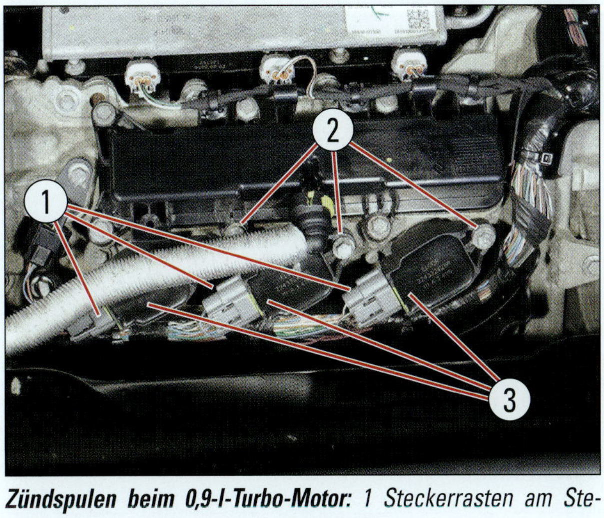

Zündspulen beim 0,9-l-Turbo-Motor: *1 Steckerrasten am Steckergehäuse, 2 Schrauben, 3 Zündspulen.*

■ Ziehen Sie die Zündspulen fest und stecken Sie die Anschlusskabel wieder auf. Achten Sie auf die Verrastung der Stecker und den richtigen Sitz auf der Zündspule.
■ Fehlerspeicher auslesen ggf. löschen.

Zündkerzen aus- und einbauen:
Die Zündkerzen sind unter den Zündspulen verbaut.
■ Bauen Sie die Zündspulen aus.
■ Blasen Sie den Kerzenschacht mit Druckluft aus.
■ Drehen Sie die Zündkerzen heraus. Ein aufgesteckter Schlauch auf die Zündkerzenkeramik kann hier sehr hilfreich sein, um die Zündkerze aus dem Schacht zu ziehen.

Die Montage erfolgt sinngemäß in umgekehrter Reihenfolge zur beschriebenen Demontage.
■ Ziehen Sie die Zündkerzen fest und stecken Sie die Zündspulen wieder auf.
■ Verschrauben Sie die Zündspulen wieder.

Wechsel des Kraftstofffilters

Der Kraftstofffilter ist bei den Benziner-Modellen in der Tankfördereinheit integriert. Der Wechsel ist nicht vorgesehen. Der Filter ist, wie auch bei anderen Herstellern, für einen lebenslangen Einsatz ausgelegt. Unter diesem Aspekt ist der Einbau in der Kraftstoffördereinheit nicht abwegig.

Wechsel des Luftfilters

Beim Ausblasen des Luftfiltergehäuses mit Pressluft ist Folgendes zu beachten:
■ Zur Vermeidung von Funktionsstörungen bitte die kritischen luftführenden Motorbauteile wie Luftmassenmesser, Lufteinlassrohre usw. mit einem sauberen Putzlappen abdecken.
■ Schlauchstutzen und Schläuche für Ladeluftsystem müssen vor dem Montieren öl- und fettfrei sein.
■ Verwenden Sie keine silikonhaltigen Gleitmittel bei der Montage.

Demontage des Luftfiltereinsatzes:
■ Kofferraummatte anheben und gegen Zurückklappen sichern.
■ Motorraumabdeckung (Innenraumklappe) über Motor ausbauen.
■ Lösen Sie die Schelle (7 im Bild rechts) am oberen Luftfilterkastendeckel.

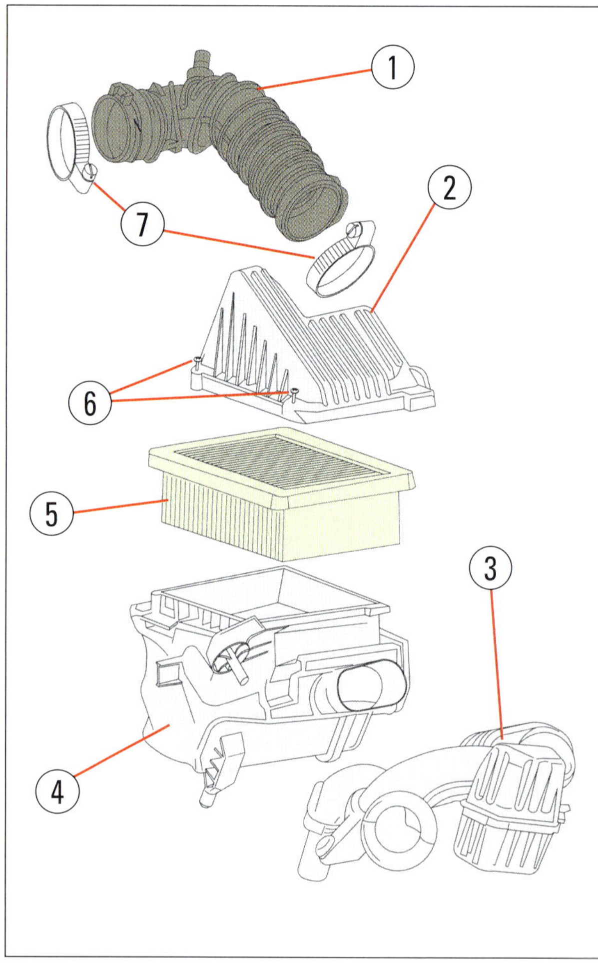

Luftfilter mit Filterkasten und Ansauggeräuschdämpfer: *1 Luftführungsrohr, 2 Filterkastenoberteil, 3 Ansauggeräuschdämpfer, 4 Filterkastenunterteil, 5 Luftfilter, 6 Schrauben, 7 Schellen.*

■ Ziehen Sie das Luftführungsrohr (7) vom Luftfilterkasten ab.
■ Lösen Sie die Verschraubung des Luftführungsrohrs (6) am Halter (5).
■ Drehen Sie die beiden Schrauben (6) heraus.
■ Heben Sie den Luftfilterkastendeckel aus der Halterung heraus.
■ Nehmen Sie den Luftfiltereinsatz (5) heraus und erneuern Sie ihn.

Die Montage erfolgt sinngemäß in umgekehrter Reihenfolge zur beschriebenen Demontage.
■ Achten Sie auf den Sitz der Luftführung (7) und des Luftfilterkastenoberteils. Grundsätzlich sollten Sie das Gehäuse reinigen und wenn erforderlich auch mit einem Staubsauger aussaugen, um Rückstände gründlich zu entfernen.

Diagnose mit System

Diagnose beschreibt die am besten zielgerichtete Vorgehensweise einen vorliegenden Fehler einzugrenzen oder sogar festzustellen. Betrachten wir unterschiedliche Vorgehensweisen für die Diagnose am Fahrzeug.

Eingrenzen durch Veränderung

Mit einer gezielten Veränderung und dem Beobachten der Reaktion auf die Veränderung kann ein Fehler bereits recht einfach erkannt werden. Die Voraussetzung dazu ist aber immer, dass Sie bereits einen Verdacht haben, welches Bauteil für den Fehler verantwortlich ist.

Fehlersuche an Einzelfunkenspulen:
Bei einem ausgefallenen Zylinder kann die Zündspule des Zylinders, die Ansteuerung der Spule oder aber auch die Motormechanik die Ursache sein. Um die Zündspule ausschließen zu können, bauen Sie die Zündspule des ausgefallen Zylinders und eine weitere eines laufenden Zylinders aus und tauschen diese untereinander aus.

- Läuft nun der andere Zylinder nicht mehr mit, können Sie davon ausgehen, dass die Zündspule defekt ist.
- Verändert sich nichts, müssen Sie den Fehler in der Zündkerze, der Ansteuerung der Spule oder Motormechanik suchen.
- Lesen Sie grundsätzlich immer den Fehlerspeicher aus. Die Zünd- oder Verbrennungsaussetzer werden vom Steuergerät erfasst und können oft sogar mit den Peripheriedaten (bei welcher Drehzahl, welcher Temperatur und so weiter) zum Ausfall ausgelesen werden.

Fehlersuche an einer Sicherung:
In vielen Fällen ist nicht ein einzelnes Bauteil über eine Sicherung abgesichert. Die Sicherung sichert einen bestimmten Teil des Systems ab. Nehmen wir an, die Sicherung zum Hauptrelais brennt durch. Natürlich dürfte hier ein Kurzschluss in einem Bauteil oder der Verkabelung vorliegen.
Um herauszufinden, welches Bauteil, betroffen ist, werden nacheinander alle Bauteile die nach Schaltplan auf dieser Sicherung eingezeichnet sind, abgesteckt. Brennt die Sicherung trotz der abgesteckten Bauteile durch, ist der Fehler offensichtlich in der Verkabelung zu finden. Mit jedem Bauteil, das nun anschließend wieder aufgesteckt wird, muss die Sicherung kontrolliert werden.
Sobald die Sicherung erneut durchbrennt, wird das letzte Bauteil wieder abgezogen und einer genaueren Prüfung unterzogen. Wenn die Sicherung dann schlussendlich nicht durchbrennt, wenn diese eine Komponente nicht aufgesteckt ist, dürfte der Fehler in dem Bauteil zu finden sein.

Virtuelle Prüfung der Bauteile

Der Diagnosetester ist nicht nur ein Gerät zum Abfragen und Löschen des Fehlerspeichers. Grundsätzlich werden alle Ereignisse, die nicht der normalen Funktion entsprechen, abgespeichert. Aus diesem Grund macht es grundsätzlich immer Sinn, den Fehlerspeicher oder besser alle Fehlerspeicher des Systems abzufragen.

Fehlerspeicher abfragen:
Fällt beispielsweise eine Zündspule aus, wie wir schon bei der »Fehlersuche an Einzelfunkenspulen« festgestellt haben, wird der Ausfall beispielsweise mit dem Fehlercode »P0301 Verbrennungsaussetzer« oder »P0351 Zündspule A Primär/Sekundär Schaltkreis Fehlfunktion« erkannt. Fällt die Spule nur gelegentlich aus, spricht man von »sporadischem« Ausfall. Das ist als Hinweis zu sehen. Der Fehler kann natürlich immer noch im Anschlusskabel zu finden sein. Grundsätzlich sollten Sie die Einträge im Fehlerspeicher entweder speichern oder zumindest notieren.

Istwerte abfragen und darstellen:
Über die Sensorendarstellung oder Istwertdarstellung lassen sich die erfassten Messgrößen der einzelnen Sensoren ohne großen Aufwand auslesen. Hier werden die Messwerte so dargestellt, wie sie das Steuergerät erkennt. Die Plausibilität der Messwerte muss dann geprüft werden.

Stellgliedtest:
Einige Aktoren lassen sich über den Motortester testweise ansteuern, um ihre Funktion zu überprüfen oder sie für eine Messung anzusteuern.

Getriebe und Antriebswellen

Getriebe im Smart

Zum System der Kraftübertragung bei Fahrzeugen mit Schaltgetriebe gehören Getriebe, Kupplung und Achsantrieb. Damit alle Akteure perfekt zusammenarbeiten und die vom Motor produzierte Leistung an die Antriebsräder übertragen, sind sie durch Gelenke, Wellen und Zahnräder miteinander verbunden. Welche Kraft tatsächlich an den Rädern benötigt wird, hängt davon ab, was dem Fahrzeug während der Fahrt abverlangt wird. Der Motor bietet jedoch nur in einem begrenzten Drehzahlbereich eine verwertbare Leistung an. Damit der Wagen beim Beschleunigen und bei Bergfahrten trotzdem genügend Zugkraft entwickelt, ist das Getriebe nötig. Mit seinen verschiedenen Gängen gewährleistet es eine jeweils passende Übersetzung. Je nach Motor werden vier verschiedene Getriebe verbaut. Gerade beim Ersetzen des Getriebes aus dem Gebrauchtmarkt ist es wichtig, die Getriebe unterscheiden zu können.

Ölwechsel am Getriebe

Das Getriebeöl darf grundsätzlich nur bei betriebswarmem Getriebe abgelassen werden. Austretendes Getriebeöl in einem geeigneten Behälter auffangen

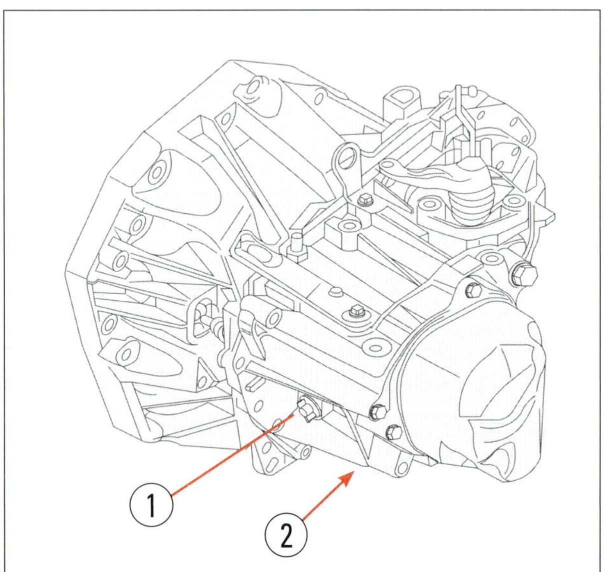

Fünfganggetriebe im Smart mit Handschaltung: *1 Öleinfüll- und Kontrollschraube, 2 Ölablassschraube.*

DSG und DKD

WISSENSWERTES

Schon aus der Modellhistorie heraus muss ein Smart eigentlich ein Fahrzeug mit automatischem oder zumindest halbautomatischem Getriebe sein. Auch das zuweilen abenteuerliche Zusammenspiel der Schalt- und Kupplungsaktoren gehörte immer irgendwie zu dem Kleinwagen. Der 453 setzt auch hier ganz neue Maßstäbe.

Das DKG-Getriebe:
Ein alter Bekannter aus der VW/Audi-Gruppe ist das DSG (Direkt-Schalt-Getriebe) das aber die gleichen Funktionen wie das DKD-Getriebe von Renault/Smart aufweist. DKG bedeutet Doppel-Kupplungs-Getriebe und weist auf ein besonderes automatisiertes Schaltgetriebe hin. Die Besonderheit des Getriebes liegt darin, dass zwei Gänge gleichzeitig im Eingriff sind und durch jeweils eine eigene Kupplung vom Antrieb getrennt werden. Je nach Bedarf wird dann die entsprechende Kupplung ein- oder ausgekuppelt. Während der Fahrt sieht das dann folgendermaßen aus:

Anfahren:
Das Fahrzeug steht, der erste Gang und der zweite Gang sind eingelegt und beide Kupplungen offen. Die Kupplung für den ersten Gang kuppelt langsam und über Sensoren geführt optimal ein und stellt den Kraftschluss für den ersten Gang her.

Gangwechsel:
Ist der Schaltpunkt erreicht, wird die Kupplung für den 1. Gang geöffnet und gleichzeitig die für den 2. Gang geschlossen. Zeitgleich wird der 3. Gang auf der Welle des 1. Gangs eingelegt.
Abwechselnd wird nun nach geraden und ungeraden Gangzahlen unterteilt, die Gänge werden zum Hoch- und Runterschalten im Vorhinein eingelegt und dann nur noch nach Bedarf passend ein- und ausgekuppelt. Das erspart erheblich Zeit beim Gangwechsel und erlaubt einen flüssigen Schaltablauf. Ob nun hoch- oder runtergeschaltet werden muss, erkennt das DKD am Fahrprofil. Also daran, wie der Fahrerlastwunsch, die Motorlast und die Geschwindigkeit ausfallen.

und umweltgerecht entsorgen (beim Händler wieder abgeben). Das Getriebeöl immer vollständig ablaufen lassen.

- Das Fahrzeug mit der Hebebühne anheben. Das Fahrzeug zwischen den Hebebühnensäulen ausrichten und die vier Aufnahmeteller an den vom Fahrzeughersteller vorgeschriebenen Hebebühnenaufnahmepunkten platzieren.
- Die Umgebung der Öleinfüllschraube (1 im Bild unten links auf Seite 206 und Bild oben rechts auf dieser Seite) am Getriebe reinigen und die Öleinfüllschraube herausschrauben.
- Ölablassschraube (2) von unten herausschrauben und das Getriebeöl ablassen.
- Die Ölablassschraube (2) im Getriebe 3 einschrauben und anziehen.
- Das Getriebeöl bis zur Unterkante der Einfüllöffnung (2 im Bild Mitte) einfüllen.
- Überschüssiges Getriebeöl (3) abtropfen (4) lassen.
- Die Öleinfüllschraube (1 im Bild unten links auf Seite 206 und Bild oben rechts auf dieser Seite) am Getriebe festschrauben.
- Das Fahrzeug mit der Hebebühne absenken.

Füllmenge manuelles Schaltgetriebe:

Viskosität	75W80 synthetisch
Smart-Freigabe	(PSA) B71 2330 MB 235.10
Füllmenge	2,6 l

Füllmenge automatisches DKG-Getriebe (Doppelkupplungsgetriebe):

Viskosität	75W80 synthetisch
Smart-Freigabe	MB 235.73
Füllmenge	1,7 l

Antriebswellen und Manschetten

Es gibt eigentlich nur drei Gründe, eine Achsgelenkwelle zu zerlegen. Zuerst einmal möchten wir den Hintergrund für diese Arbeiten genauer beleuchten.

Spiel an den Gelenken prüfen:

Denken Sie daran, dass Ihr Fahrzeug beim Anheben einen anderen Winkel der Achswelle bewirkt. Die

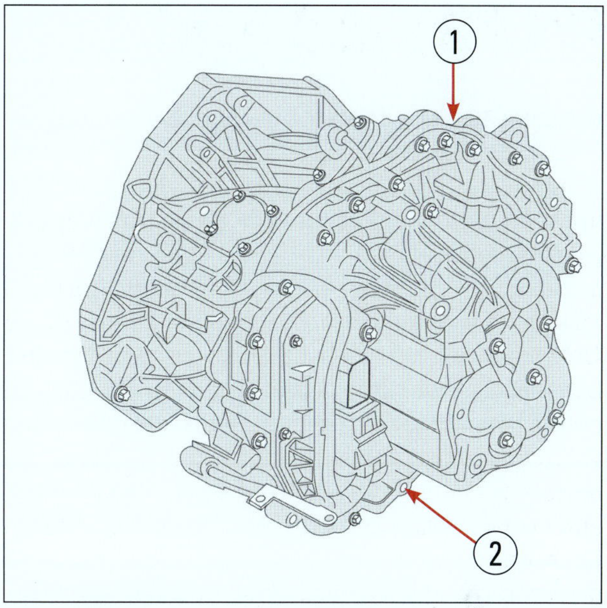

6-Gang-DKG-Getriebe im Smart Automatik: *1 Öleinfüll- und Kontrollschraube, 2 Ölablassschraube.*

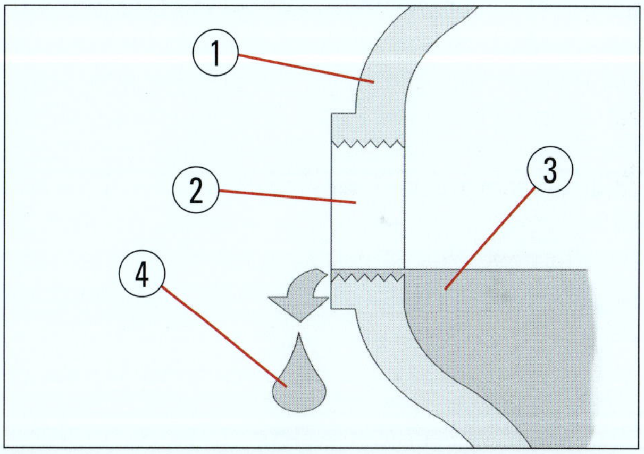

Ölfüllmenge ist beim Überlauf aus der Einfüllschraube erreicht: *1 Getriebegehäuse, 2 Einfüllöffnung, 3 Getriebeölfüllung, 4 Abtropfendes Getriebeöl bei erreichten Füllstand.*

Prüfungen sollten deshalb immer am Boden stattfinden. Eine Grube in der Garage oder eine Mutterbühne ist hier sehr hilfreich.

Stellen Sie übermäßiges Spiel fest, sollte die Gelenkwelle erneuert oder zerlegt und repariert werden. Zumeist zeigen sich bei der Demontage erhebliche Schäden an Lagerflächen oder Kugeln. Wird das Spiel zu groß (mehr als 2 mm Spiel in der Verdrehung), kann die Antriebswelle »auseinanderfliegen« und sorgt dann im günstigsten Fall für eine Panne. Im schlimmsten Fall kann die Achswelle weitere Schäden verursachen, wenn sie aus den Führungen herausrutscht.

■ Halten Sie den Lageraußenring mit der Hand fest (Bild oben) und verdrehen Sie die Achswelle. Sie sollte möglichst kurze schnelle Bewegungen machen (einfach schnell hin- und herdrehen). So bemerken Sie ein mögliches Lagerspiel in den Achswellen sehr schnell. Einem festgestellten Spiel an den Gelenken sollte immer nachgegangen werden.

Prüfung auf Geräusche:
Die Prüfung der Achsgelenkwellen auf diese Schäden erfolgt in der Regel bei einer Probefahrt. Es sollten hier enge Radien gefahren werden können (Supermarktparkplatz) und auch der Lastwechsel vom Beschleunigen zum Schiebebetrieb (Wichtig: Gefahren vermeiden! Auf den Verkehr achten!) simuliert werden.
■ Geräusche an den Achswellen lassen sich leider nur für das radseitige Gelenk sicher orten.
■ Die Getriebeseite wird oftmals als »Getriebeschaden« wahrgenommen. Sollten also Geräusche beim Lastwechsel entstehen, nehmen Sie auch die Antriebswellen einmal genauer unter die Lupe. Ein deutliches »Klackern« oder durchaus schon »Schläge« gerade beim Kurvenfahren in engen Radien weisen auf einen Achswellenschaden hin.
■ Je lauter diese Geräusche werden, umso dringender besteht Handlungsbedarf. Auch hier sind oft an den zerlegten Wellen sehr gut sichtbare Schäden vorhanden.

Sichtprüfung der Manschetten:
Das Ende der Funktion der Lagerungen einer Achswelle wird natürlich schneller erreicht, wenn Schmutz, Wasser und Straßendreck durch eine lose oder defekte Manschette leicht eindringen können.
■ Kontrollieren Sie die Lenkmanschetten und die Gelenkmanschette regelmäßig. Bei Schäden führt an einer Reinigung des Gelenkes und dem Ersatz der Manschette kein Weg vorbei.
■ Achten Sie auch auf kleine Fettspritzer im Radlaufbereich oder an den Bremsteilen. Oftmals zeichnen schon kleinste Schäden an der Manschette deutliche Spuren.
Durch die hohe Drehzahl wird das Fett im Gelenk sehr schnell in der Landschaft verteilt.
Daraufhin läuft das Gelenk trocken und wird mit der Unterstützung des eindringenden Schmutzes ein erhebliches Verschleißverhalten entwickeln.

***Spiel an den Gelenken der Achswellen prüfen:** 1 Gelenkwelle, 2 Gelenkwellentopf (Lageraußenring).*

***Beschädigte Achswellenmanschette:** 1 Gelenkwelle, 2 Gelenkwellentopf, 3 Achswellenmanschette.*

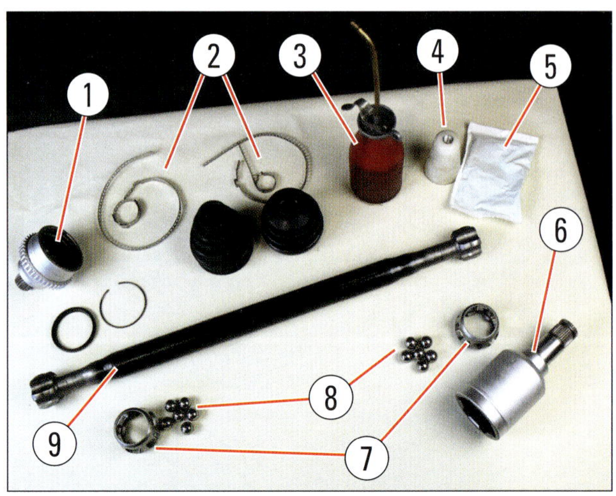

***Antriebswelle in Einzelteilen:** 1 Gelenktopf, 2 Manschettensatz, 3 Ölkanne, 4 Montagekegel, 5 Grafit-Lagerfett, 6 Innengelenktopf, 7 Innenlagerring, 8 Lagerkugeln, 9 Antriebswelle.*

Die Abgasanlage

Die Abgas- oder Auspuffanlage im hinteren Motorraum des Smart reinigt mit einem Katalysator die Verbrennungsabgase und leitet sie mit geringem Gegendruck in den Schalldämpfer mit Endrohr. Der Schalldämpfer reduziert die Verbrennungsgeräusche auf ein Minimum. Der Auspuff moderner Pkw ist für mehr als 60.000 Kilometer gut, wobei die Lebensdauer natürlich auch von den Einsatzbedingungen des Fahrzeugs abhängt. Ist man überwiegend auf kurzen Strecken unterwegs, fallen mehr Kondensat, Ruß und aggressive Säuren im Innern der Anlage an als beim Langstreckenbetrieb mit voll durchgewärmtem Motor. Das Abgasvorrohr ist seltener als die anderen Teile vom Rost bedroht, weil dort die Verbrennungsgase noch mit Temperaturen zwischen 800 und 1000 °C einströmen. Danach verlieren die Abgase an Temperatur und sind am Endrohr nur noch 150 bis 300 °C heiß. Dort tritt das meiste Kondenswasser aus. Es mischt sich mit Verbrennungsrückständen zu aggressiven Säuren und lässt das Auspuffblech von innen nach außen durchrosten.

Arbeit an der Auspuffanlage

Reparaturen an durchgerosteten Auspuffanlagen, z. B. mit Auspuffkitt und Bandagen, haben nur kurzzeitig Erfolg. Das Blech bricht bald neben der Reparaturstelle. Werkstätten wechseln Auspuffanlagen meist komplett aus. Vor weiteren Arbeiten daher den Zustand der Anlage genau prüfen und dann entscheiden, ob einzelne Teile oder das ganze System erneuert werden sollen.

Dichtheitsprüfung: *Zuhalten des Abgasrohres mit einem Lappen, um Undichtigkeiten besser Orten zu können.*

PRAXISTIPP

Arbeiten an der Abgasanlage

Wird an der Abgasanlage gearbeitet, sollten folgende Grundregeln beachtet werden:

- Bei einer Demontage darf die Abgasanlage keinesfalls herunterfallen. Dabei könnten wichtige Teile beschädigt werden.
- Dichtungen und selbstsichernde Muttern immer ersetzen.
- Verschraubungen der Auspuffanlage lassen sich beim nächsten Mal leichter lösen, wenn die Gewinde beim Einbau mit hochhitzefestem Kupferfett bestrichen werden.
- Alle Schlauchverbindungen mit Schlauchschellen sichern, die dem Serienstand entsprechen.
- Alle Kabelbinder, die beim Ausbau gelöst werden, sind beim Einbau an der gleichen Stelle wieder anzubringen.

Arbeiten an Katalysatoren und Partikelfilter

- Werden Partikelfilter oder Katalysator ausgebaut und ersetzt, müssen die Altteile vorschriftsmäßig entsorgt werden. Sie dürfen nicht wie Schrott behandelt werden, weil sie wertvolles Edelmetall enthalten, das wieder in den Produktionsprozess eingebracht werden kann.
- Den Aus- und Einbau am besten mit Ringschlüsselsatz für Lambdasonde. Den Dichtring bei Undichtigkeit aufkneifen und ersetzen. Festziehen mit 45 Nm.
- Für Arbeiten an Lambdasonden gilt: Nur das Gewinde mit Heißschraubenpaste wie die von Volkswagen (VW »G 052 112 A3«) fetten.
- An die Schlitze des Sondenkörpers darf kein Fett oder Auspuffmontagepaste kommen.

Endkontrolle nach den Arbeiten

- Achten Sie darauf, dass die Anlage nicht verspannt wird und ausreichend Abstand zum Aufbau hat.
- Prüfen Sie grundsätzlich nach der Montage die Dichtheit der Abgasanlage.
- Führen Sie eine Probefahrt durch und fragen Sie den Fehlerspeicher ab.

Abgasanlage von unten: *1 Halter, 2 Auspuffgummi, 3 Halter am Auspuff, 4 Auspuffgummi, 5 Flexstück, 6 Schelle, 7 Abgasrohr.*

Prüfung der Dichtheit des Abgassystems:

■ Den Motor anlassen und im Leerlauf drehen lassen.

■ Das Auspuffendrohr für die Dauer der Dichtheitsprüfung wie im Bild unten links auf Seite 210 gezeigt verschließen (Lappen, Stöpsel). Der Motor kann hierbei ausgehen. Den Abgaskrümmer, den Abgasturbolader und die Abgasvorrohre usw. durch Abhören auf Dichtheit prüfen. Grundsätzlich sollten Sie keine lauten Zischgeräusche wahrnehmen können.

■ Festgestellte Undichtigkeiten beseitigen.

Demontage des Schalldämpfers:

Die Montagearbeit für den Endschalldämpfer unterscheidet sich kaum für die unterschiedlichen Ausführungen. Selbst die Ausführungen mit Doppelrohr erfordern keinen zusätzlichen Aufwand. Wir stellen Ihnen hier eine Beschreibung für alle Ausführungen zur Verfügung.

■ Das Fahrzeug mit der Hebebühne anheben und zwischen den Hebebühnensäulen ausrichten. Die vier Aufnahmeteller an den vom Fahrzeughersteller vorgeschriebenen Hebebühnenaufnahmepunkten platzieren.

■ Die Abgasanlage für die Montagearbeiten abkühlen lassen.

■ Sprühen Sie das Gewinde der Schraube (1 im Bild unten links) mit Rostlöser ein.

■ Schelle (2) zum Katalysator lösen.

■ Sprühen Sie die Auspuffgummis (4 und 7) mit Rostlöser ein.

■ Schieben Sie das Auspuffgummi (4) bis etwa 1 cm vom Halter herunter.

■ Schieben Sie das Auspuffgummi (7) vom Halter herunter.

■ Halten Sie den Auspufftopf (5) fest und nehmen Sie den Auspufftopf aus dem Auspuffgummi (4) heraus.

■ Nehmen Sie den Auspufftopf heraus.

Die Montage erfolgt sinngemäß in umgekehrter Reihenfolge zur beschriebenen Demontage.

■ Achten Sie darauf, dass weder Schalldämpfer noch Abgasrohr irgendwo an der Karosserie anliegen oder anschlagen.

■ Verwenden Sie etwas Auspuffmontagepaste für die Verbindung zwischen Endschalldämpfer und Abgasrohr.

■ Prüfen Sie die Dichtigkeit der Abgasanlage wie bereits beschrieben.

■ Prüfen Sie die Dichtigkeit der Motorabdeckung oben.

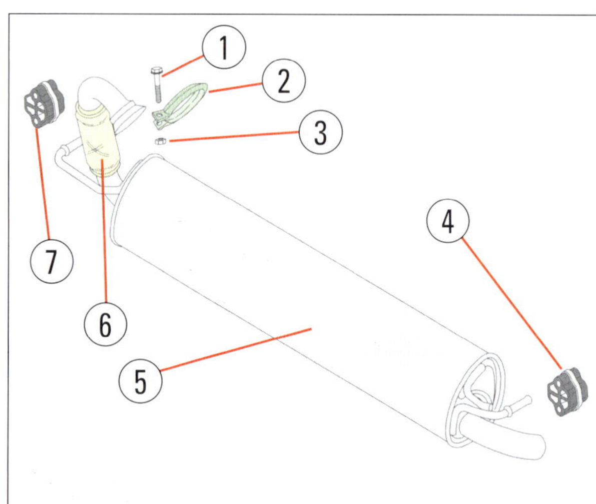

Schalldämpfer in der Übersicht: *1 Schraube, 2 Schelle, 3 Mutter, 4 Auspuffgummi rechts, 5 Auspufftopf, 6 Flexrohr, 7 Auspuffgummi links.*

■ Nach Montagearbeiten an der Abgasanlage darauf achten, dass die Abgasanlage nicht verspannt wird und ausreichend Abstand zum Aufbau hat. Gegebenenfalls Klemmschelle lösen und Schalldämpfer und Abgasrohr so ausrichten, dass überall ausreichend Abstand zum Aufbau vorhanden ist und die Aufhängungen gleichmäßig belastet werden.

Arbeit am Katalysator

Vorarbeiten für alle Fahrzeuge:

■ Prüfen Sie die Dichtigkeit der Auspuffanlage vor der Demontage.

■ Lesen Sie den Fehlerspeicher aus.

■ Fahrzeug mit der Hebebühne anheben, Fahrzeug zwischen den Hebebühnensäulen ausrichten und die vier Aufnahmeteller an den vom Fahrzeughersteller vorgeschriebenen Hebebühnenaufnahmepunkten platzieren.

■ Öffnen Sie die Motorabdeckung und nehmen Sie sie heraus.

■ Sichern Sie den Teppich im Kofferraum gegen Zurückklappen.

■ Bauen Sie den Auspuff wie bereits beschrieben ab.

■ Bauen Sie das obere Wärmeschutzblech ab.

■ Entriegeln Sie die Steckverbindung und klemmen Sie die Vorkatsonde und die Nachkatsonde ab.

■ Demontieren Sie, soweit vorhanden, das obere Wärmeschutzblech.

Demontage bei Saugmotoren:

■ Demontieren Sie die beiden Halter des Katalysators am Zylinderkopf.

■ Sprühen Sie die Verschraubungen am Zylinderkopf für den Katalysator mit Rostlöser ein und lassen Sie den Rostlöser einwirken.

■ Drehen Sie die Muttern am Zylinderkopf zum Katalysator ab.

■ Nehmen Sie den Katalysator zusammen mit den Lambdasonden nach unten heraus.

■ Nehmen Sie die Dichtung von den Bolzen im Zylinderkopf ab.

Demontage bei Turbomotoren

■ Demontieren Sie von unten den Halter am Turbolader, um den Zugang zur Schelle zwischen Turbolader und Katalysator zu ermöglichen.

■ Lösen Sie die Befestigung des Katalysators am Zylinderkopf.

■ Sprühen Sie die Verschraubungen für den Katalysator und die Schraube mit Rostlöser ein und lassen Sie den Rostlöser einwirken.

■ Drehen Sie die Mutter ab.

■ Nehmen Sie die Schraube heraus.

■ Nehmen Sie die Schelle zwischen Turbolader und Katalysator mit der Dichtung nach unten heraus.

Montage für alle Fahrzeuge:

Die Montage erfolgt sinngemäß in umgekehrter Reihenfolge zur beschriebenen Demontage.

■ Montieren Sie den Katalysator zuerst lediglich handfest, sodass sie ihn noch bewegen können und richten Sie ihn aus, wenn alle Katalysatorverschraubungen montiert sind.

■ Achten Sie darauf, dass weder Katalysator noch Abgasrohr irgendwo an der Karosserie anliegen oder anschlagen.

■ Verwenden Sie etwas Auspuffmontagepaste für die Verbindung zwischen Mittelschalldämpfer und Katalysator.

■ Prüfen Sie die Dichtigkeit der Abgasanlage wie bereits beschrieben.

■ Die Gewinde der Lambdasonden nach KAT und vor KAT mit Montagepaste bestreichen, wenn Sie demontiert wurden.

■ Schalldämpfer und Katalysator so ausrichten, dass überall ausreichend Abstand zum Aufbau vorhanden ist und die Aufhängungen gleichmäßig belastet werden.

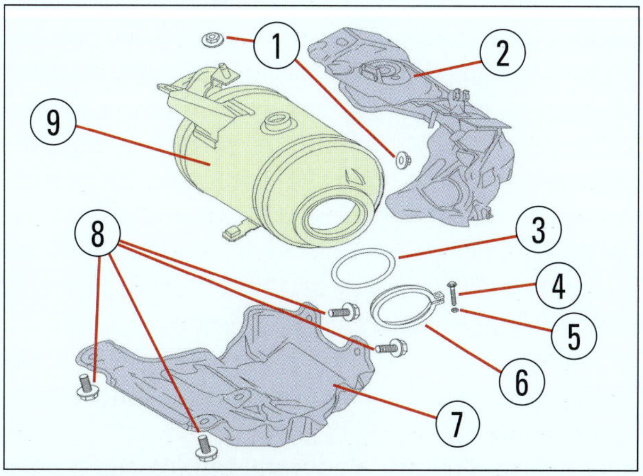

Katalysator beim Turbomotor: *1 Muttern, 2 Abschirmung oben, 3 Dichtung, 4 Schraube, 5 Mutter, 6 Schelle, 7 Abschirmung unten, 8 Schrauben, 9 Katalysator.*

Der Turbolader

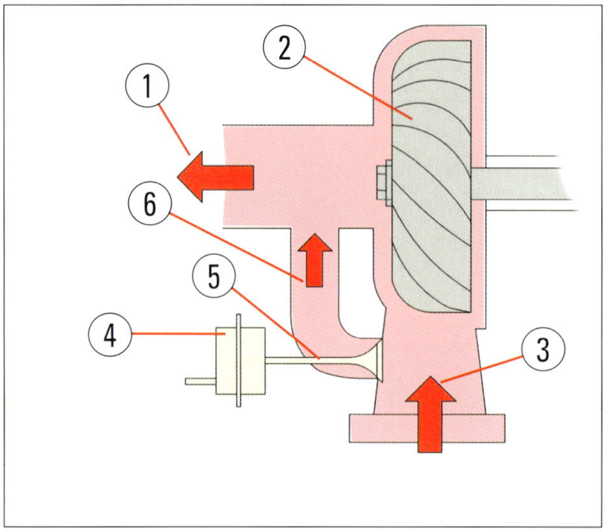

Ladedruckregelung über das Wastegate-Ventil: *1 Anschluss zur Abgasanlage, 2 Verdichterrad, 3 Abgasstrom (vom Motor), 4 Steller für Ladedruck, 5 Wastegate-Ventil, 6 Teilabgasstrom, wenn das Wastegate geöffnet ist.*

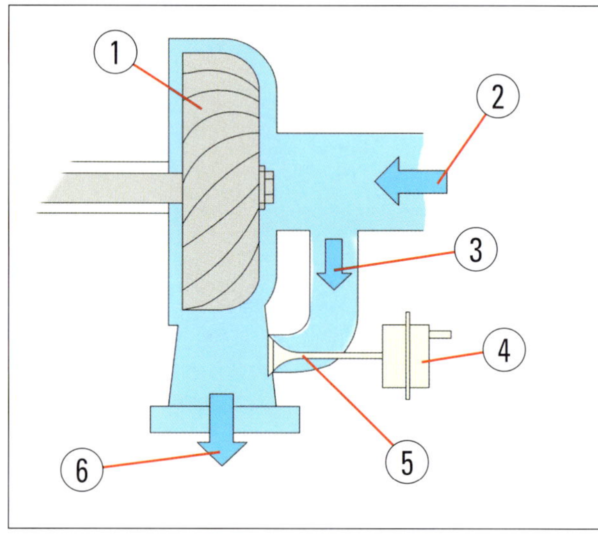

Staudruckabbau bei geschlossener Drosselklappe: *1 Turbinenrad, 2 vom Luftfilter, 3 Teilfrischgasstrom, wenn das Druckumluftventil (Blow off) geöffnet ist, 4 Steller für das Druckumluftventil, 5 Druckumluftventil, 6 zum Ladeluftkühler.*

Der kleine 0,9-l-Motor ist mit einem Turbolader ausgestattet. Natürlich finden sich im Smart kein einfacher Turbolader in altbekannter Bauweise. Die Ansteuerung zeigt deutliche Unterschiede, auf die wir an dieser Stelle genauer eingehen werden.

Wastegateventil (Bypass-Ventil):
Das Wastegate-Ventil (5 im Bild links) ist das Ladedruckregelventil. Über den Druck- und Temperatursensor im Ansaugtrakt wird der Ladedruck erfasst. Ist der Ladedruck erreicht, wird über das Motorsteuergerät ein Servosteller (4) angesteuert, das dann das damit verbundene Wastegateventil öffnet. Ein Teil des Abgasstromes wird über das Wastegate abgeleitet und dadurch die Laderdrehzahl abgesenkt. Im Rahmen der Wartung sollte regelmäßig der Zustand der Regelstange, der Gelenke und die Dichtigkeit von Zuleitungen und der Druckdose selbst geprüft werden.
In vielen Fällen ist bei der Fehlermeldung im Fehlerspeicher »Ladedruck/Saugrohrdruck Regelgrenze überschritten« eine schwergängige Ansteuerung oder eine defekte Druckdose als Ursache festzustellen. Die Prüfung des Ventils werden wir in diesem Kapitel unter der Überschrift »Arbeiten am Aufladesystem« beschreiben.

Druckumluftventil (Blow-Off-Ventil):
Im 0,9-l-Smart ist ein kleiner und moderner Turbomotor verbaut. Modern auch hinsichtlich der Ladedruckregelung. Erkennbar schon am Druckumluftventil (Blow-Off-Ventil) (5 im Bild rechts), das in der Serie zur Entlastung des Laders verwendet wird. Wenn beim Beschleunigen durch den Lader Druck aufgebaut wird und dann im Gangwechsel die Drosselklappe oder die Einlassventile geschlossen werden, entsteht ein Staudruck, der den Turbolader einbremst und so nicht nur den anstehenden Ladedruck vernichtet, indem die Laderdrehzahl stark abfällt. Das Abbremsen belastet die Leitschaufeln des Turbinenrades, Wellen und Lager deutlich mehr, was die Lebensdauer des Laders verkürzt. Ursprünglich kommt das Druckumluftventil aus dem Motorsport. Hier sollte der Lader auf Drehzahl gehalten werden, um nach der Kurve den Ladedruck wieder voll nutzen zu können. Für die Serienfahrzeuge spielt die Lebensdauer des Laders und auch das Abgasverhalten eine gewichtige Rolle. Ein defektes Druckumluftventil kann für zu geringen Ladedruck und Leistungsverlust verantwortlich sein. Die Prüfung des Ladedrucks werden wir in diesem Kapitel unter der Überschrift »Arbeiten am Aufladesystem« beschreiben.

Montage am Turbolader

■ Das Fahrzeug mit der Hebebühne anheben, Fahrzeug zwischen den Hebebühnensäulen ausrichten und die vier Aufnahmeteller an den vom Fahrzeughersteller vorgeschriebenen Hebebühnenaufnahmepunkten platzieren.

■ Öffnen Sie die Motorabdeckung und nehmen Sie sie heraus.

■ Sichern Sie den Teppich im Kofferraum gegen Zurückklappen.

■ Den Motor und die Abgasanlage für die Montagearbeiten abkühlen lassen.

■ Demontieren Sie den Hitzeschutz oben (2 im Bild Seite 211 unten) und den Hitzeschutz unten (7).

■ Bauen Sie den Auspuff wie bereits beschrieben ab.

■ Demontieren Sie den Katalysator wie bereits beschrieben.

■ Öffnen Sie den Kühlerverschlussdeckel eine viertel Umdrehung und bauen Sie so den Überdruck im Kühlsystem ab.

■ Entsichern Sie die Sicherungsklammer (1 im Bild unten) am Regelgestänge (2) zum Wastegate und nehmen Sie Regelklappe vom Betätigungshebel im Krümmer ab.

■ Entsichern Sie die Sicherungen der Steckkontakte und ziehen Sie die Stecker zum Wastegate und zum Druckumluftventil ab.

■ Klemmen Sie die beiden Kühlmittelleitungen zum Turbolader am Schlauchanschluss mit Schlauchklemmen ab.

■ Lösen Sie die beiden Schlauchschellen zum Turbolader und ziehen Sie die Schläuche ab.

■ Fangen Sie austretende Kühlmittelreste auf und entsorgen Sie sie fachgerecht.

■ Drehen Sie die beiden Schrauben für die Ölrücklaufleitung von unten los und nehmen Sie die Schrauben ab.

■ Demontieren Sie die Ölrücklaufleitung. Fangen Sie austretendes Restöl mit einem Lappen auf.

■ Bauen Sie von oben die Halterung zum Turbolader ab, um an die Schelle zwischen Turbolader und Katalysator zu gelangen.

■ Drehen Sie die Hohlschraube für die Öldruckversorgung (6) des Turboladers los und nehmen Sie mit den beiden Dichtringen ab.

■ Drehen Sie die beiden Schrauben am Flansch zum Ladeluftschlauch (5) vom Turbolader heraus und legen Sie die Ladeluftleitung aus dem Arbeitsbereich heraus. Verschließen Sie die Ladeluftleitung mit einem fusselfreien Lappen, um das Eindringen von Fremdteilen und Verschmutzungen zu verhindern.

■ Demontieren Sie die Schelle zwischen Abgaskrümmer und Turboladergehäuse.

■ Nehmen Sie den Abgasturbolader nach unten heraus.

Die Montage erfolgt sinngemäß in umgekehrter Reihenfolge zur beschriebenen Demontage.

■ Prüfen Sie den Motorölstand mittels Ölmessstab und füllen Sie ihn falls erforderlich auf.

■ Füllen Sie etwas Öl in die Bohrung für die Hohlschraube für die Ölversorgung mit einem Ölkännchen ein.

■ Die Dichtfläche am Abgasturbolader und am Abgaskrümmer reinigen.

■ Alle selbstsichernden Muttern, die gelöst wurden, erneuern.

■ Lassen Sie den Motor zuerst einige Minuten im Leerlauf laufen, um sicherzustellen, dass die Ölversorgung zum Turbolader wieder gewährleistet ist.

■ Den Fehlerspeicher auslesen und soweit erforderlich abarbeiten und löschen.

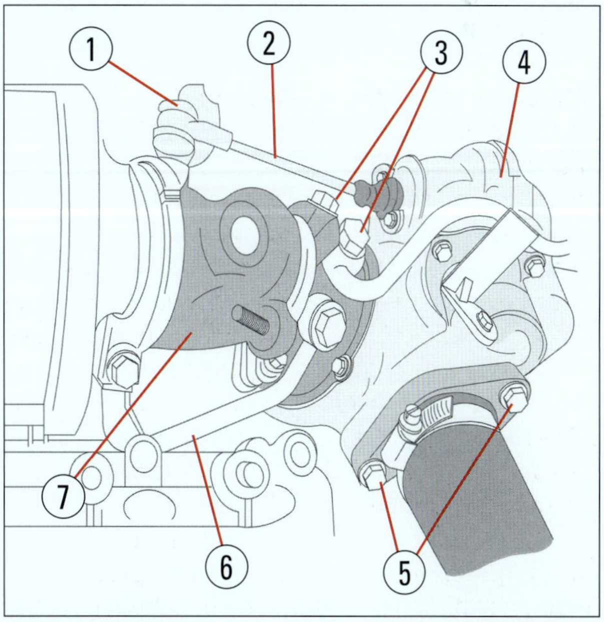

Ansicht Turbolader von oben ohne Hitzeschutzblech: *1 Sicherungsklammer, 2 Regelgestänge, 3 Kühlmittelanschlüsse, 4 Turbinengehäuse, 5 Schrauben, 6 Ölzulaufleitung, 7 Krümmer mit Abgasgehäuse.*

STÖRUNGSBEISTAND

Motor und Gemischaufbereitung

Störung	Was kann das sein?	Was kann ich tun?
A Motor startet nicht, Anlasser dreht nicht	**1** Die Wegfahrsperre bzw. die Anlasssicherung sperrt	Zu- und wieder aufschließen, Bremse getreten halten und Schalthebel auf Stellung N
	2 Die Batterie ist entladen	Wenn die Scheinwerfer bei eingeschalteter Zündung nur schwach leuchten: Alle Verbraucher abschalten, Starthilfekabel benutzen und dann mindestens 20 Kilometer fahren
B Anlasser dreht, aber der Motor springt nicht an	**1** Die häufigsten Ursachen sind: Kein Sprit und/oder kein Zündfunke. Das kann leider an sehr vielen Bauteilen liegen	Zuerst prüfen, ob noch Sprit und auch die richtige Sorte (Benzin oder Diesel) im Tank ist. Dann die Verkabelung im Motorraum auf Beschädigungen prüfen (Marderbiss?) Vorsicht! Zündung dabei unbedingt ausschalten!
C Motor läuft nach dem Start unrund	**1** Ein Fehler in der Kraftstoffversorgung und/oder Zündanlage, Nebenluft durch undichte Schläuche	Zunächst eine Sichtkontrolle des Motorraums bei ausgeschalteter Zündung durchführen. Beschädigte Leitungen mit Isolierband notdürftig flicken. Mit einem Diagnosegerät den Fehlerspeicher auslesen lassen
D Motor qualmt und Bruch stinkt aus dem Auspuff	**1** Turbolader (blauer Rauch) oder Zylinderkopfdichtung (weißer Rauch) defekt	Ist der Turbolader defekt, besteht akute Gefahr: Bruchstücke wandern durch den Motor. Nicht mehr starten! Bei einer kaputten Kopfdichtung fehlt Wasser im Ausgleichsbehälter, auf jeden Fall auffüllen
E Motor zieht nicht mehr richtig	**1** Der Hauptverdächtige ist auch hier der Turbolader, besonders wenn der Motor im Leerlauf oder bei wenig Gas noch gut läuft	Beobachten Sie die Ladedruckanzeige (sofern vorhanden) und achten Sie auf ungewöhnliche Geräusche beim Beschleunigen, eventuell entweicht Ladedruck. Ein blockierter Lader macht dagegen gar keine Geräusche mehr. Ladedruck prüfen und Fehlerspeicher auslesen
	2 Saugrohrdruckfühler defekt	Istwerte auslesen (lassen)
	3 Drosselklappenmodul defekt	Istwerte auslesen (lassen), Drosselklappenmodul neu anlernen lassen
	4 AGR-Ventil defekt	AGR-Ventil prüfen, Fehlerspeicher auslesen
	5 Katalysator defekt	Katalysator prüfen, Fehlerspeicher auslesen
F Hoher Verbrauch	**1** Luftfilter ist stark verschmutzt	Luftfilter austauschen, die Anleitung dazu finden Sie in diesem Kapitel
	2 Temperaturfühler defekt	Istwerte auslesen (lassen)
G Motor wird zu langsam warm	**1** Thermostat hängt	Sie können zunächst weiter fahren, der Thermostat sollte jedoch so bald wie möglich getauscht werden

Getriebe und Antrieb

Störung	Was kann das sein?	Was kann ich tun?
A Kupplung trennt nicht richtig (Schaltgetriebe)	**1** Schaltgetriebe: Kupplungshydraulik nicht richtig entlüftet	Kupplungshydraulik entlüften lassen
	2 Schaltgetriebe: Geber- oder Nehmerzylinder undicht, beschädigt oder verschlissen	Geber- und Nehmerzylinder prüfen lassen
	3 Schaltgetriebe: Kupplung oder Druckplatte ist defekt	Kupplungsset prüfen lassen
B Kupplung trennt nicht richtig (DKG)	**1** DKG: Einstellung und Betätigung fehlerhaft	Einstellung und Betätigung prüfen lassen
C Geräusche bei Kurvenfahrt	**1** Gelenkwelle ist verschlissen oder defekt	Antriebswelle und Manschetten prüfen, gegebenenfalls reinigen oder ersetzen
	2 Radlager ist defekt	Radlager prüfen, gegebenenfalls reinigen oder ersetzen
D Starke Vibrationen und Geräusche	**1** Gelenkwelle defekt oder versteift	Antriebswelle und Manschetten prüfen, gegebenenfalls reinigen oder ersetzen
	2 Radlager und Rad defekt	Radlager, Felgen, Reifen und Befestigung prüfen und gegebenenfalls betroffene Teile erneuern

Abgasanlage und Turbolader

Störung	Was kann das sein?	Was kann ich tun?
A Motor zieht nicht mehr richtig	**1** Ladedruckleitung undicht	Prüfen und wenn erforderlich auswechseln
	2 Regelventil am Turbolader hängt	
	3 Motor im Notlauf	Fehlerspeicher auslesen. Einträge nachvollziehen
	4 Katalysator defekt	Katalysator prüfen, Fehlerspeicher auslesen
	5 Ansaugweg oder Luftfilter verstopft / verschmutzt	Prüfen, reinigen oder erneuern
B Turbolader verliert Öl	**1** Anschlüsse undicht	Anschlüsse überprüfen, Dichtungen oder Leitungen nach Bedarf erneuern
	2 Turbolader undicht	Ölrücklauf in die Ölwanne prüfen, wenn erforderlich Turbolader ersetzen

Sportauspuffanlage

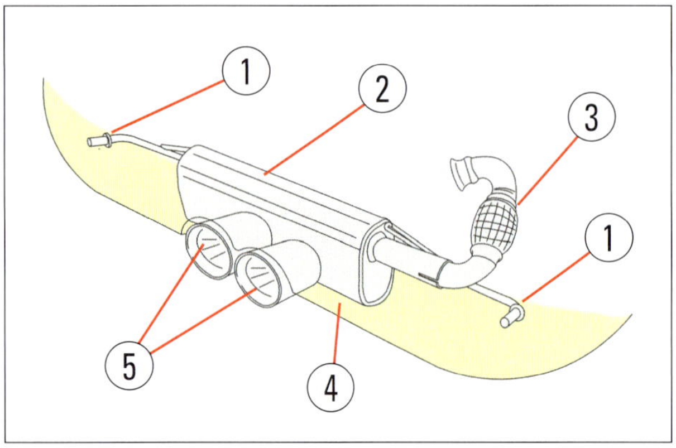

Schalldämpfer in der Mitte: *Oftmals ist es ausreichend, die Stoßfängerabdeckung entsprechend einzuschneiden. 1 Halter Abgasanlage, 2 Schalldämpfer, 3 Flexstück, 4 Stoßfängerverkleidung, 5 Abgasendrohre.*

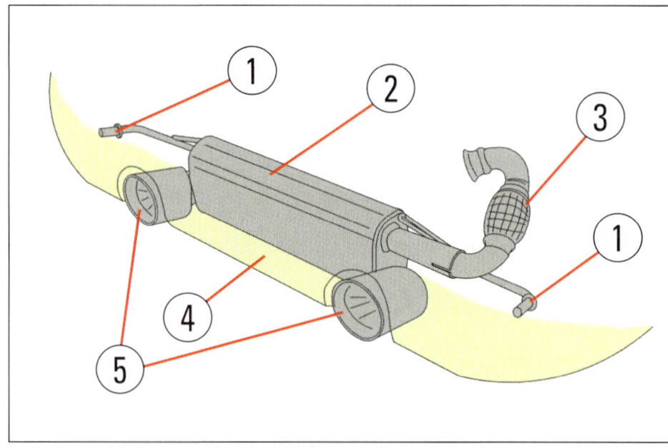

Schalldämpfer im mittleren Bereich: *Oftmals ist es ausreichend, die Stoßfängerabdeckung entsprechend einzuschneiden. 1 Halter Abgasanlage, 2 Schalldämpfer, 3 Flexstück, 4 Stoßfängerverkleidung, 5 Abgasendrohre.*

Unterschiedliche Bauformen

Natürlich lässt sich der Smart optisch und auch ein wenig akustisch im legalen Rahmen verändern. Sportauspuffanlage haben neben der optischen oder auch akustischen Veränderung auch einen Vorteil im Material. Im Regelfall handelt es sich um Schalldämpferanlagen aus Edelstahl, die eine deutliche höhere Lebenserwartung haben als die Serienschalldämpfer.
Diese Umrüstung liegt aber sicherlich überwiegend in der höherwertigen Ausführung und dem Tuningaspekt. Die Abgasanlagen liegen mit etwa 500 Euro bis 800 Euro in etwa beim drei- bis vierfachen Preis einer Abgasanlage auf dem Zubehörmarkt. Betrachtet man den Preis der Originalteile, ist die Sportauspuffanlage immerhin meist noch gut doppelt so teuer.

Die Heckblende

Bei Brabus wird für die Brabus-Sportschalldämpfer die Mittelblende des Stoßfängers hinten verändert. Derselbe Weg muss im Regelfall bei der Nachrüstung der Doppelrohrschalldämpfer gegangen werden. Die Heckblende für die Montage der meisten Schalldämpfer muss durch die Anbauteile von Smart beziehungsweise Brabus ersetzt werden. Die Abgasrohre werden durch die Stoßfängerblende geführt. Abschlussblende und Hitzeschutz müssen somit auch umgebaut werden. Bei einigen Anlagen ist der Ausschnitt der originalen Stoßfängerblende ausreichend.
Natürlich gibt es auch Sportabgasanlagen, die mit der originalen Stoßfängerblende verbaut werden können. Hier wird dann auf der linken Seite die gleiche Position für das Abgasrohr gewählt, wie beim Serienschalldämpfer. Die rechte Seite ist dann symmetrisch angeordnet.

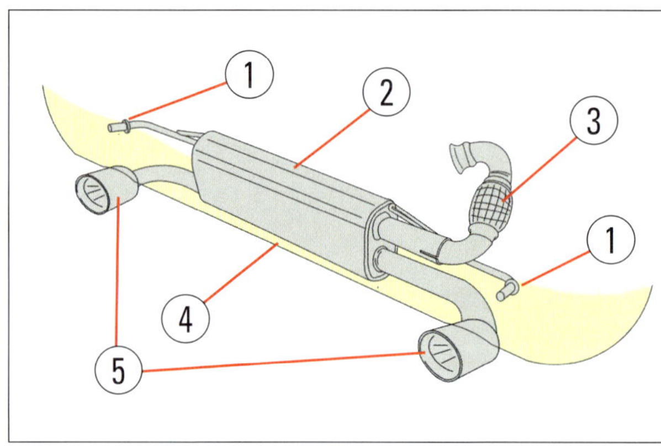

Schalldämpfer symmetrisch außen: *Oftmals ist es ausreichend, die Stoßfängerabdeckung entsprechend einzuschneiden. 1 Halter Abgasanlage, 2 Schalldämpfer, 3 Flexstück, 4 Stoßfängerverkleidung, 5 Abgasendrohre.*

Montagearbeiten bei Sportschalldämpfern

Die Montagearbeiten unterscheiden sich zu den Serienschalldämpfern nur sehr geringfügig. Grundsätzlich ist es sinnvoll, die Aufhängegummis mit zu erneuern.

Wartung und Daten

Wartung ist eine wichtige Komponente im Betrieb eines Fahrzeuges, wenn es um einen zuverlässigen Funktionsablauf geht. Vernachlässigte Arbeiten erhöhen nicht nur das Ausfallrisiko Ihres Fahrzeuges, sondern nehmen Ihnen die Möglichkeit mit kleinen Reparaturen teurere Schäden zu vermeiden.

Drehmoment und Leistung

Eigentlich ist die Leistungsangabe in PS nicht mehr üblich und wurde nicht nur aufgrund der besseren Vergleichbarkeit gegen die Leistungsangabe in kW (Kilowatt = 1000 W) ersetzt. Tatsächlich gehören die PS aber zu den Stammtischgesprächen, wie der Hopfen zum Bier.
Die Angaben in PS werden wahrscheinlich nicht nur aus alter Tradition als vorstellbarer Vergleichswert herangezogen. Spricht man über die Eckdaten eines Fahrzeuges, wird recht häufig die Motorleistung als eines der wichtigsten Themen angesprochen. Kaum jemand schenkt dem Begriff »Drehmoment« Beachtung. Betrachtet man allerdings den Inhalt der Gespräche genauer, stellt sich oftmals heraus, dass mit der Leistung eben die »Power« gemeint ist und der Durchzug am Berg beschrieben wird. Um zu verstehen, was Leistung eigentlich darstellt, muss zuerst klar werden, aus welchen Bestandteilen sich Leistung zusammensetzt.

Leistung und Arbeit:
Nehmen wir an, Ihr Fahrzeug hat eine Panne und Sie schieben es nach Hause. Physikalisch gesehen bewegen Sie nun ein Gewicht über eine bestimmte Strecke. Um das Fahrzeug zu schieben, benötigen Sie Kraft. Genauer betrachtet verrichten Sie »Arbeit«, um Ihr Fahrzeug nach Hause zu bewegen. Um allerdings eine Leistung benennen zu können, benötigen wir natürlich noch die Zeit, in der Sie das Fahrzeug nach Hause geschoben haben. Je schneller Sie mit Ihrem Fahrzeug zu Hause sind, umso größer war die erbrachte Leistung. Konnten Sie das Fahrzeug gar nicht bewegen, so ist die erbrachte Leistung zumindest aus physikalischer Sicht gleich null. Arbeit = Bewegung des Fahrzeugs über eine Distanz, Leistung = Arbeit in einem Zeitraum.

Wartungsdaten

Für Wartung und Pflege sind bestimmte Werte, Angaben und Informationen erforderlich. Sicherlich werden wir Ihnen nur diese Daten zur Verfügung stellen können, die bis zum Redaktionsschluss dieses Buches bekannt waren. Entsprechend sollten Sie sich über Ihr Fahrzeug während der Arbeit Notizen machen und eventuelle Veränderungen an der Grundausrüstung oder durch Umbauten im Tuningbereich neben diesen Daten festhalten. Das wird Ihnen die Arbeit zu einem späteren Zeitpunkt wesentlich erleichtern. Die Mengenangaben sollen als Daumenwert herhalten und Ihnen den Einkauf der passenden Gebinde helfen.

Motoröl

Motor (Menge mit Filter)	Anforderung (Aktuell beim Händler erfragen!)	Bemerkung (mein Motoröl) (Viskosität)
0,9 l mit 90 PS (4,3 l) 1,0 l mit 61 PS (3,5 l) 1,0 l mit 71 PS (3,5 l)	MB 229.3 0W30, 5W30, 0W40, 5W50	

Der Ölfilter wurde als Patrone oder als Einsatz ausgelegt. Infos dazu auf Seite 190

Getriebeöl

Getriebe (Menge)	Anforderung (Aktuell beim Händler erfragen!)	Bemerkung (mein Motoröl) (Viskosität)
Schaltgetriebe (2,6 l)	SAE 75W-80 (MB235.10)	
DKD-Getriebe (ca. 1,7 l)	SAE 75W-80 (MB235.73)	

Kühl- und Frostschutzmittel

Flüssigkeit (Menge)	Anforderung (Aktuell beim Händler erfragen!)	Bemerkung (mein Kühlmittel)
Motor: G 30 (6,9 l - 7,3 l)	MB 325.6	
Klimaanlage	R124a oder R1234Yf (430g- 475g)	

Lampen und Leuchtmittel		
Glühlampen	Bezeichnung	Bemerkung
Abblendlicht / Fernlicht	H4 12V 55/60W	
Standlicht vorne / hinten	LED / LED (je nach Rückleuchtesystem)	
Fahrlicht / Bremslicht	P21/5W	
Kennzeichenbeleuchtung	W5W	
Nebelscheinwerfer / Nebelschlussleuchte	H7 / P21W	
Rückfahrlicht / Tagfahrlicht	W16W / LED	
Blinklicht vorne / hinten	PY21W	

Bremsanlage		
Bauteil	Verschleißmaß oder Bezeichnung	Bemerkung (mein Kühlmittel)
Bremsflüssigkeit	DOT4	
Vollscheibe vorne (je nach Ausstattung)	10,6 - 12 mm	
Belagstärke vorne (ohne Trägerplatte)	10 - 17,5 mm	
Bremstrommel hinten Durchmesser	203,2 - 204,4 mm	
Belagstärke hinten (ohne Belagträger)	4,2 mm - 2,4 mm	

Wartungsplan

Regelmäßige Kontrollen:

In der Tabelle unten beschreiben wir die Arbeitsschritte, die Sie zwischendrin z. B. beim Tanken oder bei der Fahrzeugreinigung kontrollieren sollten.

Wartung nach Plan:

Smart schreibt Wartungsintervalle von 20.000 km vor. Bei Fahrzeugen, die überwiegend auf Kurzstrecken eingesetzt werden und solchen die besonderen Belastungen wie staubreicher Umgebung ausgesetzt sind, sollten die Wartungsintervalle auf 10.000 km verkürzt werden. Wir haben hier einen eigenen Wartungsplan erstellt, der (angelehnt an den originalen Wartungsplan) die Arbeitsschritte in einen Arbeitsablauf integriert. Die drei Spalten im Wartungsplan ab Seite 220 beschreiben die erforderlichen Arbeiten. Die können Sie durchaus auch als Kopiervorlage für die »Wartung in Eigenregie« nutzen. In die Spalte »Bemerkung« können Sie die Haltbarkeit für Verbandskasten und Pannenset eintragen.

Arbeitsschritte	Bemerkung	OK / Defekt
Scheibenwaschwasser auffüllen. Scheibenwischer und Waschanlage prüfen		
Wasserablauf im Wasserkasten prüfen (Blätter und Blütenreste)		
Motorölstand und Kühlflüssigkeit prüfen, eventuell nachfüllen		
Kontrollleuchten, Standlicht, Abblend- und Fernlicht prüfen		
Bremsleuchten, Blinker und Warnblinker sowie das Signalhorn (auch Lichthupe) prüfen		
Bremsen und Bremsflüssigkeit prüfen, Handbremshebelweg prüfen und eventuelle Einstellung prüfen		
Reifen (und, falls vorhanden, Reserverad): Zustand, Reifenlaufbild, Fülldruck und Profiltiefe prüfen. Wenn damit ausgestattet: Haltbarkeitsdatum des Reifenreparatur-Sets prüfen		
Prüfen Sie, ob das Haltbarkeitsdatum des Verbandskastens überschritten ist		

Umfang im Fahrzeuginnenraum

Hier beschreiben wir die Arbeiten, die im Fahrzeuginnenraum durchgeführt werden sollen.
(Ö = Ölservice 20.000 km, W = Wartung 40.000 km, Z = Zusatzarbeiten)

Ö	W	Z	Bezeichnung	Bemerkung	OK / Defekt
X	X		Elektrische Fensterheber, Heckscheibenheizung, Sitzheizung, Zigarettenanzünder und Spiegeleinstellung auf Funktion prüfen		
X	X		Bedienelemente von Heizung, Lüftung und Klimaanlage auf Funktion prüfen		
X	X		Scheibenwischer, Scheibenwaschanlage auf Funktion prüfen		
X	X		Leuchten im Kombiinstrument und Innenbeleuchtung prüfen		
X	X		Kombiinstrument: Serviceanzeige zurücksetzen		
		X	Verbandskasten prüfen	Verfallsdatum:	
		X	Reifendichtmittel prüfen	Verfallsdatum:	
	X		Batterie: Flüssigkeitsstand prüfen, eventuell korrigieren		
		X	Aktivkohle-Staubfilter Innenraum erneuern (je nach Verschmutzung)		
X	X		Fehlerspeicher auslesen		
	X		Kupplungspedalweg prüfen/nachstellen		
X	X		Wartungsintervall zurücksetzen ( ) Manuell / ( ) Tester		

Umfang an der Fahrzeugaußenseite

In diesem Abschnitt geht es um die Karosserie und die Anbauteile außen.
(Ö = Ölservice 20.000 km, W = Wartung 40.000 km, Z = Zusatzarbeiten)

Ö	W	Z	Bezeichnung	Bemerkung	OK / Defekt
X	X		Außenbeleuchtung auf Funktion prüfen		
	X		Scheinwerfereinstellung prüfen und einstellen		
X	X		Karosserie im sichtbaren Bereich auf Lackschäden prüfen		
X	X		Zustand der Türdichtungen prüfen		
X	X		Frontscheibe auf Beschädigung prüfen		
	X		Zentralverriegelung auf Funktion prüfen		
	X		Scharniere und Türschlosser und Klappen schmieren		
	X		Verdeck und Verdeckführungen prüfen/reinigen/schmieren		

Umfang an der Fahrzeugunterseite

Arbeiten unter dem Fahrzeug sind in diesem Abschnitt als Schwerpunkt anzusehen.
(Ö = Ölservice 20.000 km, W = Wartung 40.000 km, Z = Zusatzarbeiten)

Ö	W	Z	Bezeichnung	Bemerkung	OK / Defekt
X	X		Reifen auf Beschädigung und Rissbildung prüfen		
X	X		Alle sichtbaren Teile der Fahrzeugunterseite auf Beschädigungen und Undichtheit prüfen		
X	X		Alle Anschlussleitungen und Anschlusskabel auf Beschädigungen und schadhafte Befestigung prüfen		
X	X		Motor, Getriebe und Bauteile der Betriebshilfsstoffe auf Undichtheiten und schadhafte Befestigung prüfen		
X	X		Alle sichtbaren Teile der Abgasanlage auf Beschädigungen, Undichtheiten und schadhafte Befestigung prüfen		
X	X		Hitzeschutzbleche auf Beschädigungen, Befestigung und Korrosion prüfen		
X	X		Gummilagerung der Hinterachse und der Stoßdämpfer hinten auf Verschleiß, Rissbildung oder Beschädigungen prüfen		
X	X		Alle sichtbaren Teile von Motor und Getriebe auf Beschädigungen, Undichtheiten und schadhafte Befestigung prüfen		
X	X		Antriebswellen auf Spiel und den Zustand der Manschetten überprüfen		
X			Keilrippenriemen im sichtbaren Bereich auf Verschleiß prüfen (Benzinmotor)		
	X		Keilrippenriemen im sichtbaren Bereich auf Verschleiß prüfen (Dieselmotor)		
	X		Vorderachsgelenke auf Spiel prüfen, Manschetten prüfen		
	X		Spur- und Lenkstangengelenke auf Spiel prüfen, Manschetten prüfen (1 x jährlich)		
			Kraftstofffilter erneuern nicht erforderlich (nicht vorgesehen)		
		X	Keilrippenriemen erneuern (Benzinmotor) alle 100.000 km		
		X	Kühlmittel Hauptkreislauf erneuern (alle 60.000 km)	Siehe auch: »Umfang im Motorraum«	
		X	Dichtmanschetten, Radbremszylinder und Bremsnachsteller auf Beschädigung prüfen		
X	X		Unterbodenverkleidung auf Beschädigungen, Befestigung und Korrosion prüfen		

Umfang im Motorraum:

Arbeiten, die speziell im Motorraum anfallen, werden hier vorgestellt.
(Ö = Ölservice 20.000 km, W = Wartung 40.000 km, Z = Zusatzarbeiten)

Ö	W	Z	Bezeichnung	Bemerkung	OK / Defekt
X	X		Motorkühlsystem: Kühlmittelstand und Frostschutzgehalt prüfen	(siehe Serviceklappe vorne)	
		X	Motorkühlsystem: Wechsel (alle 60.000 km)		
X	X		Motor Öl- und Filterwechsel		
		X	Getriebeölstand kontrollieren / wechseln (alle 60.000 km) (Wechsel bei 180.000 km)		
	X		Kraftstoffleitungen auf Dichtheit und Zustand prüfen		
	X	X	Kraftstofffilter wechseln		
		X	Luftfiltereinsatz erneuern alle 60.000 km		
		X	Zündkerzen erneuern (Benzinmotor) alle 40.000 km		
		X	Ventilspiel prüfen, alle 60.000 km (wenn erforderlich einstellen)		
X	X		Scheibenwaschanlage: Flüssigkeitsstand prüfen, richtigstellen		
X	X		Bremsanlage: Bremsflüssigkeitsstand prüfen		
X	X	X	Bremsflüssigkeit Nasssiedepunkt prüfen / erneuern (alle 2 Jahre)		

Umfang rund um das Thema Rad und Bremse:

In diesem Abschnitt stellen wir Ihnen die Arbeiten vor, die für die Wartung an Rad und Bremse erforderlich sind.
(Ö = Ölservice 20.000 km, W = Wartung 40.000 km, Z = Zusatzarbeiten)

Ö	W	Z	Bezeichnung	Bemerkung	OK / Defekt
X	X		Bremsentest auf einem Prüfstand durchführen und Ergebnisse notieren		
	X		Vorderachse: Bremsbelagstärke prüfen		
	X		Vorderachse: Bremsscheiben auf Zustand prüfen		
	X		Hinterachse: Bremsbelagstärke prüfen		
X	X		Reifendruck korrigieren und den korrigierten Reifendruck unter Bemerkungen vermerken		
	X		Zustand von Bremsleitungen und Schläuchen prüfen		
	X		Befestigungen von Bremsleitungen und Schläuchen prüfen		

Serviceanzeige zurücksetzen: *1 Display (hier in Farbe), 2 Taste »OK«, 3 Tasten »auf« und »ab«.*

Rücksetzen der Serviceanzeige

Grundsätzlich sollten Sie die Servicemeldungen nur dann zurücksetzen, wenn Sie die Servicearbeiten durchgeführt haben. Auch wenn Sie die Servicearbeiten in Eigenregie durchführen, sollten Sie die Arbeiten im Serviceplan eintragen und den Umfang dokumentieren, um nachvollziehen zu können, welche Arbeiten anliegen oder noch erledigt werden müssen.

Servicestatus bei Fahrzeugen mit monochromen Display abfragen:

- Schließen Sie die Haube und alle Türen.
- Schalten Sie die Zündung ein.
- Drücken die Funktionstaste »Blättern« auf dem Lenkstockhebel rechts bis zum Menüpunkt »Meldungen und Service« im Display.
- Bestätigen Sie die Auswahl mit der »OK«- Taste auf dem rechten Lenkstockhebel.
- Notieren Sie, ob im Display ein oder zwei Schraubenschlüssel angezeigt werden sowie die angezeigte Fälligkeit.

Servicestatus bei Fahrzeugen mit Farbdisplay abfragen:

- Schalten Sie die Zündung ein.
- Wählen Sie über die Lenkradtasten (2 und 3 im Bild oben) den Menüpunkt »Meldungen und Service« im Display an. Mit den beiden Pfeiltasten (3) können Sie sich aufwärts oder abwärts in den Menüpunkten bewegen.
- Bestätigen Sie die Auswahl mit der »OK«- Taste (2) auf dem Multifunktionslenkrad.
- Notieren Sie, ob im Display ein oder zwei Schraubenschlüssel angezeigt werden sowie die angezeigte Fälligkeit.
- Bestätigen Sie die Auswahl mit der »OK«- Taste (2) auf dem Multifunktionslenkrad.

Rücksetzen mit dem Diagnosetester:
Die Servicerückstellung ist über einen Werkstatttester nicht vorgesehen.

Rücksetzen ohne Diagnosetester bei Fahrzeugen mit monochromem Display:

- Schließen Sie die Haube und alle Türen.
- Schalten Sie die Zündung ein.
- Fragen Sie den Servicestatus wie bereits beschrieben ab.
- Bleiben Sie in dem Menüpunkt »Meldungen und Service« im Display.
- Drücken Sie die »OK« - Taste so lange, bis die Serviceanzeige blinkt.
- Halten Sie die Taste für weitere 20 Sekunden gedrückt. Nach der erfolgreichen Rückstellung wird die neue Laufzeit in Tagen und Kilometern angezeigt.
- Schalten Sie die Zündung wieder aus.
- Kontrollieren Sie die erfolgte Rücksetzung wie bereits unter »Servicestatus abfragen« beschrieben.

Rücksetzen ohne Diagnosetester bei Fahrzeugen mit Farbdisplay:

- Schließen Sie die Haube und alle Türen.
- Schalten Sie die Zündung ein.
- Fragen Sie den Servicestatus wie bereits beschrieben ab.
- Bleiben Sie in dem Menüpunkt »Meldungen und Service« im Display.
- Drücken Sie die »OK«-Taste (2) im Multifunktionslenkrad so lange, bis die Serviceanzeige blinkt.
- Halten Sie die Taste für weitere 20 Sekunden gedrückt. Nach der erfolgreichen Rückstellung wird die neue Laufzeit in Tagen und Kilometern angezeigt.
- Schalten Sie die Zündung wieder aus.
- Kontrollieren Sie die erfolgte Rücksetzung wie bereits unter »Servicestatus abfragen« beschrieben.

WEITERE INTERESSANTE BÜCHER ZUM THEMA

Weil das Fahrwerk über Fahrverhalten und -sicherheit bestimmt, haben Motorradfahrer Interesse daran, in diesem Punkt das Optimum aus ihrer Maschine herauszuholen. Werner Koch greift mit diesem Handbuch in seine persönliche Trickkiste und erklärt, wie das Motorrad-Fahrwerk richtig abgestimmt wird.

256 Seiten, 200 Abb., 17 x 24 cm
€ 29,90 | ISBN 978-3-613-04374-9

Dieser Reprint vereint die beiden Klassiker »Der Kupferwurm« und »Besser machen« und darf in keiner gut sortieren Technikbibliothek fehlen. Carl Hertweck gibt darin Ratschläge, Tipps und Anweisungen für den richtigen Umgang mit Schraubendreher und Gabelschlüssel, Ventiltrieb und Kurbelwelle, Kolben, Räder und Schlossertipps für schnellere Föxe, Mäxe, BMW oder Horex – wo immer der Schuh drückte und der Kupferwurm bohrte, Hertweck wusste Rat.

760 Seiten, 817 Abb., 17 x 24 cm
€ 39,90 | ISBN 978-3-613-02548-6

Ludwig Apfelbeck hat in diesem Standardwerk die Fülle seiner Erfahrungen niedergelegt und durch viele instruktive Skizzen erläutert. Seine detaillierten Erläuterungen, welche Wege zu höherer Leistung auch bei vielen Serienmotoren führen, stellen praktische Arbeits-Anweisungen dar. Sowohl für technisch interessierte Laien, als auch versierte Bastler bietet das Handbuch hochinteressante Informstionen und erfolgssichere Rezepte. Ein Klassiker der Automobilliteratur.

220 Seiten, 214 Abb., 17 x 24 cm
€ 34,90 | ISBN 978-3-613-03989-6

Über 1.200 Reparaturanleitungen für PKW, Transporter, Motorräder, Young- und Oldtimer!
Inhaltsverzeichnisse und Leseproben jetzt direkt anschauen unter
www.schrauberzeit.de

Überall, wo es Bücher gibt, oder unter
WWW.MOTORBUCH-VERSAND.DE
Service-Hotline: 0711 / 78 99 21 51
facebook.com/MotorbuchVerlag
instagram.com/motorbuch.automotive

Motor buch Verlag · bucheli verlag · SCHRAUBERZEIT

Änderungen in Preis und Lieferfähigkeit vorbehalten.